高等教育旅游与酒店管理专业应用型"十三五"规划系列教材

U0242644

面点制作工艺

（附实训指导）（第2版）

主　编：钟志惠

副主编：陈　迤　　唐　凯

参　编：田等平　陈　君　罗　文　罗　恒

　　　　钱金圣　程万兴

东南大学出版社

内容提要

本书突破传统教材模式,紧密结合岗位工作任务和职业能力培养,以项目导向、任务驱动、学做一体的教学模式对教材内容进行重新编排,突出中式面点制作工艺的实际运用,将面点工艺理论与实践操作有机融合在一起,使学生在学习面点制作工艺的同时掌握面点品种的制作技术和要领。同时,在内容安排上兼顾与国家职业技能鉴定等级考核有效衔接,使学生在学习本书时,也能与自己的职业规划紧密联系,更突出其适用性。

本书分为上、中、下三篇,上篇:基础知识篇,主要介绍面点概况、面点生产作业流程与要求、面点原料选用、面点设备器具、面点基本功等内容;中篇:面点工艺篇,主要介绍制馅工艺、成形工艺、熟制工艺和面团调制工艺;下篇:面点技术篇,主要介绍面点品种制作和面点运用与创新。在每篇后设置综合实训以及国家职业技能鉴定等级考核中式面点师(初级、中级、高级)的模拟考核试题,并附有详细答案。

本书既可作为旅游与酒店管理类应用型专业教材,也可作为面点从业人员和面点爱好者的学习参考书。

图书在版编目(CIP)数据

面点制作工艺 / 钟志惠主编. —2 版. —南京:东南
大学出版社,2012.8(2022.1重印)
ISBN 978-7-5641-3750-2

Ⅰ.①面… Ⅱ.①钟… Ⅲ.①面点—制作 Ⅳ.
①TS972.116

中国版本图书馆 CIP 数据核字(2012)第 205899 号

面点制作工艺

出版发行	东南大学出版社
社　　址	南京市四牌楼 2 号　　邮　　编:210096
出 版 人	江建中
网　　址	http://www.seupress.com
电子邮箱	press@seupress.com
经　　销	全国各地新华书店
印　　刷	常州市武进第三印刷有限公司
开　　本	787 mm×1092 mm　1/16
印　　张	22.75
字　　数	612 千字
版　　次	2012 年 8 月第 2 版
印　　次	2022 年 1 月第 6 次印刷
书　　号	ISBN 978-7-5641-3750-2
定　　价	62.00 元

本社图书若有印装质量问题,请直接与营销部联系。电话(传真):025-83791830

出 版 说 明

当前职业教育还处于探索过程中,教材建设"任重而道远"。为了编写出切实符合旅游管理专业发展和市场需要的高质量的教材,我们搭建了一个全国旅游管理类专业建设、课程改革和教材出版的平台,加强旅游管理类各高职院校的广泛合作与交流。在编写过程中,我们始终贯彻高职教育的改革要求,把握旅游管理类专业课程建设的特点,体现现代职业教育新理念,结合各校的精品课程建设,每本书都力求精雕细琢,全方位打造精品教材,力争把该套教材建设成为国家级规划教材。质量和特色是一本教材的生命。

与同类书相比,本套教材力求体现以下特色和优势:

1. 先进性:(1) 形式上,尽可能以"立体化教材"模式出版,突破传统的编写方式,针对各学科和课程特点,综合运用"案例导入"、"模块化"和"MBA 任务驱动法"的编写模式,设置各具特色的栏目;(2) 内容上,重组、整合原来教材内容,以突出学生的技术应用能力训练与职业素质培养,形成新的教材结构体系。

2. 实用性:突出职业需求和技能为先的特点,加强学生的技术应用能力训练与职业素质培养,切实保证在实际教学过程中的可操作性。

3. 兼容性:既兼顾劳动部门和行业管理部门颁发的职业资格证书或职业技能资格证书的考试要求又高于其要求,努力使教材的内容与其有效衔接。

4. 科学性:所引用标准是最新国家标准或行业标准,所引用的资料、数据准确、可靠,并力求最新;体现学科发展最新成果和旅游业最新发展状况;注重拓展学生思维和视野。

本套丛书聚集了全国最权威的专家队伍和由江苏、四川、山西、浙江、上海、海南、河北、新疆、云南、湖南等省市的近 60 所高职院校参加的最优秀的一线教师。借此机会,我们对参加编写的各位教师、各位审阅专家以及关心本套丛书的广大读者致以衷心的感谢,希望在以后的工作和学习中为本套丛书提出宝贵的意见和建议。

高等教育旅游与酒店管理专业应用型"十三五"规划系列教材编委会

高等教育旅游与酒店管理专业应用型
"十三五"规划系列教材编委会名单

顾问委员会（按姓氏笔画排序）

华国梁　沙　润　陈　耀　周武忠　袁　丁
黄震方

丛书编委会（按姓氏笔画排序）

主　任　朱承强　陈云川　张新南

副主任　杨哲昆　毛江海　王春玲　支海成　刘卫民
邵万宽　周国忠　胡　强　徐学书　袁　义
董正秀

秘书长　张丽萍

编　委
丁宗胜	马洪元	马健鹰	王　兰	王志民
方法林	卞保武	朱云龙	刘江栋	朱在勤
任昕竺	汝勇健	朱　晔	吉根宝	刘晓杰
李广成	李世麟	邵　华	沈　彤	陈克生
陈苏华	陈启跃	吴肖淮	陈国生	张建军
李炳义	陈荣剑	杨　湧	杨海清	杨　敏
杨静达	易　兵	周妙林	周　欣	周贤君
孟祥忍	柏　杨	钟志惠	洪　涛	赵　廉
段　颖	唐　丽	曹仲文	黄刚平	巢来春
崔学琴	梁　盛	梁　赫	韩一武	彭　景
蔡汉权	端尧生	霍义平	戴　旻	

高等教育旅游与酒店管理专业应用型
"十三五"规划系列教材编委会会员单位名单

扬州大学旅游烹饪学院　　　　　　南京旅游职业学院

上海旅游高等专科学校　　　　　　四川旅游学院

江苏经贸职业技术学院　　　　　　镇江市高等专科学校

太原旅游职业学院　　　　　　　　海南经贸职业技术学院

浙江旅游职业学院　　　　　　　　昆明大学

海南职业技术学院　　　　　　　　黑龙江旅游职业技术学院

桂林旅游高等专科学校　　　　　　南京铁道职业技术学院

青岛酒店管理职业技术学院　　　　苏州经贸职业技术学院

无锡商业职业技术学院　　　　　　三亚航空旅游职业学院

扬州职业大学　　　　　　　　　　无锡市旅游商贸专修学院

承德旅游职业学院　　　　　　　　金肯职业技术学院

南京工业职业技术学院　　　　　　江阴职业技术学院

江苏农林职业技术学院　　　　　　湖南工业科技职工大学

安徽工商职业技术学院　　　　　　江苏食品职业技术学院

苏州科技学院　　　　　　　　　　浙江工商职业技术学院

浙江育英职业技术学院　　　　　　新疆职工大学

上海工会职业技术学院　　　　　　陕西职业技术学院

上海思博学院　　　　　　　　　　海口经济职业技术学院

南京视觉艺术学院　　　　　　　　海口旅游职业学校

湖南工学院　　　　　　　　　　　长沙环境保护职业技术学院

湖南财经工业职业技术学院　　　　四川商务职业学院

常州轻工职业技术学院　　　　　　广东韩山师范学院

南京化工职业技术学院　　　　　　吴忠职业技术学院

成都市财贸职业高级中学　　　　　四川省商业服务学校

河北旅游职业学院　　　　　　　　安徽城市管理职业学院

再版前言

本书作为高等教育旅游类烹饪应用型专业教材,第一版自出版以来,得到有关专家、众多院校、从业人员以及广大读者的充分肯定和好评。为了进一步强化学生职业道德和职业精神培养,加强实践育人,强化教学过程的实践性、开放性和职业性,突出能力的培养,突出人才规格的专业技能性和岗位指向性,亦为了反映中式面点发展的新动向,编者对原书进行了大幅度的修订。本书在保留原书精华与特色的基础上,突破传统教材模式,紧密结合岗位工作任务和职业能力培养,以项目导向、任务驱动、学做一体的教学模式对教材内容进行重新编排,突出中式面点制作工艺的实际运用,将面点工艺理论与实践操作有机融合在一起,使学生在学习面点制作工艺的同时掌握面点品种的制作技术和要领。同时,在内容安排上兼顾与国家职业技能鉴定等级考核有效衔接,使学生在学习本书时,也能与自己的职业规划紧密联系,更突出其适用性。

本书分为上、中、下三篇,上篇:基础知识篇,主要介绍面点概况、面点生产作业流程与要求、面点原料选用、面点设备器具、面点基本功等内容;中篇:面点工艺篇,主要介绍制馅工艺、成形工艺、熟制工艺和面团调制工艺;下篇:面点技术篇,主要介绍面点品种制作和面点运用与创新。在每篇后设置综合实训以及国家职业技能鉴定等级考核中式面点师(初级、中级、高级)的模拟考核试题,并附有详细答案。

本书修订后建议教学课时数为 96 学时,内容分配如下:

序号		内容		课时
1	上篇　基础知识篇	项目一	面点概况	2
2		项目二	面点生产作业流程与要求	2
3		项目三	原料选用	4
4		项目四	设备与器具	2
5		项目五	面点基本功	8
6	中篇　面点工艺篇	项目一	制馅工艺	8
7		项目二	成形工艺	8
8		项目三	熟制工艺	8
9		项目四	面团调制工艺	16
10	下篇　面点技术篇	项目一	面点品种制作	32
11		项目二	面点运用与创新	6
	合计			96

由于编写时间仓促,水平有限,书中疏漏在所难免,敬请广大读者不吝赐教,以便修订,使之日臻完善。

编者
2012 年 6 月

第一版前言

本书作为高等教育旅游类烹饪应用型专业教材之一,在编写中始终以高等职业教育的培养目标为指导思想,坚决贯彻高职教育的改革要求,切实做到"基础适度够用、加强实践环节、突出职能教育",把握旅游类烹饪专业课程建设的特点,体现现代职业教育新理念,既注重知识的传授,更突出能力的培养,突出人才规格的专业技能性和岗位指向性,强调教材的先进性、创新性、兼容性、实用性和科学性。

本书在内容编排上以面点制作工艺流程为主线,结合案例、图文,系统介绍了面点常用设备与器具、面团调制基本原理、面团调制工艺、面点调味与制馅工艺、面点成形与装饰工艺、面点熟制工艺及面点创新与开发、面点实验,及教材辅助资料——面点工艺实训指导等内容。本书在写作形式上打破原来教材的编写模式,采取"案例导入"形式,将探究式、互动式、开放式教学方法融入编写内容中。通过对面点制作各工艺过程的分解,导入案例,分析案例,详细阐述了各工艺环节的工艺要求、工艺条件、制作方法、技术要点、制作原理等内容,结合每一章节后的复习思考题和实训练习,使学生既能深入领会面点制作原理,又能很好的掌握面点制作技艺与实践运用。

较之同类书籍在面团调制基本原理和面点调味与制馅工艺两个章节中增加了原料选用原则方面的内容,目的是促进学生了解各类面团、馅心、面膜、调味及品种制作对所用原料的选用要求,熟悉原料在其中所起作用和对工艺的影响。同时书中还增添了同类面点书籍中所不曾有过的内容——面点实验(有别于实训的实验),该章以面点品种制作为基础,采用不同配方和工艺条件,进行正交实验,通过对实验结果的对比分析,加深同学对各类面团性质和产品品质的了解,熟悉其中原料所起作用和工艺参数要求,掌握原料对面团性质、制作工艺及产品品质的影响,掌握面点熟制过程中火力与时间对制品品质的影响及解决方案,锻炼学生在实际生产中综合分析问题和解决问题的能力。

本书建议教学课时数为72学时,内容分配如下:

序号	内容	课时
1	第1章 概论	2
2	第2章 常用设备与器具	4
3	第3章 面团调制基本原理	6
4	第4章 面团调制工艺(一)	12
5	第5章 面团调制工艺(二)	10
6	第6章 面团调制工艺(三)	8
7	第7章 馅心、面膜制作工艺	6
8	第8章 成形、装饰工艺	6

序号	内容	课时
9	第9章 熟制工艺	6
10	第10章 面点创新与开发	4
11	第11章 面点实验	8
	合计	72

本书由四川旅游学院钟志惠教授主编,四川旅游学院副教授陈迤、成都商务职业学院唐凯讲师副主编。参加编写的有:四川旅游学院钟志惠教授(第1、2、3、11章、教学辅助资料——实训指导),陈迤副教授(第4、5章),程万兴讲师(第8章),罗文讲师(第9章);成都商务职业学院讲师唐凯、成都市经济开发区职业技术学校面点师田等平(第7章);无锡商业职业技术学院讲师钱金圣(第6章);四川省商业服务学校讲师陈君、成都市大会堂酒楼面点技师罗恒(第10章)。全书由钟志惠总纂、统稿,并对部分章节内容、插图等进行了修改和增补。

由于编写时间仓促,水平有限,书中疏漏在所难免,敬请广大读者不吝赐教,以便修订,使之日臻完善。

编者
2006年12月

目　　录

上篇　基础知识篇

中篇　面点工艺篇

下篇　面点技术篇

上 篇

基 础 知 识 篇

项目一 面点概况

学习目标

知识目标：

- 了解面点的概念和面点在餐饮业中的地位和作用
- 熟悉面点的特点与分类
- 了解面点发展的历史演变
- 熟悉和掌握中国面点主要风味流派及基本特色

能力目标：

- 熟悉中国面点主要风味流派的代表品种
- 能够对熟悉的面点品种进行准确分类

导　　读

　　面点是中国饮食的重要组成部分，与菜肴一起构成了烹饪的全部内容。加之我国地域广阔，民族众多，各地气候、物产、人们生活习惯的不同，形成了不同风格和浓郁的地方特色，由此产生并形成了面点风味流派。本项目主要介绍面点的概念，面点在餐饮业中的地位和作用，面点的特点和分类，面点的历史演变和发展趋势，面点主要风味流派。

引导案例

中国五大面食

　　中国的面食文化博大精深，种类繁多，有资深的美食专家将这些进行整理，总结出了中国五大面食，分别是山西刀削面、四川担担面、北京炸酱面、湖北热干面、山东伊府面。

　　面条是一种非常古老的食物，它起源于中国，有着源远流长的历史。在中国东汉年间已存记载，至今已有一千九百年的历史。最早的实物面条是由中国科学院地质与地球物理研究所的科学家发现的，他们在 2005 年 10 月 14 日在黄河上游、青海省民和县喇家村进行地质考察时，在一处河漫滩沉积物地下 3 米处，发现了一个倒扣的碗。碗中装有黄色的面条，最长的有 50 厘米。研究人员通过分析该物质的成分，发现这碗面条已经有约 4 000 年历史，使面条的历史大大提前。面条最初只称为"饼"，"水溲饼、煮饼"便是中国面条的先河。在不同朝代均有对面条的记载，由初期的东汉、魏晋南北朝到后期唐宋元明清都有史料记录。但起初对面条之名称却不统一，除普遍的水溲饼、煮饼、汤饼外，亦有称水引饼、不托、馎饦等。"面条"一词直到宋朝才正式通用。

　　中国全盛时期——唐朝，便有提到当时宫廷要求冬天要做"汤饼"，夏天则做"冷淘"；元代出现了可以长期保存的"挂面"；明代又出现了技艺高超的"抻面"。这些制面技艺的出现都为面条的发展做出了重大的贡献。清代最有意义的是"五香面"和"八珍面"的出现，而且在乾隆年间又出现了方便面的前身：耐保存的油炸的"伊府面"。其实中华面食在清朝发展已相当成熟且稳定，甚至各个地区均有其独特风味，加上中外文化交流与发展，更令中华面条、面食之文化于全世界大放异彩。

北京炸酱面：炸酱面是北京极具特色的传统面食，尤其到了夏天，一碗炸酱面，搭配各式菜码，营养丰富，美味十足。炸酱面的关键就在这炸酱上，用料和制作都很讲究，一定要用六必居的干黄酱和天源酱园的甜面酱小火慢熬，肉要选肥瘦相间的五花肉。菜码非常丰富，必不可少的有黄瓜、心里美萝卜、黄豆、豆芽、白菜丝等。当然菜码不局限于这些，完全可以依照自己的喜好或手头的材料来搭配。吃炸酱面的时候大蒜也是不能少的，可以起到杀菌消毒的作用。关于吃面，老北京话有个词——"锅挑儿"，意思是指面条煮熟后直接捞到碗里吃。与之相对的是"过水儿"，是指面条出锅过冷水后再吃，通常炎热的夏天大家都爱吃"过水儿"面。

山西刀削面：山西是面食之乡，面食种类繁多，历史悠久，有据可考的就已有2 000多年的历史了。其中，尤以刀削面最为有名，它起源于12世纪的山西太原，内虚外筋，柔软光滑，易于消化，与抻面、拨鱼、刀拨面并称为山西四大面食，更与北京的炸酱面、山东的伊府面、武汉的热干面、四川的担担面一同被誉为我国著名的五大面食，真可谓"面食之王"。

据《晋食纵横·名食掌故》记载："刀削面最早出自山西，是流行于民间的一种水煮面食，为面食中的佼佼者。在山西，无论是城市还是乡村，特别是晋中平遥、介休、汾阳、孝义等地，家庭主妇、少女以及城市中不少'妇男'都会制作。"

山东伊府面是我国著名的一种面条，流行于中原伊府面的制作颇为考究。制作时，选用精面粉一斤，鲜蛋4个划成蛋浆，揉匀后，擀成薄片，渗水入粉打成面条，用清水煮沸，取起晾干，再投入油锅炸至金黄色，即成酥脆坚挺的鸡蛋面。因其含水量很低，可以保存较长时间而不变质，随时取用，极为方便。据传，伊府面为宁化先贤伊秉绶在任扬州知府期间，为其母亲庆寿，而命厨师专门创制的一种油炸鸡蛋寿面，倍受宾客交口称赞；后来常以此面待客，故而得名，后人又简称为"伊面"。伊府面的诞生至今已有300多年的历史，伊府面已传至世界各地，许多国家的朋友把伊府面视为中国面条的代表，还有人称赞它是世界最早的速煮面。

四川担担面为全国名面食之一，是四川的独特风味。担担面是一种历史悠久，在四川民间极为普遍且颇具地方风味的著名小吃。早在1841年的四川自贡，有一位名叫陈包包的小贩，每到傍晚时分就会肩挑一副担担，走街串巷沿街叫卖一种百姓用来作宵夜的小吃。其担子一头是面条、调料、碗筷等等，另一头是炉子，上面一口铜锅，锅子分成两格，一格用来煮面，另一格则用来炖鸡汤或蹄膀汤。只要在沸水中将面和时令青菜煮熟，放上调料浇上浓汤，就可以做成一碗面呈微黄、鲜香麻辣的面了。这种味道好、价钱便宜的小吃一经推出，便深得百姓的喜爱。因为这种小吃是由一副挑在肩上的担担完成了整个的制作与叫卖过程，所以人们便为它起了个好听的名字叫做担担面。

热干面是湖北武汉的传统小吃之一，面条需经过水煮、过冷和过油的工序，再淋上用芝麻酱、香油、香醋、辣椒油等调料做成的酱汁，吃时面条爽滑有筋道、酱汁香浓味美，让人食欲大增。20世纪30年代初期，汉口长堤街有个名叫李包的食贩，在关帝庙一带靠卖凉粉和汤面为生。有一天，天气异常炎热，不少剩面未卖完，他怕面条发馊变质，便将剩面煮熟沥干，晾在案板上。一不小心，碰倒案上的油壶，麻油泼在面条上。李包见状，无可奈何，只好将面条用油拌匀重新晾放。第二天早上,李包将拌油的熟面条放在沸水里稍烫,捞起沥干入碗,然后加上卖凉粉用的调料,弄得热气腾腾,香气四溢,人们争相购买,吃得津津有味。有人问他卖的是什么面,他脱口而出,说是"热干面"。从此他就专卖这种面,不仅人们竞相品尝,还有不少人向他拜师学艺。

——资料来源:http://baike.baidu.com/view/4198156.htm

课堂思考:
- 面点的特点
- 面点的分类
- 面点的历史演变
- 面点风味流派

工作任务一 熟悉面点的特点与分类

[任务分析] 本项工作的任务是了解面点的概念以及面点在餐饮业中的地位与作用;熟悉面点的特点;熟悉面点分类方法并能对面点品种进行准确分类。

一、面点在餐饮业中的地位与作用

面点是中国饮食的重要组成部分,具有悠久的历史,品种丰富多彩,制作技艺精湛,风味流派众多,且与食疗、风俗、节气结合紧密,反映了中华民族古代的文明和饮食文化的发达。

从饮食业的生产来看,主要分为两个部分:一是菜肴烹调,行业中俗称"红案";一是面点制作,行业中俗称"面案"或"白案"。面点是烹饪的组成部分,与菜肴一起构成了烹饪的全部内容。面点与菜肴既密切关联,互相配合,又相对独立,因而面点制作与菜肴烹调是相互作用、相互补充、相互推动、相互促进的。面点制作与菜肴烹调的相对独立与合作也加快了面点的发展。

面点制作经过漫长的历史发展,已成为一门独立的技艺,有一套完整的制作工艺流程。包括以米、麦、杂粮、油、糖、蛋、乳等为主辅料进行的面团调制,以蔬菜、果品、鱼、肉等为馅料进行的馅心、面臊制作,以及成形、成熟等工序。

在广博的中国土地上,因地域、物产、生活习俗的差异,面点有着多种称谓,如北方称之"面食",南方称之"点心",西南称之"小吃"等等。

因此,面点是以各种粮食(米、麦、杂粮及其粉料)、蔬菜、果品、鱼、肉等为主要原料,配以油、糖、蛋、乳等辅料和调味料,经过面团调制、馅心及面臊制作、成形、成熟工艺,制成的具有一定营养价值且色、香、味、形、质俱佳的各种米面食、小吃和点心。

面点在中国饮食中占有相当重要的地位和作用,概括起来主要有以下几点:
①面点制作与菜肴烹调是密切关联、互相配合、不可分割的。
②面点制作具有相对独立性。
③面点制品是人民生活所必需的。
④面点制品具有食用方便、节省时间、制作灵活的特点。

⑤面点制品具有方便携带、经济实惠的特点。

⑥面点还能美化和丰富人们的生活。

二、面点的特点

中国面点特色分明,具体地说主要有以下几方面:

(一)取料广泛,选料精细

我国幅员辽阔,多样的地理环境和多种气候条件为动植物的生长提供了不同的自然条件,丰富的物产为面点制作提供了丰富的原料来源。各地区、各民族的饮食交流以及历代面点师的反复实践,使面点师在使用中能够更合理、更科学、更巧妙地运用各种原料。几乎凡是可以入馔的食物原料都加以采用,通过合理选择、搭配,便制作出了各地区各民族独具风味特色的面点品种。原料根据面点品种品质要求、工艺要求、营养卫生要求、原料的生长季节、原料的产地特征、风情民俗等方面的要求,选择适当的品种,达到物尽其用。

(二)品种繁多,风格各异

中国面点素以品种花样繁多而著称,各地区、各民族都有自己独特风格的品种,并且形成了浓郁的地方风味、民族风味特色。面点品种丰富,与面点用料广泛、制作技法多样化是分不开的。各地区、各民族、各风味流派间的饮食文化交流、制作技术交流,相互的取长补短,不断地推陈出新,促进了面点技术的发展,也使面点品种更加丰富。

(三)讲究馅心,注重口味

中国面点历来重视馅心的调制,并把它看作是决定面点风味的关键。一般人评价面点好吃与否,大都是以馅心作为衡量标准。馅心除了能决定面点的口味外,对制品的色、形、质也都有很大影响。面点用馅讲究主要体现为馅心用料十分广泛,选料讲究,制作精细,突出地方风味特色,馅心种类繁多。

(四)技法多样,造型逼真

中国面点具有艺术性强,技艺精湛,色、香、味、形俱佳的特点。制作中非常注意形象的塑造,强调给人视觉、味觉、嗅觉、触觉以美的享受,而不单纯追求果腹的目的。如西安的"饺子宴",通过饺形、饺馅、成熟方法的变化,让人得到食之乐趣、美的享受。又如苏州船点,应用多种造型技法,塑造出的各种形态逼真的象形花鸟鱼虫、蔬果菽粟、飞禽走兽,不仅色彩鲜明、神形兼备、玲珑剔透,而且堪称面点中的艺术珍品。又如四川小吃波丝油糕,色泽金黄,形如蘑菇,顶部呈丝网状,其形态的形成是通过面团调制控制坯团的性能,通过油炸形成其质感、形状。

(五)应时应典,寓情于食

自古以来,中国面点与中华民族的时令、风俗有着密切关系。在年节、人生礼仪喜庆活动中出现了节日面点、人生礼仪喜庆面点等食俗面点。如正月初一吃饺子,新春佳节食年糕,正月十五品元宵,立春食春饼,端午节食粽子,夏至吃冷淘面,八月十五吃月饼,重阳节食糕,冬至吃馄饨等等。又如少数民族节日,开斋节的油香、馓子,火把节的米糕、饵丝等等。人生礼仪方面,如婚庆面点、生日面点等。食俗面点与人民生活是息息相关的,通过食俗面点人们欲表达一种强烈愿望,祈求生产丰收、康泰平安、多福多寿、人丁兴旺、欢乐祥和。食俗面点的丰富多彩,既是人们改善物质生活的需要,也是人们对饮食文化的创造。面点制作又有季节性,不同的季节,物产不同,人们对食物口味要求也不同,如春季做春卷、春饼、艾窝窝、青团;夏季做凉面、凉糕、八宝莲子羹;秋季做蟹黄包子、桂花藕粉;冬季做羊肉汤面、牛肉面等。

三、面点的分类

（一）面点单一分类法

面点品种繁多,各具特色,可根据制作原料、面团性质、熟制方法、制品形态、制品口味、干湿特性等方面进行分类,从不同角度反映出制品的特点,并对所有品种进行归类,如表1-1所示。

表1-1　面点单一分类法

按形态分	按原料分	按面团性质分	按熟制方法分	按口味分	按成品干湿分
饼类	麦类制品	水调面团制品	蒸制品	甜味制品	干点
饺类	米类制品	膨松面团制品	煮制品	咸味制品	湿点
糕类	杂粮制品	油酥面团制品	炸制品	甜咸味制品	水点
团类	淀粉制品	浆皮面团制品	煎制品	无味制品	
包类	果蔬制品	其他面团制品	烙制品		
卷类	其他制品		烤制品		
条类			复合成熟制品		
羹类					
冻类					
饭、粥类					

（二）面点的综合分类法

根据面点基本分类方法,考虑目前面点现状,为更有利于面点教学、研究,学生学习和掌握面点制作工艺,将面点从原料和面团性质两方面综合进行分类,如表1-2所示。

表1-2　面点综合分类法

按原料分	按面团性质分	
麦粉类制品	水调面团制品	冷水面团制品
		温水面团制品
		热水面团制品
		沸水面团制品
	膨松面团制品	生物膨松面团制品——发酵面团制品
		化学膨松面团制品
		物理膨松面团制品
	油酥面团制品	层酥面团制品
		混酥面团制品
	浆皮面团制品	

按原料分	按面团性质分
米及米粉团制品	米坯制品
	糕类粉团制品
	团类粉团制品
	发酵粉团制品
其他面团制品	澄粉面团制品
	杂粮类面团制品
	果蔬类面团制品
	羹汤类制品
	冻类制品

工作任务二　　了解面点的历史演变及风味流派

[任务分析]　本项工作的任务是了解面点的历史演变和发展趋势；熟悉面点主要风味流派的形成原因与特色；熟悉面点主要风味流派的代表品种。

一、面点的历史演变与发展趋势

（一）面点的历史演变

1. 先秦时期。远古时期，人类依靠浆果、植物的嫩芽和捕捉到的飞禽走兽，活剥生吞，茹毛饮血，过着简陋的原始生活。从燧人氏发明人工取火，人类便脱离了"茹毛饮血"的生活，由生食变为熟食。火的掌握和使用，使人类扩大了食物的来源，并使食物柔软、可口、有香味，对面点制作技术的发展具有特殊的意义，是面点制作技术形成和发展的首要条件。而原料的生产、加工，调味品的制作，炊具的创制为面点制作提供了物质条件。

据考古发掘的资料显示，在没有文字记载的新石器时代，距今约有 4 千～7 千年历史，我国黄河流域、江南各地已经有了原始农业和畜牧业，所种植的粮食作物有黍、稷、稻、大豆和麦；所驯养的动物有猪、牛、羊、鸡；所栽种的果蔬有甜果、葫芦、芥菜、藕等。这时已有的农业和畜牧业，为面点出现提供了原料。原始的粮食加工用具杵臼和石磨盘之类设备的出现使谷物可以脱壳，甚至破粒取粉，为面点制作奠定了基础。面点熟化用具（炊具）起源很早，在陶器时代就已经发明了陶制的蒸、煮、烤、烙设备。由此可见，在新石器时代已经具备了制作面点所需的原料和用具，可能已有面点了。邱庞同著《中国面点史》指出"中国面点的萌芽时期定在 6 000 年前左右"。

到了商、周、战国时期，农业和畜牧业有了很大发展；谷物加工技术得到了进一步提高，出现了双扇石磨，开辟了人类从粒食到粉食的新阶段，对面点的制作和发展具有重大意义；调味品（盐、饴、蜜、梅子等）、动物油逐步在面点中使用；青铜炊具的出现和使用，使面点的

熟化技术得到提高。由于物质条件的具备,春秋战国时期出现了饼的名称,并出现了不少面点品种。主要有:

糗:谷物炒成的干粮,也叫糇粮,通常在行军或旅游时吃。《尚书·费誓》孔颖达疏引郑玄注曰:"糗,捣熬谷也。谓熬米麦使熟,又捣之以为粉也。"这种糗,实际上如同后世的炒面,也是古代的"方便食品"。

饵:一种蒸制的糕饼。根据《周礼·天官·笾人》郑玄注解,这是"粉稻米、黍米所为也。合蒸为饵",扬雄在《方言》中说"饵谓之糕",许慎在《说文解字》中却认为:"饵,粉饼也"。虽然古代学者在对饵的解释上略有分歧,但饵不是糕即是饼,抑或是类似后代糕或饼的食品,周代就有此食品了。

酏食:一种饼。据《周礼·天官·醢人》郑司农注:"酏食,以酒酏为饼"。贾公彦进一步解释说:"以酒酏为饼,若今起胶饼"。"胶"又写作"教",通酵之意。酒酏是一种发面引子,可使面发酵。酏食可能是中国最早的发酵饼。

糁食:简称糁,周代宫廷食品。据《礼记·内则》:"糁,取牛、羊、豕之肉,三如一,小切之,与稻米二、肉一,合以为饵,煎之。"可见,这是一种肉丁米粉油煎饼。在周代,宫廷里有名曰"八珍"的名菜点,古代学者也有将"糁"列在八珍之内的,足见"糁"的影响很大。

粔籹:类似后代馓子的油炸食品。《楚辞·招魂》:"粔籹蜜饵有餦餭些。"据朱熹《楚辞集注》:"粔籹,环饼也。吴谓之膏环,亦谓之寒具,以蜜和米面煎熬之。"

2. 两汉时期。汉代是中国面点发展的一个重要时期,具有承前启后的作用。这一时期随着生产的发展,农作物普遍种植,人们开始以稻米、麦类、高粱等作为主食。制粉设备石磨逐步改进并在民间广泛使用,面粉、米粉加工更为逐渐精细。发酵等面点制作技术的提高,使汉代面点品种增加,并在民间普及。西汉史游编撰的儿童识字课本《急救篇》中就有"饼饵麦饭甘豆羹"之句,说明饼饵类食品已在民间流传。

据《西京杂记》、《方言》、《释名》、《急救篇》、《四民月令》等书记载,当时主要的面点品种达十余种。需特别指出的是,在汉代,饼是一切面制品的通称。所以汉末刘熙《释名·释饮食》中载道:"饼,并也。溲面使合并也。胡饼、蒸饼、汤饼……"。炉烤的芝麻饼称"胡饼",上笼蒸制类似馒头的称"蒸饼",水煮的面片称"汤饼",是面条的前身。自汉代至明清都沿用这些名称。崔寔《四民月令》中记载的农家面食有蒸饼、煮饼、水溲饼、酒溲饼等。水溲饼为一种水调面粉制成的呆面饼,食后不易消化。酒溲饼"入水即烂",是一种用酒酵和面制成的发面饼。

汉代面点在不同地区已有不同叫法。扬雄《方言》中说:"饼谓之饦,或谓之馄,或谓之馄"。"饵谓之糕,或谓之粢,或谓之铃,或谓之馇,或谓之饳"。

汉代已出现节日食面点的习俗。《西京杂记》记载:"九月九日,佩茱萸,食蓬饵,饮菊花酒,令人长寿。""蓬饵"即莲子糕,从而开了重阳节食糕的先河。

3. 魏晋南北朝时期。魏晋南北朝时期是中国面点的重要发展阶段。用石磨磨面粉已经普及,为面点发展提供了物质保证,面点发酵法形成文字,并广泛使用,面点制作技术迅速提高,品种日益增多,并出现有关面点著作。这一时期的面点在继承汉代面点的基础上迅速发展,旧有品种有所提高,新品种不断涌现。晋人束皙的《饼赋》是目前已知最早的保存最完整的面点文献。赋中描绘了饼的起源、品名、食法以及厨师的制作过程,在面点史上具有重要的史料价值。《饼赋》中记载的品种有安乾、粔籹、豚耳、狗舌、剑带、案成、曼头、薄壮、起溲、汤饼、牢丸等十多个品种。北魏农学家贾思勰《齐民要术》中有两篇专门讲述面点，记有白饼、烧饼、髓饼、膏环、细环饼、水引、馎饦、粉饼、豚皮饼、糉（粽）、䴺等近 20 个品种的成形、调味、成熟方法。另据记载，馄饨、春饼、煎饼在当时已经出现。

魏晋南北朝时期面点的又一重要特点是文化色彩趋于浓厚，与民俗结合紧密。如元旦与"五辛盘"，立春与"春饼"，端午与粽子，伏日与汤饼等等。

4. 隋唐五代时期。隋唐五代时期是中国面点进一步发展的时期。磨面业的产生为面点的发展提供了充足的原料，商业的发展促进了饮食业的繁荣，也促进面点店的出现，从而推动面点的发展。这一时期不但涌现出一些面点新品种，前期已有的各类面点也派生出若干新品种，制作技术进一步提高。出现的面点新品种主要有包子、饺子、油馅等。旧有的面点品种无论是品种还是花色，都有了新的发展。如饼出现了许多著名品种：胡麻饼、古楼子、五福饼、石鏊饼、同阿饼、红绫饼餤、莲花饼餤等；汤饼名品有：生日汤饼、鸭花汤饼、槐叶冷淘等；馄饨出现了"花形馅料各异"的二十四气馄饨。糕在这一时期发展很快，品种很多，如花折鹅糕、水晶龙凤糕、软枣糕、满天星等。

随着中国传统医学与饮食的结合，食疗面点应运而生，这在《食疗本草》、《食臣心鉴》中均有记载。食疗面点的出现是面点的发展、中医药的发展以及二者结合的产物，在中国面点史上占有重要的一页。

面点在这一时期已进入筵席，节日面点也有增加。

随着中外经济、文化交流不断加强，中外面点的交流出现新的局面，不少胡食西来，我国部分面点东传。

5. 宋元时期。宋元时期是中国面点全面发展的阶段，面点业的兴盛发达，加之竞争激烈，有力地促进了面点品种的增加和面点制作技术的进步。市肆面点、少数民族面点、食疗面点的发展尤为突出，早期面点流派已产生，有关面点的著作也更加丰富。

面点制作技术提高主要表现在五个方面：一是面团制作多样化。发酵技术在面团制作中已普遍使用，并出现对碱酵子发面法。油酥面团的制法也趋于成熟。用冷水和面做卷煎饼，用开水烫面做饺皮、包子皮也经常使用。二是馅心制作多样化。这一时期的包子、馒头、馄饨等面点的馅心异常丰富，动植物原料均可使用，口味甜、咸、酸均有。如《梦华录》所记包子，就有细馅大包子、水晶包儿、笋肉包儿、虾鱼包儿、蟹肉包儿、鹅鸭包儿等等。《居家必用事类全集》还记有馅心的制法，有猪肉馅、羊肉馅、鱼肉馅、鹅肉馅、蟹黄馅、菜馅、杂馅、澄沙糖馅、绿豆馅、拌打馅、熟细馅等。三是浇头多样化。面条、馎饦的浇头荤素并用，多达数十种。更有将原料掺入面粉中制成有味面食品，如红丝馎饦（用鲜虾肉泥汁和面制成）、梅花汤饼（用白梅、檀香末浸泡液和面制成）、甘菊冷淘等。四是成形方法多样化。面条可以擀成条，也可以拉拽成宽条，面糊用匙或筷子拨入沸汤锅中煮成"鱼"形（拨鱼面），荞麦面团用"河漏床"压成细丝（河漏）；油酥点可以用模子压成形，然后油炸；馒头可以捏成形，也可用剪刀剪出花样；花色点心更用多种方法成形。五是成熟方法多样化。这一时期的成熟方法已有蒸、煮、煎、炸、烤、烙、炒等。

这一时期新出现的面点品种较多。麦面制品主要有角子、棋子、经卷儿、秃秃麻失、卷煎饼、拨鱼、河漏、烧卖等等。米粉制品主要有元宵、水团、麻团、米缆、油炸果子等等。旧有的面点品种，如馒头、包子、馄饨出现了因馅心不同而命名的品种，面条因粗细不同、浇头不同而出现数十种品种。

这一时期,尤其元代时期,少数民族面点发展较快。蒙古、回回、女真、维吾尔等民族的面点有较多发展,出现不少名品,如秃秃麻失、八耳塔、黑子儿烧饼、牛奶子烧饼、春盘面、红丝、高丽栗糕等。少数民族面点在制作上善用牛羊奶及酥油和面,喜用羊肉做馅心和浇头,喜用胭脂调色,具有浓郁的少数民族风味。

这一时期饮食业相当繁荣。北宋汴京、南宋临安、元大都都有许多面点店。面条、馎饦、角子、馄饨、馒头、包子、棋子、烧卖、卷煎饼、糕、团、粽、米线、花色点心均已成为普通市肆食品。由于饮食业的发达、竞争,从而出现了早期的面点流派。

随着中外交流,中国的面条在元代传至意大利等国,至今有不少外国学者均承认面条的根在中国。馒头在元代传至日本,包子传至朝鲜。

这一时期有关面点的著作较多,如宋代的《山家清供》《本心斋蔬食谱》,元代的《饮膳正要》《居家必用事类全集》《云林堂饮食制度集》收录有较多的面点资料。

6. 明清时期。明清时期是中国面点发展的成熟时期,面点的制作技艺更加成熟,面点的主要类别已经形成,每一类面点中都派生出许多具体品种,面点的风味流派基本形成,面点与民间风俗结合更加紧密,面点在饮食中的地位更加突出,面点的有关著作愈加丰富,中外面点交流继续发展,西式面点传入中国,中国面点也大量传到国外。

这一时期的面点制作技艺已有相当水平,所用原料更加丰富,无论谷物还是荤素配料、调料均相当丰富;面粉加工更加精细,米粉、山药粉、百合粉、荸荠粉等的加工技术也有发展;面团的制作方法多样化,发酵面团、油酥面团、冷水面团、温水面团、水油面团、蛋和面团运用灵活;面点成形方法更加多样,擀、切、搓、抻、包、捏、卷、迭、压、削、拨,模具成形各显其妙;馅心、浇头用料广博,制作精致,风味多样,咸、甜、酸、辣均有,花卉也用于作馅,还出现使肉汁冷凝以作汤包的方法;面点成熟方法较前代也有发展,蒸、煮、烙、烤、油煎、水煎、油炸、炒、煨均可使用,视品种而定,有些品种还综合使用多种方法进行成熟。

这一时期的面点品种数以千计,主要的种类有面条、馄饨、饺子、包子、合子、面卷、烧卖、煎饼、炉饼、麻花、馓子、油条、团子、粽子、糕等,每一类都有相当数量的品种。如面条就有五香面、八珍面、伊府面、素面、押面、刀削面、瓢儿漏、炒面条、冷面等等。

各地面点出现许多名品,如北京的豌豆黄、驴打滚、萨其马、龙须面、小窝头、火烧、酥饼等等;苏州的糕团;山西的刀削面;山东的煎饼;扬州的包子、浇头面;广州的粉点;四川的担担面、赖汤圆等均驰誉四方。经过漫长的历史发展,中国面点的重要风味流派大体形成。在北方主要有北京、山东、山西、陕西等面点流派;在南方主要有扬州、苏州、广州、四川等面点流派。除重要的风味流派外,一些少数民族的面点也以浓郁的民族特色著称。如朝鲜族的打糕,满族的萨其马,回族的羊肉饺,蒙古族的肉饼,藏族的糌粑,维吾尔族的馕,白族的米线等。

这一时期面点在筵席中的位置较以前重要。讲究的筵席往往要上 1～2 道面点,甚至 4～5 道。

节日面点也基本定型,如春节吃年糕、饺子,正月十五吃元宵,立春吃春饼,端午食粽子,中秋吃月饼等等。

这一时期有关面点的著作尤为丰富。《易牙遗意》《饮馔服食笺》《食宪鸿秘》《养小录》《随园食单》《醒园录》《调鼎集》等书中都有专门章节写到面点,其中《调鼎集》共收面点制法 200 多种。

随着中外饮食交流,西方的面包、蛋糕、西饼、布丁等品种传入中国,更加促进了中国面点的发展。

（二）面点的发展趋势

新中国成立后,在党和政府的重视和关怀下,各地面点厨师通过不断总结、相互交流和创新,使面点制作技术有了飞速的发展和提高。特别是改革开放以来,餐饮业出现了前所未有的变化。随着人们生活水平的提高,社会生产的高度发展,生活节奏的加快,人们的传统饮食思维发生了极大的变化,正朝着快速、经济、方便的方向发展。中国面点的发展趋势如下:

1. 传统面点的继承与开拓创新。中国面点是中华民族传统饮食文化的一部分,历史悠久,品类丰富,制作技艺精湛,风味流派众多,且与食疗、民俗结合紧密。对传统的、优秀的面点品种我们应该加以继承,保留其原有的风格特色。同时也要跟上时代的发展,社会的需要,推陈出新,改善制作工艺,改善品质,不拘一格创造出更能适应消费者需求的新品种。

2. 开发面点新种类。随着社会进步和经济发展,人民生活水平提高与生活方式改善,对面点的需求进一步表现在"讲究营养、重视保健、力求方便、安全卫生"等方面。讲究营养是指面点不但要色、香、味俱全,口感好,讲究享受功能,而且更要有营养价值,对人体有可靠的营养功能。重视保健指面点的保健功能,预防功能、食疗功能,使之具有益于健康、延年益寿的作用。力求方便是指为适应市场经济建设、人们工作与生活节奏加快,使面点的制售达到快捷、简便化,生产标准化、工厂化。安全卫生指面点自身无公共污染,卫生指标符合国家及国际标准。因此快餐面点、速冻面点、保健面点等成为面点发展新的方向和趋势。

二、面点风味流派的形成与特色

我国地域广阔,民族众多,各地气候、物产、人们生活习惯的不同,使面点制作在选料上、口味上、制法上也形成了不同风格和浓郁的地方特色,由此产生并形成了面点风味流派。从口味上讲,有南甜、北咸、东辣、西酸之说;从用料上讲,有南米、北面之说;从帮式派系上分有"广式"、"苏式"、"京式"、"川式"、"闽式"、"滇式"等。我国面点代表性的风味流派主要有京式面点、苏式面点、广式面点、川式面点等。

（一）京式面点的形成与特色

京式面点泛指黄河以北的大部分地区（包括山东、华北、东北等地）制作的面点,以北京为代表,是我国北方风味面点的一个重要代表流派。由于北京曾是元、明、清的都城,是全国政治、经济、文化中心,北京多方面的有利条件使之能博采各地区面点之精华,兼收各民族面点之风味,形成独特的北方风味。

京式面点具有用料丰富、品种众多、制作精致、风味多样等特色。京式面点用料广泛,主料就有麦、米、豆、黍、粟、蛋、奶、果、蔬、薯等类。豆类经常使用的就有黄豆、绿豆、赤豆、芸豆、豇豆、豌豆等。加上配料、调料,能调制出上百种坯团。由于北方盛产小麦,京式面点擅长使用面粉制作面食品。

京式面点制作精致,主要表现在用料讲究,善制面团,馅心、浇头多变化,成形、成熟方法多样上。如抻面可以抻得细如线;茯苓饼可以摊得薄如纸。馄饨、饺子、烧麦讲究馅鲜香;面条注重汤味鲜浓;烧饼注重面皮和馅心的变化。京式面点馅心注重咸鲜口味,肉馅多用"水打馅",并佐以葱、姜、黄酱、芝麻油等调辅料,形成北方地区的独特风味。

京式面点名品众多,有被称为四大面食的抻面、刀削面、小刀面、拨鱼面;有丰富多彩的名小吃和点心,如"都一处"的三鲜烧麦、天津狗不理包子、小窝头、豌豆黄、芸豆卷、艾窝窝、银丝卷、千层糕、八宝莲子粥、豆汁、奶油炸糕、一品烧饼、肉末烧饼、一窝丝清油饼等。

（二）苏式面点的形成与特色

苏式面点系指长江中下游江、浙一带地区制作的面点。它起源于扬州、苏州,发展于江苏、上海等地,以江苏为代表。苏式面点地处富庶的鱼米之乡,经济繁荣,物产丰富,饮食文化发达,为面点制作、发展创造了良好条件,成为南方风味面点的一个重要流派。

苏式面点制作精细,讲究造型,馅心多样,善做糕团、面条、饼类等食品,品种繁多,应时迭出。苏式面点制作精细,不仅表现在面条重视制汤、制浇头,酥点讲究用酥、开酥、馒头、包子注重发酵、用馅,糕追求质感或松软或粘韧等;更表现在成形上,制作精巧,制品多姿多态,玲珑剔透,栩栩如生。如花卉造型有菊花、荷花、梅花、兰花、月季花、荷叶、秋叶等;动物造型有刺猬、玉兔、螃蟹、蝴蝶、天鹅、金鱼等;水果造型有石榴、桃子、柿子、枇杷、荸荠、葡萄等;蔬菜造型有青椒、茄子、萝卜、大蒜等。

苏式面点馅心多样,口味或咸鲜或香甜,如苏州糕多为香甜之品。苏式面点馅心重视调味,讲究掺冻(即用鸡鸭、猪肉和肉皮熬制汤汁凝冻而成),汁多肥嫩,味道鲜美,如灌汤包子等。

苏式面点品种繁多,就风味而言,有苏州风味、淮扬风味、宁沪风味、浙江风味等。具有代表性的品种有苏州船点、淮安文楼汤包、扬州富春茶社的三丁包子、翡翠烧麦、糯米烧麦、青团、鲜肉汤团、枫镇大面、阳春面、定胜糕、黄松糕、黄桥烧饼、松子枣泥拉糕等。

（三）广式面点的形成与特色

广式面点泛指珠江流域及南部沿海地区所制作的面点。广东地处岭南,濒临南海,雨量充沛,四季常青,物产丰富,面点制作自成一格,富有南国风味。广式面点以广州最具代表性。长期以来,广州一直是我国南方的政治、经济、文化中心,面点制作技术较南方其他地区发展更快。广州自汉魏以来,就成为我国与海外各国的通商口岸,经济贸易繁荣,特别是近百年来吸收了部分西点制作技术,客观上又促进了广州面点的发展。

广式面点擅长米及米粉制品,品种除糕、粽外,还有煎堆、米花、白饼、粉果、炒米粉等外地罕见的品种。广式面点坯料变化多样,善用油、糖、蛋改变坯皮的性质,获得良好的质感效果;善用荸荠、土豆、芋头、山药、薯类及鱼虾等制作坯料。

广式面点馅心用料广泛,口味清淡。馅心用料包括肉类、海鲜、水产、杂粮、蔬菜、菌笋、水果、干果等。如叉烧肉馅、粉果馅等,制作精美,富有广东地方特色。又因广东地处亚热带,气候较热,饮食习俗重清淡。

广式面点品种丰富多样,以讲究形态、花色、色彩著称,制作精细,用料广泛,口味清淡爽滑。具有代表性的品种有叉烧包、虾饺、莲茸甘露酥、马蹄糕、伦教糕、娥姐粉果、沙河粉、煎堆、糯米鸡、干蒸烧麦、千层酥、小凤饼、广式月饼等。

（四）川式面点的形成与特色

川式面点指四川各地的风味面点小吃。四川地处我国西南,周围重峦迭嶂,境内河流纵横,气候温和湿润,物产丰富,素有"天府之国"之美誉,为四川面点的形成创造了良好的物质条件。四川面点源于民间,历史悠久,在历代民间主妇、官宦家厨、楼堂店馆名师妙手的继承创新之下,逐渐形成自己的风格,地方风味十分浓郁。

川式面点品类众多,从大类上看,有面条、饺子、抄手(馄饨)、饼、馒头、包子、卷、汤圆、糕、粽、粑、酥点等等,而每一类面点又可以派生出若干品种。如清宣统年间傅崇矩编撰的《成都通览》中的饮食部分,面点品种就数以百计。

川式面点用料广泛,主料以面粉、糯米粉、粳米粉、糯米为主,兼用荞麦面、玉米、玉米面、山药粉、绿豆粉、豌豆粉、荸荠粉、藕粉、芡粉等;辅料有家禽、家畜、火腿、金钩、干菜、菠菜、萝卜、鸡蛋以及一些花卉、水果、干果等。

川式面点制法多样,虽位于西南,但擅长面食,如面条、饺子、抄手、包子、酥点、饼等等。

川式面点风味独特,具有浓郁的地方特色,主要表现在调味上,咸、甜、麻、辣味中,尤其善调麻辣味。在复合味调制方面,讲究一味为主,他味相辅,各味兼备,相得益彰。如成都的铜井巷素面、钟水饺、豆花面,南充的川北凉粉等,入口辣香浓郁,辣中突出咸鲜,回味中略带甜酸,虽然是辣味小吃,但辣的分寸不一,各有千秋。

川式面点具有代表性的品种有龙抄手、钟水饺、鲜花饼、牛肉焦饼、赖汤圆、叶儿粑、三合泥、枣糕、珍珠圆子、波丝油糕、蛋烘糕、白蜂糕、甜水面、凉糍粑、萝卜酥饼、过桥抄手、担担面、川北凉粉、金丝面、银丝面等。

(五)其他面点风味流派

1. 山西面点。山西面点又称晋式面点,指山西城乡各地的面点。山西位于黄河中游,黄土高原东部,因地处太行山脉之西而得省名,又因春秋时为晋国中心而简称晋。

山西面点是北方面点的一个重要流派,山西出产的富有地方特色的原料是山西面点形成的基础。山西素有"面食之乡"的称誉,擅长制作各种花样的面食,使用各不相同的面,如麦面、米面、豆面、荞面、莜面、高粱面、玉米面、小米面等。制作时,各种面或单独使用或混合使用,各有千秋,风味各异。如刀削面、揿面、剔尖(拨鱼面)、刀拨面、揪片、饸饹、猫耳朵、花馍等。山西面食的成熟方法多样,煮、炒、蒸、炸、煎、焖、烩、煨均可。山西面食的再一个重要特点是运用浇头、卤汁、菜码调味。不同品种的面食,在不同季节,需用相应的浇头、卤汁、菜码调味,也形成了咸、酸、鲜、香等多种风味。吃面加醋是山西人吃面食的又一大特点。

2. 陕西面点。陕西面点泛指我国中上游西北部广大地区所制作的面点,以陕西为代表,因陕西战国时期曾是秦国的辖地,又一直是西北的重要门户,故又称秦式面点。

陕西是中华文明的发祥地之一,而西安又作过几个朝代的都城,在漫长的历史发展进程中,尤其是在唐代,陕西的饮食文化一度在全国独领风骚,出现过许多精美菜点。

陕西面点是西北地区面点的重要流派。在用料、品种、制法、风味上均有自己的特色。陕西面点最早源于西北乡村的回回、维吾尔、蒙古等少数民族地区,在西安形成制作特色。陕西面点用料丰富,以小麦粉为主,兼用荞麦面、小米面、糯米面、糯米、豆类、枣、栗、柿、蔬菜、禽畜肉、蛋、奶等等,制作的糕、饼、馍、面条和其他点心三四百种,各具传统风味特色。因西北地区有喜食牛羊肉的地域特点,在浇头、馅料制作上自成一体,口味注重咸辣鲜香,民族风味浓郁。陕西面点著名品种有牛羊肉泡馍、黄桂柿子饼、虞姬酥饼、岐山臊子面、油泼辣子面、石子馍、泡泡油糕等。

3. 东北面点。东北面点指我国北方地区辽宁、吉林、黑龙江三省所制作的面点。东北面点是北方面点的一个分支,与京、鲁式面点有许多相通之处。

　　自古以来,东北是多民族聚居之地,不同民族的面点在这里安家落户,传承发展。东北早期经济生活以渔猎为主,但也有一定的农业。东北早期种植的粮食以杂粮为主,主要有小米、黄米、高粱米、玉米、稷等,用其做成饭、粥,或磨成面做成各种面食。东北面点著名品种有辽宁的老边饺子、马家烧卖、小米面饸饹、枣泥月饼,吉林的李连贵熏肉大饼、三杖饼、黄米面豆包,黑龙江的荞面饸饹、黄米切糕、椒盐饼、炸三角等。

　　4. 福建面点。福建面点指福建地区制作的面点。福建地处我国东南,亚热带气候,东临大海,内陆多山林,盛产海味、山珍、水果、水稻、蔬菜等。福建饮食文化的历史较悠久,富有浓郁的地方特色。福建面点名品众多,在清人施鸿保所撰的《闽杂记》一书中就记有“圆子”、“花饼、光饼”、“扁食(馄饨)”、“汤饼”、“油粿”、“烧卖”等。此外还有福州的粿、粽子、糕,泉州的春饼、米丸、肉粽、糕,厦门的甜粿、芋泥、炒米粉、汤圆、粽子,闽南的双润糕、米烧粿,闽西南汀州客家的系列面点,沙县的米冻、馄饨、木薯粉为皮的烧卖等。在这些面点中,地方风味最为突出的是粿。比较而言,福建的米粉类面点制作更为出众一些。

项目二 面点生产作业流程与要求

学习目标

知识目标：
- 了解面点生产作业流程、面点师上岗要求
- 理解面点操作技能与相关知识的关系
- 熟悉面点操作环境与人员卫生要求
- 掌握面点制作的基本程序

技能目标：
- 能够保障个人及操作环境卫生
- 能够按规范要求进行面点设备器具的维护与保养

导　　读

　　面点制作经过漫长的历史发展，已成为一门独立的技艺，已形成一套完整的制作工艺流程，面点生产作业流程则是在此基础上进行的面点从准备、制作到出品的生产全过程。只有掌握好面点制作程序，熟悉面点上岗前必须做好的准备工作，才能成为一名合格的面点师。

　　本项目介绍了面点生产作业流程与要求，阐述了面点制作的工艺流程、面点制作的基本程序，面点师上岗的职业基本要求、职业工作要求、面点岗位的操作规范及学生在学校实验实训要求。通过学习，使学生了解面点上岗前的各项准备工作，应具备的职业道德、知识要求、技能要求，为后面课程的学习奠定基础。

引导案例

小李的面点见习

　　烹饪专业的小李利用大一寒假时间到某酒店面点房见习实习，想在学校开设面点课程前对面点多一些了解。一大早小李来到面点房，首先看到员工们穿着整洁的工作服整理操作间卫生，清点各式各样的工具，检查设备器具，然后进行各种原料的准备。接着看见有的员工在和面、揉面，有的在调制馅心，过一会儿又看见他们在擀皮，一会包捏成的各式各样的生坯出现在眼前，再看他们把锅架在炉子上，蒸呀、煮呀、炸呀，香喷喷的面点出锅了，小李看得有些眼花缭乱，心里在想，我该从哪里入手？做面点有哪些程序和要求？需要具备什么知识和技能？

工作任务一 熟悉面点作业流程

[任务分析] 本项工作的任务是了解面点制作的工艺流程,熟悉面点制作工序的先后次序,知道面点生产前应做的准备工作,掌握面点制作各程序的基本内容。

一、面点制作工艺流程

面点制作经历代演变,至今已形成一套行之有效的工艺流程。面点制作的一般工艺流程如图 1-1:

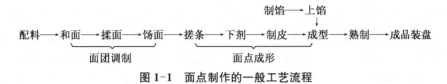

图 1-1 面点制作的一般工艺流程

从工艺流程中可知,面点制作首先进行原料选择准备,然后调制面团,再通过搓条、下剂、制皮、上馅及成型等一系列面点成形过程制成面点生坯,经熟制得到面点成品。

二、面点制作的基本程序

面点制作的基本程序包括如下步骤:

(一)生产前的准备工作

在进行面点生产制作以前,首先应做好以下准备工作,确保面点生产制作能够保质保量的顺利进行。

(1)确定生产品种的工艺流程、生产的数量和所需操作时间。

(2)对机械设备、器具作周密的检查,确定其完好程度。

(3)核对配方,检查原辅料的质量情况是否符合要求,原辅料数量是否准备齐备。

(4)检查操作间环境、设备、工器具卫生是否符合要求。

(二)原料配备

原料配备是面点制作非常重要的一道工序,是决定成品质量、风味特色的基本物质条件。面点原料配备的要求如下:

(1)熟悉各种原料的性质、特点、工艺性能及用途,有利于恰当选择原料,达到物尽其用,发挥原料最大的用途,使制作的成品质量达到最佳效果。

(2)了解因原料产地、品种、部位不同,而形成性质的差异,有助于准确选择原料。

(3)选择的原料要符合产品营养卫生方面的要求。

(4)使用的原料应根据面点配方准确称量,以确保面点品质。

(三)面团调制

面团调制是面点制作的第一道工序。根据面点对皮坯性质的要求,采用一定的方法将皮坯原料调制成均匀混合的团或浆——面团。面团根据调制介质和面团形成特性有水调面团、油酥面团、浆皮面团、膨松面团等。不同的面团,工艺性能不同,对调制的要求也不同。如冷水面团要求良好的筋力,富有弹性、韧性,所以在和面揉面过程中要用揉、捣、揣、摔等操作手法,使面团能均匀吸水、面筋充分形成,使面团变得光滑、柔润。又如干油酥面团调制时要用擦的方法,促进面粉与油脂均匀混合。再如混酥面团要求有良好的酥性,调制过程中尽量避免面筋生成,要采用翻叠的方式和面,且要求快速。准确掌握不同面团调制过程中对温度、调制时间等工艺参数的要求。

（四）制馅

制馅是面点制作中又一道极为重要的工序。制馅包括馅心、面臊、膏料、果酱等制作。馅料不仅决定着面点的风味,丰富面点品种,而且与面点成形、装饰美化都有非常重要的关系。充分掌握馅料的用途,采用适当的方法调制,使制成的馅料满足制品的要求。

（五）面点成形

面点成形包括成形前的基本操作、成形及成熟后装盘与盘饰。成形前的基本操作包括搓条、下剂、制皮、上馅等工艺过程,及面点制作的基本功,为面点最后成形打下基础。面点成形可通过徒手成形法、借助简单工具成形或模具成形法塑造成一定形状,还可通过装饰成形法对面点进行装饰美化。装盘是指将加工成熟的面点成品放入容器中以备上桌的过程。盘饰是指通过对器皿的选择搭配及装饰,更好地衬托出面点的形与色,从而进一步增加宾客的食趣、情趣、雅趣和乐趣。

（六）面点熟制

面点熟制是将成形的面点生坯,经过加热熟制而制成成品的工序。熟制方法有单加热法和复合加热法,一般以单加热法为主,有蒸、煮、炸、煎、烙、烤等。熟制过程中关键要掌握好火候和加热时间,以保障成品良好的色、香、味。

（七）产品评估

对做出的产品从色香味形质等方面进行评估,以确保产品质量符合要求。对已有品种通过面坯、馅料、造型、熟制方法等方面的变化可以进一步丰富产品种类,同时不能忽略对产品成本的核算。

三、面点作业流程的设计

面点作业流程,亦称生产流程,是指面点岗位开展生产的起始至结束所要经过的各个环节,如图 1-2 所示。

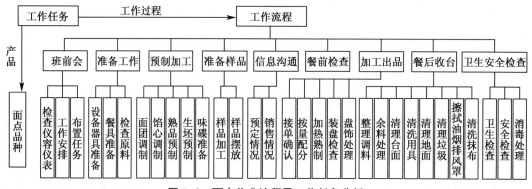

图 1-2　面点作业流程及工作任务分析

四、面点作业细则

根据作业流程制定出每一个作业环节的操作细则、质量标准要求。

（一）准备工作

1. 设备器具准备

（1）机械设备：通电通气检查和面机、搅拌机、压面机、电饼铛、电烤箱、电冰箱、燃气灶等运转是否正常，若出现故障，应及时排除或保修。

（2）工器具：各种不锈钢盆、不锈钢盘、塑料盒，各种不锈钢、塑料调味盒，菜墩，刀，筷子，各种面团调制、面点成型、面点熟制用具、工具、模具等必须符合卫生标准。

具体卫生标准是：①各种工器具干净无油腻、无污物；②各种设备清洁卫生，无异味；③抹布应干爽、洁净、无油渍、无污物、无异味；④将案板清理干净，调和面团的盆、擀面杖、滚筒等用具放于工作台合适的位置，以便操作使用。

2. 餐具消毒。将消毒锅的各种餐具与小调味碟放置操作台上或储存柜内，将镂空花纸垫放置操作台面上，均以取用方便为准。

3. 检查原料

（1）对从食品仓库中领取的各种原料及调味料，按规定的质量标准进行品质检验，凡不符合质量要求的一律拒绝领用。

（2）将原料进行分类处理，面粉等干料存放到面点间的临时仓库；将领取的水产、肉类等新鲜原料立即放入冷藏冰箱中；对需要加工的原料进行加工。

（3）主要原料要按预计的业务量在头一天开列申购单，常规性原料一次性领足，调味原料与辅助原料可根据情况在下午补充领取一次。

（二）预制加工

1. 面团调制。根据加工面点品种的需要，按使用面粉的种类、重量及比例加入辅料、水，调制成面团，反复揉搓后用保鲜膜包上放入冷藏箱内饧面。各种面团的具体投料标准与操作规程按规定执行。

2. 馅心调制。根据面点品种加工的规格要求和质量标准，把各种原料按比例调制成不同口味的馅心。馅心的具体投料标准与操作规程按规定执行。

3. 熟品预制。有一些需要提前进行熟制的面点品种，应根据每天的开餐时间，做好预先熟制。

4. 生坯预制。按规定的加工程序对面点进行成形加工。生坯预制加工要做到下剂、上馅用量准确，造型美观，大小一致，重量相等。

5. 味碟准备。有些面点品种食用时需要配带小调味碟，如蒜泥、酱料，面点厨师应在开餐前将其加工盛装准备好，以便开餐后随时取用。

（三）准备样品

1. 样品加工。开餐前将加工的面点品种各取 1～3 份的量进行熟制加工，将熟制品略放凉后，摆入餐盘内，再用保鲜膜封严，作为摆放于展示柜的样品。

2. 样品摆放。首先将餐厅的面点样品展示柜擦拭干净，将装盘包好的面点样品摆放在餐厅内设置的冷藏展示柜规定的区域内，放好价格牌，样品摆放既要整齐美观，富有观赏性，又要方便个人点选。

（四）信息沟通

由于面点厨房承担整个酒店面点制作与供应的任务，开餐前必须主动与其他部门进行信息沟通，特别是了解当餐及当天筵席的预定情况，以便做好充分准备。

（五）餐前检查

1. 预备工作。各种炉、灶是否进入工作状态；蒸锅、煮锅做好开餐前的预热，通电通气，使蒸锅上汽，煮锅汤沸腾；电饼铛、电烤箱通电预热；米饭提前用电饭煲煲上；应提前预热、熟制的面点品种是否已经完成。

2. 准备工作、预制加工过程的卫生要求。准备工作与预制加工过程要保持良好的卫生状况，废弃物与其他垃圾随时放置于专用垃圾箱内，并随时将桶盖盖严，以防垃圾外溢。案板、炉灶台面、料理台面随时保持清洁。

3. 准备工作结束后的卫生要求。将所有废弃物放置于垃圾箱内，并及时清理掉。对案板、料理台面、不锈钢货架及各种用具的卫生进行全面整理、擦拭，刀具、菜墩放置于固定位置。使用完的碗、盆、盘清洗干净放置于规定位置，一切与作业无关的物品均应从案板、料理台面上清理干净。和面机、搅拌机、压面机等设备应进行清洁处理。

（六）加工出品

1. 接单确认。接到点菜员传递过来的点菜单，首先要进行确认工作，确认菜单上面点的名称、种类、数量；确认桌号标识是否清楚无误。

2. 按量配份。确认工作结束，将菜单传给相应品种的加工厨师，对面点按量配份：①按配份用量取配原料；②对前餐剩余的面点生坯检验是否符合质量要求，凡不符合质量要求的生坯一律不用。

3. 加热熟制。运用蒸、煮、煎、炸、烙、烤等熟制方法对面点品种进行熟制处理。熟制后的面点制品要求内外受热均匀，外表色泽一致，老嫩软硬相同，不破不碎，个体完整，形态美观。

4. 装盘。根据不同品种的特点，取用不同形状的盛器盛装。如家常饼常采用消毒的柳编漆篮盛装，篮内垫上压花布垫；烤、煎、炸、烙制品摆放前，均要在器皿上垫一张压花纸垫；蒸、煮制品用磁盘或碗直接盛装。需要配调味碟的制品要提前把味碟备好。

5. 盘饰处理。筵席面点根据需要，应进行点缀的则用菜叶、鲜花、面塑和果蔬雕等装饰物进行盘边装饰点缀。盘饰的要求是：不能掩盖或影响面点原有的形态与美感；装饰物不能过多、过乱，甚至滥用装饰品；所有装饰物必须符合卫生要求。

（七）餐后收台

1. 整理调料。将调料盒剩余的液体调味料用保鲜膜封好后，放入冰箱中保存。食油与粉状调料及未使用完的瓶装调料加盖后存放在储藏橱柜中。

2. 余料处理。将剩余的加工好的生坯和馅料盛入盒内，包上保鲜膜，放入冰箱内存放，留待下餐使用。剩余的面粉、淀粉、大米等干料装袋或盒，密封好后放入面点间的临时仓库内储存，以便下餐使用。

3. 清理台面，清洗用具。将案板、灶台、料理台上的调料盒、盛料盆及刀具、菜墩、擀面杖、面筛、刮板等各种工用具清洗干净，用干抹布擦干水分，放回货架固定位置或储存柜内。

4. 清理地面。先用扫帚扫除地面垃圾，用浸渍过碱水或清洁剂溶液的拖把拖一遍，再用干拖把拖干地面，然后把打扫卫生使用的工具清洗干净，放回指定的位置晾干。

5. 擦拭油烟排风罩及墙面。将炉灶上方的油烟排风罩，按从内到外、自上而下的顺序先用蘸过清洁剂的抹布擦拭一遍，然后用干净的湿抹布擦拭一遍，最后再用干抹布擦拭一遍。操作间的墙面按自上而下的顺序先用蘸过餐洗净的抹布擦拭一遍，然后用干净的湿抹布擦拭一遍，最后再用干抹布擦拭一遍。

6. 清洗抹布。所有抹布先用热碱水或餐洗净溶液浸泡、揉搓,捞出拧干后,用清水冲洗两遍,拧干后放入微波炉用高火加热 3 分钟或在蒸箱内用旺火加热 20 分钟,取出晾干。

（八）卫生安全检查

1. 卫生检查。按照下列卫生清理标准进行检查,合格后进行设备安全检查。

（1）油烟排风罩、墙面每周彻底擦洗一次,其他工具、设备、用品每餐结束后彻底清洁擦拭一次。

（2）冰箱每周进行一次除霜、清洗处理,保证冰箱内无腥臭等异味。

（3）擦拭过的台面、玻璃、工具要求无油渍、无污迹、无杂物。

（4）地面无杂物、无积水。

（5）蒸锅、电饼铛、电烤箱内无油渍、无水渍,用手触摸无污迹。

（6）抹布清洁,无油渍、无异味。

2. 安全检查。检查电器设备、机械设备、照明设备等是否正常,检查蒸煮炉灶的气阀或气路总阀是否关闭。

3. 室内消毒。操作间卫生清理及安全检查工作结束后,打开紫外线消毒灯,照射 20～30 分钟后,将灯关闭,工作人员离开操作间。

（九）填写生产记录

生产记录应由面点主管填写,面点主管通过对当天工作的检查,如实填写"工作日清表",同时总结工作中出现的问题,并提出或请示工作改进的方法。

工作任务二　了解面点师上岗要求

[任务分析]　本项工作的任务是了解面点职业的职业道德、知识、技能要求,理解面点制作主要操作程序对技能与知识的要求以及二者之间的关系。

一、面点职业基本要求

（一）职业道德

作为面点从业人员应当遵循的职业道德就是要自觉遵守国家法律、法规和有关规章制度,遵守劳动纪律;爱岗敬业,刻苦钻研业务,努力学习新知识、新技术,具有开拓创新精神;工作认真负责、周到细致、踏实肯干、吃苦耐劳、兢兢业业、做到安全文明生产,具有奉献精神;严于律己,诚实可信,平等待人,尊师爱徒,团结协作,艰苦朴素;举止大方得体,态度诚恳。

（二）基础知识

1. 饮食卫生知识

（1）食品污染及腐败变质

（2）食物中毒及其预防

（3）烹饪原料的卫生与安全

（4）烹饪工艺环节的卫生与安全

（5）食品卫生要求

（6）个人和环境卫生要求

2．饮食营养知识

（1）人体需要的营养素和热能

（2）各类烹饪原料的营养

（3）膳食平衡的基本知识

（4）中国居民膳食指南的应用

3．饮食业成本核算知识

（1）饮食成本核算的意义

（2）出品率和损耗率

（3）净成本的核算方法

（4）饮食产品价格的制定方法

4．安全生产知识

（1）厨房安全生产的含义

（2）厨房安全用电知识

（3）厨房安全防火、防爆知识

（4）厨房工具和设备的安全使用知识

5．相关法律、法规中的相关知识

（1）《中华人民共和国劳动法》相关知识

（2）《中华人民共和国食品安全法》相关知识

（三）专业知识

（1）面点原材料知识

（2）面点设备与器具知识

（3）制馅工艺

（4）面坯调制工艺

（5）成形工艺

（6）成熟工艺

（7）装盘与装饰工艺

二、面点职业工作要求

如表1-3所示。

表1-3　面点岗位工作要求

职业功能	工作内容	技能要求	相关知识
1．准备工作	（1）清洁卫生	①能进行车间、工器具、操作台的卫生清洁、消毒工作 ②能发现并解决卫生问题	①饮食卫生知识 ②操作场所卫生要求
	（2）备料	①能识别原料 ②能进行原料预处理	①原辅料知识 ②不同原料预处理知识
	（3）检查工器具	①能检查工器具是否完好 ②检查设备运行是否正常	①工器具常识 ②不同设备操作常识

职业功能	工作内容	技能要求	相关知识
2. 原料配备	（1）产品配方	能读懂配方	配方表示方法
	（2）原料称量	①原料选择 ②能按配方要求准确称料	①原辅料对产品质量、生产工艺的影响 ②配料常识
3. 馅心制作	（1）原料选择	①能选用植物性制馅原料 ②能选用动物性制馅原料 ③能选用制馅调味料	①馅心的概念、分类 ②制馅原料常识
	（2）原料加工	①能对生拌馅原料进行摘洗、去皮、细碎加工 ②能对生拌馅原料进行焯水、脱水处理 ③能对熟制馅原料进行初加工 ④能对熟制馅原料进行熟制处理	①粉碎机、刀具的种类和使用方法 ②馅心原料加工的基本刀法 ③馅心水分控制方法 ④制馅原料的熟制处理方法
	（3）口味调制	①能调制生拌类咸馅 ②能制作糖油馅 ③能制作果仁蜜饯馅	①生荤馅的制作方法 ②糖油馅、果仁蜜饯馅的制作方法
	（4）馅心熟制	①能制作泥茸馅 ②能制作熟素馅、熟荤馅、生熟荤素馅 ③能制作各式面臊	①熟制甜馅的加工方法 ②熟制咸馅的加工方法 ③面臊加工方法
4. 水调面团品种制作	（1）面坯调制	①能按配方调制冷水面团、温热水面团、沸水面团 ②能根据工艺要求调整水调面团配方 ③能根据原料品种特点调制各种水调面团 ④能发现并解决面团调制过程中出现的问题	①水调面团调制工艺原理及要求 ②水调面团调制方法 ③水调面团调制的注意事项
	（2）生坯成形	①能制作饺子皮、馄饨皮、烧卖皮、春卷皮、手工面条 ②能进行有馅类水调面团生坯成形 ③能制作强弹性、韧性、延伸性类水调面团生坯 ④能制作浆糊类水调面团生坯	①擀面杖的种类及使用方法 ②揉面、搓条、下剂、制皮的方法 ③包、捏、钳花、抻、削、拨、搓、摊等成形方法
	（3）产品成熟	①能用煮、炸、煎、烙等熟制方法成熟制品 ②能根据不同品种调整油温和火候	①炉灶、饼铛的种类及使用方法 ②煮、炸、煎、烙的熟制方法、注意事项 ③火候的概念、油温的分类、热能运用的一般原则

职业功能	工作内容	技能要求	相关知识
5. 膨松面团品种制作	(1) 面坯调制	①能按配方调制发酵面团、化学膨松面团、物理膨松面团 ②能根据工艺要求调整发酵面团配方 ③能根据季节调整发酵面团配方与工艺 ④能采用交叉膨松法调制发酵面团	①醒发、搅拌设备及使用方法 ②案台清洁工具的种类及使用方法 ③发酵面团、化学膨松面团、物理膨松面团的概念、特点、调制方法、膨松原理和影响因素
	(2) 生坯成形	①能用模具、手工成形方法进行发酵面团生坯成形 ②能对化学膨松面团生坯成形 ③能制作物理膨松面团生坯	①成形模具种类及使用方法 ②擀、切、卷、拧、叠、模具、镶嵌等成形方法 ③膨松面团成形的注意事项
	(3) 产品成熟	①能用蒸、烤熟制法成熟发酵面团制品 ②能用蒸、烤、炸制法成熟化学膨松面团制品 ③能用蒸、烤熟制法成熟物理膨松面团制品 ④能根据不同品种调整炉温	①蒸箱、烤箱的种类及使用方法 ②烤炉的温度设置与上下火控制 ③蒸、烤、炸的熟制方法、注意事项
6. 层酥面团品种制作	(1) 面坯调制	①能按配方调制水油皮、酵面层酥面团 ②能根据产品特点制定水油皮、酵面层酥面团配方 ③能调制擘酥面团	①走槌的使用方法 ②层酥面团的概念、特点、分类、起酥原理 ③层酥面团的调制方法及注意事项
	(2) 生坯成形	①能用大包酥、小包酥方法进行水油酥皮的开酥 ②能用大包酥方法进行酵面酥皮的开酥 ③能用叠酥方法进行开擘酥和水油酥皮的开酥 ④能制作暗酥、明酥类生坯	①开酥机的使用方法 ②大包酥、小包酥的开酥方法、注意事项 ③卷、擀、叠、切的成形方法 ④影响层酥面坯质量的因素
	(3) 产品成熟	①能用烤、烙方法熟制暗酥类制品 ②能用烤、炸、烙方法熟制明酥类制品	①暗酥类制品的烤制、烙制技术要领 ②明酥类制品的烤制、炸制、烙制技术要领
7. 米制品制作	(1) 饭粥制作	①能根据籼米、粳米、糯米的特点调整米与水的配方 ②能熟制米饭、米粥制品	①稻米的种类与特点 ②米饭、米粥的制作方法
	(2) 面坯调制	①能按配方调制生粉团、熟粉团坯 ②能调制黏质糕、松质糕粉团	①米粉的种类 ②米粉面团的概念、分类、特点 ③黏质糕、松质糕粉团的掺粉方法
	(3) 生坯成形	①能制作生粉团、熟粉团生坯 ②能制作黏质糕、松质糕生坯	①生粉团、熟粉团成形方法与注意事项 ②黏质糕、松质糕成形方法与注意事项
	(4) 产品成熟	①能熟制生粉团、熟粉团制品 ②能熟制黏质糕、松质糕类产品	①生粉团、熟粉团制品的熟制关键 ②黏质糕、松质糕制品的熟制关键

职业功能	工作内容	技能要求	相关知识
8. 杂粮及其他面坯品种制作	(1) 面坯调制	①能按配方调制玉米面、小米面类面团 ②能调制薯类面坯 ③能调制澄粉类面坯 ④能调制糖浆皮类面坯 ⑤能调制蔬果类面坯 ⑥能调制豆类面坯	①玉米、小米的种类、特性 ②薯类的种类及特性 ③澄粉的特性 ④糖浆熬制工艺方法 ⑤蔬果类原料的种类及特性 ⑥豆类原料的种类及特性
	(2) 生坯成形	①能成形玉米面、小米面类面点生坯 ②能制作薯类面点生坯 ③能制作澄粉类面点生坯 ④能制作糖浆类面点生坯 ⑤能制作蔬果类面点生坯 ⑥能制作豆类面点生坯	①玉米面、小米面面坯调制方法及注意事项 ②制作薯类面坯调制方法及注意事项 ③制作澄粉类面坯调制方法及注意事项 ④制作糖浆类面坯调制方法及注意事项 ⑤制作蔬果类面坯调制方法及注意事项 ⑥制作豆类面坯调制方法及注意事项
	(3) 产品成熟	①能熟制玉米面、小米面类制品 ②能熟制小米饭、小米粥类制品 ③能熟制薯类面点制品 ④能熟制糖浆类面点制品 ⑤能熟制蔬果类面点制品 ⑥能熟制豆类面点制品	①玉米面、小米面制品的熟制方法 ②小米饭、小米粥的熟制方法 ③薯类面点制品的熟制方法 ④糖浆类面点制品的熟制方法 ⑤蔬果类面点制品的熟制方法 ⑥豆类面点制品的熟制方法
9. 装盘与装饰	(1) 成品装盘	①能按几何图形装盘 ②能搭配装盘色彩	①装盘的基本方法和操作要点 ②几何构图的基本方法
	(2) 成品装饰	①能用沾、撒、搓等方法做盘饰 ②能用挤、捏等方法做盘围边	①常用的装饰方法 ②装饰蛋糕的工艺方法
	(3) 装饰物制作	①能制作色型俱佳的装饰物 ②能综合利用本地区和其他地区的成形方法对整盘产品做造型 ③能制作立体装饰物	①食品色、香、味的变化 ②面点造型与布局知识
10. 产品评估	(1) 质量鉴定	①能应用感官质量检验方法对产品进行质量鉴定 ②能对产品质量进行综合性分析并提出改进意见	①产品质量鉴定标准 ②食品色、香、味、形、质的知识
	(2) 成本核算	①能计算原料的净料费 ②能计算产品的直接成本 ③生产过程中能有效控制直接成本,控制废品率	①成本核算知识 ②产品成本核算的原则和方法
	(3) 产品开发与技术创新	①能根据市场需求进行调查分析并独立设计产品配方,开发产品 ②能使用新材料、新工艺、新设备、新技术研制开发新产品 ③能对原有工艺方法进行革新	①市场调查分析预测知识 ②国内外原辅料工艺特性知识 ③新工艺、新品种的最广应用知识

工作任务三　熟悉面点岗位操作规范

[任务分析]　本项工作的任务是了解食品卫生"五四制",熟悉面点操作间及操作人员个人卫生要求,了解面点设备器具维护目的,熟悉面点设备器具维护管理要求,能够按规范要求进行面点设备器具维护,知晓学生实验实训要求与守则。

一、面点操作间及操作人员卫生要求

（一）操作间卫生要求

1. 操作间的墙壁无尘、无蜘蛛网,每周用干布擦拭。

2. 地面每天下班前,先用水冲,然后用拖布拖干,拖地时采用"倒退法",以避免踩脏刚拖好的地面。地面上的明沟最后清洁,做到无异物、无异味。工作期间掉在地上的物料要及时清理、清洁。

3. 容器、模具、工具的卫生要求。容器是指生产所需的桶、盆、碗、瓶、秤盘等物品。

（1）每天下班前容器要清洁干净,表面底部不得有油污,凡有盖的一律盖好。

（2）将容器放在指定位置,摆放排列整齐。

（3）模具用过后需先内外清理后擦净,不得有油污,放在指定位置,排列整齐。

（4）工具用过后必须马上清洗干净,不得有水珠、油污,放到指定位置。

4. 工作人员使用的带手布(抹布)要随时清洗,不能一布多用,以免交叉污染。消毒后的餐具不要再用带手布擦拭。带手布清洗时,先用洗涤剂洗净,放入沸水中煮10分钟,再放入清水中清洗干净,拧干水分,晾晒于通风处。

5. 设备的保养与清洗。

（1）生产设备应由专人养护、定期定时加油润滑。

（2）每日下班后需将设备停电后清理干净,不得有油污、水珠、面粉、尘土、污物等。

（3）发酵箱内的水要经常更换;炉灶、烤炉内油污常清理。

（4）工作台在使用过程中注意保持台面的平整、光滑,使用结束后,用刮刀将案台上的黏着物刮下并扫净,再用带手布(抹布)和水将案台上剩余的黏着物清洗干净。

（二）个人卫生要求

1. 必须持健康证上岗。

2. 保持良好的个人卫生,不留长指甲和涂指甲油及其他化妆品。

3. 进入操作间必须穿戴工作服、工作帽、工作鞋,头发不得外露,工作服和工作帽必须勤更换。

4. 严禁一切人员在操作间内吃食物、吸烟、随地吐痰、乱扔废弃物。

5. 工作时不戴戒指珠宝饰物,不把私人物品带入操作场所。

（三）从业人员严格执行食品卫生"五四制"

1. 从原料到成品实行"四不制度"。

（1）采购员不买腐烂变质的原料。

（2）保管验收员不收腐烂变质的原料。

（3）加工人员不用腐烂变质的原料。

（4）营业员不卖腐烂变质的食品,不用手拿食品,不用废纸、污物包装食品。

2. 成品(食物)存放实行"四隔离"。

(1) 生与熟隔离。

(2) 成品与半成品隔离。

(3) 食品与杂物、药物隔离。

(4) 食品与天然冰隔离。

3. 用(食)具实行"四过关"。

(1) 一洗。

(2) 二刷。

(3) 三冲。

(4) 四消毒(蒸汽、开水)。

4. 环境卫生采取"四定"。

(1) 定人。

(2) 定物。

(3) 定时间。

(4) 定质量,划片分工,包干负责。

5. 个人卫生做到"四勤"。

(1) 勤洗手剪指甲。

(2) 勤洗澡理发。

(3) 勤洗衣服被褥。

(4) 勤换工作服。

二、面点设备器具的维护管理

(一) 目的

(1) 确保设备的正确操作,减少因操作失误引起的故障。

(2) 确保操作人员的人身安全。

(3) 确保机器设备的良好运行。

(4) 确保生产的正常运行及产品质量的稳定性,降低非人为因素的产品不合格率。

(二) 面点设备器具的维护管理要求

面点制作的设备、工具种类繁多,性能与形状各异,为充分利用它们的特点,提高生产效率,每个面点制作人员,必须了解与掌握设备和工具的使用及养护知识。

1. 熟悉设备、工具的性能。"工欲善其事,必先利其器",使用设备、工具时,要熟悉各种工具、设备的性能,然后才能达到正确使用,发挥其最大的效能,提高工作效率。所以,面点制作人员在上岗前必须进行有关设备的结构、性能、操作、维护以及技术安全方面的教育与学习。在未学会操作前,切勿盲目操作,以免发生事故或损坏机件。

2. 编号登记、专人保管。中国面点的品种繁多、花色复杂、风格各异,相应的制作面点的配套工具与设备也很多,在使用过程中,应当对其适当分类、编号登记,甚至设专人负责保管。对于常用的炊事设备应根据制作面点的不同工艺流程,合理设计其安装位置,对于一般的常用工具,要做到"用有定时,放有定点"。

3. 注意对设备的维护和检修。对于设备的传动部件,如轴承、辊轴等处,要按时添加润滑油;电机使用要按容量使用,严禁超负荷运行;设备在非工作状态下应上防护罩。使用前必须检查设备,确认设备完全、清洁、无故障,处于完好的工作状态,然后才能正常使用。另外,设备还要定期维修,及时更换损坏的机件。

4. 在使用面点机械和器具过程中还必须加强操作安全。严格执行安全操作制度,加强操作安全必须做到如下三点:第一,操作时思想必须集中,严禁谈笑操作,使用中不得任意离岗,必须离岗时应停机切断电源。停电或动力供应中断时应切断各类开关和阀门,使工作机构返回起始位置,操作手柄返回非工作位置。第二,必须重视设备安全。设备上不得堆放工具等杂物,周围场地应整洁。设备危险部位应加盖保护罩、保护网等装置,不得随意摘除。第三,严格制定安全责任制度,并认真遵守执行。

5. 卫生要求。面点设备器具的清洁卫生,会直接影响面点制品的卫生,特别是有些工具是制品成熟后才进行使用的,如裱花嘴、分割面点刀具、盛具等。因此,保持面点器具的清洁卫生,有着十分重要的意义。一般应做好以下几方面工作:

(1) 用具必须保持清洁,并定时严格消毒。所用案板、面杖、刮刀以及盛食料的钵、盆、缸、桶、布袋等用后必须洗刷干净;蒸笼、烤盘以及木制模具等,用后必须清洗,放于通风干燥处;铁器、铜器等金属必须经常擦拭干净,以免生锈。所有的面点器具(与食料接触的盛器或部件),每隔一定时期,采用合适的消毒方法进行严格消毒。

(2) 对生熟制品的用具,必须严格分开使用,以免引起交叉污染,危害人体健康。

(3) 建立严格的用具专用制度,做到专具专用。避免以下情况发生,如:案板不能用来切菜、剁肉,更不能兼作吃饭、睡觉之用;笼屉布、笼垫等用后立即洗净、晾干,切不可作抹布之用,否则会严重影响清洁卫生。

三、学生实验实训基本要求

学生实训守则

①自觉遵守实训室规章制度,进入实训室必须穿戴干净工作衣、帽,佩戴胸卡;严禁穿便衣、背心、短裤、短裙、拖鞋上课。

②进入实训室后,应按实训课程表的安排到指定实训教室上课,严禁到处乱串;严格遵守上课时间,服从实训指导教师和实训教学部管理人员的安排;实训完成后不能在实训楼内逗留。

③实训楼内严禁吸烟。

④实训时要爱护工具设备,需在了解了工具、设备的使用方法、操作过程和维护常识后,方能按规定要求使用;若有损坏,必须向指导教师报告,并到实训教学办公室进行登记,根据情节按赔偿制度处理。

⑤实训过程中应耐心细致地观察、记录和踏实认真地操作;实训完毕,首先应关闭好炉灶的电、气开关,然后清理好工具、设备,最后完成所在实训室的清洁卫生工作,经管理人员同意方能离开。

⑥禁止将实训室设备、工具、原材料等物品私自带出实训楼。

⑦注意用气、用电、用水的安全,严禁擅自打开各楼层通道上的配电箱,严禁在无任何火灾、危情的时候使用、玩耍消防设备。

⑧实训楼内严禁嬉笑、打闹。

⑨爱护实训楼内的环境清洁,不随地吐痰、扔脏物和废物。

⑩遵守纪律,服从管理,礼貌待人。

项目三 原料选用

学习目标

知识目标：

- 了解面点坯团原料、辅助原料、制馅原料、调味原料的种类
- 熟悉常用面点坯团原料、辅助原料、制馅原料、调味原料的性质、用途
- 掌握面粉、大米、油脂、糖、蛋、乳品、膨松剂的工艺性能

技能目标：

- 能够认识、分辨各种面点原料
- 能够通过感官鉴别面粉的筋度强弱
- 能够合理选择使用面坯原料、辅助原料、馅心、面臊、调味原料

导　　读

我国幅员辽阔，物产丰富，用以制作面点的原料非常广泛，几乎所有的主粮、杂粮，以及大部分可食用的动、植物等原料都可以使用。面点原料根据其性质和用途，大致可分为面坯原料、辅助原料、制馅原料、调味原料四类。关于这些原料在《烹饪原料学》中已有阐述，本章重点介绍面点常用原料的理化性质及其在面点制作中的工艺性能及作用。

引导案例

对"包子"的解剖

面点课上，赵老师拿出一盘鲜肉包子，让同学们品尝后对包子的原料构成进行一次详细解剖，并说说这些原料在包子中起的作用。这时同学们七嘴八舌地说开了，有同学说包子皮用了面粉、水，包子皮是面制品，当然不能少了面粉，面粉加水才能形成面团，才能做成包子；有同学说包子馅用了猪肉、葱、姜、食盐、酱油、味精，猪肉是馅的主体，其他是调味用的；也有同学补充说包子皮是发面做的，皮里还要加酵母粉，包子才能膨松起来；还有同学补充说包子馅是肉馅，在家看妈妈做的时候还要加料酒、胡椒粉、芝麻油，可以起到去腥膻增香的作用。针对同学们的回答，老师总结说同学们回答得非常好，并进一步把这些原料在包子中的作用给同学们进行了详细讲解。最后老师提出一些问题，构成包子的这些原料是否可以归类？做面点皮坯的主要有哪些类型的原料？这些原料在皮坯中起何作用？做面点馅心的原料有哪些？在面点中有何作用？

工作任务一 熟悉面点常用坯团原料

[任务分析] 本项工作的任务是了解面点坯团原料的种类，熟悉常用坯团原料的性质与用途，掌握常用坯团原料的工艺性能，能够合理地选用坯团原料。

坯团主要原料通常是指用于调制面团或直接制作面点的粮食类原料。如面粉、大米、杂粮、淀粉等，经过合理的加工、调制，均可作为面点坯团原料。

一、面粉

面粉由小麦磨制而成，是面点制作的主要皮坯原料之一。不同的制品对面粉的工艺性能和质量有不同要求，如制作面包要求弹性和延伸性都好的高筋面粉；制作面条、饺子、馒头等需要弹性和延伸性都较好的中筋面粉；制作蛋糕、饼干、糕点则要求弹性、延伸性都不高，但可塑性良好的面粉。如果制作中选择的面粉不符合所制面食品工艺要求，就难以保证其质量。而面粉的性能和质量又取决于小麦的种类、品质和磨粉方法。因此，研究面粉对面点制品的影响，就必须了解和掌握小麦的结构、种类、化学组成与面粉性能和质量的关系。

（一）面粉的种类

各国面粉的种类和等级标准一般都是根据本国人民的生活水平和食品工业发展的需要来制定的。我国现行的面粉等级标准主要是按加工精度来分的。1986年颁布的小麦粉国家标准中将面粉分为四等：特制一等粉、特制二等粉、标准粉、普通粉。分类的标准、各项指标不是针对某种专门的、特殊的食品来制定的，按此标准生产的面粉实际上是一种"通用粉"，而不是专用粉，很难适应制作面包、馒头、面条、糕点、饼干对面粉蛋白质、面筋质数量和质量的要求。随着人们生活水平的提高和食品工业的发展，已逐步发展专用粉生产。专用粉的品种可以按不同的用途和对蛋白质、面筋质的要求分为：面包专用粉、面条专用粉、馒头专用粉、糕点饼干专用粉、油炸食品专用粉以及家庭用粉、自发粉等。

面点中常用的面粉种类如下：

1. 面包专用粉。面包专用粉又称面包粉、高筋面粉、高筋粉、高粉，由硬麦磨制而成。其蛋白质含量在12.2%以上，吸水率62%～64%，蛋白质含量高，面筋质也较多，因此筋性强，多用来做面包等。

2. 通用面粉。通用面粉又称中筋面粉、中筋粉、中粉，是介于高筋粉和低筋粉之间的一种具有中等筋力的面粉。其蛋白质含量为9%～11%，吸水率55%～60%。因此，也有很多食谱以一半的高粉混合一半的低粉来充当中筋粉使用。中筋粉在中式面点制作上的应用很广，如包子、馒头、面条、饺子等，大部分中点都是以中筋粉来制作的。

3. 糕点专用粉。糕点专用粉又称糕点粉、低筋面粉、低筋粉、低粉，由软麦磨制而成。其蛋白质含量低于10%，吸水率48%～52%，蛋白质含量低，面筋质也较少，因此筋性亦弱，多用来做蛋糕、桃酥、松酥、塔、派等松软、酥脆的糕点。

4. 蛋糕专用粉。蛋糕专用粉也是低筋面粉，蛋白质含量平均在8.5%左右。制粉加工过程中需经氯气处理，降低面粉筋度和pH值，粉质细滑柔软，色泽洁白，适合用来制作蛋糕和其他质地细嫩需要低筋含量的产品。

5. 自发面粉。自发面粉又称自发粉,自发粉大都为中筋面粉和小苏打及酸性盐、食盐的混合物。因为自发粉中已有膨松剂,最好不要用它来取代一般食谱中的其他面粉,否则成品膨胀得太厉害。

6. 强化面粉。强化面粉指在一般面粉中添加营养成分,如硫胺素、核黄素、烟酸、铁、钙等维生素和矿物质。

7. 全麦面粉。全麦面粉又称全麦粉,是将整个麦粒研磨而成。全麦含丰富的维他命B1、B2、B6 及烟碱酸,它的营养价值很高。

（二）面粉的工艺性能

面粉的工艺性能包括面筋工艺性能、面粉吸水率、面粉的糖化力和产气能力、面粉的熟化等方面。

1. 面筋工艺性能。主要取决于面粉中面筋质的数量与质量。将面粉加水经过机械搅拌或手工揉搓后形成的具有粘弹性的面团放入水中搓洗,淀粉、可溶性蛋白质、灰分等成分渐渐离开面团而悬浮于水中,最后剩下一块具有黏性、弹性和延伸性的软胶状物质就是所谓湿面筋。面筋质主要是由麦胶蛋白和麦谷蛋白组成,这两种蛋白质约占干面筋重的 80% 左右,其余 20% 左右是淀粉、纤维素、脂肪和其他蛋白质。面筋蛋白质具有很强的吸水能力,虽然它们在面粉中的含量不多,但调粉时吸收的水量却很大,约占面团总吸水量的 60%～70%。面粉中面筋质含量越高,面粉吸水量越大。在适宜条件下,1 份干面筋可吸收自重大约 2 倍的水。

通常,评定面筋质量和工艺性能的指标有弹性、韧性、延伸性、可塑性和比延伸性。

弹性:指湿面筋被压缩或被拉伸后恢复原来状态的能力。面筋的弹性可分为强、中、弱三等。弹性强的面筋,用手指按压后能迅速恢复原状,且不粘手和留下手指痕迹,用手拉伸时有很大的抵抗力。弹性弱的面筋,用手指按压后不能复原,粘手并留下较深的指纹,用手拉伸时抵抗力很小,下垂时,会因自身重力自行断裂。弹性中等的面筋,性能介于两者之间。

韧性:指面筋对拉伸时所表现的抵抗力。一般来说,弹性强的面筋,韧性也好。

延伸性:指面筋被拉长到某种程度而不断裂的性质。延伸性好的面筋,面粉的品质一般也较好。

可塑性:指湿面筋被压缩或拉伸后不能恢复原来状态的能力,即面筋保持被塑形状的能力。一般面筋的弹性、韧性越好,可塑性越差。

比延伸性:以面筋每分钟能自动延伸的厘米数来表示。面筋质量好的强力粉一般每分钟仅自动延伸几厘米,而弱力粉的面筋可自动延伸高达 100 多厘米。

2. 面粉吸水率。面粉吸水率是检验面粉烘焙品质的重要指标。它是指调制单位重量的面粉调成面团所需的最大加水量。面粉吸水率高,可以提高产品的出品率,增加水分含量和柔软性。面团的最适吸水率取决于所制作面团的种类和生产工艺条件。最适的吸水率意味着形成的面团具有理想的操作性质、机械加工性能、醒发、熟制工艺性质以及最终产品特征(外观、食用品质)。

影响面粉吸水率的因素主要有:

(1)蛋白质含量。面粉实际吸水率的大小在很大程度上取决于面粉的蛋白质含量。面粉的吸水率随蛋白质含量的提高而增加。

（2）小麦的类型。硬质、玻璃质小麦生产的面粉具有较高的吸水率。

（3）面粉的含水量。如面粉的含水量较高，则面粉吸水率自然降低。

（4）面粉的粒度。研磨较细的面粉，吸水率自然较高。因为面粉颗粒的总表面积增大，而且损伤淀粉也增多。

（5）面粉内的损伤淀粉含量。损伤淀粉含量越高，面粉吸水率也越高。因为破损后的淀粉颗粒，使水容易渗透进去。但是太多的破损淀粉会导致面团和制品发粘，使发酵制品体积缩小。

3. 面粉的糖化力和产气能力。面粉糖化力是指面粉中淀粉转化成糖的能力。由于面粉糖化是在一系列淀粉酶和糖化酶的作用下进行的，因此面粉糖化力的大小取决于面粉中这些酶的活性程度。面粉糖化力对于面团的发酵和产气影响很大。由于酵母发酵时所需糖的来源主要是面粉糖化，并且发酵完毕剩余的糖，与制品的色、香、味关系很大，对无糖的发酵制品的质量影响较大。

面粉产气能力是指面粉在面团发酵过程中产生二氧化碳气体的能力。面粉产气能力取决于面粉糖化力。一般来说，面粉糖化力越强，生成的糖越多，产气能力也越强，所制作的发酵产品质量就越好。在使用同种酵母和相同的发酵条件下，面粉产气能力越强，制品体积越大。

4. 面粉的熟化。亦称成熟、后熟、陈化。刚磨制的面粉，特别是新小麦磨制的面粉，其面团黏性大，筋力弱，不宜操作，生产出来的面包体积小，弹性、疏松性差，组织粗糙、不均匀，皮色暗、无光泽，扁平易塌陷收缩。但这种面粉经过一段时间贮存后，其烘焙性能得到大大改善，生产出的面包色泽洁白有光泽，体积大，弹性好，内部组织均匀细腻。特别是操作时不粘，醒发、烘焙及面包出炉后，面团不跑气塌陷，面包不收缩变形。这种现象被称为面粉的"熟化"、"陈化"、"成熟"或"后熟"。

面粉"熟化"的机理是，新磨制面粉中的半胱氨酸和胱氨酸含有未被氧化的硫氢基（—SH），这种硫氢基是蛋白酶的激活剂。面团搅拌时，被激活的蛋白酶强烈分解面粉中的蛋白质，从而造成前述的烘焙结果。新磨制的面粉，经过一段时间贮存后，硫氢基被氧化而失去活性，面粉中的蛋白质不被分解，面粉的烘焙性能也因而得到改善。

（三）面粉包装与贮藏

市售的面粉包装，一般每袋重量为 25 公斤，家用面粉多为 0.5 公斤、1 公斤、5 公斤装。一般面点房大多整批大量采购贮存备用，以保证面点品质良好的统一性，同时可使面粉在贮存期间因本身的呼吸作用而熟化。

面粉贮藏保管时应注意以下事项：

（1）放置在阴凉通风处。

（2）防止面粉吸潮。

（3）防止面粉吸收异味。

（四）面粉筋度的感官鉴别

在实际生产中，难免会出现因放置错误或贴错标签而无法正确区分面粉种类。因此，通过视觉和手感来辨别高筋面粉、低筋面粉、中筋面粉是必要的。

高筋面粉在指尖揉搓时会有粗糙感，如果在手中捏成小块，松手以后，粉块会立即散开,其颜色为乳白色。低筋面粉感觉非常光滑细腻,捏成小块,松手后会保持原状,其颜色纯白或偏乳白。中筋面粉的手感介于高筋面粉和低筋面粉之间,捏成小块,松手后粉块是散非散,颜色与高筋面粉相近为乳白色。

二、大米

(一)大米的种类、特点及用途

大米是面点制作的主要皮坯原料之一,是稻谷经脱壳碾制而成的加工制品。按粒质分为籼米、粳米、糯米。

(1)籼米。籼米是我国大米出产量最多的米,在四川、湖南、长江流域和华南等地区,所产的大米主要是籼米。籼米色泽灰白,半透明,呈细长形,长宽比例大约为3∶1,横断面为扁圆形。特点是米质较疏松,硬度适中,黏性小,胀性大。主要用来制作干饭、稀粥以及发酵型的面点制作。

(2)粳米。粳米主产于太湖、淮北、云贵、华南地区。其粒色透明或半透明似白蜡状,粒形短圆,长宽比例为1.4∶1或2∶1,横断面接近圆形。特点是米质较坚实,硬度高,黏性和胀性介于籼米和糯米之间,出饭率比籼米低,做成的饭柔软香甜,稀粥则质稠香粘。

(3)糯米。全国各地均有栽培,但以江苏常州、溧阳为好。糯米也称江米、元米,其色泽乳白不透明,熟制阴干后有透明感,出饭率较粳米还低。呈长圆形或短胖圆条形,有籼糯米和粳糯米之分。糯米的特点是米质均匀,硬度低、黏性大,胀性小。其面点制品具有软、糯、粘、韧的特点。

(二)大米的化学组成与性质

大米所含的蛋白质、碳水化合物和脂肪等营养成分与小麦基本相同,但是两者的蛋白质和淀粉的性质却不相同。大米的蛋白质的主要成分为谷蛋白,此外还有谷胶蛋白、球蛋白、清蛋白。这一结构中,不含有面筋蛋白质的成分,使其粉料不能形成类似面筋的物质,因而米粉团不具有类似麦粉类面团的工艺性能,不能制成与面制品相类似的制品。

不同种类的大米,其黏性差别较大,这与大米中淀粉的性质密切相关。而大米淀粉的性质由所含直链淀粉和支链淀粉的比例所决定。直链淀粉易溶于热水,形成粘度较小的胶体溶液,该溶液不稳定易凝沉。所以含直链淀粉高的米及米制品制出的成品黏性较小,放置易变硬。而支链淀粉在加热、加压的条件下溶于水中,形成稳定的、黏性很大的胶体溶液,不具有凝沉或凝溶性很弱,因此,凡含支链淀粉高的米及米制品,黏性大,柔软,放置不易变硬,而且也不利于制品的发酵。三类大米中,糯米和粳米含支链淀粉较多,而籼米相对糯米、粳米来说含直链淀粉较多,这样就构成了大米较大的性质差异。

(三)米粉的种类与性质

米粉是由大米磨制而成的。按米质的不同,米粉可分为籼米粉、粳米粉和糯米粉。不同种类大米有较大的性质差异,加工成粉的性质也不尽相同。籼米粉黏性小、胀性大,制品口感硬实,形态好;糯米粉黏性大而胀性小,制品口感黏糯,成品熟后易坍塌;粳米粉的性质介于籼米粉和糯米粉之间。

米粉按磨制方法可分为干磨粉,湿磨粉和水磨粉三种。干磨粉含水量最少,保管方便,不易变质,但粉质较粗,滑爽软糯性差,色泽较次,适宜制作一般性的糕团及象形点心,如松糕、船点。湿磨粉的粉质较干磨粉细腻,吃口较软糯,但含水量较多,难于保管,适宜制作一般糕团制品,如年糕、蜂糕等。水磨粉的粉质非常细腻,吃口滑糯,但含水量高,很难保管,不宜久藏,只能随磨随用,且操作复杂,浸米时间长,粮食浪费大,水溶性营养成分损失大。水磨粉适宜制作一些精细特色糕团,如汤圆、麻球、叶儿粑等。随着食品工业的发展,米粉的加工品质有了极大提高,水磨粉已不局限于含水量很高的湿粉,通过用传统的水磨粉加工工艺结合现代先进的制粉工艺,得到精制的水磨干粉,如各种汤圆粉、糯米粉,为团类制品的制作提供了极大方便。

（四）镶粉

镶粉又叫掺粉。当单一的米或米粉不能满足制品对软、硬、黏、韧的性质要求时,通过不同品种、等级大米以不同比例掺合或米粉与其他粮食粉料（如面粉、杂粮粉）掺合,互补各自不足,达到改善米团工艺性质,增进风味、提高营养价值的目的,使制品软糯适度,熟后形态美观。

1. 镶粉的形式

（1）米粉与米粉的掺和。主要是糯米粉和粳米粉掺和,这种混合粉料用途最广,适宜制作各种松质糕、黏质糕,汤团等。成品软糯、韧滑爽口。掺和比例要随米的质量及制作的品种而定,一般糯米粉与粳米粉的比例为 6:4～9:1。

（2）米粉和面粉的掺和。米粉中加入面粉能使粉团中含有面筋质。如糯米粉中掺入适当的面粉,其性质糯滑而有劲,成品挺括不易走样。如果糯、粳镶粉中加入面粉成为三合粉料,其制成品软、糯,不走样,能捏做各种形态的成品。

（3）米粉和杂粮的掺和。用米粉和玉米粉、小米粉、高粱粉、豆类粉、薯泥、南瓜泥等掺和使用,可制成各种特色面点。

2. 镶粉的方法

（1）用米的掺和法。在磨粉前,将几种米按成品要求以适当比例掺和制成粉,即成掺和粉料。湿磨粉和水磨粉一般都用这种方法掺和。

（2）用粉的掺和法。在调制粉团前,将所需粉料按比例混合在一起。一般干磨粉、米粉与面粉、米粉与杂粮用这种方法掺和。

三、杂粮、淀粉及其他

（一）杂粮

1. 谷类杂粮

（1）玉米。玉米俗称包谷、棒子,属禾本科草本植物,玉蜀黍的种子。玉米按粒质分为粳玉米和糯玉米;按颜色分为黄玉米、白玉米和杂色玉米。其结构由皮层、胚乳和胚构成,比例分别为 4.3%～10.8%、80%～85%、7.5%～15.3%。玉米的胚特别大,并含有较多的脂肪,且脂肪中含有丰富的不饱和脂肪酸,因此玉米胚可用于制油。又由于玉米中脂肪含量高,储存过程易酸败,加工玉米时,胚与皮层都应除去。玉米中的蛋白质大部分分布在胚乳中,主要含玉米胶蛋白和玉米谷蛋白,是一种不完全蛋白质,其色氨酸和赖氨酸含量甚微,不具有持气性能和形成弹性面团的能力,但含有较多有利于健脑的谷氨酸和抗衰老的维生素 E,因此具有丰富的营养价值。玉米价格低廉,产量高,有着广泛的应用。在食品工业中用于制作淀粉、酒精、糖等,在面点中使用较多的是磨制成玉米粉。玉米粉即可单独使用制成各种糕团,也可与其他粉料掺和使用,最普遍的是与面粉掺和,制成各式发酵制品和面条。糯玉米粉具有和糯米粉相同的特点,凡以糯米粉为原料的制品,都可用糯玉米粉代替。在玉米粉制品中,用部分糯玉米粉或糯米粉取代普通玉米粉,可使制品黏性增强,品质更好。

在使用玉米粉的食品中,因为玉米所含尼克酸多呈结合型,不利于人体消化、吸收,所以工艺中应采取添加小苏打等碱性原料的方法,使其分解为游离的尼克酸,利于人体消化吸收。

(2) 高粱。属禾本科草本植物蜀黍的种子,全国广泛分布,主产于东北三省。高粱分为粮用、糖用、帚用三大类。粮用高粱按皮色分为红、黄、白等若干种,按粒质分为粳高粱和糯高粱两种。高粱由皮层、胚乳和胚构成。高粱的皮层较厚,约占籽粒总量的13%,含有大量的粗纤维和各种色素及单宁。单宁带有苦涩味,影响人体对食物的消化吸收,引起便秘。高粱中矿物质铁的含量较高,但蛋白质中赖氨酸含量较低。高粱在面点制作中,既可做成高粱饭或粥,又可加工成粉,与其他粉料掺和使用制成各式风味面点。磨粉时为了消除单宁对制品品质的影响,尽可能除去皮层。糯高粱制成粉后,具有与糯米粉相同的性质。

(3) 小米。小米俗称谷子,属禾本科草本植物粟的种子,分布于华北、西北、东北及山东等地。小米多为卵圆形,粒小,骨硬,色泽黄白。按米质的黏性可分为粳、糯两种,按色泽分为白色、黄色、赤褐色等品种,以黄色和白色居多。由于小米在碾制过程中只除去外壳,因此可以保留较多的维生素。小米中的硫胺素和核黄素的含量很丰富,比大米和面粉多好几倍,而且蛋白质、脂肪、糖类的消化吸收率均很高,依次分别为83.4%、90.8%、99.4%。中医认为小米具有除热解毒、益肾等食疗作用。粳小米颜色淡黄,粒小,适于熬粥或做成小米饭。磨成粉可制作各种糕饼,亦可掺和面粉制作各种发酵面点。糯小米颜色深黄,粒大,黏性强,可制作小米粽子等制品。磨成粉,其粉团有较高黏性,成品柔软、爽滑。

(4) 荞麦。荞麦又叫乌麦,在我国种植分布范围广,西北、东北、华北及云、贵、川一带的高寒山区种植较多,属蓼本科草本植物荞麦的种子,分为甜荞和苦荞两类。荞麦籽粒营养价值高,富含蛋白质、淀粉、脂肪、矿物质及维生素,还含有其他谷类粮食没有的芦丁。其中,蛋白质不仅有人体必需的8种氨基酸,还有老人和儿童必需的组氨酸和精氨酸,脂肪富含油酸、亚油酸等不饱和脂肪酸;芦丁中的黄酮类物质有扩张冠状血管和降低血管脆性的作用,在降低胆固醇、防治心脑血管疾病及高血症方面有较好的效果,具有重要的医用价值。荞麦通常磨成粉后加以食用,可以单独用来制作各种面点,也可掺加其他粉料制成各式食品。比较有名的荞麦品种有荞面凉粉、荞面凉糕、即食苦荞粉等。

2. 薯类杂粮

(1) 甘薯。甘薯又称番薯、红薯、红苕、地瓜等,属旋花科草本植物番薯的块茎。主产于四川、广东、山东、河北、河南,有黄皮红心和红皮白心两类。甘薯蛋白质中氨基酸的组成与大米相似,是一种营养价值较高的蛋白质。含有大量的淀粉,质地软糯而口味香甜,是易于人体消化吸收的优质淀粉。含丰富的维生素 C(30 mg/100 g)和胡萝卜素(1.31 mg/100 g)。甘薯中含有一种“氧化酶”,它在人的肠胃里能产生大量二氧化碳气体,易引起腹胀、打嗝、冒酸、放屁等不良反应,在制作中应延长加热时间以破坏氧化酶,降低对制品的影响。

甘薯在面点制作中使用方法较多,如制成泥与其他粉料掺和制作各类糕、包、饺、饼等食品,制成干粉可用于蛋糕、布丁等各种点心的制作。

(2) 马铃薯。马铃薯又称土豆、洋芋、山药蛋,属茄科草本植物马铃薯的块茎。主产区在华北、西北、东北。马铃薯中蛋白质的赖氨酸含量较高,且利于人体吸收,淀粉含量丰富,比一般谷类粮食高1~2倍,易转化为丰富的糖类,维生素C极为丰富(20~40 mg/100 g)。但是发芽的马铃薯,营养价值极低,并且还含有一种有毒成分——龙葵素,对人畜都有害,食用过量易引起肚胀、抽筋、恶心、头痛以至昏厥等中毒现象,所以使用发芽的马铃薯,应在发芽处多削一些,或加食醋水泡半小时,防止中毒。马铃薯在面点中的运用主要是经蒸、煮制成泥茸,制坯,用于制作各种饼、饺、卷、象生制品等。运用中应注意所选用的马铃薯是黏质型还是粉质型,黏质型马铃薯茸黏韧性强,不宜制作象生形品种,可用于制作饼类品种;粉质型马铃薯茸性质较松散,缺乏韧性,成形操作不便,成品质量欠佳。可在粉质马铃薯茸中添加熟澄粉面团,增加皮坯的黏性、可塑性,改善皮坯性质,用于马铃薯卷、马铃薯饺、马铃薯象生制品的制作。

(3)山药。山药俗称理毛条、参薯、淮山药,属薯蓣科草本植物,主产于河南省北部,山东、河北、山西及中南、西南等地区也有栽培,有家山药和田薯(野山药)两类,按其形状可分为长根、扁根和块根三种。山药具有健脾补肺,固肾益精,降血糖等药用价值,历来作为中药使用。山药色白细软,黏性很大,可单独食用,也可经蒸熟去皮、捣成细泥与其他粉料掺和,制作各式点心。

(4)芋艿。芋艿又称芋奶、芋根、芋头,属天南星科草本植物,自古食用。可作粮,也可作蔬菜使用。品种较多,富含淀粉,营养价值与马铃薯大致相同,但不含龙葵素,易于消化,中医认为可消痫散结,更适宜胃弱、肠道病、结核病病人食用。芋艿吃口糯,有清香味,在面点制作中制成泥作糕,小吃风味突出。

3. 豆类杂粮

我国豆类品种很多,主要有大豆、赤豆、绿豆、豌豆、蚕豆等。豆类具有丰富的营养,蛋白质含量很高,是面粉、大米的2~3倍,豆类蛋白质中的氨基酸组成与动物蛋白相似,属完全蛋白质。将豆类与谷类混合食用,可大大提高谷类的营养价值。

(1)大豆。大豆黏性差,主要磨制成粉与其他粉料相互掺和使用或用在风味面点的加工中。

(2)赤豆。赤豆亦称红豆,其淀粉颗粒粗大,外有蛋白质包裹,因而性质软糯、沙性大,可做红豆汤、小豆粥,或煮熟后制成赤豆泥、赤豆冻、赤豆沙等,常常作为甜味馅料。赤豆磨制成粉与面粉掺和可制成各种面点。

(3)绿豆、豌豆、蚕豆、芸豆。这些豆性质较沙糯,口味清香,面点中常以之制作豆泥、冻糕、羹汤等。绿豆常代替赤豆制作豆沙,也可单独运用制作面点,如绿豆糕。从绿豆、豌豆中提取淀粉,在面点中运用也较多,常加工成风味面点,如川北凉粉。

(二)淀粉

1. 澄粉。即小麦淀粉,制成品呈半透明状,色泽洁白,质地细滑,口感滑爽或酥脆(蒸则爽,炸则脆)。如虾饺、晶饼、水晶煎包、翡翠酥饺等。

2. 粟粉。玉米淀粉,粉质细滑洁白,吸水性强,糊化后易于凝结,凝结至完全冷却时,呈现爽滑、无韧性、有弹性的凝固体。适宜制作凉糕、芡汁。

3. 马蹄粉。马蹄粉用马蹄加工而成,其质地粗并夹有大小不等的菱形,赤白色。经加温显得透明,凝结后会产生爽滑脆性,适用于制作马蹄糕、九层糕、芝麻糕、拉皮和一般夏季糕品等。

4. 西米。亦称西谷米，是由淀粉经冲浆、轧丸、烘焙干制而成的圆形粉粒。粉粒有大小之分，大西米形如黄豆，小西米如高粱米大。西米原产于印尼，是从一种西谷椰树上提取树干内白色淀粉加工成圆形粉粒即为西米。优质西米色白，耐煮，成熟后透明，不粘糊，质地坚韧而糯性强。

（三）糕粉

糕粉是大米经过熟加工制作而成的，其粉粒松散，一般呈洁白色，吸水力大，遇水即会粘连。在制品中呈现软滑带粘，能制作月饼馅、酥饼馅、水糕皮等。一般在广式点心中应用较多。

（四）可可粉

可可粉是用可可豆经干燥、烘炒、碾碎、研磨、过滤等一系列处理，加工成为棕褐色的极细粉末。它含有多种维生素及易于人体吸收的蛋白质、脂肪和磷等营养成分。它的特点是味道浓香、粉质细滑，适用于制作多层马蹄糕、奶油可可糕、三色鸡蛋卷以及点心的调色调味之用。在调色食品中，它是一种天然色素和具有特殊香味的原料。

（五）果蔬类

1. 果类。用于制团的果类有马蹄、莲子、栗子、山楂等。大多用于制作成各种糕、饼，如马蹄糕、马蹄豆沙饼、栗蓉糕、山楂糕等。马蹄糕的制作工艺因地而异，但大多是利用鲜马蹄或马蹄粉，加糖、油等辅料制成糕。马蹄还可以制坯，包馅后制成马蹄饼。莲子、栗子均可煮熟后制成泥茸，再做成糕或制成馅心，如莲茸加入熟澄粉揉搓成莲茸面团，包入各种馅心，可以制成各种莲茸点心。栗子磨成粉掺入其他粉料中也可制成各种特色点心。

2. 蔬菜类。主要有芋乃、藕、百合、南瓜等，经加工后和其他粉料使用，能制作出各种特色面点，如芋泥蟠桃、芋泥金瓜、藕丝糕、百合糕、南瓜饼等。

（六）鱼虾

这一类原料在广式面点中较为常见，其主要是利用鱼虾肉中较高蛋白质含量，并具有较大的黏着性的特点，在将鱼虾切剁成茸后，加盐及水用力搅打后，形成黏性很大的团块，能用来制作皮坯或直接用来制作点心品种，同时也能掺和其他粉料来制作糕点品种，如鱼皮饺、水晶珍珠丸等。

工作任务二　熟悉面点常用辅助原料

[任务分析]　本项工作的任务是了解面点辅助原料的种类，熟悉常用面点辅助原料的性质、用途，掌握常用辅助原料的工艺性能，能够合理地选用辅助原料。

一、油脂

（一）面点中常用油脂的种类

1. 植物油。食用植物油根据精制程度和商品规格可分为普通（精制）植物油、高级烹调油和色拉油三个档次品级。面点中使用的植物油以经精制后的烹调油、色拉油为主。

（1）大豆油。大豆油中亚油酸的含量较高，不含胆固醇，是一种很好的食用营养油，但大豆油的起酥性比动物油差。粗制大豆油含磷脂较高，不宜作炸油用。

（2）花生油。花生油具有特有的香味和滋味，以及良好的抗氧化性，常作为烘焙用油脂。花生油的重要特征是饱和脂肪酸含量较高，在我国北方，春、夏、秋季花生油为液态，冬季则成为白色半固体。花生油用于面团调制，具有较好的工艺性能。

（3）芝麻油。芝麻油具有特殊的香气，俗称香油，其中小磨香油香气醇厚，品质最佳。芝麻油中含有芝麻酚，使其带有特殊的香气，并具有抗氧化作用，使芝麻油比其他植物油不易酸败。

（4）菜籽油。菜籽油是制作色拉油的主要原料，精制后的菜籽油澄清透明，色泽浅黄。常用于制馅、坯料调制，还是油炸制品的良好传热介质。

（5）橄榄油。橄榄油是从成熟的洋橄榄的果实中提取的油，呈透明的黄色或淡绿色，主要生产国集中在地中海沿岸。橄榄油是食用油中的上品，过去曾有"液体黄金"之称。

2. 动物油。大多数动物油都有熔点高、可塑性强、起酥性好的特点。面点中常用的天然动物油有猪油、黄油和牛、羊油及骨油。

（1）猪油。根据提取部位的不同可分为板油、内脏油、肥膘油。猪油硬度适中，可塑性强、起酥性好，在面点中应用广泛，制作出的产品品质细腻，口味肥美。但猪油融合性稍差，稳定性也欠佳，因此常用氢化处理或交酯反应来提高猪油的品质。不同类别的猪油品质差异较大，用途也不相同。猪板油熔点高，色泽洁白，酥性好，利于加工操作，多用于面点的酥皮制作；而内脏油和肥膘油熔点较低，塑性较差，多用于馅料调制等制作。

（2）黄油。黄油又称白脱油，港澳地区亦称牛油，分有盐黄油和无盐黄油。黄油是从牛奶中分离出的乳脂肪，黄油的乳脂含量约为80%，水分含量为16%。黄油因有特殊的芳香和营养价值而倍受人们欢迎，丁酸是黄油特殊芳香的主要来源。黄油中含有较多的饱和脂肪酸甘油脂和磷脂，它们是天然乳化剂，使黄油具有良好的可塑性与稳定性。加工过程中又充入1%～5%的空气，使黄油具有一定硬度和可塑性。黄油的熔点为28～34℃，凝固点为15～25℃，在常温下呈固态，在高温下软化变形，故夏季不宜用黄油作装饰。黄油在高温下易受细菌和霉菌污染，应在冷藏库或冰箱中贮存。

（3）牛、羊油及骨油。牛、羊油都有特殊的气味，需经熔炼、脱臭后才能使用。这两种油脂熔点高，前者约40～46℃，后者约43～55℃，可塑性强，起酥性较好。在欧洲国家中大量用于酥类糕点中，便于成形和操作。但由于其熔点高于人的体温，故不易消化。骨油是从牛的骨髓中提取出来的一种脂肪，呈白色或浅黄色，用于炒面，具有独特的醇厚酯香味。

3. 再加工油脂

（1）氢化油。又称硬化油。油脂氢化就是将氢原子加到动、植物油脂不饱和脂肪酸的双键上，生成饱和度较高的固态油脂，使液态油脂变为固态油脂，提高油脂可塑性、起酥性，提高油脂的熔点，有利于加工操作。氢化油多采用植物油和部分动物油为原料，如棉籽油、葵花籽油、大豆油、花生油、椰子油、猪油、牛油和羊油等。氢化油很少直接食用，多作为人造黄油、起酥油的原料。

（2）人造黄油。又称麦淇淋或玛琪琳，是以氢化油为主要原料，添加水和适量的牛乳或乳制品、色素、香料、乳化剂、防腐剂、抗氧化剂、食盐和维生素，经混合、乳化等工序而制成的。人造黄油的软硬可根据各成分的配比来调整。人造黄油的乳化性能和加工性能比奶油要好，是黄油的良好代用品。人造黄油中油脂含量约80%，水分14%～17%，食盐

0～3％,乳化剂 0.2％～0.5％。

人造黄油的种类很多,面点中常用的有:通用人造黄油、起酥用人造黄油(酥皮麦淇淋、酥片麦淇淋)、面包用人造黄油、裱花用人造黄油等。

(3)起酥油。指以精炼的动、植物油脂、氢化油或这些油脂的混合物,经混合、冷却塑化而加工出来的具有可塑性、乳化性等加工性能的固态或流动性的油脂产品。起酥油不能直接食用,而是作为产品加工的原料油脂,因而具有良好的加工性能。起酥油与人造黄油的主要区别是起酥油中没有水相。

起酥油外观呈白色或淡黄色,质地均匀,具有良好的滋味、气味。起酥油的加工特性主要是指可塑性、起酥性、乳化性、吸水性和稳定性,起酥性是其最基本的特性。

起酥油的种类很多,一般按用途分为通用起酥油和专用起酥油。专用起酥油有面包用、丹麦面包裹入用、千层酥饼用、蛋糕用、奶油装饰用、酥性饼干用、饼干夹层用、涂抹用、油炸用、冷点心用等。

(二)油脂在面点中的工艺性能

1. 油脂改善面团的物理性质。调制面团时加入油脂,经调制后油脂分布在蛋白质、淀粉颗粒周围形成油膜,限制了面粉中的面筋蛋白质吸水,使面筋微粒相互隔离。油脂含量越高,这种限制作用就越明显,从而使已形成的微粒面筋不易粘结成大块面筋,降低面团的弹性、粘度、韧性,增强了可塑性。

2. 油脂的可塑性。固态油脂在适当的温度范围内有可塑性。所谓可塑性就是柔软性,指油脂在很小的外力作用下就可以变形,并保持变形但不流动的性质。可塑性是奶油、人造黄油、起酥油、猪油的最基本特性。固态油在面团中能呈片状、条状和薄膜状分布,就是油脂可塑性决定的。而在相同条件下液态油可能分布成点、球状,因而固态油要比液态油润滑更大的面团表面积。可塑性好的油脂能与面团一起延伸,使面团具有良好的延伸性,可增大发酵制品的体积,改善制品的质地和口感。

3. 油脂的起酥性。是指油脂用在酥性油炸、烘焙制品中,使成品酥脆的性质。起酥性是通过在面团中限制面筋形成,使制品组织比较松散来达到起酥作用的。对面粉颗粒表面积覆盖最大的油脂,具有最佳的起酥性。固态油比液态油的起酥性好,如猪油、起酥油、人造黄油都有良好的起酥性,植物油的起酥效果不好。稠度适度的油脂,起酥性较好;如果过硬,在面团中会残留一些块状部分,起不到松散组织的作用;如果过软或为液态,那么会在面团中形成油滴,使成品组织多孔、粗糙。面团中油脂的用量越多起酥性越好,鸡蛋、乳化剂、奶粉等原料对油脂起酥性有辅助作用,温度也会影响油脂起酥性。操作过程中油脂和面团搅拌混合的方法及程度很重要,要求搅拌混合的方法正确、程度要适当。

4. 油脂的融合性(充气性)。是指油脂在经搅拌处理后,油脂包含空气气泡的能力,或称为拌入空气的能力。油脂的融合性与其成分有关,油脂的饱和程度越高,搅拌时吸入的空气越多。起酥油的融合性比黄油和人造黄油好,猪油的融合性较差。融合性是油脂在制作含油量较高的面点时非常重要的性质。

5. 油脂的乳化性。油和水是互不相溶的,但在一些面点制作中经常会碰到油和水混合的问题。如果在油脂中添加一定量的乳化剂,则有利于油滴均匀稳定地分散在水相中,或水相均匀分散在油相中,使成品组织酥松、体积大、风味好。因此添加了乳化剂的起酥油、人造黄油最适宜制作重油、重糖的蛋糕、混酥类制品。

6. 油脂的热学工艺性。油脂的热学性质主要表现在油炸、煎炸食品中。当油脂作为炸油时,能将热能迅速均匀地传递至食品表面,使食品很快成熟,而且它既不会使食品表面过分干燥,也不会使食品中水溶性物质流失。油脂的这些特点主要是由其热学性质决定的。

油脂的热学性质包括油脂的热容量、发烟点、闪点和燃点。油脂的热容量较小,平均 0.49 卡/g·度,水的热容量为 1 卡/g·度,约为水的一半,也就是说,在供给相同热量的情况下,油比水的温度可提前升高一倍。因此,油炸食品要比用水成熟快得多。油脂的发烟点、闪点和燃点均较高,发烟点通常为 233℃,闪点为 329℃,燃点约为 363℃。油脂中游离脂肪酸含量越高,发烟点、闪点和燃点就越低,因此作为炸油应选择游离脂肪酸含量少的油脂。

二、糖

(一)面点中常用糖的种类

1. 蔗糖。蔗糖是由甘蔗、甜菜榨取而来,根据精制程度、形态和色泽大致可分为白砂糖、绵白糖、赤砂糖、红糖、冰糖、糖粉等。

(1) 白砂糖简称砂糖,纯度很高,蔗糖含量在 99% 以上。白砂糖为粒状晶体,根据晶粒大小可分为粗砂、中砂、细砂三种。细砂糖又称作"食用糖",溶解较快,在面点中运用较为普遍。而粗砂糖较为经济,常用于含水量较高的产品和各种需要烹煮的产品。

(2) 绵白糖。晶粒细小,均匀,颜色洁白,在制糖过程中加入了 2.3% 左右的转化糖浆,故质地绵软、细腻。绵白糖纯度低于白砂糖,含糖量为 98% 左右,还原糖和水分含量高于白砂糖,甜味较白砂糖高。因成本高,通常只用于高档产品。

(3) 糖粉。是粗砂糖经过粉碎机磨制成粉末状砂糖粉,并混入少量的淀粉,以防止结块。糖粉颜色洁白、体轻、吸水快、溶解快速,适用于含水量少、搅拌时间短的产品,如混酥类、油脂蛋糕类产品。糖粉还是装饰的常用材料。

(4) 赤砂糖。又称赤糖,是制造白砂糖的初级产物,是未脱色、洗蜜精制的蔗糖制品,蔗糖含量大约为 85%～92%,含有一定量的糖蜜、还原糖及其他杂质,颜色呈棕黄色、红褐色或黄褐色,晶粒连在一起,有糖蜜味。红糖属土制糖,是以甘蔗为原料土法生产的蔗糖。按其外观不同可分为红糖粉、片糖、碗糖、糖砖等。土制红糖纯度较低,糖蜜、水分、还原糖、非糖杂质含量较高,颜色深,结晶颗粒细小,容易吸潮溶化,滋味浓,稍有甘蔗的清香味和糖蜜的焦甜味。赤砂糖与红糖因其具有特殊风味,且在烘焙中使制品易于着色,因而有一定的应用,但需化成糖水,滤去杂质后使用。

(5) 冰糖。是一种纯度高、晶体大的蔗糖制品,由白砂糖溶化后再结晶而制成,因其形状似冰块,故称冰糖。有单晶冰糖和多晶冰糖之分。

2. 糖浆。面点中常用的糖浆有饴糖、葡萄糖浆、蜂糖、转化糖浆等。

(1) 饴糖。又称米稀、糖稀或麦芽糖浆,是以谷物为原料,利用淀粉酶的作用水解淀粉而制得。饴糖呈粘稠状液体,色泽淡黄而透明,含糊精、麦芽糖和少量葡萄糖。

(2) 葡萄糖浆。又称淀粉糖浆,是淀粉经酸或酶水解制成的含葡萄糖较高的糖浆。其主要成分是葡萄糖、麦芽糖、高糖(三糖、四糖等)和糊精。淀粉糖浆的粘度与甜度与淀粉水解糖化程度有关,糖化率越高,味越甜,粘度越低。

(3) 蜂糖。是一种天然糖浆,主要成分是葡萄糖和果糖,以及少量的蔗糖、糊精、淀粉酶、有机酸、维生素、矿物质、蜂蜡及芳香物质等,味道很甜,风味独特,营养价值较高。蜂糖因来源不同,在味道和颜色上存在较大差异。

(4)转化糖浆。是蔗糖在酸的作用下加热水解生成的含有等量葡萄糖和果糖的糖溶液。蔗糖在酸的作用下的水解称为转化。1分子葡萄糖和1分子果糖的混合物称为转化糖。含有转化糖的水溶液称为转化糖浆。转化糖的溶解度大于蔗糖,转化糖的存在可提高糖溶液的溶解度,防止蔗糖分子的重结晶。在高甜度食品中(如豆沙馅、羊羹等)可代替蔗糖使用,防止蔗糖结晶返砂。在缺乏饴糖和葡萄糖浆的情况下可用转化糖浆代替。

(二)糖在面点中的工艺性能

1. 糖是良好的着色剂。由于糖的焦糖化作用和麦拉德反应,可使烤制品在烘焙时形成金黄色或棕黄色表皮和良好的烘焙香味。

2. 改善制品的风味。糖使制品具有一定甜味和各种糖特有的风味。在烘焙成熟过程中,糖的焦糖化作用和麦拉德反应的产物使制品产生良好的烘焙香味。

3. 改善制品的形态和口感。糖在糕点中起到骨架作用,能改善组织状态,使外形挺拔。糖在含水较多的制品内有助于产品保持湿润柔软;在含糖量高,水分少的制品内糖能促进产品形成硬脆口感。

4. 作为酵母的营养物质,促进发酵。糖作为酵母发酵的主要能量来源,有助于酵母的繁殖和发酵。在面包生产中加入一定量的糖,可促进面团的发酵。但也不宜过多,如甜面包的加糖量应不超过20%～25%,否则会抑制酵母的生长,延长发酵时间。

5. 改善面团物理性质。糖在面团搅拌过程中起反水化作用,调节面筋的胀润度,增加面团的可塑性,使制品外形美观、花纹清晰,还能防止制品收缩变形。糖对面粉的反水化作用,双糖比单糖作用大,因此加砂糖糖浆比加入等量的葡萄糖浆作用强烈。砂糖糖浆比糖粉的作用大,因为糖粉虽然在搅拌时易于溶化,但此过程仍较缓慢和不完全。而砂糖更比糖粉差,因此调制混酥面团使用糖粉比砂糖有更好的效果。

6. 提高产品的货架寿命。糖的高渗透压作用,能抑制微生物的生长和繁殖,从而增进产品的的防腐能力,延长产品的货架寿命。由于糖具有吸湿性和保潮性,可使蛋糕、月饼等面点在一定时期内保持柔软,故而含有大量葡萄糖和果糖的糖浆不能用于酥类制品,否则吸湿返潮后失去酥性口感。

7. 装饰美化产品。利用砂糖粒晶莹闪亮的质感、糖粉的洁白如霜,撒在或覆盖在制品表面起到装饰美化的效果。利用以糖为原料制成的膏料、半成品,如白马糖、白帽糖膏等装饰产品,美化产品,在西点中的运用更为广泛。

三、蛋

蛋的营养价值高,用途广泛,是面点制作的重要辅助原料,尤其在蛋糕类制品中用量很大,不可或缺。蛋对西点的制作工艺以及制品的色、香、味、形和营养价值等方面都起到一定作用。面点中运用最多的是鲜蛋,又以鸡蛋为主。鸡蛋不仅产量大、成本较低,且味道温和,性质柔软,在面点中的功用也较其他鲜蛋优越,是面点用蛋的最佳原料。

蛋在面点中的工艺性能:

①蛋白的起泡性。蛋白是一种亲水胶体,具有良好的起泡性,经高速搅打,蛋白中裹吸空气,形成泡沫。由于受表面张力的作用,迫使泡沫形成球形。由于蛋白胶体具有的粘度使蛋白泡沫层变得浓厚而更加稳定。蛋白的起泡性在面点中起到膨松、增大制品体积的

作用。

②蛋黄的乳化性。蛋黄中含有的磷脂具有亲油和亲水的双重性,是一种天然的乳化剂。经搅拌,它能使油、水和其他原料均匀地融合在一起,促进制品组织细腻,质地均匀,疏松可口,具有良好的色泽,并保持一定水分,延长贮存期。

③蛋的热凝固性。蛋液中的蛋白对热较敏感,温度在58℃时就开始凝固变性;超过70℃蛋白变性速度加快,蛋黄变稠;达到80℃蛋白就完全凝固变性,蛋黄表面凝固;100℃时蛋黄也完全凝固。蛋液变性的过程中,变性蛋白质的粘度增大,起泡性能降低,但容易被蛋白酶水解,提高消化吸收率。蛋液的热凝固物经高温脱水后具有脆性,在面点制作中常常用来涂抹在制品的表面,以增加其外形美。

④改善面点的色、香、味、形和提高制品的营养价值。面点表面涂上一层蛋液,经烘烤后呈现漂亮的红褐色;加蛋的制品成熟后具有特殊的蛋香味;以蛋为膨松介质制作的蛋糕类制品体积膨大,疏松柔软。蛋品中含有丰富的营养成分,提高了面点的营养价值。

⑤粘结作用。蛋液具有较大的粘稠度,可作为粘合剂,促进不同原料粘结成团。

⑥装饰美化产品。利用蛋白制成的膏料进行裱花,对西点产品可起到装饰美化的效果。

⑦提高制品的营养价值。禽蛋的营养成分极其丰富,含有人体所必需的优质蛋白质、脂肪、类脂质、矿物质及维生素等营养物质,而且消化吸收率非常高,是优质的营养食品。

四、乳及乳制品

乳品是面点的高档优质辅料。乳品具有很高的营养价值,在改善工艺性能方面也发挥着重要作用。用于面点制作的乳品主要是牛乳及其制品。

(一)乳及乳制品的种类

1. 鲜乳。主要有牛乳(牛奶)、羊乳(羊奶)等。通常所说的鲜乳一般是指生鲜牛乳,呈乳白色或稍带微黄色;具有新鲜牛乳固有的香味,无其他异味;呈均匀的胶态流体,无沉淀、无凝块、无杂质和无异物等。

2. 乳粉。又称奶粉,是以鲜乳为原料,经浓缩后喷雾干燥制成的。可分为全脂乳粉和脱脂乳粉两大类。乳粉的性质与原料牛乳的化学成分有密切关系,加工良好的乳粉不仅保持着鲜乳的原有风味,按一定比例加水溶解后,其乳状液也应和鲜乳极为接近。

3. 炼乳。分甜炼乳(加糖炼乳)和淡炼乳(无糖炼乳)两种,以甜炼乳销售量最大,在面点中使用较多。所谓甜炼乳,即在原料牛乳中加入15%~16%的蔗糖,然后将牛乳的水分加热蒸发,浓缩至原体积的40%。浓缩至原体积的50%时不加糖者为淡炼乳。

4. 淡奶。又称奶水或蒸发奶,是将鲜牛乳经蒸馏去除一些水分后得到的乳制品。如雀巢公司的三花淡奶即是此类产品。淡奶没有炼乳浓稠,但比牛奶稍浓,其乳糖含量较一般牛奶高,奶香味较浓,可以给予面点特殊的风味。以50%的淡奶加上50%的水混合即成全脂鲜奶。

5. 乳酪。又称奶酪、干酪、芝士、起司等,是用皱胃酶或胃蛋白酶将原料乳凝聚,再将凝块加工、成型、发酵、成熟而制得的一种乳制品。乳酪的营养价值很高,其中含有丰富的蛋白质、脂肪和钙、磷、硫等矿物质及丰富的维生素。乳酪在制造和成熟过程中,在微生物和酶的作用下,发生复杂的生物化学变化,使不溶性的蛋白质混合物转变为可溶性物质,乳糖分解为乳酸与其他混合物。这些变化使乳酪具有特殊的风味,并促进消化吸收率的提高。乳酪是西点的重要营养强化物质。

6. 鲜奶油(稀奶油)。牛乳中的脂肪是以脂肪球的形式存在,它的相对密度约为 0.94,所以牛乳在静置之后,往往由于脂肪球上浮,形成一层奶皮,这就是鲜奶油。现在鲜奶油的制法是用离心机将乳脂肪同牛乳的其他成分分离出来。鲜奶油中不允许添加其他油脂,乳脂肪以球状颗粒存在,除油脂外还有水分和少量蛋白质,它是 O/W 型乳化状态混合物,呈白色,像牛奶似的液体。鲜奶油和奶油的区别在于稀奶油的乳化状态是 O/W,而奶油是W/O。

鲜奶油的种类较多,通常以其中乳脂含量不同来区分。最常见的有:咖啡饮料用鲜奶油、淡奶油、发泡鲜奶油、厚奶油等。鲜奶油的保存方式视厂牌不同而有所不同,应仔细阅读产品包装上的保存方法和保存期限说明。

目前有以植物性脂肪代替乳脂肪而制造的植物鲜奶油,又称人造鲜奶油,主要成分是棕榈油、玉米糖浆及其氢化物。植物性鲜奶油通常是已经加糖的,而动物性鲜奶油一般不含糖的。

7. 酸奶。是在牛奶中添加乳酸菌使之发酵、凝固而得到的产品。这类产品作为健康和疗效食品,近几年发展很快,种类也十分多。近年来用于蛋糕等点心的装饰中,又创立了新的酸奶蛋糕品种。

8. 酸奶油。酸奶油是在鲜奶油中添加乳酸菌,置于约 22℃ 的环境发酵,至乳酸含量达到 0.5%。酸奶油可用于酸奶蛋糕的制作。

（二）乳及乳制品在面点中的工艺性能

1. 提高面团的吸水率。乳粉中含有大量蛋白质,其中酪蛋白占蛋白质总含量的80%～82%,酪蛋白含量的多少影响面团的吸水率。乳粉的吸水率为自重的 100%～125%。因此,每增加 1% 的乳粉,面团吸水率就要相应增加 1%～1.25%,焙烤食品的产量和出品率相应增加,成本下降。

2. 提高面团筋力和搅拌能力。乳制品中含有大量乳蛋白质,对面筋具有一定的增强作用,提高了面团筋力和面团的强度,不会因搅拌时间延长而导致搅拌过度。筋力弱的面粉较筋力强的面粉受乳粉的影响大。加入乳粉的面团更能适合于高速搅拌。

3. 改善面团的物理性质。面团中加入经适当热处理的乳粉,面团的吸水率增加,面团筋力提高,搅拌耐力增强。但若使用未经热处理的鲜牛乳或乳清蛋白质,不仅不能改善面团的物理性质,而且会减少面团的吸水性,使面团粘软,面包体积小。这是因为未经热处理的鲜乳中含有较多的硫氢基(—SH),激活面粉中蛋白酶,使面团筋力降低。通过热处理使乳蛋白质中的硫氢基失去活性,则可减低对面团的不良影响。

4. 提高面团的发酵耐力。乳制品可以提高面团发酵耐力,不至于因发酵时间延长而成为发酵过度的老面团,是因为在乳制品中含有的大量蛋白质,对面团发酵 pH 的变化具有一定缓冲作用,使面团的 pH 不会发生太大的变化,保证面团的正常发酵。乳制品还可抑制淀粉酶的活性,减缓酵母的生长繁殖速度,使面团发酵速度适当放慢,有利于面团均匀膨胀,增大面包体积。另外,乳制品可刺激酵母内酒精酶的活性,提高了糖的利用率,有利于二氧化碳气体的产生。

5. 延缓制品的老化。乳中蛋白质及乳糖、矿物质等有抗老化作用。乳制品中含有大量蛋白质,使面团吸水率增加,面筋性能得到改善,面包体积增大,这些因素都有助于使制品老化速度减慢,提高其保鲜期。

6. 乳制品是良好的着色剂。乳制品中含有具有还原性的乳糖,不能被酵母所利用,发酵后仍全部留在面团中。在烘焙期间,乳糖与蛋白质中的氨基酸发生褐变反应,形成诱人的色泽。乳制品用量越多,制品的表皮颜色就越深。乳糖的熔点较低,在烘焙期间着色快。因此,凡是使用较多乳制品的焙烤食品,都要适当降低烘焙温度和延长烘炼时间。否则,制品着色过快,易造成外焦内生的现象。

7. 赋予制品浓郁的奶香风味。乳制品中的脂肪,使人能感受到一种奶香风味。将其加入焙烤食品中,在烘炼时,使低分子脂肪酸挥发,奶香更加浓郁,食用时风味清雅。有促进食欲,提高制品食用价值的显著作用。

8. 提高制品的营养价值。

五、膨松剂

膨松剂又称疏松剂,是指能够使食品体积膨大,组织疏松、柔软的添加剂。膨松剂一般能在一定条件下分解产生气体,使面坯内部形成致密均匀多孔的组织结构。它可分为两大类,一类是化学膨松剂,如碳酸氢钠、碳酸氢铵、泡打粉等;另一类是生物膨松剂,如酵母。

(一)化学膨松剂

化学膨松剂,根据其膨松的原理,有单质膨松剂和复合膨松剂之分。

1. 单质膨松剂。常用的单质膨松剂有碳酸氢钠、碳酸氢铵。碳酸氢钠也称小苏打,为白色结晶性粉末,无臭味、咸味,在干燥空气中稳定,在潮湿空气中易分解产生二氧化碳。小苏打的膨松原理是受热分解产生二氧化碳气体,分解温度为 $60\sim150℃$。小苏打分解后残留有碱性物质 Na_2CO_3,易使制品内部颜色加深。如果面团或面糊内酸度高,小苏打还会与部分酸起中和反应产生 CO_2 气体。

碳酸氢铵俗称臭粉,分子式为 NH_4HCO_3。臭粉为白色结晶粉末,有氨臭味,对热不稳定,其作用机理与小苏打相同;分解温度低,约为 $35℃$,在约 $60℃$ 的环境中即分解完毕,分解后产生的气体量大,上冲力强,极易使制品膨松。但由于臭粉分解温度低,膨胀速度快,易使制品组织不均匀、粗糙,并且加热中产生强烈刺激的氨气味,影响食品品质和风味,故使用时与小苏打混合使用,一般不单独使用,并严格控制用量。

2. 复合膨松剂。又称发酵粉、泡打粉、发粉、焙粉,主要由小苏打、酸式盐和填充剂三部分组成。酸式盐不仅可与碳酸氢钠反应生成二氧化碳,而且还能降低成品的碱性,常用的酸式盐有钾明矾、铵明矾、磷酸氢钙、磷酸二氢钙、酒石酸等。填充剂有淀粉、脂肪酸等,起着有利于膨松剂保存、防止结块、吸潮和失效的作用,也有调节气体产生速度或气泡均匀产生的功效。

复合膨松剂是根据酸碱中和反应的原理而配制的,其生成物呈中性,消除了小苏打和臭粉各自使用时的缺点,运用复合膨松剂制作的产品组织均匀,质地细腻,无大孔洞,颜色正常,风味纯正。

各种复合膨松剂因各成分配比和酸式盐的不同,使其气体发生速度与状态不相同。发酵粉按反应速度的快慢或反应温度的高低可分为快速发酵粉、慢速发酵粉和双重反应发酵粉(双效泡打粉)。快速型由于产气太快,面点中使用较少;慢速型常温下很少释放

出 CO_2，主要在熟制过程中产生，也很少单独使用；使用较多的是复合型疏松剂，它由快速型和慢速型发酵粉混合而成，在常温下使用可释放出 $1/5\sim1/3$ 的气体，余下部分气体在熟制时产生。

化学膨松剂必须注意做好保管工作，因为它的效力与保管是否妥善是直接相关的。化学膨松剂都有它的共通性：一受热分解；二吸潮，在空气中能缓缓失去二氧化碳。泡打粉常因使用时间过长，后期的效力比不上前期的好。臭粉因平日不注意加盖，后期变为潮湿直至成为水溶液，对重量亦有影响；纯碱和食粉常因时间过长引起结块；明矾也因氧化而变色。如此种种说明了在我们的日常生产中保管稍不注意就会造成性能变差，效力降低。因此，我们在使用与保管时必须经常注意以下几点：

(1) 装载容器不要使用铜、铁、铝等金属品。

(2) 经常加盖防止吸潮、氧化。

(3) 按生产实际情况，适当分小批另作储存使用。

（二）生物膨松剂

利用微生物在生长繁殖过程中，产生大量 CO_2 气体，使面团膨胀，从而使制品达到质地松软、色泽洁白。面点中使用的生物膨松剂主要是酵母。

1. 酵母的种类。面点中使用的酵母主要有三种：鲜酵母、活性干酵母、即发活性干酵母（又称速溶干酵母、速效干酵母）。其中鲜酵母活性不稳定，不易贮存，但成本较低；活性干酵母虽不需低温贮存，常温下可贮存一年左右，但使用前需用温水活化；而即发活性干酵母活性远远高于鲜酵母和活性干酵母，并且特别稳定，发酵速度快，是现在发酵制品中应用最广泛的酵母。

2. 酵母的使用量。酵母的使用量与酵母的种类、活性、发酵力有关，即发活性干酵母活性和发酵力最高，其次为活性干酵母，最次的是鲜酵母。活性高、发酵力大，使用量就少。除此之外，还与发酵方法、配方、温度、面团软硬有重要关系。

各种不同类酵母之间的用量换算关系为：鲜酵母∶活性干酵母∶速溶干酵母＝3∶2∶1

3. 影响酵母生长繁殖的因素。在发酵面团中，影响酵母生长繁殖的主要因素有：温度、pH 值、渗透压、水。酵母生长繁殖的适宜温度为 $27\sim32℃$，最佳温度为 $27\sim28℃$。在这一温度附近，酵母菌主要进行旺盛繁殖，为面团最后醒发积累后劲，因此，面团前发酵期要严格把发酵室温控制在 $30℃$ 以下。酵母的活性随温度升高而增强，面团内的产气量也大量增加，当面团温度达到 $38℃$ 时，产气量最大。因此，面团最后醒发时的温度要控制在 $38\sim40℃$ 之间。温度过高或过低都会影响酵母的活性，不利于产气。低于 $10℃$，活性几乎停止；在 $0℃$ 以下处于休眠状态；高于 $40℃$ 酵母衰老快，产气减少。酵母适宜在酸性条件下生长，碱性条件下活性大大减小，一般宜把面团的 pH 值控制在 $5\sim6$ 之间。渗透压的高低会影响酵母细胞的活性，渗透压过高，会造成细胞的质壁分离，使酵母无法维持正常生长直至死亡。在面点制作中能产生渗透压作用的原料主要有糖和盐。水是酵母生长繁殖的必需物质，许多营养物都需借助于水的介质作用而被酵母吸收。因此，面团调制时，加水量多、较软的面团，发酵速度较快。

六、增稠剂

食品增稠剂是一种能改善食品的物理性质，增加食品的黏稠性，赋予食品以柔滑适口性,且具有稳定乳化状态和悬浊状态作用的物质。对保持流态食品、胶冻食品的色、香、味、结构和稳定性起相当重要的作用。

增稠剂为亲水性高分子胶体化合物。我国允许使用的增稠剂中有天然增稠剂,如从含有多糖类粘物质的植物和海藻类中制取的琼脂、海藻酸钠、果胶、阿拉伯胶等;从含蛋白质动物中制取的明胶;从微生物中制取的黄原胶;有人工合成的增稠剂,如羟甲基纤维素钠、羧甲基淀粉钠等。

面点中常用的增调剂有:琼脂、明胶、果胶等。

①琼脂。又称琼胶、洋菜、冻粉,为多糖类物质,是从石花菜和江篱等藻类中提取的,主要成分是聚半乳糖苷。琼脂为无色透明或类白色至淡黄色半透明细长薄片或为鳞状碎片、无色或淡黄色粉末,无臭,味淡,口感粘滑,不溶于冷水,溶于沸水。含水时柔软而带韧性,不易折断;干燥后发脆而易碎。

琼脂可用作增稠剂、乳化剂、凝胶剂和稳定剂。由于琼脂吸水性强,使用前应先用水浸泡 10 小时左右。

②明胶。又称鱼胶、全力丁、吉利丁,为多肽混合物,是由动物胶原蛋白经部分水解的衍生物,为非均匀的多肽物质。明胶可用作增稠剂、稳定剂、澄清剂和发泡剂。明胶是制作冷冻点心的一种主要原料。

明胶为白色或淡黄色透明至半透明带有光泽的脆性薄片、颗粒或粉末,无臭,无味,不溶于冷水,可溶于热水,能缓慢地吸收 5~10 倍的冷水而膨胀软化,当它吸收 2 倍以上的水时加热至 $40℃$ 便溶化成溶胶,冷却后形成柔软而有弹性的凝胶,比琼脂的胶冻韧性强。

依来源不同,明胶的物理性质也有较大的差异,其中以猪皮明胶较优,透明度高,且具有可塑性,明胶的凝固点为 20~25℃,30℃ 左右融化。

③果胶。果胶存在于水果、蔬菜及其他植物细胞膜中,主要成分是多缩半乳糖醛酸甲酯。

果胶为白色或带黄色,或浅灰色,或淡棕色的粉状物。几乎无臭,口感粘滑,溶于 20 倍水成乳白色粘稠状胶体溶液。与三倍或三倍以上砂糖混合则更易溶于水,对酸性溶液比较稳定。果胶分为高甲氧基果胶(即高酯果胶)和低甲氧基果胶(即低酯果胶)。甲氧基含量大于 7% 称为高酯果胶,也称普通果胶,甲氧基含量越高,凝冻能力越大。

果胶可用作增稠剂、胶凝剂、稳定剂和乳化剂。用于果酱、果冻中作增稠剂和胶凝剂;作为蛋黄酱的稳定剂;在点心中起防硬化的作用。高酯果胶主要用于酸性果酱、果冻、凝胶软糖、糖果馅心及乳酸菌饮料等;低酯果胶主要用于一般的或低酸的果酱、果冻、凝胶软糖以及冷冻甜点、冰淇淋等。

七、食用色素

食用色素是以食品着色为目的的食品添加剂。一般用于制品的表面装饰,面团、馅心调色等,可使制品色彩鲜艳悦目,色调和谐宜人,起到美化装饰作用,具有提高商品价值和促进人们食欲的功能等作用。

食用色素按来源可分为食用天然色素和食用合成色素;按溶解性可分为脂溶性色素和水溶性色素。食用天然色素是指由动、植物组织中提取的色素,主要是植物色素,包括微生物色素。食用合成色素主要是焦油色素。

1. 食用天然色素

食用天然色素取自自然界中各种原料固有的天然有色成分,具有安全性高,对人体健康无害,有的还有一定营养价值的特点。但一般溶解度较低,着色不易均匀,稳定性较差。我国允许使用的天然色素有 30 余种,面点中常用的主要有:β－胡萝卜素、姜黄、焦糖色、可可色素、甜菜红、虫胶色素、红曲素、辣椒红素、叶绿素、红花黄色素等。此外,可可粉、咖啡、一些有色鲜菜汁、果汁也是面点制作中常用的调色料。

2. 食用合成色素

食用合成色素以其色彩鲜艳、性质稳定、着色力强,可任意调色,使用方便,成本低廉等优点,在面点中运用较广。但合成色素本身无营养价值,均有一定毒性,对人体健康的影响较大,所以,使用时应严格执行国家食品添加剂使用卫生标准。目前国家规定的食用合成色素有:苋菜红、胭脂红、柠檬黄、日落黄、靛蓝。

3. 食用色素的使用注意事项

(1) 色调的选择与拼色:色调的选择应使色泽与产品名称和香味相适应,使用色素可调制不同的色泽。我国规定仅允许使用苋菜红等几种食用合成色素,为了丰富食用合成色素的色谱,以满足加工生产中着色的需求,可将上述五种色素按不同的比例混合拼制。理论上由红、黄、蓝三种基本色即可拼制出各种不同的色谱来,具体配法如下图所示。

图 1-3　色彩调配法

(2) 溶解度:色素在使用前首先要考虑溶解度,一般来说,色素在溶剂中,溶解度在 1% 以上者为最好,称为可溶性。温度的变化对溶解度有很大的影响,温度低则溶解度也低。使用前以室温条件先将色素的浓溶液进行制备,然后放在冷处静置,注意析出的色素,一般在使用前多配制成 0.5%～1.0% 的浓溶液。为了加速溶解,可以将色素研细后,再行溶解或同溶剂共同研磨,微微加热,必须防止溶液过浓,以免冷却后有部分色素析出。如有色素沉淀析出,在面团中就不易调匀,使成品表面或内部产生色点,影响制品质量,所以使用时应注意用上面的溶解清液。

(3) 坚牢度:坚牢度是指色素在日光、酸、碱、氧化剂以及某些金属等的作用下褪色、变色的程度。大体上靛蓝褪色较快,柠檬黄不易褪色。此外,烘烤过程中,高温、空气的氧化以及面团改良剂中含有二氧化硫等等,都能影响色泽的坚牢度,为此在使用时必须正确掌握各种色素的特点以及配制调色的特色等。

(4) 使用量:食用合成色素的使用范围,目前我国规定的上述五种的最大使用量:苋菜红、胭脂红不超过千分之零点零五;柠檬黄、日落黄、靛蓝不超过千分之零点零一。

八、赋香剂

赋香剂是以改善、增加和模仿食品香气和香味为主要目的的食品添加剂,包括香料和香精两大类。香料按不同来源可分为天然香料和合成香料,天然香料包括动物性和植物性香料,食品生产中主要使用植物性香料。植物性香料多由植物的花、叶、茎、果皮和果仁等取得。面点中常直接利用桂花、玫瑰、椰子、巧克力、可可粉、蜂蜜、各种蔬菜汁等作为天然调香物质。合成香料是以石油化工产品、煤焦油产品等为原料经合成反应而制得的,一般不单独适用于食品种加香,多数在配制香精后使用,直接使用的合成香料有香兰素等少数品种。香兰素为白色或微黄色结晶,熔点 81～83℃,在冷水中不易溶解,可溶于热水、乙醇和热挥发油中。面点中使用香兰素,应在面团调制过程中加入。

食品中使用的香精主要有水溶性与油溶性两大类。水溶性香精系由蒸馏水、乙醇、丙二醇或甘油为稀释剂加入香料经调和而成,大部分是透明液体。水溶性香精易于挥发,不适于作为高温食品赋香剂。油溶性香精系由精炼植物油、甘油或丙二醇等作稀释剂加入香料经调和而成,大部分是透明的油状液体。油溶性香精中含有较多的植物油或甘油等高沸点稀释剂,其耐热性较水溶性香精高。

面点生产中所用的香料要求有耐热性,因面点熟制时要经受高温,故面点制作中水剂香料,除拌制糕点外,一般不宜使用;而宜使用油质香料,添加量一般为 0.05％～0.15％。

常用香料品种有奶油、香草、薄荷、可可、橘子、杨梅、玫瑰等多种香精油,由于香料有浓淡的差异,所以在使用的数量上要适当掌握。此外必须使用国家规定标准检验合格的产品,不得随意滥用。

香精是由数种或数十种香料调和而成的复合香料。食品中使用的香精主要有水溶性与油溶性两大类。在香型方面,使用最广泛的是橘子、柠檬、香蕉、菠萝、杨梅等五大类水果型香精。此外含有香草香精、奶油香精等。水溶性香精易于挥发,不适于作为高温食品赋香剂;油溶性香精具有良好的耐热性。

工作任务三　熟悉面点制馅、调味原料

[任务分析]　本项工作的任务是了解制馅、调味原料的选用原则,熟悉常用制馅动植物原料的种类、性质,掌握制馅原料的用途,能够合理地选用制馅、调味原料。

一、原料选用原则

产品品质的好坏,除了取决于制作技巧外,原料品质也是决定产品品质的因素。假如有非常高的技术而没有适合的原料,则产品品质也是没法提升的,因此,对原料的选用就显得非常重要。

(一)原料的纯度

纯正的原料就是品质好的原料。有的原料往往因为产地、价格、气候、季节、人为等等因素,而无法达到纯正的原料标准,间或参杂有过期、劣等、低价品的原料,以配合市场竞争,所以原料的纯度为选用的第一标准。

(二)原料的新鲜度

新鲜原料是最基本的标准,各种原料均有适当的存放时间,若放置时间过长,放置环境不良,保管不当等因素,原料的新鲜度都会下降,甚至因新鲜度的不足而引起产品品质的变化,所以对原料新鲜度的鉴别格外重要,一般可由以下变化来判断。

1. 外形的变化。任何原料都有一定的形态,愈新鲜的原料愈能保持原有的形态。通常新鲜的原料坚实饱满而有弹性,反之则形态走样变形,松散而无弹性。

2. 色泽的变化。每一种原料都有其天然的颜色与光泽,若新鲜度降低,则颜色和光泽都会转变,颜色变暗、变色,光泽度下降或失去光泽。

3. 水分的变化。新鲜原料都有正常的含水量,若新鲜度降低,则含水量会因原料的不同而增加或减少,同时也会影响到重量的变化。

4. 气味的变化。每种原料都有其特有的气味,若出现异味、怪味、臭味或不正常的酸味、甜味等,其原料新鲜度可能已经降低。

（三）原料的卫生

选用的原料必须符合国家卫生标准,有腐败、变质、污染、不明来源、包装不全的原料,均说明其品质与卫生可能出现问题,因此原料选用时应特别注意其卫生条件。

（四）原料品质鉴定

除了使用检验设备鉴别原料以供选用外,一般还可通过嗅觉、视觉、味觉、听觉、触觉等简易的感官鉴别方法检验原料品质。

1. 嗅觉鉴别。通过鼻子来鉴别原料的气味,如出现异味,就说明原料品质已有问题。

2. 视觉鉴别。通过眼睛来分辨原料的品质,如形态、色泽、结构等,以确定原料的好坏。

3. 味觉鉴别。通过舌头的味觉神经与外物接触来鉴别原料的滋味。

4. 听觉鉴别。通过耳朵听音来分辨原料的品质好坏,如蛋可用摇晃听音进行鉴别。

5. 触觉鉴别。通过手指直接接触原料来分辨原料品质的好坏。

以上这些感官鉴别方法,大多都是同时并用的,它不需要任何设备,简单易行,而且可以很快得到结果,但是对于判断内部品质的变化误差会稍大,这还需要通过丰富的选料经验来降低判断误差。

二、动物性原料

动物性原料在馅心、面臊调制中运用十分广泛,包括所有的畜肉类、禽肉类、水产品类及加工制品,这类原料是人体获取蛋白质、脂肪等营养素的重要来源,也是对面点制品营养价值的重要补充。

（一）畜肉

面点中常用的畜肉主要有猪、牛、羊肉,特别是猪肉,在面点中运用最多最广。

1. 猪。猪肉是我国肉类消费中最多的一种畜肉,约占肉类消费总量的80%,也是馅心中运用最为广泛的一种动物性原料。猪的肌肉一般呈现淡红色,煮熟后呈灰白色。肌肉纤维细而柔软,结缔组织较少,肌间脂肪含量较其他肉类多,烹调后滋味特别细嫩鲜美。猪肉运用最多的是胴体,不同部位的猪肉,肉质有很大的差异。位于猪前部的颈肉（又称槽头肉）、前夹心肉,其肌肉组织与脂肪组织和结缔组织交织在一起,肥瘦不分,质地较老,但粘着性好、吸水性较强,特别适合于制作馅心。制成馅心质地鲜嫩、卤汁多,常用于一些大众化的面点馅心,如鲜肉包子等。猪腿肉皮薄质嫩,有肥有瘦,且不混杂,适宜制作档次较高的制品馅心,如钟水饺、龙抄手等。猪腹部的肉肥多瘦少,肉质黏性及吸水性较差,在面点中使用较少。

2. 牛。我国牛的种类较多,主要有黄牛、水牛、牦牛等,黄牛是我国数量最多,分布最广的牛种,其肉质肥嫩鲜美、色泽棕红、切面有光泽、脂肪呈黄色层次均匀,是理想的肉食品;牦牛肌肉发达,富含蛋白质、脂肪较少、肉味嫩香可口,肉质优于一般黄牛;水牛普遍从事水田耕作,躯体粗壮,肉纤维精而松,呈暗红色,切面光泽强并带有紫色光泽,脂肪色白,干燥而黏性小,肉质风味较黄牛差。牛肉的含水量比猪肉多,但因纤维粗糙而紧密,初步加热后蛋白质凝固而浓缩,失水量大使肉质变得老韧。而面点制作的制品成熟时间较短,因此,用于面点制馅时的牛肉必须选用纤维斜而短、筋膜少、鲜嫩无异味的牛肉,如牛的背腰部及臀部的部分肌肉。牛肉有较强的吸水性,调馅时应适量多加些水。

3. 羊。羊肉分为绵羊肉和山羊肉。绵羊肉肌肉丰满、肉质紧实、细嫩肥美、产肉量多;山羊肉皮较厚,肉色较绵羊肉浅,呈较淡的暗红色,皮下脂肪稀少,膻味较浓。羊肉纤维较细嫩,具有特殊的风味,但膻味令人不快,要注意用调味品来去除部分膻味,使馅心更加味美可口。

（二）禽肉

面点中常用的禽肉是鸡和鸭,其次是鹅。鸡肉蛋白质含量高,肌纤维间脂肪较多,因而质地细嫩柔软,并且肌肉中还有较多的谷氨酸,使得鸡肉烹调后有特别的鲜香。制作鸡肉馅心主要选用肉质洁白肥嫩的鸡脯肉。鸡肉除单独制馅外,还经常与其他原料一起制成三鲜馅。

鸭肉质地较鸡肉差,并略带腥膻气味。但鸭肉脂肪含量多,口感较鸡肉滋润肥美。面点中常用鸭脯肉制作馅心。

鹅肉质地较粗,并带有腥膻味,且不易消化,制成的馅心品质不如鸡肉和鸭肉。

（三）水产品

我国水产资源丰富,品种多,产量大,是面点馅料制作的重要原料,凡是新鲜的水产品或干制品都可以用于馅料的调制。在面点中常用的水产品主要有以下几类:鱼类、虾类、蟹类、贝类等。鱼类应选用体大、肉厚、刺少的鱼;虾类要选用新鲜、有弹性的鲜活原料;蟹类一般用新鲜的海蟹、河蟹,去壳后剥出蟹肉与蟹黄再加工成馅;贝类中凡是新鲜的均可作馅。

（四）动物性加工制品

有一些比较名贵和应用较多的动物性烹饪原料受产地、季节的限制。在鲜活状态时,对动物性原料的运输、市场供应、贮藏保管有较大困难,因而,往往采取脱水干制的方法,使之成为干制品,保证原料的品质不受影响,增加制品的贮藏和食用期,改善制品的风味。常用的动物性加工制品有海参、鱼翅、干贝、燕窝、金钩、火腿。

1. 海参。海参经脱水后,即成为干制品。海参的生长区域很广阔,遍及世界各海洋。根据外形特征分为刺参和光参两类,不同的品种质量差异很大。海参营养丰富,具有补肾、补血、治溃疡等食疗价值。在面点中经水发后用于馅料的调制。

2. 鱼翅。鱼翅是鲨鱼、鳐鱼的鳍加工而成的干制品,我国沿海均有干制。鱼翅颜色金黄、明亮,糯软,富于韧性,含有胶质,味清淡、醇口,略带鲜味。鱼翅含蛋白质很高,达 83.5%,还含有丰富的无机盐。在面点中经水煮泡焖加工后用于馅料的调制。

3. 干贝。干贝是由扇贝科的扇贝、栉孔扇贝和江珧科的江珧等贝类的闭壳肌干制作而成,我国沿海地区均产。干贝一般用隔水蒸发,涨发后摘去柱筋即可使用。

4. 燕窝。又名燕菜,是海岛上的金丝燕吃食后经消化腺分泌出来的粘状物质垒筑而成的巢。燕窝是海味中的珍品,价格昂贵,营养丰富,有滋阴补肾、生精益血的功效。燕窝一般水发膨胀后清蒸或作甜汤,口味清鲜爽脆。

5. 金钩。亦称海米,是各种鲜虾经干制加工成的制品。其形前端粗圆,后端类细弯钩形,体表光滑洁净,颜色有淡黄、浅红、粉白之分,这与虾的品种和干制时虾的质量有关。我国沿海地区均产,主要产于广东、福建、浙江等地。金钩在面点中能给馅料助味,提高显味成分,一般用水涨发后使用。

6. 火腿。火腿是我国具有民族风味的特产。成品具有色红似火、香气浓郁、味道鲜美的特点。在面点中火腿主要用于馅心、面膜的制作。

三、植物性原料

面点中常用的植物性原料包括蔬菜、鲜果类和菌类。

（一）蔬菜

蔬菜是以植物的根、茎、叶、花及果实等可食部分供食用的一类原料。在面点中主要用于制作素菜馅和作为荤菜馅的配料。蔬菜品种繁多,根据蔬菜的组织构造和可食部分可分为叶菜类、茎菜类、根菜类、果菜类、花菜类。

叶菜类是指以肥嫩菜叶及叶柄作为食用对象的蔬菜,叶菜类富含维生素和无机盐,大多数生长期短,适应性强,一年常有供应。叶菜类蔬菜的细胞组织较疏松,叶表皮气孔大,水分易蒸发。面点制作中常用的叶菜有:小白菜、菠菜、芹菜、韭菜、芫荽、豌豆苗等。

茎菜类是指以肥大的变态茎为食用对象的蔬菜,其中大部分富含糖类和蛋白质。这类蔬菜含水分较少,适于贮藏,其中不少具有繁殖能力,保管不当时,常有出芽状况,需加以防止。茎菜类按其生长状态可分为地上茎(如蒜苔、青菜头等)和地下茎(如土豆、芋头、马蹄等)。在面点中,根据各品种的特点可制成多种风味的馅心及别具风味的小吃,如火腿土豆饼、马蹄饼等。

根菜类是指以变态的肥大根部为食用对象的蔬菜。根菜类蔬菜富含糖类,比较适于贮藏。面点中常用的有萝卜、胡萝卜等,具有代表性的品种是芝麻萝卜饼、腊味萝卜糕等。

果菜类是指以果实和种子作为食用对象的蔬菜。按果菜的特点,可分为茄果(番茄、茄子、辣椒等)、瓜类(如黄瓜、南瓜、冬瓜等)和荚果(如毛豆、四季豆、豇豆等)。果菜类蔬菜在面点中常用于馅心的调制。

花菜类是指以植物的花蕾器官作为食用对象的蔬菜。其种类不多,常见的有黄花菜、花椰菜、韭菜花等。花菜类蔬菜特别鲜嫩,其中黄花菜大多数制成干制品。

（二）果品类

果品原料在面点中用于制作甜味馅心及面点的装饰点缀。常用的有水果、干果、果脯、蜜饯、果酱等。

水果也称鲜果,是果品中最重要的一部分。水果水分含量充足,清香甘甜、鲜美可口、种类繁多,均能直接食用,如苹果、草莓、香蕉、柚子等。在面点制作中,除制馅外,还能单独制成水果冻及面点制品的表面装饰、点缀、美化。

干果是指经风干、晒干、烘干的一类果实,其含水量极少,易于贮藏,便于运输,熟制后口感香醇味浓。干果可分为枣类干果,如红枣、柿饼、葡萄干等;壳类干果,如桂圆干、核桃、板栗等;籽类干果,如花生、瓜子、松子、杏仁、芝麻等。干果类在甜馅制作中运用相当广泛,很多有名的甜馅心都以干果名称命名,如芝麻馅、核桃馅等。

果脯是果品通过糖渍、干制后的加工品,一般比较干燥,不带糖汁,具有浓郁的果香。常用的有苹果脯、杏脯、蜜枣、冬瓜糖等。果脯既是制馅原料,也是点缀和装饰面点制品不可缺少的原料。

蜜饯是果品用糖浆浓缩排除大量水分而制成的再制品,在面点中的作用与果脯近似。

果酱是指鲜果料经过煮制后去皮、核,捣成泥加糖进一步熬制成的泥状果产品,主要有桃子酱、橘子酱、苹果酱、草莓酱及什锦果酱等,果酱常用于面点中的夹馅料及装饰。

（三）菌类

食用菌类是指以大型的无毒真菌类的子实体作为食用对象的蔬菜。菌类一般有鲜料、干料和罐装等三种。干料需用水涨发后才能使用,常见的有蘑菇、香菇、金针菇、平菇、黑木耳、银耳、猴头蘑、鸡枞菌等。菌类味道极鲜,且清香爽口,在面点中运用广泛。

四、调味原料

在面点中调味原料一般用于馅心、面膜的调制和半成品的直接调味,有时也直接用于面坯中,具有除异增香,丰富滋味,改善色泽等作用,使成品达到味美可口的要求。调味原料大致可分为五类:咸味调料、甜味调料、酸味调料、鲜味调料、香辛调料。

（一）咸味调料

咸味是烹饪中的主味,被称为"百味之主",是一种能独立存在的味道,是绝大多数复合味形成的基础味,对其他味具有增味的作用。在面点中常用的咸味调料包括盐、酱油、甜面酱。

盐是主要的咸味调料,除了使食物具有咸味而形成风味外,盐在馅料调制时还能提高动物性原料中蛋白质的水化能力,增强粘稠力,渗透压作用还能使蔬菜失水而变得爽脆。因此在咸味调料中,盐使用的更为广泛。

酱油是以大豆、小麦、麸皮、食盐和水等原料经发酵制成的液体调味品。酱油能给食品以咸味和增加鲜味、香味,同时能使馅心上色,其用途广泛仅次于盐。

甜面酱是以面粉为主要原料酿制而成的酱类调味品,其特点为色泽金红、滋润光亮、咸味适口、鲜甜醇厚,可以起到提味、增色、增香的作用,多用于炒制的馅心。

（二）甜味调料

甜味是以蔗糖等糖类为呈味物质的一类调味料,其用途仅次于咸味,在烹饪中是一种独立存在的味道。它能提鲜、去腥、解腻,增加甜度、消除酸度、抵消苦味、中和咸味。常用的调味品有砂糖、饴糖。

砂糖是烹饪中应用最广泛的甜味调料,糖甜度高,一般作为坯料或甜味馅心中的调味品。

饴糖呈稀浆状,粘稠性较高。在馅料调制中可以改进色泽,充当粘合剂,一般稀释后使用。

（三）酸味调料

酸味是由氢离子刺激味觉神经引起的感觉。凡是在溶液中能离解出氢离子的化合物都具有酸味。酸味有较强的去腥解腻作用,常用的酸味有食醋、醋精、番茄酱、柠檬汁等。

（四）鲜味调料

鲜味不能在烹饪中独立存在,需在咸味的基础上才能使用和发挥,但却是许多复合味馅料的主要调料。鲜味可以增加馅料的鲜美口味,使一些本来淡而无味的原料增添鲜味,诱人食欲,缓和咸、酸、苦等味的作用。常用的鲜味调料是味精。

在制馅中还经常用含较多鲜味物质的鲜汤来增鲜。鲜汤是用猪肘、母鸡、肥鸭等原料熬煮、清除杂质而制成的,是各类肉馅调料所需的重要辅料。

（五）香辛调料

香辛调料是通过强烈的刺激而感受到的原料。在烹饪中不能独立成味,需要在其他味的基础上才能使用和发挥。香辛类调料在烹饪中不但可除腥解腻,给制品上色、增色、压异味,同时还能刺激食欲,帮助消化、杀虫、促进血液循环。面点制作中常用的香辛调料有:辣椒油、胡椒粉、花椒、咖喱粉、酒、八角茴香、小茴香。

红油辣椒是辣椒粉与油温为150℃的植物油掺和而制成。红油辣椒常用于面点小吃中红油味的调制,如"红油水饺"、"红油抄手"等等。

胡椒粉是用胡椒粒磨碎的产品,味辛辣而芳香,主要用于馅心的调制。

花椒是一种具有麻辣味和香气的调味品,以颗粒大、皮色红、气味香、麻味足为佳。面点中常用于馅心的去异增香,若重用花椒,则形成面点制品的特殊品味——椒盐制品,如椒盐花卷。

咖喱粉是以黄姜为主料,配以适量的小茴香、八角等香料及胡椒或辣椒辗制而成的粉末。以粉质细腻、松散无块、无杂质为优。面点中用于制作特色馅心,如咖喱鸡饺等。

酒主要是指黄酒,以绍兴黄酒为好。调馅时起到去腥增香的作用。

八角茴香也称大茴香,具有浓郁的香气,有去腥提香的作用。

小茴香形似大麦,外表光滑,呈青绿色,有浓郁的香气。面点中有些特殊的制品可直接洒小茴香烤制增香。

项目四　设备与器具

知识目标：
- 了解、熟悉面点常用辅助设备与器具的种类、特点、用途
- 了解、熟悉面团调制设备与器具的种类、特点、用途
- 了解、熟悉面点成形设备与器具的种类、特点、用途
- 了解、熟悉面点熟制设备与器具的种类、特点、用途

技能目标：
- 掌握面点常用辅助设备的使用方法，能够灵活运用各种辅助工用具
- 掌握面团调制设备的使用方法，能够灵活运用各种面团调制器具
- 掌握面点成形设备的使用方法，能够灵活运用各种成形工具、模具
- 掌握面点熟制设备的使用方法，能够灵活运用各种熟制器具

　　我国传统面点制作多以手工生产方式为主，近年来，面点制作的炊事机械设备及器具有了长足的发展，减轻了面点制作人员的劳动强度，提高了生产效率。本项目将对面点厨房常用的设备器具的种类、特点及用途和使用方法进行介绍。只有掌握了机械、设备和工具的使用技术，才能有助于我们提高面点产品的质量，提高生产效率。

标准、规范与效率

　　小张和小王比赛制作风车酥，看谁做得快、做得好。小张各工艺环节均以手工操作为主，用手工和面，用滚筒擀片开酥，用切刀进行面坯分割。小王则充分运用机器设备，面团按配方称量好后用和面机和面，用开酥机进行压片开酥，用轮刀进行面坯分割。比赛结束，小王的产品大小规格均匀，酥层均匀，起发大，效果好且提前完成比赛；小张感觉比赛时间很紧张，产品做的较匆忙，最后的出品也明显不如小王的产品，一是产品的酥层和起发效果不够均匀，二是大小规格存在差异。为什么会出现这样的情况？

工作任务一　熟悉面点常用辅助设备与器具

[任务分析]　本项工作的任务是了解面点常用辅助设备、衡器、辅助用具的种类,熟悉并掌握其特点、用途及使用方法。

一、辅助设备

(一)工作台

工作台是指制作面点的操作台。常见工作台有木质工作台、不锈钢工作台、大理石工作台等,如图1-4所示。

1.木质工作台。又称面案、案板,主要用于面点制作中和面、揉面、制皮、成形等工序。木质工作台常以枣木、枫木、松木、柏木等硬质木料制成,厚度1~2寸,板面要求光洁、平整、无缝隙,便于操作及清洁。

2.大理石工作台。其台面为大理石板,具有表面光滑、平整,易于滑动、消毒的特点,是糖沾工艺的必备设备。用作面案工作台,常由于表面过滑而不适宜有些皮料的擀制。

3.不锈钢工作台。其台面由不锈钢板包木板制成。表面光滑平整,易于清洗,可代替大理石工作台使用,也常用来作备用工作台,作准备工作用或放置面点生坯。

不锈钢工作台的形式多样,如单层工作台、双层工作台、带抽柜工作台等等,以方便生产操作过程中的不同需求。冷冻(藏)工作台也是其中一种,如图1-4所示,操作台面为不锈钢面板,台面下设冷冻(藏)柜,可方便面点生产操作过程中需冷冻(藏)的半成品和成品的制作。

图1-4　木质工作台、不锈钢工作台、冷藏工作台

(二)洗涤槽

洗涤槽由不锈钢材料制成或砖砌瓷砖贴面而成,有单槽、双槽、多槽等。一般高度为80 cm,槽深30 cm以上,宽度和长度根据用途而定,主要用于洗涤各种原料和器具,如图1-5所示。

图1-5　不锈钢洗涤槽

（三）冷藏（冻）箱和冷藏（冻）柜

冷藏（冻）箱和冷藏（冻）柜统称冰箱。冰箱由压缩机、冷凝器、电子控温组件及箱体等构成，主要用于对面点原料、半成品或成品进行冷藏保鲜或冷冻加工。冷藏室温度一般控制在 0～10℃，冷冻室温度在 −18℃以下。使用时应根据冷藏、冷冻物品的性质、存放时间的长短、气候条件等因素加以调节。

冰箱类设备操作方法：

（1）检查电源是否连接正确，牢靠。

（2）调节好温度。

（3）开机。

（4）发现机器异常时，应立即停止工作，并切断电源，并报告主管及设备部。

（四）绞肉机

绞肉机由机架、传动部件、绞轴、绞刀、孔格栅组成，分手动和电动两种。电动绞肉机通过电机、皮带轮将动力传递给绞轴而旋转。绞轴是一根螺旋推进轴，用以输送肉块。绞刀连同绞轴一起旋转，绞刀另一侧是输出肉馅的孔格栅。使用时，把肉去皮去骨分割成小块，由入口投进绞肉机中，启动机器后可在孔格栅挤出肉馅。肉馅的粗细可由绞肉次数决定。绞肉次数越多，得到的肉馅越细碎。绞肉机在使用中需用专用工具压送原料，严禁用手直接按压原料，以防止事故的发生；用后要及时清洗，以避免刀具生锈；拆卸、安放均应特别小心，防止机件丢失；使用前应先检查各部位是否正常，然后再开动操作。

二、衡器工具

衡器工具是用于面点固、液体原辅料及成品重量的量取，以及原料、面团温度、糖度的测量，整形产品大小的衡量等。面点中常用量具主要有：

①磅秤。磅秤又称盘秤、台秤，属弹簧秤，使用前应先归零。根据其最大称重量，有 1 kg、2 kg、4 kg、8 kg 等之分，最小刻度分量为 5 g，主要用于面点原辅料的称量。

②天平秤。天平秤主要用于西点配料中的一些微量添加剂的称量，如泡大粉、改良剂、塔塔粉等。天平秤的最小刻度分量为 1 g，容易做到精确称量。

③电子秤。电子秤是装有电子装置，利用重量传感器将物体重力转换成电压或电流的模拟信号，经放大和滤波处理后，转换成数字信号，再由中央处理器运算处理，最后由显示屏以数字方式显示得出物体质量的计量仪器。电子秤通过数字显示，可直接读出被称量物品重量，操作简便，称量精确程度高，误差小。

④量杯。量杯主要用于液体的量取，如水、油等，量取方便、快捷、准确。其材质有玻璃、铝制、塑胶制等。

⑤量匙。量匙专用于少量材料的称取，特别是干性材料。量匙通常由大小不同的 4 个组合成套，分大量匙、茶匙（小量匙），1/2 茶匙及 1/4 茶匙，1 大量匙＝3 茶匙。

⑥温度计。温度计可分水银温度计、酒精温度计和电子温度计等。水银温度计和酒精温度计通常用于液体温度的测量；电子温度计带有感应测试头，可以测量液体、室温以及面团、面糊等物料温度。

⑦量尺。通常用来衡量产品整型的大小，并可用于产品制作的直线切割。

三、辅助用具

辅助用具是指用于原料处理、拌馅、上馅、辅助成形、涂油等操作的用具。常用的辅助用具有：

①筛子。筛子又称粉筛、面筛、筛网，主要用于干性原料的过滤，去除粉料中的杂质，使粉料蓬松，且通过过筛可使原料粗细均匀。根据材质可分为尼龙筛、不锈钢筛、铜筛等；根据筛网孔眼大小有粗筛、细筛之分。

②馅挑。又称刮匙，为长条型圆头不锈钢片或竹片，用作上馅的工具。

③拌料盆。一般为圆口圆底，底部无棱角，可便于均匀地调拌原料。有大、中、小各种型号，可配套使用，最好是用不锈钢制成。

④砧板。又称切菜墩，一般为木质的，以橄榄树、红柳木等的为好，用作切刀操作时的衬垫工具。

⑤切刀。是切菜、切肉的工具，由钢铁制成，呈长方形，刀口锋利，结实耐用。一般用于切丝、切条、切丁、切块等，又能用于加工略带碎小骨头或质地较硬的原料，并能在制猪、鸡、鱼等肉茸时使用刀背辅助加工。

⑥抹刀。由不锈钢制成，无刃长条形，主要用于面点夹馅或表面装饰抹制膏料、酱料。

⑦铲刀。通常分为清洁铲和成品铲两类。清洁铲主要用于清洁烤盘，去除烤盘中残渣；成品铲主要用于蛋糕、馅饼切割后的取拿。

⑧剪刀。主要用于花色面点的制作，大小都需要。

⑨小刀、刀片。小刀主要用于花色面点的制作，大小都需要。刀片主要用于层酥面点剖刀。刀片要求薄而锋利，常用的刀片有单面刀片和双面刀片两种。

⑩小木梳。主要用于花色面点的成形。

⑪镊子。主要用于花色面点的成形。

⑫骨针。由牛角、有机玻璃或塑料制成，一头尖，一头圆，主要用于花色面点的辅助成形。

⑬色刷。目前市场上无此类专用工具，多用新的牙刷代替，主要用于面点上色、弹色。

⑭毛笔或排笔。主要用于面点制品的着色或刷油。

⑮刷子。有羊毛刷、棕刷、尼龙刷等。羊毛刷的刷毛较软，多用于制品刷蛋液、刷油；棕刷、尼龙刷的刷毛较硬，适用于刷烤盘、蒸笼、模具等。

⑯喷壶。用于面点制品的喷色、着色或半成品的保湿。

工作任务二　熟悉面团调制设备与器具

[任务分析]　本项工作的任务是了解面团调制设备与器具的种类，熟悉并掌握其特点、用途及使用方法。

一、面团加工设备

（一）和面机

和面机又称调粉机，有卧式和立式两大类型。其基本结构相同，主要由电机、传动机、搅拌桨、面斗和机架五个部分组成。搅拌容器轴线处于水平位置的成为卧式和面机，搅拌容器轴线处于垂直位置的成为立式和面机。根据工艺要求有的和面机还有变速装置、调温装置或自控装置。

1. 卧式和面机。如图 1-6 所示,该机由搅拌桨、搅拌容器、传动装置、机架和容器翻转机构等组成。卧式和面机对面团的拉伸作用较小,一般适用于酥性面团的调制。由于卧式和面机结构简单,卸料、清洗、维修方便,因此在饮食行业被广泛使用,主要用于大量面坯的调制,是面点制作中最常用的机械,主要用于面条、饺子、馒头、包子等面团的调制。

图 1-6　卧式和面机　　　　　　　图 1-7　立式双速和面机

2. 双动立式和面机。如图 1-7 所示,双动立式和面机搅拌桨有快、慢两档,恒速转动的搅拌缸有倒、顺两个转向。开始操作时,搅拌桨慢转,搅拌缸顺转,利于干性面粉水化。待面粉水化后,搅拌桨快转,搅拌缸倒转,可缩短搅拌时间。该机有手动、自动两套控制,适用于高韧性面团调制和面包面团的搅拌。

和面机系列设备操作方法:

(1) 确定电源是否连接正确、牢靠。

(2) 掀开防护罩,将原料按比例倒入料桶中,再放下防护罩。

(3) 开机。由慢速过渡到快速,料桶正反转交叉使用,以使面和得均匀。

(4) 注意事项:机器运转时,禁止将手和杂物伸进料桶内,禁止对机器进行清洁和润滑,禁止用手驱动齿轮、皮带链条等,以免轧伤。机器连续运转四小时后,应冷却半小时再启动。

(5) 机器出现故障时,不得擅自修理,应立即切断电源,并报告主管及设备部。

(二) 多功能搅拌机

多功能搅拌机又称打蛋机,一般多为立式,如图 1-8,是一种转速很高的搅拌机。搅拌机操作时,通过搅拌桨的高速旋转,强制搅打,使被调和物料间充分接触,并剧烈摩擦,从而实现对物料的混合、乳化、充气等作用。

使用不同的搅拌桨,多功能搅拌机的适应性不同。常见的搅拌桨有球形(鼓形)、扇形、钩形等。球形搅拌桨主要用于搅拌蛋液、蛋糕糊等粘度较低的物料。高速旋转时,球形网起到弹性搅拌作用,使空气混入蛋液,膨胀起泡。球形桨又分为两种,一种是桨叶多而细的,适于搅打蛋液、蛋糕糊、蛋白膏;另一种是桨叶少而粗的,适于搅打奶油膏。扇形搅拌桨适于搅拌膏状物料和馅料,如果占、甜馅等。钩形搅拌桨适用于搅拌高黏度的物料,如筋性面团等。

图 1-8　多功能搅拌机及结构简图

多功能搅拌机大多是 2～4 级变速,在搅拌过程中根据工艺需要可以随时更换转速。

（三）台式小型搅拌机

如图 1-9 所示,该机适用于搅拌鲜奶油等膏料和量较少的浆料、面糊等。

搅拌机系列设备操作方法:

（1）确定电源连接是否正确。

（2）将原料按比例倒入料桶。

（3）选择适当的挡位,开机。

（4）注意事项:禁止在机器完全停止运转前换挡。禁止在机器运行时将手、杂物伸入桶内或进行机器清洁、加注润滑油。

（5）机器出现故障时,不得擅自修理,应立即切断电源,并报告主管及设备部。

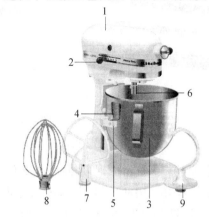

图 1-9　台式小型搅拌机

1—电动机　2—调速控制器　3—容器　4—固定栓
5—支撑架　6—搅拌头　7—平桨　8—球桨　9—钩桨

（四）磨浆机

磨浆机又称湿法粉碎机(图 1-10),由动磨盘、静磨盘、进料斗、出料斗、机体、电动机、调整装置和尼龙网筛等部件构成,主要用来磨制豆类、谷物,如豆浆、花生浆、米浆等。

（五）磨粉机

磨粉机又称干法粉碎机(图 1-10),分石磨、钢磨两类,可用于大米、杂粮、豆类等加工粉碎。

（六）醒发箱

醒发箱亦称发酵箱,主要是用于面包、馒

图 1-10　磨浆机、磨粉机

头、包子类面团的发酵和醒发使用的设备,能调节和控制发酵室的温度和湿度,操作简便。醒发箱可分为普通电热醒发箱、全自动控温控湿醒发箱、冷冻醒发箱等。

普通电热醒发箱采用电热管加热,强制循环对流,旋钮式温控器控制柜内温度。通过自来水管与醒发箱入水口相连,并通过调节器调节进水间隔时间和每次进水量,即可自动入水加湿,并以此控制醒发箱的湿度。进入醒发箱内的水以喷雾洒方式洒在电热片上,经汽化后进入发酵室,使箱内有足够的湿度。醒发箱的外壳及门板内部以发泡材料作保温,门上有较大的玻璃观察窗,内部安装照明灯,醒发效果清晰可见。

醒发箱系列设备操作方法:

（1）确定电源连接是否正确,水箱是否已经注满水或已经打开水阀。

（2）调节好温度的控制开关,开机。

（3）注意事项:禁止在发酵箱工作时进行清洁。

（4）机器出现故障时,不得擅自修理,应立即切断电源,并报告主管及设备部。

二、面团调制工具

面坯制作工具是指用于面团(面糊)调制、面皮擀制等操作的用具。如图 1-11 所示,主要有:

图 1-11　面坯制作工具

①—擀面杖、通心槌　②—刮板　③—打蛋器

①擀面杖。又称擀面棍，是面点制皮时不可缺少的工具，要求结实耐用、表面光滑，以檀木或枣木的较好。擀面杖呈圆形，因尺寸不同，有大、中、小之分，大的长约 80～100 cm、粗 5 cm；中的长约 40～60 cm、粗 3 cm；小的长约 33 cm 左右，主要用以擀制面皮、面条、面饼等。

②通心槌。又称走槌、滚筒，由中心通孔的圆柱形或鼓形滚筒和轴组成。使用时将轴插入通孔内，两手握住轴的两端，根据工艺需要向前、后、左、右任意方向推压。通心槌主要用于擀制大量、大形的面皮，鼓形通心槌亦称烧麦通心槌，主要用于擀制烧麦皮。

③橄榄杖。又称枣核杖、橄榄棍，中间粗、两头细，形如橄榄，长度约 15～20 cm，是用于擀制烧卖皮的专用工具，也可用于擀制饺皮。

④单手杖。又称小面杖，长约 25～35 cm，光滑笔直、粗细均匀，常用檀木、枣木或不易变形的细韧材料制成，是擀饺子皮的工具之一。

⑤双手杖。也是制皮的专用工具，大小均有，两头稍细，中间稍粗，双手杖比单手杖略细，擀皮时两根并用，双手同时配合进行。

⑥刮板。刮板按材质可分为塑胶刮板和金属刮板，无刃，长方形、梯形、圆弧形。长方形不锈钢刮板又称切面刀，主要用于分割面坯，协助面团调制，清理台板等；三角形齿刮板多用于面坯、装饰蛋糕表面划纹等。塑料刮板种类较多，有硬刮板、软刮板、齿刮板等，可用于面团分割、面团辅助调制、膏浆表面抹平、面团（面糊）划齿纹等。

⑦打蛋器。打蛋器又称打蛋帚、打蛋甩、打蛋刷、蛋抽等，由铜或不锈钢制成，呈长网球形，大小规格均有，主要用于搅拌（搅打）蛋液、奶油、黏稠液体、面糊等。

工作任务三　熟悉面点成形设备与器具

[任务分析]　本项工作的任务是了解面点成形设备与器具的种类，熟悉并掌握其特点、用途及使用方法。

一、成形设备

（一）压面机

压面机主要由喂料装置、轧辊及其支承装置、轧距调节机构、机架、传动装置等部分组成，如图 1-12 所示。压面机的作用主要是将松散的面团轧成紧密的、规定厚度要求的薄面片，并在压面过程中进一步促进面筋网络形成，使面团或面片具有一定的筋力和韧性。压面时,当面团或面片进入一对等速相向旋转的刚性轧辊后,由于面团或面片的厚度大于辊间轧距,便受到正压力和摩擦力作用,面团或面片跟随轧辊运动,同时受到拉、压,即一面受挤压,一面被拉伸减薄。而轧辊这一工作过程还促进了面筋质规则延伸,粘连形成细密的面筋网络结构。经过若干次轧辊作用后,面片中形成的面筋网络组织紧密而细致,使面片具有一定强度和韧性。

带切面功能的压面机,在面团经充分压延成片后,将压面机的光滑轧辊换成齿形活动轧辊,即可压切面条,调节齿辊的齿距,可得到不同宽窄的面条、馄饨皮。

图 1-12 压面机

图 1-13 落地式起酥机

（二）起酥机

起酥机由底座、辊轧轴、辊轧面板、安全防护遮板等部分组成,主要用于大批量开酥工艺,有台式和落地式两种,如图 1-13 所示。操作时,将换向手柄置于中间位置,接通电源,把面坯放在一端输送带上,然后将换向手柄上下交置,交替改换轧辊的转向,使面坯在两辊之间左右往返轧薄,成为所需的薄片。

二、成形工具

1. 套模。又称卡模、刻模、切模、花戳、花极、面团切割器,是用金属材料制成的一种两面镂空、有立体图形的模具,如图 1-14 所示。使用时一手持卡模的上端,在已经擀制成一定厚度的面团上用力按下再提起,使其与整个面片分离,即得一块具有卡模内形状的饼坯。刻模主要用于面片成形加工,以及花色点心、饼干成形等。刻模的规格大小、形状图案繁多,常见的有圆形、椭圆形、三角形、心形、五角星形、梅花形、菱形等。刻模以不锈钢制和铜制为佳。

图 1-14 套模

2. 印模。是用不易变形的硬木制成,在模的凹部,刻上各式花纹图案。使用时将制品坯团填充进去,经挤压、刮平后磕出,即得到一面有浮雕式图纹的饼坯。印模有单眼模和多眼模之分,如图 1-15 所示。单眼模为一板一眼,多用于各式月饼、礼饼的成形;多眼模为一板多眼,多用于松散坯料的成形,如绿豆糕、米糕等。

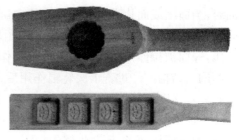

图 1-15　月饼模、糕点模

3. 胎模。也称盒模,是指装入半成品经加热熟制使制品成熟后具有一定形状的模具,如图 1-16 所示。按材料可分为金属模、纸模、锡箔纸模等。纸模、锡箔纸模是近年来发展使用的新型盒模,具有使用方便、卫生、不用回收清洗等优点。纸模一般为杯形,主要用于蛋糕、发酵类制品的成形。锡箔纸模的形状较普通纸模多样,用途更广泛,可用于膨松制品、混酥制品的成形。金属模的形状变化多样,适应范围广,一般是根据制品造型要求制作,常见的形状有梅花形、菊花形、盘形、方形、圆形等。使用前要先刷一层油或垫上油纸,以免制品粘模。

图 1-16　胎模

①—吐司模　②—圆形蛋糕模　③—活动菊花派盘　④—空心蛋糕模
⑤—纸模　⑥—菊花模　⑦—蛋塔模　⑧—船形塔模

(1) 吐司模　专供吐司面包烘焙用,一般为长方体,带盖或不带盖,有普通吐司模和不粘吐司模。依面团重量常见的规格有 450 g、600 g、750 g、900 g、1 000 g 等。

(2) 蛋糕模　依材质可分为不锈钢模、铝合金模、铁弗龙不粘模、铝箔模、纸模等。外观有圆形、椭圆形、长方形、心形、中央空心形、花模、异形模、实心活动模等,亦分为大、中、小各种不同规格。

(3) 塔模、派盘　塔模、派盘常用材质为不锈钢、铝合金、铝箔以及经铁弗龙处理的不粘模等。派盘以圆形为主,分实心模和活动底模。塔模形状较多样,有圆形、花形、异形等。

4. 裱花袋、裱花嘴。裱花袋用于盛装各种霜饰材料,裱花嘴用于面糊、霜饰材料的挤注成形,通过裱花嘴的变化可以挤出各种形状。裱花袋质地应细密,应有良好的防水、油渗透的能力。其材质有帆布、塑胶、尼龙和纸制等,通常呈三角状,故又称三角袋,口袋的三角尖留一小口,用来放置裱花嘴。裱花嘴多为不锈钢制或铜制,圆锥形,锥顶留有大小不一的圆形、扁形或齿状小嘴，如图 1-17 所示。

图 1-17　裱花袋、裱花嘴

5. 螺管。螺管又称羊角圈筒，用于羊角卷、羊角酥的制作，如图 1-18 所示。

6. 轮刀。轮刀主要用于起酥类、混酥类、发酵类面团的切边、切形等，轮刀口有平口、花纹齿口及针状。常见的有派轮刀、波浪轮刀、两用起酥轮刀、两用夹轮刀、拉网轮刀、三角轮刀、针车轮等，如图 1-18 所示。

图 1-18　螺管、轮刀、花钳

7. 花钳。花钳又称花夹子，由铜或不锈钢制成，一头是带有齿纹的夹子，一头是有齿纹的轮刀，如图 1-18 所示。主要用于面点造型，制作花边，花瓣等。

工作任务四　熟悉面点熟制设备与器具

[任务分析]　本项工作的任务是了解面点熟制设备与器具的种类，熟悉并掌握其特点、用途及使用方法。

一、熟制设备

（一）燃烧型炉灶

即传统明火炉灶。它是以煤火、煤气、柴油等燃烧提供热源而产生热量，利用锅内的水、油、蒸汽作传热介质，供炸、炒、蒸、煮、烧、炖等非直接加热的熟制设备。燃煤灶是过去面点厨房里常见的一种灶，现已被燃气灶、柴油炉等取代。燃气灶具有结构合理、安全方便、清洁卫生、可自由调节火力、热效率高等优点。根据用途可分为炒灶和蒸灶，如图 1-19 所示。使用时，先打开炉灶的天然气总阀，点着长明火，再打开主火阀门点燃主火；关闭时，先关主火，再关长明火，最后关闭总阀。

图 1-19　燃烧型炉灶

（二）蒸箱

蒸箱是利用蒸汽传导热能将食品加热至熟的一种熟制设备,如图1-20所示。它与燃烧型蒸灶蒸笼加热方法相比较,具有操作方便、使用安全、劳动强度低、清洁卫生、热效率高等优点。蒸箱上导入蒸汽的蒸汽管安装有控制蒸汽量的阀门和显示箱内蒸汽压的气压表,管路的终端为一节通入向内下部的喷汽管,该段管上设有两排向斜下方的蒸汽喷孔,保证通入足够的蒸汽量而加热制品。蒸箱的下面设有排汽排水口,不仅保证冷凝水的排除,而且能使冷空气排除。蒸箱的使用方法是将生坯摆屉后推入箱内,将门关闭,拧紧

图1-20　蒸箱

安全阀,打开蒸汽阀。根据成品质量要求,通过蒸汽阀门调节蒸汽的大小。制品成熟后,先关闭蒸汽阀门,待箱内外压力一致时,打开箱门取出蒸屉。

（三）蒸汽夹层锅

蒸汽夹层锅又称蒸汽压力锅,是以一定压力的蒸汽为热源,将热蒸汽通入锅的夹层,通过与锅内的物料交换热能,从而达到加热目的的一种设备,如图1-21所示。它具有受热面积大、热效率高、加热均匀、液料沸腾时间短、加热温度容易控制等特点。在面点工艺中,它常用来制作糖浆和炒制豆沙馅、莲茸馅及枣泥馅。使用方法是先将锅内倒入适量的水,将蒸汽阀门打开,待水沸腾后下入原料或生坯加热,加热结束后,先将热蒸汽阀门关闭,搅动手轮或按开关将锅体倾斜,倒出锅内的水和残渣,将锅洗净、复位。

图1-21　可倾式夹层锅

（四）烤箱

烤箱根据热源可分电热式烤箱和燃气式烤箱两种。电热式烤箱亦称远红外电烤箱,炉的内、外壁采用硬质铝合金钢板,保温层采用硅石填充。以远红外涂层电热管为加热组件,上下各层按不同功率排布,并装有炉内热风强制循环装置,使炉膛内各处温度基本均匀一致。炉门上装有耐热玻璃观察窗,可直接观察炉内烘烤情况。控制部分有手控、自动控温、超温报警、定时报时、电热管短路的显示装置。目前使用的电烤箱多为隔层式结构,各层烤室彼此独立,每层烤炉的底火与面火分别控制,可实现多种制品同时进行烘焙,如图1-22所示。燃气式烤箱的外型与层式远红外烤箱类似,有单层或多层,每层可放两个烤盘。每层上、下火均有燃气装置,通过控制部分自动点火、控温、控时,利用煤气燃烧发热,升高烤炉温度,使制品成熟。

图1-22　隔层式电烤箱

远红外烤箱系列设备操作方法:

(1)确定电源连接是否正确。

（2）调节好温度控制开关、定时开关。

（3）开机工作。

（4）放入待烤的半成品，关好炉门。

（5）注意事项：烘焙过程中取放烤盘时，要采取相应保护措施，以免灼伤或烫伤，禁止在烘焙过程中进行设备清洁。

（6）机器出现故障时不得擅自修理，应立即切断电源，并报告主管及设备部。

燃气式烤箱系列设备操作方法：

（1）确定电源、燃气管路连接是否正确。

（2）打开电源开关及燃气管通气阀门。

（3）调节好温度控制开关。

（4）敞开炉门，按下燃气开关，上下火均匀燃烧后，关闭炉门。

（5）注意事项：禁止烘焙过程中向烤炉底板上倒水；禁止在烘焙过程中进行设备清洁。

（6）机器出现故障时不得擅自修理，应立即切断电源、关闭燃气开关，并报告主管及设备部。

（五）电炸炉

如图1-23所示，电炸炉也称间歇炸锅，具有自动调温、控温、恒温功能，导热快，受热均匀。操作时将待炸物料放入油中，炸好后连篮一起取出。为延长油的使用寿命，电热元件表面温度不宜超过265℃。

图1-23　电炸炉

图1-24　电饼铛

（六）电饼铛

如图1-24所示，电饼铛主要由铛体、煎锅及电热器件组成，内锅采用高级不粘涂料，外部有防烫塑胶顶盖手柄，具有自动调温、控温、恒温功能，导热快，受热均匀，节时省电，操作简单，易于控制煎烙等产品品质。

（七）微波炉和电磁炉

微波炉是一种快速、节电、无油烟、能保持食物营养成分、杀菌消毒的现代炊具。微波加热是基于微波（指频率在300兆赫到300千兆赫，波长1毫米到1米的高频电磁波）与物质相互作用而产生的热效应。它对物体的加热是通过其电场的变化使物体内部的分子随着电场运动而形成的。电场变化越快,物体内部的分子运动也越快,极性分子来回运动与相邻的分子发生摩擦,从而把微波转变成热能,达到加热的目的。微波加热不能依靠热传导,炉体本身不发热,是物质内部分子摩擦,表里一起发热,故成熟时间短,加热均匀,不易着色,适宜蒸、煮成熟及烘烤一些对色泽要求不高、无馅的制品,也常作为产品出售前的补充加热。

电磁炉是利用电磁感应加热烹制食物的一种新型炉具,其外形像一个方盒,表面有放锅的顶板,顶板内侧设有与锅相应的圆盘状感应线圈。当感应线圈通过25~30 kHz的交频电流时,便形成一个不断变化的交变磁场,磁力线穿过锅底产生感应电流,电流在克服锅体的内阻时使金属锅底发热,温度迅速升高,产生烹调所需的热能。电磁灶使用的锅具必须用铁或不锈钢制成,且应为平底,以增加与顶板的接触面而吸收更多的热能。

二、熟制用具

（一）锅具

锅具种类较多,按材质可分为铁锅、铜锅、铝锅、不锈钢锅等;按形状可分为圆柱形、半球形、平底形等;按用途可分为炒锅、炸锅、汤锅、煎锅等。

1. 炒锅。炒锅多为半球形铁锅,锅体较小,主要用于炒制馅心。

2. 炸锅。炸锅一般为半球形铁锅,锅体大小都有,按需要而定,主要用于炸制面点。

3. 煎锅。煎锅锅底平坦,分有沿和无沿两种,有沿平锅主要用于煎、烙体积较小的制品,如锅贴、烧饼;无沿平锅主要用于煎、烙大饼、煎饼等。

4. 汤锅。汤锅锅体较深,一般选用圆柱形铝锅、不锈钢锅、铜锅等,主要用于煮汤、熬粥、熬糖浆、膏料、果酱等。不锈钢锅、铜锅具有传热性能良好,加热成熟迅速等特点,并且能避免果料及其他原料中含有的单宁与铁接触而产生黑色物质,使制品变色变味。

（二）蒸笼

蒸笼又称笼屉,是蒸制成熟所需用具,如图1-25所示。按材料分主要有竹笼、木笼和铝笼等,规格大小不一,形状有圆形、方形、长方形等。竹笼、木笼具有透气性好,笼盖不聚结水珠等优点,宜于蒸制膨松制品,如发酵米糕、小笼包子、凉蛋糕等。铝笼因使用方便,清洗容易而得到广泛运用。铝笼上的通气孔有圆形和长条形之分,后者较前者通气量大,供给笼内蒸气多,宜于蒸制膨松制品、急火制品。

图1-25 蒸笼

（三）烤盘

烤盘是烘烤制品的重要工具,通常作为载体盛装制品生坯入炉。烤盘大多是长方形,如图1-26所示,一般用导热性良好的黑色低碳软铁板、白铁皮、铝合金等材料制成,其厚度为 0.75～0.8 mm。还有经矽胶、铁弗龙等处理制成的各种材质的不粘烤盘,使用更为方便,无需涂油直接可用于各种烘焙食品的焙烤。

普通新的烤盘(烤模)使用前,需经过反复涂油、烧结,使表面形成坚硬而光亮的炭黑层,否则烘烤时对热量吸收和脱模均有影响。其处理程序如下:

(1) 清理表层。新制烤盘表面大都有矿物油、尘埃等污染物,应首先加以清除。可用温热的碱水擦洗干净。

(2) 加热处理。软铁板材质烤盘在 250℃～300℃炉温下烘烤 40～60 分钟,使表面形成微量氧化铁层。白铁皮材质烤盘或烤模在 200℃以下炉温烘烤 30～40 分钟,表面产生合金薄层。

(3) 涂油加热处理。烘好的烤盘,冷却到 55～60℃时,在表面涂上一层脱模油(或植物油),再次加热。在加热过程中,植物油渗入氧化层中,并且出现因炭化而发黑的现象。冷却后,继续擦油、加热,如此反复,待表面产生炭黑膜后即可。

(四) 不粘烤盘布

以矽胶或经铁弗龙处理的玻璃纤维制成的不粘烤盘布,如图 1-26 所示,具有耐高温、防粘连、可连续使用上千次的特点,垫于烤盘中,用于酥点、蛋糕、面包等面点的烘烤,使用方便,用途广泛。

图 1-26　烤盘、不粘烤布

(五) 炉灶工具

1. 炒勺。铁制圆形勺子,有一长铁柄,顶端装有木柄,多为炒菜时使用。

2. 漏瓢、抄瓢。漏瓢形如汤瓢,铁制,长柄,口较深,瓢底有若干小孔。抄瓢为铁制圆形、口大、浅底、长把,口径约 27 cm,深 5 cm,瓢底钻有许多小孔。漏瓢、抄瓢主要用于煮制、炸制时于油锅、汤锅中取料,漏水、漏油。

3. 锅铲。有铁制、不锈钢制、铝制的,主要用于煎烙制品的翻动、铲取、装盘等。

4. 筷子。铁制或竹制,长短按需要而定,炸或煮制面点时用来翻动或夹取制品。

项目五　面点基本功

知识目标：
- 熟悉和面操作技法种类，掌握和面操作方法和技术要领
- 熟悉揉面操作技法种类，掌握和面操作方法和技术要领
- 熟悉饧面的作用，掌握饧面操作方法和技术要领
- 熟悉搓条操作方法和技术要领
- 熟悉下剂操作技法种类，掌握和面操作方法和技术要领
- 熟悉制皮操作技法种类，掌握和面操作方法和技术要领
- 熟悉上馅操作技法种类，掌握和面操作方法和技术要领

技能目标：
- 能够调制不同软硬、性质的面团
- 能够用不同手法揉制不同性质的面团
- 能正确进行饧面操作
- 能根据面团软硬、性质差异选择适当方法进行下剂
- 能够根据面团性质采用恰当方法制皮
- 能够根据面团性质和制品成形要求正确上馅

　　面点制作的基础功包括和面、揉面、搓条、下剂、制皮、上馅等方面，这是面点制作的基本操作技能。面点制品的种类虽然繁多，但大多数品种的工艺过程基本相同，即首先要和面、揉面、搓条、下剂、制皮、上馅等。只有学会了这些基本功，才能进一步掌握各种面点制作技术。基本功掌握熟练与否，会直接影响制品的质量和工作效率。目前，面点制作仍以手工为主，手上的功夫如何，与成品的质量关系很大，如果功夫到家，就会熟能生巧，制作面点时，不但效率高，而且质量好。面点制作的基本功具有较高的技巧，练到运用自如的熟练程度也非易事。拿和面来说，要和成多种多样的面团，并且软硬性质都符合规定要求，决非一日之功。苦学苦练基本功是面点制作人员的重要任务，通过学习，要练出臂力、腕力和各种动作的灵活手法，同时，还要练好自然、正确的姿势，以减轻劳动强度，提高劳动效率。

　　本项目主要介绍和面、揉面、饧面、搓条、下剂、制皮、上馅的基本操作技法和技术要领，为后面品种实作训练打下坚实的技能基础。

引导案例

一堂北方水饺实训课

赵老师带领某职中高二烹饪班的同学进行北方水饺实训课。首先,赵老师给学生们讲解了北方水饺的制作要求和技术要领,然后亲自给同学们演示了一遍。同学们都摩拳擦掌急着动手操作,老师反复问同学们看明白没有,有不清楚不会的地方没有,同学们齐声说没有。随着老师一声"可以开始操作",同学们便忙碌起来,和面的和面,揉面的揉面,调馅的调馅,不一会儿,大家开始包饺子。饺子包得差不多的时候,老师说,各组煮一盘饺子进行点评。饺子煮好后,同学们首先自评起来,把自己组的饺子与别组的饺子进行比较。这时老师开始了点评:"同学们这次操作都非常认真,作品相互都看到了,相信同学们心里大致都有了评判,有些组的饺子大小不均匀,饺皮厚薄不均匀,饺子皮面不够光滑筋道,有的饺子馅包得太少。"为什么各组做出来的饺子会存在这么大的差异? 我们在和面、揉面、饧面、搓条、下剂、擀皮、上馅时应该如何进行正确操作?

工作任务一 和面、揉面、饧面

[任务分析] 本项工作的任务是熟悉和面、揉面技法种类;掌握和面、揉面的基本操作方法与技术要领;熟悉机器和面的原理、方法和技术要领;熟悉饧面的作用;掌握饧面的方法。

一、和面

和面就是将粉料与水等原辅料掺和调制成团的过程。和面是整个面点制作的最初一道工序,也是最重要的环节。和面的方法主要有手工和面与机器和面两种。

(一)手工和面

1. 手工和面的方法

手工和面的技法大体可分为抄拌法,调和法,搅和法三种,如图 1-27 所示。

图 1-27 抄拌法、调和法、搅和法

(1)抄拌法。将面粉放入盆(缸)中或案板上,中间挖一个坑塘,加入水等辅料,用一只手或双手在坑内由外向内,由下向上手不沾水,以水推粉,抄拌成雪花状,再加入少量水揉搓成面团,达到"三光",即盆光、面光、手光。此种和面方法既适用于在盆内调制大量的冷水面团和发酵面团,也可在案板上调制小量的冷水面团、水油面团。

（2）调和法。面粉放在案板上围成中薄边厚的圆形，将水倒入中间，双手五指张开，从内向外慢慢调合，使面粉与水结合，面成雪花片状后，再掺入适量的水和在一起，揉搓成面团。糕点行业常用此种和面方法调制大量的冷水面团和水油面团。饮食业通常多用此法调制小量的温水面团、热水面团、水油面团等。面粉置案板上，中间刨一小坑，左手掺水或加油，右手和面，边掺边和，调制水油面团直接用手，调制温、热水面团时右手拿工具（筷子或面杖等），左手浇水。操作过程中，手法要灵活，动作要快。

（3）搅和法。这种方法主要用于热水面团、稀软面团和烫面的调制。①在盆内和面：将面粉放入盆内，中间掏坑，也可不掏，左手浇水，右手拿面杖搅和，边浇水边搅拌，搅匀成团。一般用于热水面团、春卷皮面团和蛋糊面等稀软面团的调制。②在锅内和面：锅置火上，掺水烧沸后，一手拿小面杖，一手将面粉徐徐倒入锅中，边倒面粉边用小面杖快速搅拌，直至面粉全部烫熟，水汽收干为止。这种方法用于调制沸水面团（全熟面）。

2. 手工和面的技术要领

（1）和面姿势要正确。尤其在调和大量面团时应用正确的姿势，才能灵活应用臂力和腕力和好面，这一点是非常重要的。正确的和面姿势应是两脚分开，站成丁字步，且要站立端正，不可左右倾斜，上身向前稍弯，如此才能便于用力和好面。

（2）动作要干净利落。

（3）采用恰当的和面手法，使面团的性质符合要求。

（4）注意原料的投放顺序。

（二）机器和面

目前，使用和面机和面已是非常普遍。机器和面既可节省人力，又能使面团的性质得到良好控制，从而确保产品品质的稳定。

1. 和面机和面的基本原理

通过和面机搅拌浆的旋转工作，首先将面粉、水、油脂、糖等物料混合形成团块，再经搅拌浆的挤压、揉捏作用，使团块相互粘结在一起形成面团。在搅拌的作用下，面粉中的蛋白质吸水膨胀，膨胀的蛋白质颗粒相互连接起来形成面筋，经多次搅拌后形成庞大的面筋网络，即蛋白质骨架，面粉中的淀粉和油脂、糖等成分均匀分布在蛋白质骨架中，形成面团。

2. 和面机和面的方法

目前常用的和面机主要是卧式叶片式和面机。和面机的操作必须以适应面团工艺要求为基础。

（1）筋性面团的调制　筋性面团主要包括冷水面团、水油面团、发酵面团等。操作时，首先将油脂、糖和 3/4 的水放入面斗内，以 60 r/min 搅拌 1 分钟，停机加入 4/5 的面粉，以 60 r/min 搅拌 2 分钟，再以 30 r/min 搅拌，边搅拌边加入余下的面粉和水，搅拌均匀即成。一般需要 15～25 分钟。

（2）酥性面团的调制　酥性面团如桃酥面团、松酥面团、甘露酥面团等。操作时，首先将油脂、糖、蛋液、乳、水、碳酸氢钠放入面斗，用 60 r/min 搅拌 2～3 分钟，呈黏稠糊状。加入 1/5 的面粉搅拌 2～3 分钟，再加入 3/5 的面粉，用 30 r/min 搅拌 3～4 分钟，再加入其余面粉和果料。时间不宜过长，否则容易上劲。

3. 和面机和面的技术要领

（1）要正确掌握投料顺序。

（2）和面机的转速选择要适宜。一般来说，和面前期以 40～60 r/min，后期以 20～30 r/min 为宜。初期搅拌混合时增速，以加快面、水、油、糖的混合，后期面筋形成阶段则以低速为宜。

（3）搅拌时间应适当。

二、揉面

揉面是将和好的面团经过反复揉搓，使粉料和辅料调和均匀，形成柔润、光滑的面团的过程。由于和面后，面粉大部分吸水不均匀，面团不够柔软滑润，工艺性能达不到制品的要求。通过揉面可促使各原料混合均匀，促进面粉中的蛋白质充分吸水形成面筋，增加面团筋力，使面团光滑、柔润。揉面是调制面团的重要工序，也是确保下一道工序操作顺利进行的关键。

（一）揉面的手法

揉面的手法主要分为揉、捣、揣、摔、擦、叠等六种。

1. 揉。分单手揉、双手揉和双手交替揉三种，如图 1-28 所示。揉法的适应范围广，水调面团、发酵面团、水油面团等多用此法调制。单手揉指用左手拿住面团一头，右手掌跟将面团向前推压，摊开，卷拢回来，翻上"接口"旋转 90°，继续再推、再卷，反复多次，揉匀为止，一般用于较小面团。双手揉指用双手掌压住面团，用力向外推动，把面团摊开，同时从外逐步卷回来成团，翻上"接口"，再向外推压摊开、卷起，直到揉匀揉透，面团光滑为止，一般用于较大面团。双手交替揉指先用右手掌跟压住面团，向前推压、卷回，再用左手掌跟压住面团，向前推压、卷回，如此双手交替操作，面团成条状向两侧延伸，然后将面团两头折回，继续推压，直到面团揉匀揉透，一般用于较小面团。

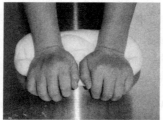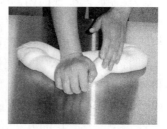

图 1-28　单手揉、双手揉、双手交替揉

2. 捣。指在和面后，双手握紧拳头，在面团各处用力向下捣压。当面团被压开，折叠好再继续捣压，如此反复多次，一直把面团捣透上劲，如图 1-29 所示。筋力大的面团多用此法，如油条面、面条面。

3. 揣。就是双手握紧拳头，交叉在面团上揣压，边揣、边压、边摊，把面团向外揣开，然后卷拢再揣，有

图 1-29　捣

一些面团要沾水揣，为的是使面团更加柔顺、均匀有劲，如图 1-30 所示。此法多用于抻面面团的调制，发酵面团使碱操作，以及揉制大量面团时常结合揣的动作。

图 1-30　揣

4. 摔。摔分两种手法，一种是双手拿住面团的两头，举起

来，手不离面地摔在案板上，摔匀为止，一般情况下是揣后再摔，使面团更加滋润有劲，如抻面。另一种做法是用手抓起稀软面团，脱手摔在盆内，拿起，再摔，如此反复摔匀为止，如春卷面的调制。

图1-31　擦

5. 擦。用手掌跟把面团一层一层向前边推边擦，面团推擦至前面，再回卷成团，重复推擦，至面团擦匀、擦透，如图1-31所示。通过擦可以增强物料间的彼此粘结，减少松散状态，如干油酥面团、熟米粉团、部分烫面的调制。

6. 叠。先将配料中的油、糖、蛋、乳、水等原料混合乳化，然后与干性粉料拌合，用双手与刮板配合操

图1-32　叠

作，上下翻转、叠压面团，使粉料与糖油混合物层层渗透，从而粘结成团，如图1-32所示。叠制操作主要是为了防止面团生筋，避免面团内部过于紧密，影响制品疏松效果，如混酥面团、浆皮面团的调制。

（二）揉面的技术要领

1. 揉制时，既要有劲，又要揉"活"，即要用"巧劲"。揉面时腕子必须着力，并且用力要适当。刚和好的面团，水分没有全部吃透，用力要轻一些，待水分被吃进时，用力就要加重。

2. 揉面时要顺一个方向，不能随意改变，否则，面团内形成的面筋网络会被破坏，影响进一步的搓条、下剂、制皮等操作。

3. 揉制时间要视面团的吸水情况、筋力大小而定。硬面团需较长时间揉制，而软面团的揉制时间较短。要求筋力大的面团，要用力多揉，以促进面筋扩展，使面团柔顺，富有弹性与延伸性；相反，不需上劲的面团，适当揉匀或少揉即可。

4. 擦面时，应用掌跟一层层地向前推擦。油酥面团通过擦扩大油脂与面粉接触面，使油脂与面粉均匀混合，增强面团的黏着性；烫面团通过擦，可以促进面粉与热水的接触，防止烫面生熟不匀，影响成品质量。

5. 叠制时结合压的方法，使粉料和其他辅料混合均匀即可，不能时间过长，防止产生筋性，影响成品质量。

三、饧面

面团调制好后，放在案板上，盖上洁净湿布静置一段时间，饮食行业中叫做"饧面"，如图1-33所示。饧面也是保证面团质量的一个关键因素。饧面的作用有三点：

1. 使面团中未吸足水分的粉粒有一个充分吸收水分的时间。

2. 使没有伸展的面筋得到进一步规则伸展。

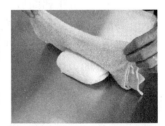

图1-33　饧面

3. 使面团松弛。经反复揉搓后的面团，面筋处于紧张状态，韧性强，静置一段时间后，面筋得到松弛缓解，延伸性增大，更便于下一道工序进行。

饧面时，面团表面必须加盖湿布或塑料布，避免面团暴露在空气中，使表面失水变干燥甚至结皮。

工作任务二　　搓条、下剂、制皮

[任务分析]　本项工作的任务是熟悉下剂、制皮的技法种类；掌握搓条、下剂、制皮的基本操作方法与技术要领。

一、搓条

搓条是将揉好的面团搓成长条的一种技法，方法是取出揉好的面团，先拉成长条，然后双手的掌跟压在条上，来回推搓，边推边搓，使条向两侧延伸，成为粗细均匀一致、光洁的圆形长条的方法，如图1-34所示。搓条的技术要领如下：

图1-34　搓条

①搓条时要搓揉结合，边揉边搓，使面团始终保持光滑、柔润。

②搓条时两手着力要均匀，两边用力要平衡，防止一边大、一边小，一边重、一边轻，使条的粗细不匀。

③要用掌跟压实推搓，不能用掌心，掌心发空，压不平、压不实，不但搓不光洁，而且条不易搓匀。

④掌握好搓条的粗细程度，剂子稍大的条要粗些，如馒头，豆沙包等；剂子稍小的条要细些，如水饺，蒸饺，锅烙等，但无论是粗条还是细条，条的粗细要均匀一致。

二、下剂

下剂是指将搓条后的面团分割成适当大小的坯子。下剂要大小均匀，重量一致，下剂的好坏将直接影响制品下一工序的操作，影响成品的形状。

（一）下剂的方法

下剂的方法主要有揪剂、挖剂、拉剂、切剂、剁剂等，其中尤以揪剂运用较多。

1. 揪剂。又叫摘坯、摘剂、扯剂，如图1-35所示。揪剂一般用于软硬适中的面团。操作方法是在剂条搓匀后，左手轻握剂条，从左手虎口处露出相当于剂子大小的一段，用右手大拇指和食指轻轻捏住，并顺势往下前方推拉摘，即摘下一个剂子，然后左手将捏住的剂条趁势转九十度（防止捏扁，使摘下的剂条比较圆整），并露出截面，右手顺势再揪，每揪一次，剂条要转一次身，依此法将剂子揪完。总之，揪剂的双手要自己配合连贯协调。一般50 g以下的坯子都可用这种方法，如蒸饺、水饺、烧卖等均用此法。

图1-35　揪剂

2. 挖剂。又叫铲剂，如图1-36所示。将面团搓成长条后，剂条放在案板上，左手按住，右手四指弯曲成类似挖土机的铲形，从剂条下面伸入，四指向上一挖，就挖出一个剂子，然后把左手往左移动，露出下个剂子的截面，右手再挖，一个一个地挖完为止。此法适用于剂条较粗，剂量又大，左手没法拿起，右手也

图1-36　挖剂

无法揪下的剂坯,如馒头、豆沙包、大包子、烧饼等剂子。

3. 拉剂。也叫掐剂,常用于比较稀软的面团,不能揪也不能挖的面团。即右手五指抓起适当剂量的坯面,左手抵住面团,拉断即成一个剂子,再抓,再拉,如此重复。如馅饼的下剂方法即属于这种方法。如果坯团规格很小,也可用三个手指拉下。

4. 切剂。有的面团如层酥面团,尤其是其中的明酥非常讲究酥层,如圆酥、直酥、叠酥、排丝酥等,必须采取用快刀切剂的方法,才能保证截面酥层清晰,如图 1-37 所示。有的面团很柔软,无法搓条,一般将面和好后,摊在案板上,按平按匀,再切成方块剂子,擀成圆形即可,如油饼面,也有馒头等采取切剂的方法。

图 1-37 切剂

5. 剁剂。将面团搓成条,放在案板上,用刀根据剂子的大小,一刀一刀剁下,既是剂子又是半成品,如刀切馒头、花卷等剂子,如图 1-38 所示。

（二）下剂的技术要领

1. 揪剂时,左手握剂条不能握得太紧,防止压扁剂条。

2. 揪剂时,每揪下一个,需要翻身转动 90°。主要由于面团

图 1-38 剁剂

性软,剂条握在手中,无论用力如何轻,剂条也会扁一些,必须转个身,恢复原形,这样才能保证揪下的剂子比较圆整,均匀一致。

3. 揪剂时,双手要配合协调,一揪一露,把剂条揪完为止,同时要撒些扑面,将剂子搓揉散开,防止粘连。

4. 拉剂时,由于面团较稀软,必须铺上扑面,掌握好拉剂的力度。

5. 切剂、剁剂时刀要快,下刀要准确,保证剂子均匀一致、大小分量准确。如果刀不快,切一些明酥类的剂子时,层次易粘连,造成成品层次不清晰。

三、制皮

制皮是指将下好的剂子采用一定的方法加工成皮坯的过程。面点中许多品种都需要制皮,通过制皮便于包馅和进一步成形。

（一）制皮的方法

制皮的方法很多,归纳起来主要有按皮、捏皮、摊皮、压皮、擀皮等方法,但尤以擀皮方法使用较多,并较复杂。

1. 按皮。按皮是一种简单的制皮方法,将下好的剂子撒上扑面,两手揉成球形,再用右手掌面按成边薄中间较厚的圆形皮,如图 1-39 所示。按时注意用掌跟,不用掌心。此法适用于包子等剂量大、皮略厚的品种。

图 1-39 按皮

2. 捏皮。如图 1-40 所示,捏剂一般是把剂子用手揉匀搓圆,再用双手捏成圆壳形,包馅收口,又称"捏窝"。此法适用于汤圆、珍珠圆子等品种。

图 1-40 捏皮

3. 摊皮。是比较特殊的制皮方法。摊时,平锅架火上烧热,

右手持稀软面团不停地抖动(防止流下)顺势向锅内一摊,锅内就沾上一张圆皮,待圆皮受热成熟取下,再摊第二张,依次摊完。摊好的皮要求形圆,厚薄均匀,大小一致,没有气眼,如图 1-41 所示。此法主要适用于筋质较强的稀软春卷面团等。

图 1-41　摊皮

4.压皮。也是一种特殊的制皮方法,技术性较高。将下好的剂子放在案板上,用手略压,然后右手持长薄刀压在剂子上,左手按住刀面,用适当的力在面剂上旋转一下,即成圆形皮,如图 1-42 所示。此法适用于广东的澄粉面团,如虾饺皮的制作。

图 1-42　压皮

5.擀皮。是最主要、最普遍的制皮法,技术性也较强。擀皮手法是多种多样的,具有代表性的有以下几种:

(1)饺子皮擀法。先把面剂按成扁形,以左手的大拇指、食指、中指捏住左边皮边,放在案板上,右手持小擀面杖压在右边皮的三分之一处来回滚压,左手随之将面剂向左旋转,右手擀一下,左手转动一下,将面剂擀成厚薄一致的圆皮即成,如图 1-43 所示。擀制水饺皮时,要求饺皮四边薄,中间略厚,擀制时面杖向前推擀不可超过面剂的中心,用力要由重到轻。

图 1-43　擀饺子皮

(2)面条、馄饨皮(抄手皮)擀法。面条及馄饨皮的面团为硬面团,和面后用捣压的方式将面团揉光滑。面条与馄饨皮的擀法和饺子皮擀法不同,不下小剂子,用大块面团,用大擀面杖。将捣揉好的面团揉成长方形,扑上扑粉(以淀粉作扑粉,装入纱布袋中,做成粉袋,便于擀片时均匀打扑粉)。用大擀面杖在其上反复压"人"字形,使面团变薄变长,然后撒上扑粉用大擀面杖将面片卷起,用双手掌跟压面杖向前推擀,到一定程度后,打开面片,用擀面杖的一头将面片的两端打薄,称之打荷叶边,而后撒上扑粉再卷起、推擀,反复几次;再将面片摊开撒扑粉,卷在面杖上倒楞,抽出面杖压人字形,再摊开撒扑粉卷在面杖上,推擀、倒楞、抽出面杖压"人"字形,如此反复几次至面片厚薄适中;然后叠成数层,用刀切成面条或方形馄饨皮。

(3)烧麦皮擀法。烧麦皮需用特殊面杖擀制,一种是(烧麦)通心槌,另一种是中间粗两头细的橄榄杖。要求面皮擀成边缘有荷叶边式皱褶、中间略厚的圆皮,饮食业称为"荷叶边"、"金钱底"。

①通心槌擀法:双手抓住烧麦通心槌的两端,用力压住面剂的边缘,顺一个方向,向前边擀边转,面剂逐渐变大,至面皮已擀大擀圆边缘呈荷叶边状即成。用通心槌擀制烧麦皮,可以一个一个面剂地擀,也可先将数个面剂擀成圆皮,然后平放在案板上,撒上淀粉,每两张皮的中间都必须均匀撒上淀粉,再摞起若干坯皮,然后用通心槌擀成荷叶边形烧麦皮,这样一次能擀出数张皮子。

②橄榄杖擀法:把剂子按扁按圆,放在案板上,然后再放擀面杖,左手按住擀面杖的左端,右手按住擀面杖的右端,双手配合擀制。擀时,着力点要放在边上,右手用力推动,边擀边向同一个方向转动,使皮子随之转动,并形成波浪纹的荷叶边形。

（二）制皮的技术要领

1. 按皮时一定要用掌跟，不能用掌心按，否则按得不平不圆。

2. 摊皮时，平锅架火上，火力不能太旺，防止焦糊。右手持柔软的面团应不停抖动，防止面团流下。

3. 压皮时，剂子应放在平整的案板上，刀面要平整无锈。

4. 擀皮时，用力要均匀，边擀边转，使面皮大小厚薄均匀圆整。

5. 用大擀面杖擀面条、馄饨皮时，注意每次摊开面皮要撒扑粉，避免面皮粘连。推滚时双手用力要匀，摊开后打荷叶边以使皮边与中间厚薄保持一致。

工作任务三　上　馅

[任务分析]　本项工作的任务是熟悉上馅的技法种类；掌握上馅的基本操作技法与技术要领。

上馅，有些地区叫打馅、包馅、塌馅，是指经过各种方法把已制好的馅心放在制成的坯皮中间的过程。上馅是包馅面点品种制作时一道必要的工序，上馅的好坏将直接影响成品质量，如上馅不好，就会出现馅心过偏或外露，收口不严等毛病。由于品种要求不同，上馅的方法大体可分为包馅法、拢馅法、夹馅法、卷馅法、滚沾法和酿馅法等。

1. 包馅法。如图 1-44 所示。包馅法是制作带馅面点使用较多的一种方法，如制作包子、饺子、花色点心等。

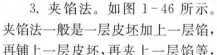

2. 拢馅法。如图 1-45 所示。馅心较多，放在皮子中间，上好馅后轻轻拢起捏住，不封口，要露馅，如烧麦的制作。

图 1-44　包馅法

图 1-45　拢馅法

3. 夹馅法。如图 1-46 所示。夹馅法一般是一层皮坯加上一层馅，再铺上一层皮坯，再夹上一层馅等，可以夹一层，也可以夹多层，但要求上馅的数量要适当、均匀并抹平。如果面团为稀糊状，上馅前应先蒸熟一层（蒸熟后糊状面团即会凝结起来），再铺上一层馅，再加上另一层稀糊面团再蒸制，如三色糕等。

图 1-46　夹馅法

4. 卷馅法。如图 1-47 所示。是指将面剂擀成片，抹上馅，然后卷成筒状，再做成成品，熟后切块，露出馅心，如豆沙卷、鸳鸯卷的上馅法。

5. 滚沾法。是把比较硬的馅心切成四边相等的小块喷些水，放于干粉中，用簸箕摇晃，裹上干粉制成的，如元宵的上馅法。

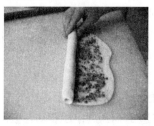

图 1-47　卷馅法

6.酿馅法。是指制品包好后,在制品表面的洞眼中酿装不同馅心的方法,如四喜饺子、一品饺子、梅花饺子等。

上馅的技术要领:

1.应根据不同品种的要求掌握上馅方法,如北方元宵是用滚沾法上馅的,而汤圆是用包馅法上馅等。

2.应根据不同品种的特点,合理掌握装馅的数量和方法,成形后馅心应在制品的中央,不能偏。

3.卷馅法抹馅时,一般要抹细碎的丁馅和软馅。

实践操作

实训1 面点基本功训练——水饺皮

【实训目的】

掌握和面、揉面、搓条、下剂、制皮等面点制作基本操作技法。

【实训时间】

2学时

【实训准备】

1.原料准备

参考配方:面粉250 g,清水125 g

2.设备器具准备

操作台、擀面棍、擀面杖、刮板、洁净毛巾、碗、盆等。

【制作原理与技法】

1.面团性质:冷水面团——硬面团。

2.面点制作基本操作技法:和面、揉面、饧面、搓条、揪剂、擀皮。

【工艺流程】

和面──→揉面──→饧面──→搓条──→下剂──→擀皮

【实训内容】

1.操作程序

(1)面团的调制:面粉加入冷水调成团,反复揉制光滑,静置饧面15分钟。

(2)搓条、下剂、制皮:搓成直径2 cm的长条,揪成剂子,用擀面棍擀成直径为8厘米的圆皮。

2.实训总结

(1)质量要求:面团软硬符合硬面团要求,搓条、下剂、擀面操作规范。

(2)技术要领:①面团软硬要适当。面团若过软,面团的延伸性过大,擀皮时面皮易变形,包馅后的饺坯彼此易粘连或粘附盛器,且饺子不耐煮。面团若太硬,面皮不易擀薄,包馅时饺皮不易粘合。

②揉好的面团要饧面后方宜搓条。刚揉好的面团,面筋处于紧张状态,韧性强。此时的面团若立即进行搓条,则条的延伸性差,不易搓长,且易断裂。将面团放置饧面后,使面筋得到松弛,延伸性增大,同时面团的黏性下降,表面光滑,再进一步操作就容易进行了。

③搓条粗细应均匀。搓条时双手掌跟放在剂条中间来回推搓,用力要均匀,使剂条向

两侧延伸,成为粗细均匀的圆柱形长条。

④揪剂时揪一个面剂,剂条要转动90°,使揪出的面剂基本保持圆柱形,便于下一步擀皮操作。

⑤擀皮用力要均匀,使饺子皮的大小、厚度、形状均匀一致。擀皮时注意右手均匀用力推压,左手转动面剂角度一致,即可保证擀出的饺皮大小、厚度、形状一致。

【实训考核】

考核内容如表1-4所示。

表1-4 面点基本功训练考核内容

项目			评分标准	分值分配	扣分原因	实际得分
操作过程	原料准备		原料准备到位,原料质量、用量符合要求	5		
	设备器具准备		设备器具准备到位,卫生符合要求,设备运行正常	5		
	操作时间		90分钟	5		
	操作规程	和面	①抄拌法和面操作手法正确 ②水量添加准确,面团软硬适中	5		
		揉面	①揉面手法正确 ②面团光滑,筋力良好	5		
		饧面	①面团表面盖上洁净湿布 ②饧面时间适当	5		
		搓条	①搓条手法正确 ②条粗细均匀	5		
		下剂	①揪剂手法正确 ②剂子大小适中	5		
		擀皮	①按剂方法正确 ②擀皮方法正确 ③饺皮大小、厚薄适中	5		
	卫生习惯		①个人卫生整洁 ②工作完成后,工位干净整洁 ③操作过程符合卫生规范	15		
成品质量	成品形状		细面条	10		
	成品色泽		面臊颜色棕红	10		
	成品质感		面条爽滑	10		
	成品口味		面条滑爽,面臊鲜香,咸鲜回甜	10		
合计				100		

项目小结 ························

重点概念：
- 和面
- 揉面
- 饧面
- 搓条
- 下剂
- 制皮
- 上馅

重点内容：
- 手工和面的方法及技术要领
- 揉面的方法及技术要领
- 饧面的作用
- 下剂的技术要领
- 制皮的方法与技术要领
- 上馅的方法及技术要领

综合考核——中式面点师(初级)模拟考核

一、中式面点师(初级)考核要点

参见由中华人民共和国人力资源和社会保障部制定的《国家职业技能标准——中式面点师》。

二、中式面点师(初级)考核模拟题

(一)理论考核模拟题

中式面点师(初级)理论知识模拟试题

注意事项:

1. 请首先按要求在试卷的标封处填写您的姓名、准考证号和所在单位名称。
2. 请仔细阅读各种题目的回答要求,在规定的位置填写您的答案。
3. 不要在试卷上乱画、不要在标封区填写无关的内容。

	一	二	总分
得分			

得分	
评分人	

一、判断题(第 1~20 题。将判断结果填入括号内,正确的填"√",错误的填"×"。每题 2 分,共 40 分)

1. 职业道德是人们在特定的职业活动中所应遵循的行为规范的总和。(   )
2. 面点从广义上讲,特指用粉料调制成团制成的各种点心。(   )
3. 糖类是构成机体的重要物质。(   )
4. 植物原料中的核酸、草酸会影响钙的吸收。(   )
5. 烹饪工作人员每年要进行体检,合格后才可上岗。(   )
6. 蔬菜中的大白菜、菠菜、油菜需剁制,挤去水分后使用。(   )
7. 谷物碾轧加工越精细,其营养价值越高。(   )
8. 单位成本是指每个菜点单位所具有的成本。(   )
9. 厨房工作人员不允许着工作服去与生产经营无关的岗位。(   )
10. 搓条是将揉好的面团搓成条状的一种手法,是下剂的准备步骤。(   )
11. 制皮是将剂子制成薄片的过程。(   )
12. 冷水面团适宜制作饺子、包子、煎饼等品种。(   )
13. 煮制工艺中,煮锅内的水要尽量少,以节约用水。(   )
14. 粳米的吸水率较籼米大,出饭率高。(   )
15. 切剂的要领是:下刀准确,刀刃锋利,切剂后剂子截面呈圆形。(   )
16. 用热水面团制作面点时,一定要趁热操作成形,否则成品易开裂。(   )

17. 饧面加盖湿布的目的是防止面坯变软、发生结皮现象。（　　）

18. 三生面是指在十成面粉中,三成用沸水烫熟,再与七成用冷水调制的面团揉合在一起。（　　）

19. 酵母发酵面团无需向酵种发酵面团一样,发酵结束后加碱中和去酸。（　　）

20. 烤炉上火具有使制品向上起发的作用。（　　）

得分	
评分人	

二、单项选择题（第 21～80 题。选择一个正确的答案,将相应的字母填入题内的括号中。每题 1 分,共 60 分）

21. "货真价实,（　　）"是对商业从业人员职业道德最基本的要求。

A. 公平合理　　　　　B. 公平公正　　　　　C. 公平交易　　　　　D. 公平价格

22. 面点起源于春秋战国时期,到了（　　）,面食技术有了进一步发展。

A. 唐朝　　　　　　　B. 汉代　　　　　　　C. 元朝　　　　　　　D. 明朝

23. 常温下呈固态的油脂是（　　）。

A. 玉米油　　　　　　B. 橄榄油　　　　　　C. 黄油　　　　　　　D. 鲜奶油

24. 糖类是膳食中供给能量的主要来源,占人体所需要总热量的（　　）。

A. 60%～70%　　　B. 50%～60%　　　C. 40%～50%　　　D. 35%～40%

25. 加工人员、厨师不得用（　　）的原料。

A. 不新鲜　　　　　　B. 变形　　　　　　　C. 变色　　　　　　　D. 腐烂变质

26. 面粉进价 2.10 元/kg,则净料为 2 kg 的包子皮的成本是（　　）元。

A. 2.10　　　　　　　B. 2.20　　　　　　　C. 4.20　　　　　　　D. 4.40

27. 我国籼米主要产于（　　）、湖南、广东等省。

A. 江苏　　　　　　　B. 浙江　　　　　　　C. 山西　　　　　　　D. 四川

28. 陈旧的大米色泽暗而无光,（　　）,品质发脆,柔韧性变弱,黏度降低。

A. 口感粗糙　　　　　B. 有霉味　　　　　　C. 吃口差　　　　　　D. 米粒硬

29. 面粉根据所含面筋质的多少,可分为高筋粉、中筋粉和（　　）。

A. 标准粉　　　　　　B. 特制粉　　　　　　C. 低筋粉　　　　　　D. 普通粉

30. 荠菜的上市季节是（　　）。

A. 春夏　　　　　　　B. 夏季　　　　　　　C. 冬春　　　　　　　D. 春秋

31. 蔬菜初加工的方法是（　　）。

A. 整理加工、洗涤得当、合理放置　　　　　B. 摘除整理、削剔处理、合理洗涤

C. 摘除整理、洗涤得当、削剔处理　　　　　D. 整理加工、合理洗涤、合理放置

32. 涨发冬菇,最好用（　　）浸泡。

A. 冷水　　　　　　　B. 温水　　　　　　　C. 热水　　　　　　　D. 沸水

33. 植物油常用于面点的（　　）。

A. 制馅、面团调制和熟制加热介质　　　　　B. 面点成形

C. 作辅助材料　　　　　　　　　　　　　　D. 制作层酥面点

34. 和面的手法大体可分为（　　）。

A. 调合法、搅和法、揉搓法　　　　　　　　B. 抄拌法、搅和法、调合法

C. 抄拌法、调合法、揉搓法　　　　　　　D. 抄拌法、搅和法、揉搓法

35. 包馅法根据品种特点,可分为(　　)。

A. 无缝类、夹馅类、卷边类、滚沾类　　　B. 无缝类、夹馅类、滚沾类、提摺类

C. 无缝类、捏边类、卷边类、提摺类　　　D. 捏边类、夹馅类、滚沾类、提摺类

36. 调制温水面团,应使用(　　)的温水。

A. 40℃　　　　　　B. 50℃　　　　　　C. 60℃　　　　　　D. 70℃

37. 调制冷水面团要注意(　　)等关键问题。

A. 使劲揉搓,静置饧面

B. 水温适当,使劲揉搓,掌握掺水比列,静置饧面

C. 掌握掺水比例

D. 水温适当,使劲揉搓

38. 调制热水面团,主要采用(　　)手法。

A. 调合　　　　　　B. 搅和　　　　　　C. 搓擦　　　　　　D. 抄拌

39. 大酵面是指(　　)。

A. 发酵成熟的面团　　　　　　　　　　　B. 发酵未成熟的面团

C. 发酵过度的面团　　　　　　　　　　　D. 没发酵的面团

40. 验碱最准确的方法是(　　)。

A. 手拍　　　　　　B. 鼻闻　　　　　　C. 眼看　　　　　　D. 蒸面丸

41. 面团发酵最适环境温度是(　　)。

A. 15℃　　　　　　B. 18℃　　　　　　C. 25℃　　　　　　D. 28℃

42. 水饺、米粥、粽子是(　　)而成的。

A. 蒸制　　　　　　B. 煮制　　　　　　C. 炸制　　　　　　D. 烤制

43. 面点的案板多用木板和(　　)等为原料制成。

A. 大理石　　　　　B. 铁　　　　　　　C. 铝合金　　　　　D. 玻璃

44. 米粉按加工方法可分为(　　)、湿磨粉、水磨粉。

A. 精磨粉　　　　　B. 干磨粉　　　　　C. 粗磨粉　　　　　D. 细磨粉

45. 干磨粉粉质较粗,成品(　　)。

A. 口感较好　　　　B. 韧性差　　　　　C. 口感较差　　　　D. 糯性差

46. 所有米粉中只有(　　)可以制作发酵点心。

A. 糯米粉　　　　　B. 粳米粉　　　　　C. 籼米粉　　　　　D. 黑米粉

47. 面肥中除了含有酵母菌外,还含有(　　)、乳酸菌等杂菌。

A. 霉菌　　　　　　B. 真菌　　　　　　C. 细菌　　　　　　D. 醋酸菌

48. 小麦按季节可分为冬麦和(　　)。

A. 秋麦　　　　　　B. 春麦　　　　　　C. 夏麦　　　　　　D. 夏秋麦

49. 摘剂子的要领是揪下一个剂子后,左手将面条转(　　),然后再摘。

A. 90°　　　　　　 B. 50°　　　　　　 C. 60°　　　　　　 D. 30°

50. 和面掺水要分次加入,首先要拌和成"(　　)"状,最后洒上少量水揉制成团。

A. 团　　　　　　　B. 粗粉　　　　　　C. 雪花面　　　　　D. 块

51. 煮主要通过(　　)热量使生坯成熟。

A. 传导　　　　　　B. 对流　　　　　　C. 辐射　　　　　　D. 微波

52. 煮饺子时,应用(　　)推动水面,以免饺子生坯粘锅底。

A. 平铲 　　　　　B. 手勺 　　　　　C. 漏勺 　　　　　D. 刮板

53. 不用擀的方法制皮的品种是(　　)。

A. 馄饨 　　　　　B. 饺子 　　　　　C. 元宵 　　　　　D. 花卷

54. 卷的关键要点是要(　　)而不"实",卷筒要粗细均匀。

A. 松 　　　　　B. 紧 　　　　　C. 散 　　　　　D. 乱

55. 搓可分为(　　)和搓形两种手法。

A. 搓圆 　　　　　B. 搓卷 　　　　　C. 搓条 　　　　　D. 搓捏

56. 冷水面团的特点是色泽洁白,(　　),富有弹性、韧性和延伸性。

A. 筋力强 　　　　　B. 柔软 　　　　　C. 坚硬 　　　　　D. 筋力差

57. 大白菜、各种瓜果蔬菜剁制后,必须(　　)。

A. 焯水 　　　　　B. 加调料 　　　　　C. 挤去水分 　　　　　D 加盐

58. 熟咸馅是原料经刀工处理(　　)后再用作馅心。

A. 加调料 　　　　　B. 烹制成熟 　　　　　C. 炒制 　　　　　D. 蒸制

59. 用(　　)原料制作咸馅,要选用少筋、肉质细腻的部分。

A. 水产品 　　　　　B. 水果 　　　　　C. 蔬菜 　　　　　D. 畜禽

60. (　　)能保持原料的原汁原味,具有清鲜滑爽、鲜美多卤的特点。

A. 熟咸馅 　　　　　B. 生咸馅 　　　　　C. 生熟馅 　　　　　D. 面臊

61. 元宵采用(　　)的上馅方法。

A. 夹馅法 　　　　　B. 滚沾法 　　　　　C. 拢馅法 　　　　　D. 卷馅法

62. 下剂直接关系到点心成形后规格大小,也是(　　)标准。

A. 售价 　　　　　B. 毛利率 　　　　　C. 利润核算 　　　　　D. 成本核算

63. 面点膨松方法可分为(　　)。

A. 化学膨松法、面肥膨松法、物理膨松法　　B. 酵母膨松法、矾碱膨松法、鸡蛋膨松法
C. 生物膨松法、物理膨松法、化学膨松法　　D. 物理膨松法、化学膨松法、酵母膨松法

64. 温水面团适宜制作(　　)。

A. 花色蒸饺 　　　　　B. 春卷皮 　　　　　C. 炸三角 　　　　　D. 烧麦

65. 臭粉,学名(　　),俗称臭起子。

A. 碳酸氢钠 　　　　　B. 碳酸氢铵 　　　　　C. 碳酸钠 　　　　　D. 食粉

66. 发酵时间短,醒发得不充分,既有膨松面团的膨松性,又有水调面团的韧性的面团是(　　)。

A. 大酵面 　　　　　B. 嫩酵面 　　　　　B. 碰酵面 　　　　　D. 呛酵面

67. 饧面的作用是(　　)。

A. 面团均匀 　　　　　B. 面团松弛 　　　　　C. 面团筋道 　　　　　D. 面团光滑

68. 面粉(　　)中灰分含量最高。

A. 特制粉 　　　　　B. 标准粉 　　　　　C. 普通粉 　　　　　D. 富强粉

69. 小擀面杖长约(　　)。

A. 15 cm 　　　　　B. 33 cm 　　　　　C. 50 cm 　　　　　D. 80 cm

70. 红糖呈赤褐色或黄褐色,为(　　),略带糖蜜味。

A. 粉状 　　　　　B. 颗粒状或块状 　　　　　C. 细小结晶块 　　　　　D. 浆状

71. 糖在面团调制过程中起反水化作用,调节面筋的(　　),增加面团的可塑性,使制品外形美观、花纹清晰,还能防止制品收缩变形。

A. 筋度　　　　　　B. 胀润度　　　　　　C. 弹性　　　　　　D. 延伸性

72. 面团中加入油脂,由于油脂的疏水性使面筋微粒相互隔离,不易粘结成大块面筋,面团的筋力降低,(　　)增强。

A. 弹性　　　　　　B. 延伸性　　　　　　C. 可塑性　　　　　　D. 韧性

73. 饴糖可抗蔗糖结晶,防止上浆制品(　　)。

A. 发烊、返砂　　　B. 脱浆　　　　　　C. 返潮　　　　　　D. 发粘

74. 蒸制成品具有形态完美,馅心鲜嫩,(　　),易被人体消化吸收的特点。

A. 口感松酥　　　　B. 口感酥脆　　　　C. 口感松软　　　　D. 口感脆嫩

75. 在烤制工艺中,(　　)制品,烤制的时间稍长。

A. 坯厚、体大的　　　　　　　　　　　B. 坯厚、体小的

C. 坯薄、体大的　　　　　　　　　　　D. 坯薄、体小的

76. 面点中常用的动物油脂是(　　)。

A. 麦淇淋　　　　　B. 猪油　　　　　　C. 羊油　　　　　　D. 奶油

77. 黄油是从(　　)中分离加工制成的。

A. 牛油　　　　　　B. 牛乳　　　　　　C. 羊乳　　　　　　D. 酥油

78. 发酵面兑碱后揉匀,一般采用(　　)的揉面手法。

A. 叠　　　　　　　B. 揣　　　　　　　C. 捣　　　　　　　D. 揉

79. 冷水面团中加盐的作用主要是(　　)。

A. 调味　　　　　　　　　　　　　　　B. 使成品口感绵软

C. 增强面团筋力　　　　　　　　　　　D. 促进面团膨胀

80. 和面时,面团的温度可以通过(　　)来调节。

A. 气温　　　　　　B. 水温　　　　　　C. 粉温　　　　　　D. 室温

(二)技能考核模拟题

中式面点师(初级)技能考核模拟题

试题一　制定品种:饺子皮(半成品)

1. 准备要求

(1)原料准备:

序号	名称	规格	数量	备注
1	面粉	克	150	
2	清水	克	适量	

(2)工具、用具准备:

序号	名称	规格	数量	备注
1	擀面杖	根	1	
2	毛巾	条	1	

序号	名称	规格	数量	备注
3	刮板	个	1	

2. 考核要求

（1）本题分值：30 分。

（2）考核时间：与指定品种、抽签品种共用准备时间 30 分钟、正式操作时间 150 分钟。提前完成操作不加分，超时操作按规定标准扣分。

（3）成品数量：20 个。

（4）具体操作要求

①现场调制合适面坯。

②运用搓条、下剂、擀皮基本操作手法。

③产品规格：面剂重量 8～10 克。

（5）产品质量要求

①大小、重量：大小、重量均匀

②形状：圆形

③厚薄：饺皮四边薄中间厚。

（6）考核规定说明

①操作违章，将停止考核。

②考核采用百分制，考核项目得分按组卷比例进行折算。

3. 评分记录表

职业技能鉴定统一试卷中式面点师(初级)操作技能考核评分记录表

现场号＿＿＿＿＿ 工位＿＿＿＿＿

试题名称：水饺皮

序号	考核项目	评分要素	配分	评价等级	评分标准	得分	备注
1	大小、重量	大小均匀	30	A(1.0)	饺皮大小均匀,重量一致		
				B(0.8)	饺皮大小、重量略有差异		
				C(0.6)	饺皮大小、重量存在较大差异		
				D(0.4)	饺皮大小、重量存在严重不均		
2	形状	圆形	30	A(1.0)	外形圆整		
				B(0.8)	外形基本圆整,有车轮印		
				C(0.6)	外形不圆整		
				D(0.4)	非圆形		
3	厚薄	饺皮四边薄中间厚	40	A(1.0)	饺皮四边薄中间厚		
				B(0.8)	饺皮中间与边缘厚薄差异小		
				C(0.6)	饺皮中间过厚		
				D(0.4)	饺皮中间过厚,四边有破损		

序号	考核项目	评分要素	配分	评价等级	评分标准	得分	备注
4	现场操作	合理用原料			浪费原料从总分中扣5分		
		考场纪律			违反纪律从总分中扣5分;严重违纪将取消考核		
		现场卫生			卫生差从总分中扣5分		
5	安全文明操作	遵守操作规程			每违反一项规定从总分中扣5分;严重违规停止操作		
6	考核时限	超时			每超时1分钟从总分中扣5分;超时3分钟停止操作		
	合　　计		100				

考评员：　　　　核分员：　　　　　　年　　月　　日

试题二　抽签品种:如意花卷

1. 准备要求

(1) 原料准备:

序号	名称	规格	数量	备注
1	面粉	克	250	
2	酵母	克	适量	
3	发粉	克	适量	
4	色拉油	克	适量	

(2) 工具、用具准备:

序号	名称	规格	数量	备注
1	擀面杖	根	1	
2	刮板	个	1	
3	油刷	把	1	
4	蒸锅	个	1	
5	蒸笼	个	1	

2. 考核要求

(1) 本题分值:30分。

(2) 考核时间:与指定品种、抽签品种共用准备时间30分钟、正式操作时间150分钟。提前完成操作不加分,超时操作按规定标准扣分。

(3) 成品数量:10人份。

(4) 具体操作要求

①现场调制合适面坯。

②采用酵母发酵面团、擀卷成形、蒸制成熟工艺。

③产品规格：每个面剂重量 25 克。

（5）产品质量要求

①色泽：成品洁白，光滑有光泽。

②形态：层次分明，厚薄均匀，形态美观。

③口味：麦香味浓，口感微甜，有发酵香。

④火候：火候掌握恰当，皮坯不爆裂，不粘牙，不瘪缩。

⑤质感：松泡暄软，有弹性。

（6）考核规定说明

①操作违章，将停止考核。

②考核采用百分制，考核项目得分按组卷比例进行折算。

3. 评分记录表

职业技能鉴定统一试卷中式面点师（初级）操作技能考核评分记录表

现场号＿＿＿＿＿＿　　工位＿＿＿＿＿＿

试题名称：如意花卷　　　　　　　　　　　　　　　　考核时间：50 分钟

序号	考核项目	评分要素	配分	评价等级	评分标准	得分	备注
1	色泽	成品洁白，光滑有光泽	20	A(1.0)	成品洁白，光滑有光泽		
				B(0.8)	成品洁白，无光泽		
				C(0.6)	成品白，缺乏光泽，略发暗		
				D(0.4)	成品色泽灰暗		
2	形态	层次分明，厚薄均匀，形态美观	20	A(1.0)	层次分明，厚薄均匀，形态美观		
				B(0.8)	层次分明，皮坯略厚或略薄		
				C(0.6)	花卷厚薄不均匀		
				D(0.4)	形态差，大小不匀		
3	口味	麦香味浓，口感微甜，有发酵香	20	A(1.0)	麦香味浓，口感微甜，有发酵香		
				B(0.8)	有一定麦香、发酵香		
				C(0.6)	香味淡薄		
				D(0.4)	缺少香味		
4	火候	火候掌握恰当，皮坯不爆裂，不粘牙，不瘪缩	20	A(1.0)	火候掌握恰当，皮坯不爆裂，不粘牙，不瘪缩		
				B(0.8)	火候掌握一般，皮坯不爆裂，不粘牙		
				C(0.6)	火候掌握欠佳，皮坯开裂、瘪缩		
				D(0.4)	火候掌握不好，皮坯粘牙、夹生		

序号	考核项目	评分要素	配分	评价等级	评分标准	得分	备注
5	质感	松泡暄软,有弹性	20	A(1.0)	松泡暄软,有弹性		
				B(0.8)	松软,弹性稍差		
				C(0.6)	弹性差,成品变形,内部粗糙		
				D(0.4)	成品僵硬,不松泡		
6	现场操作	合理用原料			浪费原料从总分中扣5分		
		考场纪律			违反纪律从总分中扣5分;严重违纪将取消考核		
		现场卫生			卫生差从总分中扣5分		
7	安全文明操作	遵守操作规程			每违反一项规定从总分中扣5分;严重违规停止操作		
8	考核时限	超时			每超时1分钟从总分中扣5分;超时3分钟停止操作		
	合　　计		100				

试题三　抽签品种:冠顶饺

1. 准备要求

(1) 原料准备:

序号	名称	规格	数量	备注
1	面粉	克	150	
2	温热水	克	适量	
3	猪绞肉	克	100	
4	葱花	克	适量	
5	各种调味料	克	适量	

(2) 工具、用具准备:

序号	名称	规格	数量	备注
1	擀面杖	根	1	
2	刮板	个	1	
3	毛巾	条	1	
4	蒸锅	个	1	
5	蒸笼	套	1	

2. 考核要求

(1) 本题分值:40分。

（2）考核时间：与指定品种、抽签品种共用准备时间 30 分钟、正式操作时间 150 分钟。提前完成操作不加分,超时操作按规定标准扣分。

（3）成品数量：10 人份。

（4）具体操作要求

①现场调制合适面坯。

②采用温水面团、包捏成形、蒸制成熟工艺。

③产品规格：每个面剂重量 12.5 克,每个馅心重量 7.5 克。

（5）产品质量要求

①色泽：色白无花斑。

②形态：形态饱满,大小均匀,造型美观。

③口味：馅心松爽滋润,咸鲜味美。

④火候：成熟适度,皮坯不夹生、不粘牙。

⑤质感：形态美观,皮坯无破损。

（6）考核规定说明

①操作违章,将停止考核。

②考核采用百分制,考核项目得分按组卷比例进行折算。

3. 评分记录表

职业技能鉴定统一试卷中式面点师(初级)操作技能考核评分记录表

现场号＿＿＿＿＿　工位＿＿＿＿＿

试题名称:冠顶饺　　　　　　　　　　　　　　　　　　　考核时间:50 分钟

序号	考核项目	评分要素	配分	评价等级	评分标准	得分	备注
1	色泽	色白无花斑	20	A(1.0)	色白,无花斑		
				B(0.8)	色泽较好		
				C(0.6)	色泽一般		
				D(0.4)	色泽差		
2	形态	形态饱满,大小均匀,造型美观	20	A(1.0)	形态饱满,大小均匀,造型美观		
				B(0.8)	形态较饱满,大小均匀,造型较好		
				C(0.6)	形态造型较好,大小不均匀		
				D(0.4)	形态造型差,大小不均匀		
3	口味	馅心松爽滋润,咸鲜味美	20	A(1.0)	馅心松爽,咸鲜味美		
				B(0.8)	咸淡尚可,馅心松散		
				C(0.6)	略咸或略淡,馅心松爽不足		
				D(0.4)	过咸或无味,馅心结块		

序号	考核项目	评分要素	配分	评价等级	评分标准	得分	备注
4	火候	成熟适度,皮坯不夹生、不粘牙	20	A(1.0)	成熟适度,皮坯不夹生、不粘牙		
				B(0.8)	成熟时间略为过头		
				C(0.6)	成熟时间略不足,成品粘牙		
				D(0.4)	成熟时间不足,成品夹生		
5	质感	形态美观,皮坯无破损	20	A(1.0)	形态美观,皮坯无破损		
				B(0.8)	形态一般,皮坯无破损		
				C(0.6)	形态欠佳,皮坯无破损		
				D(0.4)	形态差,皮坯有破损		
6	现场操作	合理用原料			浪费原料从总分中扣5分		
		考场纪律			违反纪律从总分中扣5分;严重违纪将取消考核		
		现场卫生			卫生差从总分中扣5分		
7	安全文明操作	遵守操作规程			每违反一项规定从总分中扣5分;严重违规停止操作		
8	考核时限	超时			每超时1分钟从总分中扣5分;超时3分钟停止操作		
	合　计		100				

附:中式面点师(初级)理论知识模拟试题答案

一、判断题(第1～20题。将判断结果填入括号内,正确的填"√",错误的填"×"。每题2分,共40分)

1. √　　2. ×　　3. √　　4. ×　　5. √　　6. ×　　7. ×　　8. √

9. ×　　10. √　　11. √　　12. ×　　13. ×　　14. ×　　15. √　　16. ×

17. ×　　18. ×　　19. √　　20. √

二、单项选择题(第21～80题。选择一个正确的答案,将相应的字母填入题内的括号中。每题1分,共60分)

21. C　　22. B　　23. C　　24. A　　25. D　　26. C　　27. D　　28. B

29. C　　30. D　　31. B　　32. A　　33. A　　34. B　　35. A　　36. C

37. B　　38. B　　39. A　　40. D　　41. D　　42. B　　43. A　　44. B

45. C　　46. C　　47. D　　48. B　　49. A　　50. C　　51. A　　52. B

53. C　　54. B　　55. C　　56. A　　57. C　　58. B　　59. D　　60. B

61. B　　62. D　　63. C　　64. A　　65. B　　66. B　　67. B　　68. C

69. B　　70. B　　71. B　　72. C　　73. A　　74. C　　75. A　　76. B

77. B　　78. B　　79. C　　80. B

中　篇

面点工艺篇

项目一　制馅工艺

知识目标：

- 了解馅心的作用及分类
- 掌握糖馅、泥茸馅、果仁蜜饯馅、膏酱馅的制作工艺与技术要领
- 熟悉咸馅制作的基本要求，掌握素馅、荤馅、生荤馅、生馅、熟馅、生熟馅的制作工艺及技术要领
- 熟悉面点常用汤的制作工艺，掌握汤面臊、卤汁面臊、干煸面臊的制作工艺及技术要领

技能目标：

- 能够根据馅心、面臊要求对原料进行加工
- 能制作各类典型的馅心、面臊
- 能够运用馅心、面臊进行面点品种制作
- 能够发现并解决馅心、面臊制作中出现的问题

馅心是带馅面点的重要组成部分，馅心的种类繁多，口味多样，既丰富了面点品种，也反映出各地面点的特殊风味。本项目主要介绍馅心的概念、作用和分类，甜馅、咸馅、面臊制作的基本要求，原料的加工处理方法及制作技术。

包子与馅

实训课上，赵老师宣布说，今天做包子，每个小组做3种不同风味的包子，然后讲评。同学们马上忙活起来，一晃两节课就快下了，同学们的包子也做完了。老师让各组留出样品后相互品鉴、品尝一下，然后让各组介绍自己的产品，并与其他组有相同产品的进行一下比较。一组同学说他们做了小笼汤包、黑芝麻包、芽菜肉包。小笼汤包味道很好，但是不如三组的柔嫩多汁，黑芝麻包露馅了，芽菜肉包馅心有点发干。二组同学说他们组做了三鲜包、豆沙包、素菜包，三鲜包子的馅味偏淡了，豆沙包馅心偏少，素菜包汤汁把包子皮浸透了，一拿就漏馅。三组说他们做了豆芽包子、五仁包子、灌汤包，豆芽包子川味十足，色泽红亮，就是味偏咸了，灌汤包馅心虽比一组柔嫩多汁，但味道不够鲜美。四组、五组、六组都纷纷介绍的他们的产品以及出现的问题。针对同学们提出的问题，赵老师认真做了解答。一组的小笼汤包不够柔嫩多汁的原因是馅心打水、掺冻不够；黑芝麻包露馅的原因是黑芝麻馅中

没加面粉或加的太少；芽菜包子馅发干是因为肉质太瘦，炒制时油量偏少；豆芽包子馅炒制时豆瓣用量偏多；素菜包子馅心汤汁过多。最后，赵老师对同学们说，今天在操作中出现的问题，主要是对馅心的调制技术掌握不够，对制馅的技术关键把握不到位。那么同学们在制馅方面主要存在哪些不足？怎样才能避免以上问题的发生？

工作任务一　熟悉馅心相关知识

[任务分析]　本项工作的任务是了解馅心的作用与分类；熟悉包馅面点皮馅比例特点与要求；了解面点调味的作用与主要味型；熟悉面点调味方法和常用复制调味品的制作方法。

一、馅心的作用

馅心又称馅子，馅心狭义的概念是指将各种制馅原料经过加工调制后包捏或镶嵌入米面等坯皮内的"心子"。它与主坯相对应，经过单独处理后再与主坯组合成形而形成面点。馅心广义的概念还包括以动植物原料为主料烹制的各类可浇淋于面条、米线等制品表面的面臊。

馅心种类繁多、口味多样，是面点制品的重要组成部分，也是制作面点品种的一个重要工艺过程。馅心质量、口味的好坏直接影响面点品种的风味特色，通过对馅心的变换，可以丰富面点的品种，并能反映出各地面点的特色。

馅心制作是面点工艺的一个重要环节，它与面点的色、香、味、形有着紧密的联系。只有通过对原料知识的掌握，进行合理的运用，最后经过精细的刀工处理和调制才能制作出花色各异的馅心。同时，还应结合面点坯皮的形态以及成熟工艺的不同，采用不同的加工方法，方能取得理想的效果。馅心在面点制作中的重要性，归纳起来有以下几个方面：

①影响面点的形态。馅心与面点的形态有着很密切的联系，有些面点的形态由于有了馅心的装饰，形成了自身独特的形状。馅心原料的形状对制品也有很大的影响。一般馅心原料形状要求细小、均匀一致，最好制成茸状、细粒状等，从而避免用大块原料使制品破裂而影响面点的造型。

②体现制品的口味。大多数面点的口味主要由馅心来体现。首先，大多数包馅或夹馅面点的馅心在整个制品中占有很大比重。其次，在评判包馅或夹馅面点制品的好坏时，人们往往把馅心质量作为衡量的标准，许多点心就因为面点制品的馅料讲究、做工精细、巧用调料，使制品达到"鲜、香、嫩、润、爽"等特点来满足消费者。

③形成面点的特色。各种面点的特色虽与所用坯料以及加工成形和成熟方法等有关，但所用馅心往往亦可起衬托，甚至起到决定性的作用，从而形成浓厚的地方特色。各地面点特色的形成大多是由馅心来体现的，即馅心的风味特色构成了各地面点的特色。

④丰富面点的花色品种。面点的花色品种主要由用料、制法、成形等不同而形成，由于馅心用料广泛、调味方法多样、加工方法多样，使得馅心的花色丰富多彩，从而丰富了面点的品种。

⑤调节制品的色泽。面点制品的色泽,除了皮料及成熟方式在起作用外,馅心在有些制品中也能透过皮面而显现出来,改善了制品的色泽。

二、馅心的分类

面点的馅心由于用料广泛、制法多样、调味多变,而种类繁多、风格各异。按馅心口味分,可分为甜馅、咸馅和甜咸馅。甜馅是各种甜味馅心的总称,一般选用白糖、红糖和冰糖等为主料,再加进各种蜜饯、果料以及含淀粉较重的原料通过一定的加工而制成的馅料。根据用料以及制法的不同,甜馅又可分为"糖馅"、"泥茸馅"、"果仁蜜饯馅"、"膏酱馅"四大类,根据加热与否又可分为生甜馅、熟甜馅两类。

咸馅泛指各种以咸味为主的馅心的总称,如咸鲜味、家常味、椒盐味馅心等。咸馅的用料极为广泛,蔬菜、家禽、家畜、鱼虾、海味(鱼翅、鲍鱼、海参、鱿鱼等)均可用于制作。在咸馅中,根据所用原料的不同,一般可分成荤馅和素馅、荤素馅三大类;根据馅心生熟可分为生馅、熟馅和生熟馅三类。

甜咸馅是在甜馅的基础上加入少量的食盐或咸味原料(如香肠、腊肉、叉烧肉等)调制而成,如"火腿月饼"、"椒盐桃酥"等。在制作方法上甜咸馅可归到甜馅中。

三、包馅面点的皮馅比例与要求

面点的皮馅比例,即皮坯与馅料的比例,是影响面点质量的一个重要因素。在饮食业中,常将包馅制品分为轻馅品种、重馅品种及半皮半馅品种三种类型,它们的包馅比例,可以结合各地特色加以参照。

①轻馅品种。馅料所占比例为10%～40%。这类制品主要有三种类型:一是其皮料具有显著特点,是以馅料辅佐的品种;二是馅料具有浓郁香甜等滋味,属于不宜多包馅料的品种;三是一些象形品种的面点,如包入过多的馅心会影响整个制品的造型。如开花包、蟹壳黄、盘丝饼,因为其皮坯都具有各自的特点,馅料在整个制品中仅起辅佐的作用;又如水晶包、油酥制品等,常选用水晶馅、果仁蜜饯馅等味浓香甜的馅料,多放不仅破坏口味,而且易引起皮子穿底。还有一类制品,是象形品种中的白菜饺、金鱼饺、皇冠饺、菊花饺等,如包馅量过大,会影响制品造型,不能很好地突出成品外观上应有的特点。

②重馅品种。这类面点大都是馅料具有显著的特点,皮子有较好的韧性,适于包制大量馅料,其馅心比例占60%～80%。如广东月饼、春卷等制品,它们的馅料风味非常突出;此外象水饺、烧麦、馅饼等品种,它们的皮坯都是用韧性较大的冷水面团制成的,适用于包制大量的馅料。

③半皮半馅品种。半皮半馅品种就是以上两种类型以外的包馅面点。其馅心皮料各具特色,一般馅料所占的比例为40%～50%,如各类大包、汤圆等。

工作任务二　　甜馅制作

[任务分析]　本项工作的任务是熟悉甜馅的基本构成与作用;掌握糖馅、果仁蜜饯馅、泥茸馅、膏酱馅的制作工艺、制作方法和技术要领;掌握典型的甜馅心的制作技术;通过实

训熟练掌握汤圆馅心、豆沙馅的制作技术。

甜馅是以糖为基本原料,再辅以各种干果、蜜饯、果仁、油脂、粉料等,采用不同的原料配比和工艺调制成的甜味馅。甜馅在面点馅心中占有重要的位置,运用十分广泛,品种也是举不胜举,按制作特点可分为糖馅、果仁蜜饯馅、泥茸馅、膏酱馅四种。

一、糖馅制作工艺

[参考实例] 水晶馅

水晶馅的制作,各地的投料比例略有差异,但主要风味基本相同。因水晶馅成熟后洁白透明似水晶而得名。

(1)原料配方:白糖500克、猪板油250克、熟面粉50克、猪油50克、糖桂花25克、白酒15克

(2)操作程序:①将猪板油撕去油皮,洗净晾干水份,片切成0.5厘米见方的小丁,放入干燥盛器中,加入250 g白砂糖、白酒、桂花糖拌匀,腌渍3天左右(冬季稍长,夏季稍短),成糖渍板油丁。

②将另250 g白砂糖与熟面粉拌匀,加入熟猪油擦制成团,再加入糖渍板油丁拌匀即成水晶馅。

(3)风味特色:油润香甜,肥而不腻。

实例分析:

从水晶馅的制作实例分析可知,糖馅是以白砂糖(或绵白糖)为主料,再加入熟面粉、油脂和1~2种辅料擦制而成的甜味馅。而辅料是糖馅风味特色的主要来源,同时大多数馅心也以该辅料来定名。如加入糖渍板油丁,即为水晶馅;加入蜜玫瑰,即为玫瑰馅;加入芝麻,即为芝麻馅;加入冰糖、橘饼即为冰橘馅等。糖馅加工中通常不做加热处理,因此糖馅多为生甜馅。

糖馅中的糖、油、面及辅料对馅心的形成及面点制品的加工起着重要作用。

1. 糖。糖是甜馅的主体,有一定的甜度、黏稠度、吸湿性、渗透性等。不仅可以增加甜味,还可以增加馅心的黏结性,便于馅心成团,并有利于保证馅心的滋润,使之棉软适口,有利于馅心的保存等。一般调馅用的糖有白砂糖、绵白糖、上等饴糖等。

2. 油。油在馅心中起滋润配料、便于彼此黏结,增加馅心口味的作用。一般制馅用的油脂有熟猪油、花生油、豆油、黄油、芝麻油等。

3. 面粉。馅心加入熟面粉,可使糖在受热熔化时使糖浆变稠,防止成品塌底、漏糖。若不加熟面粉,糖受热熔化变成液体状,体积膨大,易使制品爆裂穿底而流糖,食用时易烫嘴。馅心中使用的面粉一般要经过熟化处理,蒸或炒制成熟,拌入馅心中不会形成面筋,使馅心在制品成熟时避免夹生、吸油或吸糖或形成硬面团,使制品酥松化渣,如水晶馅就是用猪板油、白糖、熟面粉制成的。加入馅心中的面粉可用糕粉或淀粉代替。

4. 辅料。甜馅中的果料、果肉料等被称为辅料,对甜馅的风味构成起着十分重要的作用,并对馅心的调制、制品的成形成熟有较大影响。一般果料、果肉料等宜切成丁、丝、粒等较小的形状,尤其是一些硬度大的辅料如冰糖、橘饼等,要尽量小,但不能过于细碎。总的原则是对突出其独有风味的辅料,在不影响制品成形成熟的前提下应稍大,以突出其口感。

二、果仁蜜饯馅制作工艺

[参考实例]　百果馅

(1)原料配方:桃仁 100 克、杏仁 75 克、瓜子仁 25 克、熟芝麻 125 克、橄榄仁 50 克、橘饼 100 克、糖冬瓜 125 克、植物油 75 克、糕粉 125 克、白糖 500 克、糖板油丁 75 克、水适量

(2)操作程序:①桃仁、杏仁、橄榄仁入温油中炸至金黄、酥香,沥干油后碾碎。

②橘饼切成细末,糖冬瓜切成小丁。

③先将果仁、蜜饯和糖板油丁拌匀,再加入植物油、白糖和适量水拌匀,最后加入糕粉拌得馅心软硬适度即成。

(3)风味特点:松爽香甜,果香浓郁。

实例分析:

从百果馅的制作实例分析可知,果仁蜜饯馅是以果仁、蜜饯等为主料,加入糖、油、熟粉等辅料调制而成的甜馅心,其特点是松爽香甜,果香浓郁。常见的果仁有瓜子仁、花生仁、核桃仁、松子仁、榛子仁、杏仁、芝麻仁等;蜜饯有:冬瓜条、橘饼、蜜樱桃、蜜枣、桃脯、杏脯、山楂糕、青红丝等。由于各地出产不同,口味要求不同,用料亦各有侧重。如川式面点多用内江盛产的蜜饯;广式多用杏仁、橄榄仁;苏式多用松子仁;京式多用北方果脯、金糕;闽式多用桂圆肉;东北地区多用榛子仁。常见的果仁蜜饯馅有五仁馅、百果馅、椰蓉馅以及以果仁蜜饯馅为主料拌制的甜咸馅等。

果仁蜜饯的工艺程序为:果料加工——→原料混合拌制——→成馅。

果料加工:果仁一般要经过炒或烤制成熟,对果仁较大的,如花生仁、核桃仁,去壳去皮后,要用刀或擀杖切碎或碾碎。果脯、蜜饯类也要切剁成丁、末使用。总之,果仁蜜饯的颗粒大小应适中,以突出风味又不影响口感和工艺操作为主。一般硬料宜小,软料宜大;主料宜大,辅料宜小。

拌制:即将各种加工的果料与糖、油及熟粉等均匀混合的过程。拌制过程中应注意易碎的果料应后加入,以免拌碎成屑,影响其风味的显现。如白瓜子仁、橄榄仁、杏仁片等薄而脆的果料。馅心的软硬可用水加以调节,但水分不易过多,否则在成熟时易受热蒸发产气,使制品破裂流糖。

三、泥茸馅制作工艺

[参考实例]　莲蓉馅(红莲蓉馅)

(1)原料配方:通心白莲 500 克、白糖 750 克、熟猪油 150 克、植物油 75 克

(2)操作程序:①将通心白莲洗净,用盆装好放水(没过莲子 5~10 厘米)入蒸笼中蒸至松软。用磨浆机将蒸好的莲子磨成细浆,或用绞肉机绞成泥,或搓擦成泥。

②锅内放部分熟猪油烧热,加白糖炒化呈金黄色,倒入莲茸,用中火不断翻炒,分次加入剩余油脂,待水分蒸发,莲蓉变稠,改用小火炒至莲蓉稠厚,不粘锅、勺,色泽金黄油润,起锅装入容器内,用炼熟的植物油盖面,防止莲蓉变硬返生。

(3)风味特点:红莲蓉口味甘香细滑,色泽金红油润。白莲蓉入口香甜软滑,色泽白里带浅象牙色,有浓郁的莲香味。

注:莲蓉馅素有"甜馅王"的美称,根据成馅特点分为红莲蓉馅和白莲蓉馅两种。白莲蓉馅的制作工艺是省去炒糖工序,将白糖与莲蓉同时下锅炒至纯滑,色泽要求白里带象牙色。

实例分析：

从莲蓉馅的制作实例分析可知,泥茸馅是以植物的果实或种子为原料,先加工成泥茸,再用糖、油炒制而成的馅心。馅心炒制成熟,目的是使糖、油熔化与其他原料凝成一体。其特点是馅料细软、质地细腻、甜而不腻,并带有果实香味。常用的泥茸馅有豆沙、枣泥、莲蓉、豆蓉、薯泥等。这里的"蓉"是广东方言,长江中下游通常叫"茸"或"泥"或"沙"。

泥茸馅的操作程序为:洗、泡──→蒸、煮──→制泥、茸──→加糖、油炒制

洗、泡:不论选用哪种原料,首先要除去干瘪虫蛀等不良果实,清洗干净。对豆类和干果原料应用清水浸泡使之吸收一些水分,为下一步的蒸或煮打下基础。对根茎菜类如甘薯、山药应洗净去皮。

蒸、煮:蒸与煮是为了让原料充分吸水而变得软烂,以便下一步泥茸制作。一般果实和根茎原料,如红枣、甘薯等适宜使用蒸的方法,蒸时火旺气足,一次蒸好。豆类及一些干果等干硬原料,适宜用煮的方法。煮时先用旺火烧开,再改用小火焖煮,少量放些碱粉可以缩短煮制时间。

制泥、茸:方法有三种,一是采用铜筛擦制,原料中不易碎烂的果实、豆皮等留在筛中,制得的馅料细腻、柔软。这种方法速度慢,但制作精细;二是对于根茎原料,应采用刀压制的方法,制成薯泥;三是用绞肉机绞制,具有速度快的特点,但所制泥茸较粗糙,果皮、豆皮等纤维素含在其中。

加糖、油炒制:炒制的方法有先加油炒制再放馅泥;有先用油炒馅泥再加糖等,因此炒出的馅心各具风味。炒馅时都需用小火慢炒,使水分慢慢蒸发,糖、油渗入原料。炒制过程中要不停翻动,炒匀,防止糊锅。

四、膏酱馅制作工艺

（一）酱状馅

1. 布丁馅

［参考实例］ 奶黄馅

（1）原料配方:鸡蛋100克、白砂糖200克、猪油50克、面粉50克、牛奶100克、吉士粉10克、香兰素少许

（2）操作程序:①鸡蛋磕入盆内搅匀,加入牛奶、白砂糖继续搅拌至糖溶化。

②缓慢加入过筛面粉、香兰素、色素,继续搅拌均匀。

③将蛋面糊连盆一起放入蒸笼内以中火蒸制,每间隔5～6分钟搅拌一次,蒸约1小时,蒸搅成糊状即可。

（3）风味特点:色泽鲜黄,柔软细腻,奶香浓郁。

实例分析:

从奶黄馅的制作实例分析可知布丁馅是用淀粉（面粉）、牛奶、鸡蛋等为主要原料,利用淀粉的凝胶性和鸡蛋的凝固性加热熟制而成的一类柔软厚糊的甜馅。布丁馅在加热过程中都需要经常搅拌,以使馅心保持细腻柔滑的浆糊状。

2. 果酱馅

［参考实例］ 苹果酱

（1）原料配方:苹果1 000克、白糖700克、白葡萄糖浆300克、柠檬酸适量

（2）操作程序：①苹果洗净削去烂斑及虫口，放入锅中加适量清水煮烂。

②将煮烂的苹果用钢丝筛擦成浆，除去果皮及果核。

③将苹果泥、白糖入锅中煮，边煮边用锅铲铲动，以防焦底。

④待果酱较粘稠时，放入适量柠檬酸调到适口酸味即可。

（3）风味特点：酱体黏稠，色泽呈红褐色或琥珀色，有苹果特有的风味。

[参考实例] 花生酱

（1）原料配方：花生仁 500 克、白砂糖 500 克、水 165 克

（2）操作程序：①选料：选取新鲜、无霉烂、无杂质的花生仁作制酱原料。将其洗净后，入温水浸泡除去外皮。

②去皮后的花生仁与白砂糖和水一起置入锅中，边加温边搅拌，至糖溶化且能起少许糖丝，再将其用机器磨成酱泥，待冷却后成花生酱。

（3）风味特点：色泽淡棕、质地细腻、香味浓郁、稠度适中。

实例分析：

从苹果酱、花生酱的制作实例分析可知果酱包括水果酱和果仁酱，是由植物的果实与糖等制作而成的酱料。

1. 水果酱。是采用新鲜水果与糖等其他辅料制作而成的果酱馅料，是甜点心制作中比较常用的一种馅料。其品种繁多，几乎各种水果都能制酱，口味以甜为主，带有果实特有的酸甜味、果香味。常以水果品种命名，如苹果酱、草莓酱、凤梨酱等。用于水果酱加工的水果分两类：一类含有果胶质，如桃子、苹果等，果胶有很强的凝结性，能使果酱有黏性，变浓稠；另一类不含果胶质，如杨梅、菠萝等，在加工时需要加进琼脂、明胶或淀粉，以增加其稠度。

水果酱制作的程序：选料——→洗涤——→加糖熬制——→成酱保存。

制作水果酱不能选择未成熟的水果。未成熟的水果，其淀粉含量高，相应所转化的葡萄糖成分较少，因此其口味不好，营养价值不高。果实中普遍存在单宁物质（鞣质），它具有收敛性涩味，能影响果实味感。未成熟的果实，单宁的含量较多，随着果实成熟，单宁物质逐渐减少。果实中香气的来源是其所含的挥发性油在起作用，未成熟的果实所含此类芳香物质不多，成熟的果实才产生挥发性油。因此，采用未成熟的果实制作果酱，往往香气不足，风味不佳。

制作水果酱馅料不能使用铁容器或铁制用具。果实中的单宁物质遇铁会生成黑色沉淀。另外，果实色素在与铁的接触中，逐渐使果实的本色由浅而变化成深黑色，从而影响水果酱的外观。果实中维生素的含量较高，其中大量的是维生素 C，它不稳定，尤其在铜、铁等金属的作用下，很容易被氧化而破坏。因此，在制水果酱时最好采用不锈钢或搪瓷器具。

水果酱的配方中，糖的含量较高，它不仅能增加制品的甜味，同时也能使水果酱得以较长时间的保存。高浓度糖液能产生很高的渗透压，使微生物不仅不能获得水分，而且还会使微生物细胞原生质脱水收缩，发生生理干燥而停止活动。糖还有抗氧化作用，因为氧在糖液中溶解度较小，此作用有利于保持制品色泽和风味。

2. 果仁酱。果仁酱是指用果实的种子（即果仁）与糖为主料制作而成的酱状膏料，其命名以果仁品名为主，如杏仁酱，花生酱。果仁、植物的种子大多都富含脂肪，同时还含

有较多的醇、甘油脂等芳香性物质。因此,果仁酱具有芳香油润、香甜可口、富有营养等特点。

(二)膏状馅

膏状馅大多用于面点外表装饰或夹馅,其作用是能增加制品的营养价值、美观度,能丰富制品的口味,增加风味特色。膏状馅可分为糖膏馅和油膏馅两大类。

1. 糖膏馅

[参考实例] 奶白膏

奶白膏亦称蛋白膏、琼脂蛋白糖膏,是以白糖、蛋清、琼脂为主料制作而成的。膏体加入琼脂作凝固材料,成品柔软光亮,孔眼细密,多用于裱花、泡芙及蛋糕夹心。

(1)原料配方:蛋清300克、白糖1 000克、琼脂10克、水400克、柠檬酸3克、橘子香精适量

(2)操作程序:①琼脂先用水浸泡约1小时,然后加热,待琼脂熔化后,用筛滤去杂质。

②将白糖加入过滤的琼脂浆中熬至115℃。

③蛋清打发,冲入熬好的糖浆,边冲边打,至蛋白膏有一定塑性,不塌陷,能挺立,挤出的花纹清晰,然后加入柠檬酸、橘子香精拌匀即成。

(3)风味特点:洁白细腻有光泽,塑性良好,味爽口。

实例分析:

从奶白膏的制作实例分析可知糖膏是以糖为主料,配一些具有黏性的物质(鸡蛋清、明胶、琼脂等)制作而成。糖膏洁白有光泽,可塑性强,口味柔软清甜,是经济实惠的裱花、装饰、夹馅材料。

2. 油膏馅

[参考实例] 奶油膏

(1)原料配方:奶油(或人造奶油)1 000克、白糖500克、清水200克、柠檬酸1.5克

(2)操作程序:①奶油切碎装入盆中用搅打器搅打均匀。

②白糖加水烧开,加入柠檬酸,熬煮片刻,离火冷却。

③将糖浆逐步加入奶油中搅打,打至奶油与糖浆融为一体,油膏细腻有可塑性即成。

(3)风味特点:色泽乳白,奶香浓郁,质地细腻,塑性良好。

[参考实例] 鲜奶油膏

鲜奶油膏是用动物性鲜奶油(500克)加糖粉(250克)制作而成的。将动物性鲜奶油放入搅拌机中搅打至奶油呈蓬松的绒毛状,然后加入糖粉搅拌均匀即可。

目前,鲜奶油膏的制作运用植物鲜奶油的较多,植物鲜奶油通常在冷冻条件下保藏,使用前放入冷藏环境中解冻,在5℃~15℃的室温环境中,用搅拌机高速搅拌打发至鲜奶油膏光滑、细腻、有良好可塑性即成。

实例分析:

从奶油膏、鲜奶油膏的制作实例分析可知油膏是以黄油或鲜奶油为主料,加入其他辅料混合搅打而成的膏料。油膏膨松体轻,饱含空气,口味肥厚清甜,奶香浓郁,是较高档夹馅和裱花材料。常用的油膏有鲜奶油膏、黄油膏等。

实践操作

实训 2　汤圆馅心

【实训目的】

掌握黑芝麻馅、樱桃馅、玫瑰馅、冰橘馅等四种汤圆馅心的制作方法与技术要领。

【实训时间】

1 学时

【实训准备】

1. 原料准备

参考配方如表 2-1 所示。

表 2-1　汤圆馅心参考配方

原料（克）\ 馅心	白糖	熟面粉	猪油	黑芝麻	蜜樱桃	蜜玫瑰	橘饼	冰糖渣
黑芝麻馅	500	50	200	150				
樱桃馅	500	100	150		100			
玫瑰馅	500	100	150			50		
冰橘馅	500	150	150				100	50

2. 设备器具准备

操作台、案板、炉灶、炒锅、滚筒、秤、碗、盆、盘子、刀、菜板等。

【制作原理与技法】

1. 馅心种类:甜馅——糖馅。

2. 馅心加工方法:擦制。

【工艺流程】

$$\text{白糖、熟面粉} \longrightarrow \text{混合} \xrightarrow{\text{猪油}} \text{擦拌} \xrightarrow{\text{果料等}} \text{拌和} \longrightarrow \text{成馅}$$

【实训内容】

1. 操作程序

（1）黑芝麻淘洗干净,去掉杂质、空壳,用小火炒香,倒在案台上用滚筒碾成粗粉,加入面粉、白糖拌匀,再加猪油搓擦成团,打坯切块即成黑芝麻馅。

（2）蜜玫瑰用刀剁细,加猪油调散,然后与事先拌匀的白糖面粉一起擦拌均匀,最后加入少许食用红色素拌匀呈粉红色,揉搓成团,打坯切块即成玫瑰馅。

（3）蜜樱桃切成小颗粒,将白糖、面粉拌匀,再加入猪油搓擦成团,最后加入蜜樱桃粒拌匀,打坯切块即成樱桃馅。

（4）橘饼切成小颗粒,白糖、面粉、冰糖渣拌匀,再加入猪油搓擦成团,最后加入橘饼粒拌匀,打坯切块即成冰橘馅。

2. 实训总结

（1）成品特点：黑芝麻馅色泽黑亮，香气浓郁；玫瑰馅色泽艳丽，花香宜人；樱桃馅甜润香醇；冰橘馅质感独特，口味香甜。

（2）技术要领：①炒制黑芝麻时火力不宜大，炒制时间也不宜长，听到芝麻圆鼓有爆裂声即可，避免出现焦糊。

②蜜樱桃不要切得过于细碎，与糖油混合时不宜擦拌时间过久，避免蜜樱桃粒被擦碎，影响口感。

③调制玫瑰馅时，蜜玫瑰易先与油脂混合均匀，这样才易把馅调匀，因蜜玫瑰颜色较暗，可以加入少许食用红色素调整馅心颜色。

④用于冰橘馅的冰糖不要碾压得太细，橘饼不要切得太碎，否则就没有冰橘馅的独特口感了。

【实训考核】

考核内容如表 2-2 所示。

表 2-2　汤圆馅心实训考核内容

项目		评分标准		分值分配	扣分原因	实际得分
操作过程	原料准备 设备器具准备 操作时间	原料准备到位，原料质量、用量符合要求		5		
		设备器具准备到位，卫生符合要求，设备运行正常		5		
		45 分钟		5		
	操作规程	配料加工	配料切配、熟制加工符合要求	10		
		馅心调制	①原料添加顺序正确 ②馅料擦拌均匀 ③易碎果料无碎烂	15		
		馅心成型	形态规整，符合要求	5		
	卫生习惯	①个人卫生整洁 ②工作完成后，工位干净整洁 ③操作过程符合卫生规范		15		
成品质量	成品形状	方块粒状		10		
	成品色泽	黑芝麻馅黑亮；樱桃馅白中带红；玫瑰馅粉红艳丽，冰橘馅白中显橘黄		10		
	成品质感	生馅形态完整、紧实，不松散		10		
	成品口味	香气浓郁，口味香甜		10		
合计				100		

实训 3　豆 沙 馅

【实训目的】

掌握豆沙馅的制作方法与技术要领。

【实训时间】

1 学时

【实训准备】

1. 原料准备

参考配方:赤豆(或绿豆)500 克、白糖 375 克、红糖 250 克、植物油 150 克、猪油 150 克

2. 设备器具准备

操作台、炉灶、炒锅、汤锅、秤、碗、盆、铜筛、炒勺等。

【制作原理与技法】

1. 馅心种类:甜馅——泥茸馅。

2. 馅心加工方法:炒制。

【工艺流程】

赤豆(或绿豆)　　　　　　油、糖

洗、泡——→煮豆——→制豆茸——→炒制——→成馅

【实训内容】

1. 操作程序

(1) 将赤豆洗净,浸泡 1 小时左右,放入锅内加清水(以淹没豆面约 10 厘米为度),用旺火煮开,再改用中小火煮约 2 小时左右,至豆用手可捏烂即起锅晾凉。

(2) 将煮酥烂的豆用铜筛擦制去皮取沙,装入布袋压干水分成豆茸。

(3) 将锅烧热,放入部分油脂,倒入豆茸用中小火不停翻炒,炒的过程中分多次加油,炒至豆茸水分快干时,加入红糖、白糖继续炒至豆茸吐油翻沙,水分基本收干,稠厚而不粘锅勺,颜色呈黑褐色即成。

2. 实训总结

(1) 成品特点:色泽黑褐油亮、软硬适宜、口感细腻、香甜。

(2) 技术要领:①煮豆时间要适宜。由于赤豆或绿豆淀粉颗粒大,在细胞内被蛋白质紧紧包裹住,加热时不易糊化,从而形成了豆沙馅的沙质感。若煮制时间短,豆中还有硬心,制成的豆茸粗糙,炒制时不易翻沙;若煮制时间长,豆内淀粉过度糊化,会使豆沙馅失去沙质感而影响质量。

②炒制时要不停翻动,分多次加入油脂,避免糊锅,增加豆沙的油润、光泽感,并随着豆沙趋于成熟而将火力减弱,使豆沙内水分充分挥发,油糖充分渗入,色泽由红变黑褐。

③炒豆沙用油可根据需要选定。熟猪油便于馅心凝固,有利于制品包馅成形,但成馅颜色浅淡,光泽度稍差;使用植物油炒豆沙,成馅颜色黑亮,但较稀软,不便包馅成形,多用于夹馅制品;使用混合油炒豆沙,二者优点皆有之。

④炒好的豆沙馅放入容器内,面上浇一层植物油,加盖置凉爽处备用。

【实训考核】

考核内容如表 2-3 所示。

表 2-3   豆沙馅实训考核内容

项目		评分标准		分值分配	扣分原因	实际得分
操作过程	原料准备	原料准备到位,原料质量、用量符合要求		5		
	设备器具准备	设备器具准备到位,卫生符合要求,设备运行正常		5		
	操作时间	45分钟		5		
	操作规程	煮豆	①赤豆浸泡时间充分 ②赤豆煮制时间恰当	5		
		制豆茸	①豆茸制作的方法正确 ②豆茸中无豆皮混入	10		
		炒制	①火候控制得当 ②无焦糊、糊锅现象 ③豆沙馅的颜色、稠度符合要求	15		
	卫生习惯	①个人卫生整洁 ②工作完成后,工位干净整洁 ③操作过程符合卫生规范		15		
成品质量	成品形状	泥茸状		10		
	成品色泽	黑褐油亮		10		
	成品质感	软硬适宜		10		
	成品口味	口感细腻、香甜		10		
合计				100		

工作任务三   咸馅制作

[任务分析]   本项工作的任务是熟悉馅心制作的基本要求;掌握生素馅、熟素馅、生荤馅、熟荤馅的制作工艺、制作方法和技术要领;掌握水打馅、掺冻馅制作的技术关键;掌握典型的咸馅心制作技术。

在馅心制作中,咸馅的用料最广,种类也很多,也是使用最普遍最广泛的。咸馅根据原料的使用和制作,一般分为素馅和荤馅两大类。素馅,俗称"菜馅",是以新鲜蔬菜为主料制成的一种咸馅;荤馅是以禽、畜、水产等荤料为主料而制成的一种咸馅;而荤素馅是荤素搭配而制成的一种咸馅。这三类馅心根据制作时加热与否都可有生馅、熟馅和生熟馅之分,其特色也不尽相同。

一、咸馅制作的基本要求

（一）选料和初加工要求

咸馅原料主要有荤素两类。荤料多用禽畜肉和水产品等,如猪、牛、羊、鸡、鸭、虾、蛋等;素料多用新鲜蔬菜(如韭菜、白菜、芹菜等)、干菜(如黄花菜、笋类、蘑菇等)以及豆制品等。无论荤、素原料都应选用质嫩、新鲜、无异味的为好。选好料后,要做好初步加工工作,如素料去黄叶、刮削整理、洗涤及干菜泡发等;荤肉料的去皮、选肉、洗净等,特别是原料中具有的苦、涩、腥等不良气味在制馅前都要经过处理去掉。对待纤维粗、肉质老的肉类如牛肉等,应加一些小苏打腌制,使其加热后变嫩。总之,馅心制作前,应根据馅心的要求,做好原料的初步加工工作。

（二）原料加工形态要求

无论荤素原料,一般都要加工成细碎小料,如细丝、小丁、小粒、末、茸、泥等。小丁、细丝要大小粗细均匀;茸、泥等应剁的越细越好,因为包馅用的皮面一般较薄,面点成熟的关键在于馅心原料的成熟,所以原料的加工应细小一些为佳。

（三）馅心调制要求

咸馅的调制方法主要有生拌、熟制两种。素馅生拌是为了使馅心汁多、肉嫩、味鲜。例如:在拌制中加油调味料、加水、掺冻等。素馅的熟制,一般采用"焯"、"烹"、"拌"以及综合制法,以适应多种蔬菜的特点。荤馅的熟制必须根据原料的性质,分别下料,一般都要进行勾芡,其目的一是能收掉原料加热后溢出的水分,二是可增加馅料的黏性和浓度,便于包馅成形。

（四）馅心口味要求

馅心的口味要求与菜肴一样,鲜美适口、咸淡适宜,但由于馅心包入皮坯后,经过熟制后会失掉一些水分,使卤汁变浓,咸味相对增加。另外有些制品皮薄馅大,以吃馅为主,因此无论是生拌馅还是熟制馅,调味应稍比一般菜肴淡些(馅少皮厚的面点,水煮面点以及汤面臊除外),避免制品成熟后,因馅心过咸失去鲜味。

二、素馅制作工艺

（一）生素馅制作工艺

[参考实例]　萝卜丝馅

（1）原料配方:萝卜200克、葱花25克、姜末10克、精盐10克、白糖20克、味精2.5克、猪油100克、芝麻油25克、火腿末30克

（2）操作程序:萝卜去皮擦成细丝,用食盐稍腌一会,挤去多余的水分,加入配料拌和均匀即成。

（3）风味特点:咸鲜味美,清香宜人。

实例分析:

从萝卜丝馅的制作实例分析可知,生素馅主要是以新鲜蔬菜、菌笋,如叶菜、茎菜、花菜、蘑菇、木耳、竹笋等为主料制作而成的,辅以粉丝、豆干等干制蔬菜原料。

生素馅制作工艺程序:摘洗泡发——→刀工处理——→去异味——→去水分——→调味——→拌制成馅。

1. 洗泡发。用作生素馅的蔬菜主要有叶菜、茎菜、根菜和果菜。首先要摘除蔬菜中的老、病、虫、枯等不良部分,然后用清水洗净,使原料清洁卫生。主要用于干制菜,如木耳、粉条、黄花菜等。一般采用热水泡发,水温和泡制时间应根据原料性质而决定。质干、性硬的

原料应提高水温或延长泡发时间。

2. 刀工处理。一般都需加工成丁、丝、粒、米、泥茸等形状。蔬菜的含水量较大,脆性较强,在制作过程中要求切要切细,剁要剁匀,整体大小要一致。

3. 去异味。有些蔬菜,如芹菜、油菜、菠菜带有苦、涩味等异味,制馅时应采取适当措施加以消除。常见除异味的方法是焯水和漂洗。

4. 去水分。新鲜蔬菜水分大,特别是刀工处理后,大量水分溢出,不利于成品包捏成形。制馅时一定要先去除部分水分,其方法有:

(1)加食盐腌渍,利用盐的渗透作用,使蔬菜中水分析出,再用挤压的方法去水。挤水的方法可根据刀工处理的结果而定,细丝可直接用手直接挤出水分,细丁或末可用纱布包裹挤压水分。

(2)利用加热的方法,如煮、烫、蒸,使原料脱水。

(3)在馅料中加入粉条、豆腐干等易吸水的原料,吸收菜汁,减少水分。

5. 调味拌和。将调味品和制馅原料拌和均匀即可。由于调味品种类很多,使用时要根据其性质不同依顺序加入,如先加油后加盐,可减少蔬菜中水分外溢;味精、芝麻油等鲜香味调料应最后加入,可避免鲜香味的挥发损失。拌好的馅心不宜放置时间过长,最好是随调随用。

(二)熟素馅制作工艺

[参考实例] 素什锦馅

(1)原料配方:青菜200克、金针菜20克、笋尖30克、冬菇20克、色拉油30克、酱油5克、精盐5克、味精0.5克、白糖5克、姜末2克、芝麻油5克

(2)操作程序:将青菜摘洗干净,放入沸水中焯一下,捞出用冷水浸凉,然后剁成碎末,挤干水分,放入盆内。金针菜、冬菇用温水浸泡,笋尖用沸水焖煮,涨发至软,切成细末。炒锅中放入色拉油烧热,加金针菜、冬菇、笋尖煸炒,再加酱油、精盐、白糖翻炒入味,出锅冷透后,放入青菜盆内,加上味精、芝麻油调拌均匀即成。

(3)风味特点:馅心松爽,清淡鲜香。

实例分析:

从素什锦馅的制作实例分析可知,熟素馅多采用干制菜品和一些豆制品等作原料,如笋尖、黄花菜、粉丝、雪里蕻、千张等。也可用一些鲜蔬菜配合,如香菜、青菜等,但比重较小。熟素馅采用的一些干制原料,都应经过水的涨发和泡制,这样做是让干料通过涨泡后,重新吸收水分,使其质地松软,最大限度地恢复原来状态,同时又使原料便于包进皮坯和成熟。素原料的涨泡,一般分冷水泡和热水泡。冷水泡适用于一些体小质软的干料,如木耳、冬菇、干黄花菜等;热水泡适用于一些质硬体大的原料,如干豆角、烟蒸笋等。

三、荤馅制作工艺

(一)生荤馅制作工艺

[参考实例] 鲜肉馅

鲜肉馅的使用范围非常广泛,是生荤馅中的基本馅,其制作方法虽然普通,但具有代表性。常用的鲜肉馅有鲜肉丁馅、水打馅、灌汤馅。

(1)原料配方:如表2-4所示。

表 2-4　鲜肉馅配方(克)

原料	猪夹心肉	皮冻	葱	姜	精盐	酱油	料酒	味精	胡椒粉	芝麻油	水
鲜肉丁馅	500	—	25	10	10	10	15	2	1	5	100
水打馅	500	—	10	5	12	—	20	3	1	5	400
灌汤馅	500	200	10	5	12	20	10	3	2	10	200

(2)操作程序:鲜肉丁馅的肉料切成碎米粒状;水打馅、灌汤馅的肉料剁成肉茸,然后加精盐、料酒、酱油搅匀搅上劲,再分次加水搅至肉水融合,加皮冻粒、味精、胡椒粉、姜末、葱花、芝麻油拌匀即成。

(3)风味特点:柔嫩鲜香。

实例分析:

从鲜肉馅的制作实例分析可知,生荤馅的用料广泛,但一般多以畜肉为主(其中又以猪肉为主),其他如禽类和水产品常与之配合,形成多种多样的馅,如鲜肉馅中加入虾仁即为虾肉馅,加入鸡肉丁即为鸡肉馅,加入蟹肉即为蟹肉馅。生荤馅在制作中一般要加水(汤)或掺皮冻,使馅心鲜香、肉嫩、多卤。

生荤馅的操作程序:选料──刀工处理调味──加水──掺冻──成馅

1. 选料。选料应考虑各种原料的不同性质,畜肉馅应选用吸水性强,黏性大,瘦中夹肥的部位,如猪的前夹心肉,肉质细嫩,制成馅心,鲜嫩适口。禽肉馅宜选用肉质细嫩的脯肉,如鸡脯肉。水产品,如鱼、虾等要选择新鲜的,若干制品则以体大、肉厚为佳。

2. 刀工处理。制作水打馅或掺冻馅的肉料一般都要求加工成泥茸状。制作肉丁馅时,不可切得过大,一般要求切成绿豆粒大小。

3. 调味。生荤馅的口味主要是咸鲜味。常用的调味料有精盐、酱油、料酒、胡椒粉、芝麻油、味精以及葱姜等(南方风味另加适量白糖)。各种调味品加入的顺序应有先后,一般应先加酱油、盐、姜拌和,使用时,再加黄酒、葱、糖与味精等。盐在馅心中除了调味外,还对增加馅心的鲜嫩度起十分重要的作用。动物肌肉中构成肌原纤维的蛋白质主要有肌球蛋白、肌动蛋白和肌动球蛋白,它们都具有盐溶性,形成黏性的溶胶或凝胶,尤其是占45%的肌动球蛋白具有很高的黏度。制作生荤馅加入足量的盐,可以促进肌肉中蛋白质吸水溶出,使肉泥的黏度增加,吸水性增强,从而达到馅心细嫩的目的。

4. 加水。亦称吃水、打水,是指把清水或鸡汤、清汤等通过搅拌使之渗入肉茸中,使肉馅鲜嫩爽滑,如此制作的生肉馅称为水打馅。加水多少是制作水打馅的关键,水少馅心嫩度差,水多则易瀼。加水多少应视具体情况而定,肉料中脂肪含量少,可多加水;脂肪含量高则应少加,否则易造成油水分离。加水要在调味后进行,加水时不可一次把水全部放入,要分多次缓慢加入,并顺一个方向用力搅拌,否则馅心易发泄、吐水。因为当肉茸加盐搅拌上劲再加水后,顺一个方向搅拌,在搅拌力的作用下,能逐渐使肉中蛋白质颗粒作向心运动,极性基团尽可能地外露,吸引大量的极性水分子,从而使水化作用增强,蛋白质能在较短的时间里形成稳定而厚实的水化层。如果无规则地搅拌肉馅,常使附在蛋白质表层的极性分子改变其原来的位置,排列出现混乱,吸附力降低,从而出现水析出(即"吐水")的现象,"吐水"的馅心,易使皮坯稀软,不利于面点的成形和成熟,也影响了面点制品的口感。

5. 掺冻。为了增加馅心卤汁,使其味道更加鲜美,除了正常的加水调馅外,有些荤馅制作往往还要掺入一些皮冻。荤馅中加入皮冻,不会因之而变稀难于成形,而加热后再溶化,却起到增油增鲜的效果。冻即"皮冻",是把肉皮煮烂剁碎,再用小火熬成糊状,经冷却凝冻而成。其成冻原理是:动物皮中含有大量的胶原蛋白,经加热能水解生成明胶,冷却后能和大量的水一起凝成胶冻状,再受热凝胶溶化形成溶液状态。皮冻就是利用明胶的这一性质制作的。猪肉皮中胶原蛋白的含量较其他畜禽高,故制皮冻的原料主要是猪肉皮。肉皮鲜味不够,在制冻时,若只用清水熬制则为一般皮冻,而用鸡、鸭、火腿等原料制成的鲜汤或高汤熬制的皮冻则为高级皮冻。掺冻的馅称为掺冻馅、皮冻馅、灌汤馅。馅心中掺入皮冻,可增加成馅的稠厚度,便于包捏成形,掺冻可增加馅心卤汁,味美鲜香,形成汤包制品的特色。馅心的掺冻量根据皮坯性质而定,一般组织紧密的皮坯,如水调面或嫩酵面制品,掺冻量可以多一些。而用大酵面做皮坯时,掺冻量则应少一些,否则,馅内卤汁太多,易被皮坯吸收,出现穿底、漏馅等现象。汤包掺冻量最多一般每千克馅掺 600 克左右。

(二)熟荤馅的制作工艺

[参考实例] 叉烧馅

(1)原料配方:叉烧肉 500 克、猪油 50 克、面粉 5 克、酱油 50 克、粟粉 30 克、白糖 50 克、盐 3 克、洋葱 20 克、清水 300 克。

(2)操作程序:将叉烧肉切成片待用;制面捞芡:先将猪油放入锅中烧热,洋葱片投入炸出香味,取出洋葱,成为葱油;再将面粉倒入锅内搅匀,炒至呈微黄色,锅内再加清水、白糖、粟粉、盐、酱油等原料,炒至锅内成糊状且冒大泡时起锅,待冷后成叉烧馅面芡。将面捞芡加入叉烧肉中拌和均匀即成叉烧馅。

(3)风味特点:馅心浓稠,滋味浓厚。

实例分析:

从以上馅心的制作实例分析可知,熟荤馅是指用各种畜、禽类及水产品原料经煮、炒、烧等烹制方法而制成的馅心。其口味特点是卤汁浓厚、油重、味鲜、爽口、松散,一般用于花色蒸饺、油酥制品、发酵制品等。熟荤馅的调法主要有两种:一是将切细后的生料或半熟料剁碎,在锅中加热调制;另一种是用烹制好的熟料切成丁或末,再加以调料拌制。

熟荤馅的操作程序:选料──→刀工处理──→烹制、调味──→成馅

1. 选料。生料多选用猪肉、鸡肉、虾仁、蟹肉等,配以金钩、火腿、干腌菜(如蘑菇、香菇、冬笋、黄花菜、芽菜、榨菜等);熟料多选用具有独特风味的制品,如"叉烧肉"、"烤鸭"、"烧鸡"等。

2. 刀工处理。熟荤馅的馅心形状不宜太大,常见的形状有丁、粒、末等形状,主配料大小应一致。

3. 烹制、调味。生料多采用炒的方法烹制,烹制时根据原料质地老嫩、成熟先后,依次加入,有些蔬菜要在使用时拌入,如韭黄、葱花等,否则易失去这些原料的风味。为便于包捏、成形,减少馅心水分,可进行勾芡,使馅料与卤汁混为一体。对不勾芡的馅心,针对具体品种,可用猪油炒制,冷却凝结后捏成小坨,再包馅就容易了。熟料的调制方法有两种:一种是将烹制好的芡汁,加入熟料中调拌均匀;另一种是在锅内进行勾芡调味。

实践操作

实训4　原汤抄手(龙抄手)

见下篇项目一工作任务一。

工作任务四　面臊制作

[任务分析]　本项工作的任务是了解面点制汤工艺,熟悉面点常用汤料;掌握汤面臊、卤汁面臊、干煸面臊的制作方法与技术要领;掌握典型面臊的制作技术;通过实训熟练掌握担担面、杂酱面的制作技术。

一、面臊的作用

面臊,俗称面码、臊子、浇头、打卤、菜码等。其制作与中式烹调中做菜类似,要求色、香、味、形俱佳,成熟后往往加在面条或米线的表面,用以增色增香,改善面条的口味。面臊的口味决定了大多数面条及米粉的风味特色。面臊的作用归纳起来主要有以下几点:

①体现面条的口味。面条的口味,主要是由面臊所决定的。面条好吃与否、鲜香与否,主要都以面臊的质量作为衡量的重要标准。面臊的味型是浓还是淡,是麻辣还是甜酸,是酱香还是干香,是带汤汁的还是无汤汁的,都是通过面臊的种类而得出结论。许多特色面条都是以其面臊的制作精细、用料讲究、口味鲜美而闻名的,如担担面、红烧牛肉面、阳春面等。

②形成面条的风味特色。面条质量及所用调味品对面条的风味虽有影响,但面臊的风味特色往往起到了决定性作用,决定了各种面条的风味特色、地方特色。

③突出面条的色彩形态。面臊原料所具有的丰富色彩,如蔬菜的绿色、胡萝卜的橙色、鸡蛋的黄色、豆腐的白色、火腿的红色等等,加工后面臊呈现的棕色、棕红等颜色,是面条、米线制品色彩鲜艳、明亮,个性突出,诱人食欲的关键之处。

④增加面条的营养价值。面臊原料主要是各种动物原料、蔬菜、菇笋等植物原料,含有丰富的蛋白质、维生素、矿物质等营养素,添加到面条中可大大丰富面条本身的营养成分,从而增加面条的营养价值。

⑤丰富面条的花色品种。面条的花色品种繁多,除面条本身的变化外(制面条时加鸡蛋、胡萝卜汁、黄瓜汁等营养素制成不同的面条品种),主要与面臊的口味、品种的变化有着非常大的关系。由于面臊可使用的原料很多,基本上可食性的动植物原料都可利用,而且调味品丰富,所以面臊的口味变化多样、品种丰富多彩,从而大大增加了面条的花色品种。

二、面臊的分类

面臊由于所使用的原料广泛、制法多样、调味多变而种类繁多、风格各异。根据其制作工艺及其成品特点,大致可分为三大类:汤面臊、干煸面臊和卤汁面臊。

①汤面臊。汤面臊是面臊中最常见也是最普通的一种。是指加在煮好的面条或米粉中的各种汤汁,如原汤、奶汤、清汤、鱼汤等,或浇盖在煮好的面条、米粉之上的多汤汁的菜

肴。汤面臊的汤汁一般大约在40％左右，要求汤要鲜美，原料要熟烂，如红烧牛肉面臊、榨菜肉丝面臊、三鲜面臊等。

②干煸面臊。干煸面臊是指加在面条上不带汤汁或汤汁很少，主要用煸炒方法烹制的面臊，如担担面臊、干煸牛肉面臊。

③卤汁面臊。卤汁面臊是指加在煮熟面条或米粉上的汁少汤浓，采用烧、焖、煨等烹调方法烹制而成的面臊。其制作中往往要将汤汁收浓稠或用水淀粉勾浓芡，如炸酱面臊、稀卤面臊、豉汁排骨面臊等。

三、面点制汤工艺

制汤又叫吊汤，是把含蛋白质与脂肪含量丰富的动物性原料，如鸡、鸭、猪肘、猪排骨、干贝等原料，放入清水中长时间煮、煨、炖，放在水中熬煮，使其各种营养物质、呈味物质溶于水中，成为富含营养、味鲜香浓的汤汁的过程。制汤是烹饪技术的基本功之一，对菜肴制作起着重要作用。制成的汤汁可供烹调中调味或直接成菜使用，以增加菜肴的鲜味，提高菜品的档次和营养价值。制汤在面点制作中同样具有重要意义。

汤的种类很多，制汤时选择的原材料不同，所吊的汤就不一样，除此之外，还与制汤时加热时间的长短、加热的火候等因素有着非常重要的关系。由于制汤时采用的火力不同，汤沸腾的剧烈程度也有所差异，因而汤中所形成的悬浮物颗粒的大小不同。如果制汤时采用大火烧开，再改用中小火保持汤沸腾，那么制汤原料中的可溶性蛋白质、含氮浸出物等就会溢出，形成较大的分子凝聚体，悬浮在汤中；同时脂肪受热超过熔点就要熔化，由组织流出分散在汤中，也形成聚集体悬浮于汤中，这些聚集体再通过光的反射作用，使汤色呈乳白色，也就形成奶汤。如果加热是采用的大火烧开，再用小火控制汤面，保持沸而不腾，那么可溶性蛋白质、含氮浸出物等形成的颗粒小，基本上以单分子的形式均匀地分布在汤中；脂肪也不形成微粒、小油点，而是因表面张力作用浮于汤的表面，故而汤色清澈、透明，也就是清汤。因此，根据制汤时选择的原料、加热时间、火力大小等因素可把汤分成四类：清汤、奶汤、原汤、素汤。

（一）原汤

原汤是利用一种原料加清水熬成的具有本身原汁原味的汤汁，如原汁鸡汤、牛肉汤、骨头汤、肉汤等。其制法是将原料洗净用沸水焯过放入锅中，加足清水，撇去浮沫，加葱、姜和料酒，用微火煨制或中小火慢炖而成。用微火煨制的汤，汤色清澈、味美鲜纯，如鸡汤、牛肉汤等。用中小火慢炖的汤，汤色白，香味浓，如骨头汤、肘子汤、羊杂汤、肉汤等。

（二）奶汤

奶汤属高级汤料之一，是用老母鸡、鸭子、猪肘、猪肚、猪蹄等原料加清水熬制而成，汤色浓白、香鲜味浓。其制法是将原料洗净后用沸水焯过，放入锅中清水用旺火烧开，打去浮沫，加姜、葱、料酒，加盖用中火熬煮至汤白浓色。熬制奶汤宜选用富含蛋白质、脂肪的原料，火力适中，使原料中的蛋白质、脂肪在剧烈翻腾的汤中被振荡、撞击成细小微粒，成为悬浮物，并均匀分散在汤中，由于这些微粒对光的反射作用使汤呈现乳白色。

（三）清汤

清汤的用料与奶汤基本相同，制作时一般要先熬制清汤用的原汤，再用肉茸清扫得到澄清、透明的清汤。其原汤的制法是将原料洗净后入沸水中焯过，去尽血污，然后放入清水中,用旺火烧开,撇去浮沫,改用小火熬制而成。而后用特制的肉茸汁来清扫,依靠蛋白质凝固产生的吸附性,使汤中的不溶性物质聚集吸附在肉茸上,从而使汤变清澈。常用肉茸有红茸和白茸,红茸选择猪精瘦肉,白茸选择鸡脯肉,将肉反复捶成茸状,加适量清水解散成肉茸汁;然后将原汤烧开,冲入制好的红茸汁,待肉茸凝固,并从下往上浮起后,小心捞取出来,再用白茸汁扫汤一至两次,汤色澄清透明即成。

(四)素汤

素汤顾名思义就是利用素菜所吊制而形成的汤,这种汤虽然含蛋白质、脂肪的量很少,但含有较丰富的维生素、无机盐、矿物质,素汤的汤味清香纯正。一般素汤是利用植物油炒黄豆芽加入清水,大火烧开,加入姜、葱并改用中小火熬制大约两小时即成。熬制时采用中火保持汤沸腾所得的汤,汤色奶白即为素奶汤;若烧开后采用小火煨制而成的汤,汤色清澈透明即为素清汤。在普通素清汤的基础上,加入竹荪、口蘑等可制成特制素汤,汤色更加清亮透明,味道更加鲜美。

四、面臊制作工艺

(一)汤面臊制作工艺

[参考实例] 海味面臊

(1)原料配方:水发墨鱼500克、水发海参300克、猪肉300克、水发玉兰片200克、金钩30克、猪油50克、精盐12克、味精3克、胡椒粉2克、料酒20克、原汤适量。

(2)操作程序:将墨鱼、海参、猪肉、玉兰片分别切成1.5厘米见方、1.2厘米厚的小片;金钩用热水泡发后切成颗粒;炒锅置旺火上用猪油将肉炒断生,加料酒、玉兰片继续炒几下,掺入原汤,加精盐、胡椒粉烧沸,改用小火煨,最后放入墨鱼、海参、金钩煨至入味,加入味精即成面臊。

(3)风味特点:原料入味,汤鲜味美。

实例分析:

从海味面臊的制作实例分析可知,汤面臊可分为纯汤臊和汤菜臊两种。纯汤臊的制作关键在于制汤。在上述几种常用汤如原汤、奶汤、清汤等的基础上,添加不同的辅料、调味料即可制成各具特色的纯汤臊。

汤菜臊与烹调中的汤菜类似,制作中注意刀工处理和调味,原料一般形状多为片、丁、丝、条、块,熟制方法以煨、炖、烧焖、炒为主。汤菜臊具有多汤汁的特点,其汤汁约占40%左右,要求汤味鲜美,原料爽口软滑,如红烧牛肉面臊、三鲜面臊、海味面臊、鱼羹面臊等。

(二)卤汁面臊制作工艺

[参考实例] 杂酱面臊

(1)原料配方:猪肉500克、甜面酱100克、猪油75克、精盐10克、料酒15克、姜10克、葱10克、味精3克、芝麻油15克、湿淀粉、原汤适量。

(2)操作程序:猪肉剁碎;炒锅置旺火上,放入猪油烧热,加姜末、葱末炒香,再下猪肉末炒散,下甜面酱炒匀,然后加料酒、精盐、酱油炒香,掺入原汤烧沸,改用微火,待汤汁快干时加入味精,用湿淀粉勾成浓芡,淋上芝麻油即成。

(3)风味特点:卤汁浓稠,醇香鲜美。

实例分析:

从杂酱面臊的制作实例分析可知,卤汁面臊是加在煮熟面条或米粉上的、用烧、焖、煨等烹调方法烹制而成且汁浓味美的面臊。

卤汁面臊操作程序:选料──→刀工处理──→烹调(烧、焖、煨等)──→勾芡汁──→制成面臊

(三)干煵面臊制作工艺

[参考实例] 担担面臊(脆臊)

(1)原料配方:猪肉 500 克、甜面酱 60 克、猪油 50 克、精盐 5 克、料酒 25 克、酱油 20 克。

(2)操作程序:将猪肉剁成肉末,锅置中火上下猪油烧热,下肉末炒散,加料酒、甜面酱、精盐和酱油,炒至肉末吐油、酥香即成。

(3)风味特点:馅心干爽酥香。

实例分析:

从担担面臊的制作实例分析可知,干煵面臊是加在面条上不带汤汁或汤汁很少的面臊,主要用煵炒方法烹制而成,如担担面臊、干煵牛肉面臊等。

干煵面臊操作程序:选料──→刀工处理──→煵炒──→制成面臊

实践操作

实训 5 杂酱面

见下篇项目一工作任务一。

项目二　成形工艺

知识目标：

- 了解面点造型的特点与外形特征
- 熟悉面点的基本形态
- 熟悉面点色泽的运用
- 熟悉徒手成形、借助简单工具成形、模具成形与装饰成形技法种类
- 掌握搓、卷、包、捏、叠、抻技法的运用方法及操作要领
- 掌握擀、切、削、拨、剞、剪、钳、挤注、摊、滚沾技法的运用方法及操作要领
- 掌握印模成形、卡模成形、胎模成形技法的运用及操作要领
- 熟悉镶嵌、拼摆、铺撒、沾饰、裱花、立塑成形技法的运用及操作要领
- 了解面点装盘布局形式、面点装盘围边的特点、围边技法和技术要点

技能目标：

- 能够运用徒手成形技法进行面点生坯成形
- 能够借助简单工具进行面点生坯成形
- 能够运用印模、卡模、胎模进行面点成形
- 能够运用装饰成形方法进行面点成形或装饰
- 能够通过盘饰和装盘技巧运用对面点进行装盘美化

　　面点成形工艺是面点制作技术重要的内容之一，是一项具有较高艺术性和技术性的工序，在面点制作中占有重要的地位。面点花色品种繁多，与形态变化多样有着密切联系，通过造型不仅丰富了面点品种，还给人以视觉上美的享受。

　　本项目主要介绍面点造型的特点，面点造型的外形特征，面点的基本形态，面点色泽的形成与运用，徒手成形技法，借助简单工具成形技法，模具成形技法和装饰成形技法，面点装盘与盘饰。

看图识"法"

　　面点课上，小赵老师给同学们展示了十几个面点产品的图片，让大家看图说说图上产品是用什么成形技法成形的，这些产品分别是圆馒头、如意花卷、荷叶饼、抻面、北方水饺、刺猬包、梅花饺、抄手、春卷、元宵、刀削面、荷花酥等。你知道这些品种都用了什么成形技

法吗？操作中需注意哪些事项？

工作任务一　熟悉面点成形相关知识

［任务分析］　本项工作的任务是了解面点造型艺术的特点；熟悉面点的基本形态和外形特征；了解面点与色泽的关系以及对色泽的要求；熟悉面点色泽形成的方式和运用技法；熟悉面点常用成形设备器具的选用要求与用途。

面点成形工艺是指将调制好的面团、馅料按照品种的要求，运用各种成形技法塑造面点形态，制成面点半成品或成品的工艺过程。而面点装饰工艺是指在面点成形、熟制和装盘工艺中运用造型变化、色彩搭配等艺术手段装饰成品的工艺过程。

面点成形工艺，内容丰富，技艺复杂，尤其花色象形品种，具有独特的造型工艺，有些品种造型甚至需要美术技巧，才能达到要求的形态和构思意境，因此成形工艺是一项技术性和艺术性相结合的操作技术，需要在实际操作中反复实践，才能做到熟练掌握。

一、面点造型的特点

中国面点的造型种类繁多，内容丰富。不同地区、不同风味、不同流派都具有不同的造型，而且技艺复杂，形态变化多样，特别是花色象形品种尤其具有独特的造型工艺。但是，不同的面点造型都具有相同的艺术特点。

（一）雅俗共赏，形态多样

中国面点的造型技艺精湛、小巧玲珑、美丽大方、变化多样。制作中非常注意面点造型的雅致、协调，强调给人的视觉、味觉、嗅觉、触觉以美的享受，具有较强的艺术性。在具体操作过程中，可通过形体的变化、成熟方法的变化、造型技法的变化，塑造出各种色彩鲜明、神形兼备的面点。一目了然、雅俗共赏，给人以美的享受，达到美化面点的目的。

中国的面点品种丰富多样，千姿百态，通过各种造型技法，能够形成各种形态的面点，如饺、包、饼、团、条等。但是，不同的造型具有某些相同的共性，通过其造型方式的变化还可以加以艺术塑造，也可以形成一些各式花式品种，如各种象形的南瓜包、梅花饺、海棠酥等，大大地丰富了面点的品种。

（二）食用与审美紧密结合

"民以食为天"自古以来任何一种面点的存在，都源于它的可食性，面点的造型应以食为主、美化为辅。所以应注重内在美与外在美的和谐统一、食用与审美的和谐统一，通过面团、馅料、成熟、造型的变化，使中国的面点既形象生动、朴实自然，又富有时代气息和民族特色，在食用时又达到审美的效果，食之津津有味，观之心旷神怡。因此面点造型中的一系列操作技巧和工艺过程都应围绕食用和增进食欲这个目的进行，它既能满足人们对饮食的欲望，同时又给人以美的享受。

（三）注重器皿搭配和盘边装饰

自古以来，中国饮食都强调美食与美器的结合。俗话说"美食配美器"、"美器需由美食伴"，可见面点的造型不仅仅体现在面点本身的形态上，还体现在器皿的选择搭配和盘边装饰上。所以,面点品种与器皿搭配时应注意色彩的协调,形态、大小、数量的相适应,面点的质感与器皿的匹配。为了完善和提高艺术美感,可在盘边进行一种辅助美化工艺,应用一些色泽鲜明、便于造型的可食性原材料装饰一些花卉、小草、鸟兽等图案,作为面点的点缀,可为面点增色添美,增添艺术氛围,从而增加宾客的食趣、情趣、雅趣和乐趣。

二、面点的基本形态

中国面点的基本形态主要有饺类、饼类、糕类、团类、包类、卷类、条类、酥类、羹类、冻类、饭类、粥类等。

①饺类。饺类按成熟方法分可分为蒸饺、水饺、锅贴等;按造型分可分为木鱼饺、月牙饺、四喜饺、元宝饺、金鱼饺等各种花式象形饺;按皮坯性质分可分为子面饺、三生面饺、烫面饺、酥面饺等。

②饼类。饼类主要是指扁圆形的制品。根据皮坯性质不同,饼类可分为水面饼,如春饼、薄饼等;酵面饼,如发面饼、白面锅盔等;酥面饼,如苏式月饼、鲜花饼;米粉、杂粮粉及果蔬制作的饼,如玉米煎饼、甘薯饼、土豆饼、南瓜饼等。

③糕类。糕类是指以米粉、面粉、鸡蛋、杂粮、果蔬等为原料制作而成的制品,其性质松软或黏糯,如松糕、年糕、米糕、清蛋糕、马蹄糕、花生糕等。

④团类。团类常与糕类并称为糕团,一般以米粉为原料,多为球形,如汤圆、绿豆团、麻团等。

⑤包类。包类主要指各式包子,多以发酵面团为主。按口味分可分为甜味包,如五仁包、莲蓉包等;咸味包,如汤包、水煎包等;按形状分可分为光头包,如豆沙包、奶黄包等;提褶包,如鲜肉大包、牛肉包等;花式包,如秋叶包、佛手包、刺猬包等。

⑥卷类。卷类制品品种多样,成形时均采用了卷的方法。有用发面制作的各式花卷,如如意卷、四喜卷等;有用米粉面团制作的各式凉卷,如芸豆卷、豆沙凉卷等;有用蛋糊面团制作的各式蛋糕卷,如虎皮卷、瑞士卷等;有用油酥面团制作的松酥卷等;还有制成饼皮再卷馅的,如煎饼卷、春卷等。

⑦条类。条类主要指面条、米线、米粉等长条形的面点,如炸酱面、担担面、拉面、过桥米线、肥肠粉等。

⑧酥类。酥类主要指食用时口感酥松的制品,多以油酥面团或油酥面和其他面团配合制作而成的为主,包括层酥类和混酥类,如龙眼酥、玉带酥、千层酥、桃酥等。

⑨羹类。羹类主要指带汤的或呈糊状的品种,如西米露、莲子羹、醉八仙等。

⑩冻类。冻类主要指用琼脂、明胶、淀粉等胶冻剂制成的呈凝冻状的制品。冻类制品多为甜食,如果冻、豌豆黄、奶冻糕等。

⑪ 饭、粥类。饭、粥类为大众主食之一,有普通饭、粥和花式饭、粥之分,如炒饭、盖浇饭、八宝饭、鱼片粥、皮蛋粥等。

⑫ 其他类。面点除以上形态外,常见的还有馒头、烧麦、麻花、粽子等。

三、面点造型的外形特征

面点的造型多样,富于变化,如包、饺、饼、花果等,但是不同的造型具有某些相同的共性,通常归结起来其外形特点主要有四种,即自然造型、几何造型、象形造型、艺术造型等。

[参考实例] 开口笑

(1) 原料配方：熟猪油 20 克、砂糖 150 克、清水 100 克、泡打粉 10 克、苏打粉 2 克、鸡蛋 50 克、低筋粉 450 克

(2) 操作程序：①调制面团：将砂糖、鸡蛋、清水略搅拌后加入熟猪油，再稍搅拌，即可加入低筋粉、泡打粉、苏打粉调制成团。

②成形：将调制好的面团按规格分成小坨，用手搓成圆球形，在盛芝麻的容器内滚满芝麻。

③炸制：将植物油烧至 130℃ 左右，下入生坯炸制 10～15 分钟，见制品浮出油面，已开口，颜色转黄时即可出锅，冷却后包装。

(3) 风味特色：开口三瓣（或四瓣）、外酥内嫩、松软香甜。

实例分析：

该案例品种开口笑是典型的自然造型品种。自然造型是造型艺术的基础，通常采用简单的造型手法，使面点通过成熟，任其自然形成不十分规则的形态，如核桃酥、开口笑、波丝油糕等。此案例品种应用的是常见的混酥或化学膨松面团，通过油炸成熟自然形成三瓣或四瓣，为了达到制作效果，在炸制生坯时一是要控制好油温；二是要正确掌握面团的调制技术。

[参考实例] 汤圆

(1) 原料配方：①皮坯：糯米 400 克、籼米 100 克；②馅心：白糖 100 克、熟面粉 20 克、熟猪油 30 克、蜜玫瑰 10 克

(2) 操作程序：①制馅：蜜玫瑰用刀剁细，先将熟面粉、白糖拌匀，再加入熟猪油、蜜玫瑰搓擦成团，打坯切块即成。

②制吊浆米粉：糯米、籼米淘洗干净，用清水浸泡（夏季 1 天，冬季 3 天），每天换水 2～3 次，防止米、水发酸。磨浆前，再用清水淘洗至水色清亮，然后用磨磨成米浆，倒入布袋中吊干水分即成。

③包馅成形：将吊浆米粉加适量清水揉匀，包入玫瑰馅捏成圆形即成。

④成熟：用旺火沸水煮制，待汤圆浮面后，加入少量冷水，以保持锅内水沸而不腾。煮至汤圆皮内无硬心即熟，将汤圆舀入碗内。

(3) 风味特色：皮白软糯、香甜适口。

实例分析：

汤圆是典型的几何造型。面点中的几何造型通常通过手工或模具成形，模仿生活中的各种几何形体制作而成，使面点成为具有一定规律的形态，如面条、三角酥、汤圆、晶饼等。此案例品种应用的是最常见的米粉面团，它的造型就模仿了生活中的圆形体，美观大方，具有几何形态美。

[参考实例] 刺猬包

(1) 原料配方：①皮坯：面粉 500 克、干酵母 5 克、泡打粉 7.5 克、白糖 50 克、温水 250 克；②馅心：净莲子 500 克、白糖 750 克、猪油 250 克

(2) 操作程序：①制馅：将净莲子上笼用大火蒸软，倒出冷却再放入绞肉机内搅成莲泥；然后将莲泥倒入锅内，中火炒至起泡，即可将猪油分几次放入，边加油边炒，直至莲蓉炒至金黄色不沾手时加入白糖，炒至糖溶化起锅即成。

②调制面团:将面粉、泡打粉混合后中间开窝,放入干酵母、白糖、温水混匀,再和面粉混合揉制成团,盖上湿布饧 15 分钟。

③包馅成形:将饧好的面团搓条、下剂,压按成圆皮,包入馅心,收口捏紧,收口向下,再搓成一头稍尖,一头圆粗的生坯,尖部作刺猬头,圆部作尾。头部用剪刀在尖端横剪一下,作嘴巴,在嘴的上方自上向下、自后向前剪出两只耳朵,将两耳捏扁竖起。再在两耳前嵌上两颗黑芝麻便成为刺猬眼睛。左手托住面坯底部,右手拿剪刀,从刺猬的身上,由头部至尾部,依次剪出尖刺,最后再用剪刀在尾部自上向下剪出一根小尾巴。

④成熟:将上笼的生坯饧发,饧发好后用旺火沸水蒸 10 分钟即成。

(3)风味特色:形似刺猬,小巧可爱,松软甘甜。

实例分析:

刺猬包形似刺猬,小巧可爱,形象生动。象形造型就是指通过包、捏等成形手法,模仿自然界中的各种动植物的外形而造型。其成品具有一定的象形意义,如水调面团制品中的梅花饺、兰花饺等,就是仿梅花、兰花的外形而制成;发酵面团中的桃夹、秋叶包等,就是仿桃子、秋叶的外形而制成;还有船点中各式萝卜、茄子、核桃的造型,也是模仿自然界中的萝卜、茄子、核桃外形而塑造的;仿动物外形在面点造型中也被大量采用,如刺猬包、玉兔饺、金鱼饺等都是仿动物形状的面点造型。此案例品种应用的是最常见的生物膨松面团,它模仿了动物中的刺猬进行造型,形象逼真,栩栩如生,可活跃气氛。

[参考实例] 鹅鸭戏水

(1)原料配方:①皮坯:细粳米粉 300 克、食盐 8 克、白糖 35 克、菠菜汁、食红、食黄各少许;②馅心:枣泥馅 100 克

(2)操作程序:①调制面团:将细粳米粉、食盐、白糖混合,加沸水冲匀,上笼蒸熟,取出揉匀盖上湿布待用。

②包馅成形:取少许粉团加食黄、食红染成橘红色,取少许粉团加菠菜汁染成绿色。将少许绿色粉团加少许白色粉团揉成淡绿色,搓成细条,使之弯曲放于盘边作波浪;用绿色粉团搓成条作柳条放于盘的右边,用绿色粉团搓成柳叶放于柳条两边;用绿色粉团搓成细条,用手压扁成蒲叶子,将蒲叶子放于左边,用淡绿色粉团搓细条作蒲棒。将白色粉团下剂,包入馅心,收口捏紧,将两个坯子捏出鸭头、颈和体形,在身体两侧剪出翅膀,用木梳按出羽毛形,用橘红色粉团做成鸭嘴和鸭爪状置于鸭子身下,用枣泥搓成俩小球,装于鸭头作眼睛。将两个坯子捏出鹅头、颈和体形,其余制法同鸭,只是在鹅头上用橘红色粉团做成冠和嘴。

③装盘:将鸭子和鹅分别放于蒲和垂柳之间。

(3)风味特色:形象逼真,松软甜香。

实例分析:

鹅鸭戏水俨然就是一幅图画、一个立体的艺术品,让人在食的同时享受艺术之美。而艺术造型就是指利用一些立塑、拼摆、裱绘、组合装配等艺术造型手法,采用适当的艺术夸张,起到提高视觉效应和锦上添花的艺术效果,并结合器皿和盘饰,制成的具有一定综合艺术效果的面点制品,并且给人以既美味又美观的双重享受,如鹅鸭戏水、冰山企鹅等。此案例品种应用的是最常见的米粉面团,它模仿了动物中的鸭和鹅在水中嬉戏的情景,进行艺术造型,集鸭、鹅于一池,相互嬉戏,妙趣横生。

四、面点与色泽的关系

色、香、味、形、质是衡量面点的标准,任何一种面点首先映入眼帘的是它的色泽,"色"首当其冲,可见其重要性。面点制品其色泽鲜艳、明快、自然逼真,都会使人产生愉悦的快感,给人以享受,激发人们的食欲。因此面点色泽是面点质量保证的一个重要方面,正确调配面点色泽能使面点制品更加绚丽多彩,对面点制作有着重要意义。

①色泽能添加面点的美感。在面点成形中,为使制品更加生动逼真,通常借助于配色。如象形的各种动物、花卉、水果蔬菜类制品,可通过各种粉团颜色的搭配来制作各种形象逼真,使人赏心悦目的面点制品。例如茄子,单是白色来制作象形茄子,肯定没有美感,如采用两种颜色面团来搭配制作,用紫色面团制作成茄子状,用另一种绿色面团捏成薄皮包于茄子细的一头,装上叶柄。不仅增加了美感,同时使制品也变得生动起来。

②面点色泽绚丽可以诱人食欲。绚丽的色泽能够增进人们对面点的食欲。面点中使用的原料广泛,各种原料都具有独特的色泽,如果将这些色泽进行合理的搭配组合,就能构成色泽鲜美、色调自然的面点品种,使人的食欲增强。

③通过色泽调配可以丰富面点的品种。色泽与面点的关系非常紧密,每一种面点品种都有其独特的色泽,但也可以通过变换色泽丰富面点的品种。如面条本色为白色,适当添加天然的菠菜汁就会形成碧绿色的青菠面;添加番茄汁就会形成红色的茄汁面等。这些色泽调配不仅可以丰富面点的品种,还可以提高制品的营养,给顾客以新鲜感,从而增加食欲。

五、面点对色泽的要求

面点色泽的调配应始终以食用为主,坚持本色,少量点缀,合理配色,控制加色,适当润色。

①坚持本色。坚持本色是指保持面点原料本身的颜色,这是面点制作的基本要求。这样制得的面点色泽自然,符合卫生、营养要求,制作也方便。如发酵面点制品要晶莹洁白,就要正确加碱,并用旺火蒸制;南瓜饼要求色泽金黄,在成熟时就要控制好油温、炉温,通过这些基本制作方法就形成了面点的本色。

②少量缀色。少量缀色是指在坚持本色的基础上,对面点制品表面点缀一点色彩,并作适当装饰。不仅美化了面点的色泽,还能丰富制品的营养。这种点缀的原料必须应用可食性的原料。如在炸好的千层桃酥、莲花酥、燕窝酥等上面点缀的胭脂糖,再如在三色糕上面撒的青红丝、瓜子仁、葡萄干等,都起到缀色的作用。

③合理配色。配色可分为顺色配和岔色配两种。顺色配是指主色和附色相近色的搭配,如梅花饺中代表五瓣花瓣的主色是黄蛋糕末(或蛋黄末),中间代表花蕊的配以火腿末,红、黄两种色彩都是暖色,属相近色,使色调和谐自然。岔色配是利用不同原料的色泽相互搭配衬托,突出对比,形成鲜艳明快的色调。如四喜饺子注重了色调的冷暖对比,多种颜色相互搭配,色彩艳丽,突出喜庆的气氛。花色搭配应考虑色彩的色相、明度、冷暖等,使面点配色和谐,丰富多彩。

④控制加色。控制加色是指在面点制作过程中避免添加色素,主要指人工合成食用色素的运用。人工合成食用色素虽然能美化面点制品,但毫无营养,用量过大还可能产生毒副作用,因此在使用时应严格控制使用量,不能超过《食品添加剂使用卫生标准》所规定的

限量。配色时,坚持用量少、色泽淡雅的原则,掌握成熟时色素由浅变深的规律,控制加色。

⑤适当润色。当面点制品成熟后,可以适当润色,使面点色泽更加明亮、有光泽。如面包烤熟后刷上色拉油或糖蛋水,澄面点心蒸熟后刷上色拉油等。

六、面点色泽的形成方式

面点色泽的形成主要源于原料本身固有的色泽、色素的使用及成熟工艺等几方面。

（一）原料本身固有色的运用

面点的色泽主要来源于原料自身,而面点制作所采用的原料十分广泛,其中有许多原料本身就具有各种美丽的色相,且其色度、明度变化多样,层次丰富。在面点制作和装饰造型中应加以很好的应用,这样就可以构成色彩艳丽、食欲感强、营养卫生、细致而精美的面点制品。如白色的米粉、面粉和黄色的玉米粉,使制品的主色调为白色或黄色;又如果蔬中樱桃、草莓的鲜红色,柠檬的黄色,南瓜的橙色,蔬菜的绿色,若采用适宜的工艺手段将这些带色的原料进行搭配、组合在一起,就能够制作精美的面点图案。充分利用原材料的固有色,不仅使面点色彩自然、色调优美,同时也满足面点消费者对色彩安全卫生的要求。正因为如此,这类面点也是当今世界上最受欢迎的一类。

（二）工艺法着色的运用

面点色泽的形成除了与原料固有色和色素运用有关外,还与加工工艺有着密切的关系。工艺法着色是指制作面点的各种原料在调制、成形、成熟等工艺过程中相互影响而形成的,尤其是原料通过加热发生的物理化学变化而形成的色泽,它是色泽在面点工艺应用中较难控制和掌握的一部分。如白色面团制成生坯,采用蒸、煮方法可以形成色泽洁白光润的制品;若采用烙、烤、炸、煎等成熟方法,由于传热介质的不同,受热的温度高低和加热的时间长短不同就可以形成色泽淡黄、金黄、红褐等不同颜色的制品。

通过熟制工艺形成制品色泽

（1）蒸、煮法成熟一般可使面点色泽保持面团的本色,如饺子、面条、馒头色泽洁白,凉蛋糕色泽淡黄。

（2）烘烤法成熟可使制品形成红褐、棕黄、金黄等一系列色泽,这是由生坯内部成分产生某些物理变化或化学变化而呈现的颜色。如焦糖化反应、美拉德反应。要使烘烤制品色泽良好,就应根据制品的要求和面坯的特点很好地控制烘烤炉温及烘烤时间。

（3）油炸法成熟可使制品产生金黄、棕黄、深棕黄的颜色。由于各类面点中均有一定量的淀粉和糖类,这些糖分在油炸过程中同烘烤一样,会产生颜色反应,使制品上色。同时,由于不同油脂中含有的色素不同,尤其是植物油,油炸时油中的固有色素会使面点制品上色。

（三）色素的使用

面点的颜色一般以原料赋予的本色为主,但多种多样的造型技术使单一的米面制品多姿多彩起来,对面点的颜色有了更高的要求,为了使面点达到更加生动的效果,目前在面点中使用的食用色素有天然食用色素和人工合成食用色素两大类。

天然食用色素对光、酸、碱、热等条件敏感,色素稳定性较差,但天然色素对人体无害,在面点制作中使用较多。如面点制作使用的菠菜汁、番茄汁、蛋黄、紫菜头汁、南瓜泥等,能使面点制品形成碧绿（翡翠）、橙红、金黄、红色、橙黄、黄色等美丽的色泽,还能提高成品的营养价值。

人工合成食用色素具有色彩鲜艳、成本低廉、性质稳定、着色力强、可以调配各种色调等优点,但若过量会危害人体的健康,所以应注意用量的掌握。目前国内准许使用的人工合成食用色素主要有苋菜红、胭脂红、柠檬黄和靛蓝等几种。

七、面点着色的运用技法

面点的着色,常常采用适量的食用色素来弥补其自身色泽的不足,使制品更加自然美观。目前常用的色泽调配技法主要有以下几种:

①上色法。上色发分为生熟两种,生上色是指用排笔(或毛刷)在制品生坯表面刷上色素液、蛋液、饴糖水等,成熟后制品外表呈金黄、棕黄色,不宜再吸收其他色素。一般适用于烤、烙、炸、煎成熟的面点。熟上色是指将色素淡淡的涂在成熟面点的表面,一般多用于蒸制的发酵面点。当面点蒸熟后,其外皮绵软光滑,涂上色素液,可避免色素的散失与流淌。

②喷色法。喷色法是指将色素喷洒在面点的外部,而内部则保持制品本色。具体做法是用干净的牙刷蘸上色素液,然后喷洒在制品的表面,或用喷枪进行喷色。喷洒色调的深浅,可根据色素液的浓淡、喷洒距离的远近、喷色时间的长短来调整。此法灵活简便,又能达到较理想的效果。如寿桃的着色可以刷上色,也可以喷上色,而喷色更加形象逼真。

③卧色法。卧色法是将色素掺入到坯料中,使白色面团变成红、橙、黄、绿等粉团,再制成各种面点。如面粉中加入蛋黄后制成的金黄的面条;面粉中加入菠菜汁调成面团制成的翡翠烧麦等。此法不但增添了制品的色泽,而且也丰富了面点的品种。在卧色时,要熟练运用缀色和配色的原则,尽量少用合成食用色素,坚持用色淡雅,避免用色过重。如制作某些船点的米粉面团是使用卧色法着色的,并且使用了一定量的合成食用色素,因色素熟后颜色会变深,着色时一定要淡一些。

④套色法。套色法包含两种情况,一种是根据形成的需要,在本色面团外包裹一层卧色面团;另一种是指多种卧色面团搭配制作面点的方法。套色法是在卧色法的基础上进行的,需要具备一定的美术知识、色彩原理知识和面点的搓、包、卷、捏、粘、拼摆等造型技法,才能得心应手地制作出形态逼真、栩栩如生的各式面点。如用米粉面团、澄粉面团制作的各种象形蔬果、花鸟鱼虫,玲珑剔透,惟妙惟肖。

工作任务二　　徒手成形

[任务分析]　本项工作的任务是熟悉参考实例品种制作;掌握搓、卷、包、捏、叠、抻成形技法的运用方法及操作要领;通过实训熟练掌握花卷的制作技术。

徒手成形技法是指不借助工具,完全依靠手工技法使生坯成形的方法,主要包括搓、卷、包、捏、叠、抻等方法,其中一些徒手成形技法需要与其他技法配合才能完成制品的最终造型。

一、搓

[参考实例]　馒头

(1)原料配方:发酵面团500克、小苏打5克

（2）操作程序：①面团兑碱：将发酵面团加入小苏打反复揉匀，盖上湿布饧十分钟即可。

②成形：将兑好碱的发酵面团下剂后，左手握住剂子，右手掌根压住一端底部，向前搓揉，使剂子头部变圆，剂尾揉进变小，最后剩下一点，塞进或捏掉，立放案上呈半圆球形、蛋形或高桩形装入蒸笼内。

③成熟：用旺火沸水蒸制约 20 分钟即成。

（3）风味特色：膨松暄软、回味微甜。

实例分析：

从馒头的制作实例分析可知，馒头成形时用到搓。而搓是面点成形工艺中最基础、最普通的一种基本技法。搓可以分为搓条和搓形两种，搓条在前面已经讲过，关键是两手用力均匀，搓紧、搓光、搓圆、粗细均匀。搓形主要用于搓馒头、搓麻花等。搓麻花是将麻花剂条放在案板上，两手将条搓细搓匀，再双手反方向搓上劲，将两头合在一起上劲，折成三折再上劲，形成麻花花纹，通过搓制形成"浑身是劲"的特点。

搓法操作应注意的事项如下：

（1）搓时要求用力均匀，使生坯表面光滑，没有裂纹和皱褶，外形规则整齐，内部结构组织变得紧密不松散没有空洞，这样才能使加热成熟的制品柔润光洁。

（2）搓后的制品形态要大小一致，分量均匀，若因下剂而造成的大小不一，可适当进行调整。

（3）搓麻花时，剂条要搓得粗细均匀，搓到一定程度后，双手反方向将条搓上劲，才便于形成麻花纹。

（4）若是搓包馅、包酥等剂坯，要求做到不破、不烂、厚薄一致。

此案例制品应用的是最常见的生物膨松面团，它采用手工成形中搓的技法。搓馒头除成形外，还起着提高质量的作用，剂子越搓越滋润，成形蒸熟后，制品表面光洁，外形美观。

二、卷

[参考实例] 鸳鸯卷

（1）原料配方：发酵面团 500 克、小苏打 5 克

（2）操作程序：①面团兑碱：将发酵面团加入小苏打反复揉匀，盖上湿布饧十分钟即可。

②成形：将兑好碱的发酵面团擀成薄片后，平铺在案板上，其中一半抹油，放馅（豆沙、枣泥等）卷上，卷到中间，翻面；将另一面也抹油，放馅（和正面的馅料区分开），再卷上，成为一正一反的带馅双卷条，切成剂子即制成了鸳鸯卷生坯。

③成熟：用旺火沸水蒸制约 20 分钟即成。

（3）风味特色：形态美观、松泡绵韧、香甜可口。

实例分析：

鸳鸯卷成形时用到卷的手法。卷既是面点成形的手法，又是许多品种成形的前提条件。卷法操作，从形式上分为单卷和双卷两种，如图 2-1 所示。单卷是将面团制成长方形薄片，抹上油或馅心、膏料等，从一头卷向另一头，然后再用刀切剂形成露出螺旋馅心的生坯，继而加工，即可制作各式各样面点制品。如：各式花卷、卷筒蛋糕、春卷等就是单卷制法。双卷又分如意卷和鸳鸯卷。如意卷是将面团擀成薄片后抹油，从两侧向中间对卷，变成双筒形，对卷条接口处可以抹少许清水帮助粘连，避免散卷。接着将卷口朝下，用双手从

中间向两头捏条,达到粗细均匀,切成剂子,即可制作各式双卷面点制品。如:四喜卷、蝴蝶卷、如意花卷等。鸳鸯卷多用于双味包馅类,将面团擀成薄片后,平铺在案板上,其中一半抹油,放馅卷到中间,翻面;另一面抹油,放馅再卷上,成为一正一反的带馅双卷条,切成剂子即可制作各式鸳鸯面点制品,如菊花卷等。

图 2-1 卷

卷法操作应注意的事项如下:

(1)面皮擀制时厚薄一致,抹油或抹馅料时要均匀适量。

(2)卷筒时松紧合适,粗细一致,双卷时两面卷得要均衡。

(3)在单卷的底边或双卷结合处可以抹少许清水帮助粘合,避免卷成的圆筒松散。

(4)当卷成的条筒过粗时,单卷筒可以采取搓条的方式使条粗细适度;若是双卷条筒,则不能采取搓的方式,只能用双手将条捏细。

(5)单卷条接口要压在卷的底部,以防成熟时散卷、开裂,影响制品形态。此案例制品应用的是最常见的生物膨松面团,它采用手工成形中卷的技法,使制品成熟后呈层次,美观大方。

三、包

[参考实例] 糯米烧卖

(1)原料配方:①皮坯:沸水面团 750 克;②馅心:糯米 1 000 克、猪肉 80 克、冬笋 80 克、香菇 80 克、熟猪油 200 克、精盐 10 克、酱油 15 克、胡椒粉 15 克、麻油 25 克、清水 400 克

(2)操作程序:①制馅:糯米用清水浸泡 2~3 小时,淘洗干净,沥干水,上笼蒸 30 分钟。炒锅上灶火,放入熟猪油将猪肉炒散,放入糯米饭、清水、盐、酱油一起烧沸,再加入味精、胡椒粉、麻油一起炒匀成糯米饭馅。

②成形:沸水面团揉光,搓条切出剂子 75 个(每个 10 克),逐个按扁,用小擀面棍将剂子擀成直径 10 厘米的边薄中厚的烧卖皮;皮子放入左掌心,右手挑入馅心 70 克,向上收拢捏紧,口子上要露小部分糯米馅,呈石榴形至于蒸笼上。

③成熟:用旺火沸水蒸制约 5 分钟即成。

(3)风味特色:外形美观、皮薄馅多、香糯肥软、油润可口。

实例分析:

糯米烧麦是带馅制品,要把馅心放到皮坯里,就要用到包的成形手法。包是将制好的面皮包入馅心使之成形的一种方法,如包子、馅饼、馄饨、烧麦、汤圆等制品都采用包的方法成形。由于包的品种较多,具体包法各不相同,常见的包法有无褶包法、包拢法、包捻法、包卷发、包裹法等。

1. 无褶包法。无褶包法又称无缝包法,其操作简单,适用于制作各式馅饼、豆沙包、汤

圆等制品。其具体做法是左手托皮,手指向上弯曲,使皮在手中呈凹形,便于上馅,右手用馅挑等上馅工具上馅,略按紧,然后通过右手虎口和右手手指的配合,边包边将馅向下按,边包边收紧封口,捏掉剂头,然后搓成无缝的圆形或椭圆形等,如图2-2所示。饼形是在圆形或椭圆形的基础上,用手掌按压而成,按压时,包馅的收口朝下,饼面朝上,要按得厚薄均匀。以无缝包法制作的生坯可进一步制成各种形状。

图2-2　无缝包法

2. 包拢法。左手托皮,手指向上弯曲,使皮在手中呈凹形,右手用馅挑等上馅,左手五指将皮子四边朝上,托在馅以上,从腰处包拢或用右手上馅的馅挑顶住,左手五指从腰部包拢,稍稍挤紧,但不封口,从上端可见馅心,下面圆鼓,上呈花边,形似白菜状或石榴状。

3. 包捻法。左手拿一叠皮子(梯形、三角形或正方形),右手拿筷子挑一点馅心,往皮子上一抹,朝内滚卷,包裹起来,抽出筷子,两头一粘,即成捻团馄饨。

4. 包卷法。把制好的皮平放在案板上,挑入馅心,放在皮的中下部,将下面的皮向上叠在馅心上,两端往里叠,再将上面的皮往下叠,叠时均匀抹点面糊粘住,成为长条形。该法适用于春卷、煎饼盒子的成形。

5. 包裹法。该法适用于粽子的成形。将两张粽叶一正一反(两面都要光洁)合在一起,扭成锥形筒状,灌入糯米(用水泡好的糯米),包裹成菱角形的粽子;三角形的粽子是将一张粽叶扭成锥形筒状,灌入糯米,将粽叶折上包好即成;四角形的粽子是将两张粽叶的箭头对齐,各叠三分之二,折成三角形,放入泡好的糯米,左手整理呈长形,右手把没有折完的粽叶往上摊,与此同时,把下面两角折好,再折上边底四角即成。粽子包好后用马莲或草绳扎紧,以免散碎。

包法操作应注意的事项如下:

(1) 坯皮要厚薄均匀,馅心要包到皮的中间,这样才利于成熟。

(2) 馅心勿沾在坯皮边缘上,以防收口包不住导致成熟时散碎露馅。

(3) 包时要注意收口用力要轻,包口紧而无缝,不可将馅挤出,要包紧、包严、包匀、包正。

四、捏

[参考实例]　草帽饺

(1) 原料配方:①皮坯:面粉250克、温水125克;②馅心:鸡蛋5个、韭菜100克、精盐5克、胡椒粉2克、芝麻油30克、色拉油50克

(2) 操作程序:①制馅:鸡蛋磕入碗中搅散;韭菜摘洗后切成小颗粒。锅置火上,放油烧热,下鸡蛋液炒散起锅,加调味料和韭菜拌匀。

②面团调制:面粉加温水调制成温水面团,饧面。

③成形:将面团搓条、下剂,擀成圆皮。取面皮一张,放入馅心,对叠成半圆形,再将两端向中间对叠粘合,将馅向中间挤,边缘捏出绳边花纹即成草帽饺生坯。

④成熟:上笼用旺火沸水蒸10分钟即熟,取出装盘。

(3) 风味特色:造型美观,形似草帽,鲜美可口。

实例分析:

草帽饺是温水面团制品,它在成形时采用了捏的手法。捏是将包入馅心或不包入馅心的生坯经过双手的指上技巧制成各式形状的面点制品。捏的技术性很强,比较复杂,制作手法多样,变化灵活,特别是捏花色制品,具有较高的艺术性,捏出的制品不但形态美观,而且形象生动、逼真。捏是在包的基础上进行的,是一种综合性的成形技法。从捏本身来讲,又可分为挤捏、推捏、捻捏、叠捏、提褶捏、扭捏、花捏等多种手法。

1. 挤捏。该法适用于制作北方水饺。左手托皮,右手拿馅挑抹上馅,把皮合上对准,双手食指弯曲向下,拇指并拢在上,挤捏皮边,捏成边平无纹,肚大边小形状,形似和尚敲的木鱼。

2. 推捏。推捏是在挤捏的基础上继续进行的一种捏法,主要目的是将挤捏后的皮坯边沿推捏上一定的花纹,如月牙饺等,常用于可塑性较强的面团品种成形操作,以增加制品的美观。操作手法是:左手托住生坯,右手拇指放在边皮的上方,食指放在边皮的下方,拇指向前一推,食指随之一捏,这样连续向前进行,就形成完整的花边。

3. 捻捏。该法适用于制作冠顶饺等花式蒸饺。将擀好的圆皮三等分,折起三面,叠成三角形,翻面,把馅心放在三角的中心,然后用手提起三个角,相互捏住成为立体三角饺,再分别把每条边捻捏成双波浪花边,将折边翻出即成冠顶饺。

4. 叠捏。该法适用于制作四喜饺等花式蒸饺。将圆皮托在左手上,右手上馅,用两手把皮边提起来,分为四等分将两对皮子捏住,形成四个角,然后把每对相互挨着的两个边捏在一起,捏好后形成四个大洞眼和四个小洞眼,然后加入不同的馅心点缀形成四喜饺。按此法制成三个洞眼的叫一品饺,制成五个洞眼的叫梅花饺。

5. 提褶捏。该法适用于制作各式包子。包出的花褶要求间隔整齐,大小一致,花褶在 16～24 道之间。提褶捏时,左手托住皮坯呈窝状放入馅心,右手拇指、食指捏住皮坯边缘,拇指在里,食指在外,拇指不动,食指由前向后一捏一送,同时借助馅心的重力向上提起,左手与右手紧密配合沿顺时针方向转动,形成均匀的皱褶,如图 2-3 所示。

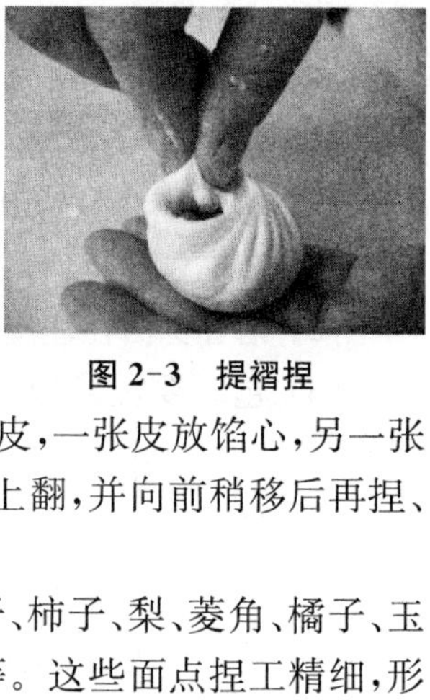

图 2-3 提褶捏

6. 扭捏。该法适用于制作盒子,将两个圆酥面剂分别擀成圆皮,一张皮放馅心,另一张皮盖上,先将四周捏紧,再用右手拇指、食指在面坯边上边捏边向上翻,并向前稍移后再捏、再翻,直到将皮边捏完,形成均匀的呈绳状花边即成盒子。

7. 花捏。该法主要用于捏各种象形品种,如船点、南瓜、桃子、柿子、梨、菱角、橘子、玉米等,又如兽禽虫鱼类的兔、猪、金鱼、青蛙、小鸡、企鹅、鹅、孔雀等。这些面点捏工精细,形象逼真。

捏法操作应注意的事项如下:

(1) 挤捏时要用力均匀,既要捏紧、捏严、粘牢,又要防止用力过大,以免把饺子的腹部挤破从而影响形态。

(2) 推捏时前后边皮要对齐,不能有高有低,推捏用力要轻,不能伤破皮边,花纹要均匀清晰。

(3) 叠捏时一定要将皮边均匀等分。

(4) 提褶捏时,要注意拇指不可捏得太死,而要随之转动,食指要尽量向下伸一些,不要用指尖,收口时动作要轻,用拇指、食指同时往中间轻轻一捏即可。

(5)捏制象形类品种时,用力要轻,并应仔细认真。

五、叠

叠是把剂子加工成薄皮后,抹上油、膏料或馅心等,再叠起来形成有层次的半成品的一种方法。折叠的形态和大小应视品种的要求灵活掌握。叠法多与擀法相配合使用,叠也是很多品种成形的中间环节,在此基础上再进一步加工,又可制作各花色造型品种。叠法应注意薄片的加工要厚薄一致,其折叠层次必须整齐。

六、抻

[参考实例]　抻面

(1)原料配方:面粉1 000克、食碱10克、清水500克、食盐少许

(2)操作程序:①调制面团:把面粉倒入盆内,加少许盐、碱。先加入水,从下向上抄拌均匀,成麦穗面。再用手撩水继续拌和,然后用两手搋揣,连续撩水、搋揣,将面团揣到不粘手、不粘盆、没有面疙瘩和粉粒为止,然后搓净盆边的干面,再转圈撩水,把面团揉至光滑,达到"三光",形成较软的面团(共计加水600克左右),盖上湿布饧半小时到1小时,把面团饧至不夹一点疙瘩的匀透面团。

②遛条:遛条也叫"遛面",是用双手拉住面团两端,将面提起,两脚叉开,两臂端平,运用两臂的力量及面条本身的重量和上下抖动时的惯性,将面上下抖动,抻开时要达到两臂不能再扩张为止。在粗条变长,下落接近地面时,两条迅速交叉使面条两端合拢,自然拎成两股绳状,然后右手拿起下部,再上下抖动使之变长,双手合并,使条再向相反方向转动成麻花状,如此反复,直至面团揉软、顺遛、有筋性即可。

③搓条:搓条又叫"开条"、"放条",即将遛好的条沾上干面粉,反复折合抻拉,抻出粗细均匀的面条。其具体做法是当大条遛好后,放在案上,撒上干面粉,双手在两头搓上劲(一手向里,一手向外),由中间折转起来,将两个面头按在一起,用左手握住,右手掌心向下,中指勾住面条中间折转处,左手掌心向上,再用双手向相反方向轻轻一绞,使面条成两股绳状,然后向外一拉,待面条拉长后把条散开,右手面头倒入左手,再以右手中指插入折转处,向外抻拉,如此反复,面条可由2根变4根、4根变8根,反复7次即可出256根面条。反复抻拉,面条的根数就成倍增加,面条就越细。抻面可分为扁条、圆条、空心、实心等,抻的扣数越多面条越细,一般面条抻8扣,而龙须面要抻13扣。

(3)风味特色:柔软、筋韧、光滑。

实例分析:

从抻面的制作实例分析可知,抻面成形的关键在于抻。抻是把调制好的面团搓成长条,用双手抓住两头上下反复抛动、扣和、抻拉,将大块面团抻拉成粗细均匀,富有韧性的条、丝等形状的制作方法,如图2-4所示。抻既是面点品种的成形方法,如著名的兰州拉面、抻面、龙须面、空心面等,就是利用抻的技巧使其成形;又是为某些品种的进一步成形奠定基础的加工方法,如银丝卷、缠丝饼的制作就必须经过抻这一步骤。抻的技术性较强,和面后操作分为两步进行,一是遛条,再是搓条。

图2-4　抻

抻法操作应注意的事项如下：

（1）选料时应选用筋性强的优质粉，因其蛋白质含量高，蛋白质吸水后能形成柔软而有弹性的面筋，面团韧性较好。

（2）和面时，水不要一次加足，应先加入一部分水，再慢慢向面里撩水揣匀，以增强其筋性。

（3）饧面时间要掌握好，一般为半小时至1小时。但饧面应随季节变化而变化，夏季饧面时间可以短一些，冬季饧面时间可以略长一些，并且要有一定的湿度。饧面要透，便于抻拉时不断条。

（4）遛条时，应根据面团本身的重量和延伸性上下抖动。开始时用力要轻一些，待面团筋力增强时，方可大幅度抖动，遛条时不可遛得过度，过度会使面团搓条时粗细不匀。

（5）遛条时，如感到筋力不足，要抹些盐水填劲，以防由于筋力不足出现断条现象。

（6）搓条时掌握好方向，用力要适当，动作要熟练，应有条有理。

实践操作

实训6 花卷

见下篇项目一工作任务二。

工作任务三 **借助简单工具成形**

[任务分析] 本项工作的任务是熟悉参考实例品种制作；掌握擀、切、削、拨、剞、剪、钳、挤注、摊、滚沾成形技法的运用方法及操作要领。

借助简单工用具成形技法是指借助面杖、刀具、锅、花钳、竹筷等用具使面点生坯成形的方法。主要包括擀、切、削、拨、剞、剪、钳、挤注、摊、滚沾等方法。

一、擀

擀是指将面团、生坯擀成片状。擀是面点制作的基本技术动作，大多数面点成形前都离不开擀的工序，它主要用于各类皮坯的制作及面条、馄饨的擀制，同时也是饼的主要成形方法。擀分为擀剂和擀坯两种。擀剂是指将揪好的面剂按扁后，擀成圆形皮，如饺子皮、烧麦皮等；或是将面团按扁后，擀成大薄片，然后再用刀分割成小块，如馄饨皮、面条等。擀坯是将制好的生坯擀成形，如春饼、发面饼等；或者先按品种的要求，擀片刷油，撒上盐，卷叠起层，盘起，再擀成符合成品要求的圆形、椭圆形或长方形等，如家常饼、葱油饼等。

擀法操作应注意的事项在面点制作的基本操作技能中讲过，这里主要介绍一下生坯擀的技术要点：

（1）向外推擀时要轻要活，向前后左右四周的推拉应均匀一致。一般是将生坯推拉成圆后，横过来，转圈擀圆，再横过来擀成长圆，最后用面杖擀成正圆形。

（2）擀时用力要适当，尤其是最后快成圆形时，用力更要均匀，不但要保证将生坯擀圆，也要保证各个部位厚度基本一致。

二、切

切是用刀具把调好的面团分割成符合成品或半成品要求的方法，它是面条、抄手皮（馄饨皮）成形的重要步骤之一。它分为手工切面和机器切面两种，机器切面的劳动强度小、产量高，能保持一定的质量，现在在饮食业中普遍使用。但手工切面仍具有其优势，一些高级面条（宴会上的鸡蛋面、翡翠面、金丝面、银丝面等）仍用手工切面。

1. 手工切面法。将擀好的大面片根据所需长度用刀切断，一张张叠齐，双手拿住面片一边的两个角由内向外对叠，再由外向内叠 2/3 处，又由内向外对叠，略出头。左手放在叠好的面片上，右手持刀，用快刀推切法切制。根据要求，掌握好面条粗细，切时握刀要稳，下刀时要准。切后，撒上干粉，再用双手向中间撮动一下，使其松散，然后拎起一头抖开晾在案板上即可。

2. 机器切面法。将面粉放入和面机内，加入冷水和适量的盐、碱，使面和透取出，放入压面机内，开动机器，将和好的面通过压面机的滚筒压成皮，一般要反复压 2～3 遍。第一遍压皮，滚筒距离调宽一些；第二遍压皮，可把滚筒距离调紧一点，把皮子压薄一点；第三遍压皮，把滚筒距离调整适当，压出的皮子必须厚薄一致，符合需要的厚度。在压面机上装上切面刀，装刀时必须装平，厚薄要适当，不能装成一头宽一头窄，否则容易断条，影响质量。装完刀后再开动机器，使面皮通过切面刀即成为面条。

切法操作应注意的事项如下：

（1）刀口要锋利，握刀要稳，下刀要准，不能出现连刀或斜刀现象。

（2）机器切面的关键是和面，加水量要适当。水少面太干，压面时容易断条碎条；水多面软，不易搓条，在煮制时易烂糊、稠汤，从而影响质量。

（3）机器切面要严格遵循操作程序，必须注意生产安全，尤其注意勿将手指、衣袖、头发卷入，防止发生事故。

三、削

[参考实例]　刀削面

（1）原料配方：面粉 1 000 克、清水 500 克

（2）操作程序：①调制面团：先将面粉掺冷水，和好揉匀饧半小时左右，再揉成长方形面团。②成形成熟：将面团放在左手掌心，握在胸前，对准煮锅，右手持用钢片制成的、呈瓦片形的、长 20～23 厘米、宽 13～17 厘米的削面刀，从上往下，刀对着面，一刀挨一刀地向前推削，削出一条落入锅内，削刀返回，再向前推削，削成宽厚相等的三棱形面条，落入汤锅内，煮熟捞出。

（3）风味特色：形似柳叶，三棱两端尖，吃着筋、韧、利口。

实例分析：

从刀削面的制作实例分析可知，削是用刀直接削出面条的一种成形方法，如图 2-5 所示。用刀削出的面条又叫刀削面。刀削面是一种别具风味的面条，口感特别筋斗、筋足、爽滑。

削法操作应注意的事项如下：

（1）和面时面团应稍硬，如果面团软则无法削出三棱形的面条。

图 2-5　刀削

（2）刀口应与面团持平，削出返回时，不能抬得过高。

（3）后一刀要削在前一刀口的上端，逐刀上削，保证形状均匀一致。

（4）削面的动作要熟练灵活，用力均匀连贯，面条要削成三棱形，应宽厚一致，以长一些的为好。

四、拨

拨是将调好的稀软面团放在盆内，使盆倾斜，然后用筷子顺盆边拨下，即将流出的面糊入沸汤锅内，其形状为两头尖尖的长圆条，煮熟即成。以此法制作的面条也叫拨鱼面，它是一种别具风味的面条，将它煮熟捞出加上调料即可食用，也可煮熟后炒食。

拨法操作应注意的事项如下：

（1）选用面筋质含量较高的优质粉。加水搅面时先加少后多加，并顺一个方向搅匀。

（2）稀软面团饧的时间越长越好，使拨出的面比较柔软、光滑。

（3）拨面时，锅里的水必须开沸，以防止拨出的面条粘在一起而不能形成光滑的面条。

五、剞

剞是指在面点生坯表面，用刀剞上一定深度的刀口，成熟形成一定花纹的成形方法。剞能够美化面点的形态，是成形技法中难度较大的一种，多用于油炸成熟的层酥花色面点的制作，如菊花酥、荷花酥、层层酥、绣球酥等。以荷花酥的成形为例：用暗酥皮坯包馅捏成半球形，放在案板上，等表面皮翻硬后，用锋利小刀在半球形的生坯顶部划出深浅适中的3刀（以不划到馅心为度），油炸成熟后即可形成有6瓣花瓣的荷花酥。

剞法操作应注意的事项如下：

（1）包馅时一定要包匀包正，否则剞刀时会影响制品的形状。

（2）剞刀要等生坯表面变硬后才能进行。

（3）剞时要用薄而锋利的快刀，下刀要准确，才能保证剞的刀口处花纹清晰、不相互黏结。

（4）剞的刀口要做到"深而不露，深而不透"，尤其是油炸的制品，切到馅心外面有一层薄面皮为止。防止切露馅，露馅会使生坯炸时跑馅，污染制品，影响质量。

六、剪

剪是利用剪刀类工具在生坯表面剪出独特形态的一种成形方法。剪通常配合包、捏等手法，使成品更加形象生动。运用了剪法的面点有花式饺子中的兰花饺、六角连环饺等；花式包子中的刺猬包、莲花包等；花色酥点中的海棠酥、金鱼酥等；象形船点中动物的翅、嘴、脚、耳朵和植物的花、叶等也用剪法成形。

剪法操作中应注意的事项为：

（1）熟练使用剪刀，做到下刀深浅适当，避免用力过重使制品馅心外露而影响形态美观。

（2）要注意剪的花纹应粗细深浅一致，要与整体形态和谐一致，使剪出的成品匀称、美观、形象。

七、钳

[参考实例] 梅花饺

（1）原料配方：①皮坯：澄粉400克、生粉100克、白糖100克、沸水750克、熟猪油少

许;②馅心:奶黄馅400克

（2）操作程序:①调制面团:澄粉、生粉、白糖放入盆内,加入沸水一次性烫熟后,倒在案板上,揉和成团,加入熟猪油,揉成面团。

②包馅成形:将面团搓条,下剂,按皮,包入奶黄馅,收口向下,用花钳由下向上钳成梅花形,上笼。

③成熟:用旺火沸水蒸5分钟,成熟后刷上油,中间放樱桃点缀即成。

（3）风味特色:形态美观、晶莹光亮、爽滑香甜。

实例分析:

梅花饺应用的是最常见的澄粉面团,它采用手工成形中包、钳等技法。钳是应用花钳类的小工具在采用其他成形方法加工的半成品的表面钳出花纹,进一步美化制品形态的一种装饰成形方法。钳的方法多种多样,可在生坯的边上竖钳或斜钳,也可在生坯的上部斜钳出许多花样的图案,还可以钳出各式各样小动物的羽、翅、尾纹,以及鱼的鳞片、尾、鳍等。

钳法操作中应注意的事项为:

（1）根据不同制品,合理选择钳的种类和钳的方法。

（2）钳花时,不要钳得太深,防止漏馅影响形状。

（3）象形类制品在钳制时,所用米粉或澄粉面团不宜太软太粘,否则容易因粘钳而影响成形。

八、挤注

挤注是指将坯料装入三角形挤注袋(又称裱花袋),通过手的挤压,使坯料均匀从袋口流出,直接挤入烤盘从而形成品种形态的一种方法,如曲奇饼干、蛋白饼干等。一些放入胎膜中成形的蛋糕、米糕,也可用挤注的方法将稀料注入模中。挤注用料多为稀料,将其装入挤注袋后,袋口朝上,左手紧握袋口,右手捏住袋身,用力向下挤压,利用裱花嘴的变化和挤注角度、力度的变化,使挤注的物料呈一定的纹样。挤注用于装饰造型时一般称为裱花。

挤注具有较强的技术性,并需要具有较高的艺术修养,操作者要在实际练习中才能熟练掌握。挤注操作中要注意的事项包括:

（1）选择合适的工具,主要是裱花袋和裱花嘴的选择。

（2）挤注要掌握好裱花嘴的角度和高度,裱花嘴的高低和倾斜角度的大小直接关系到挤出花形的肥、瘦、圆、扁。

（3）掌握好挤注的速度和用力的轻重。挤注的轻重快慢直接关系到挤花和纹样是否生动美观,要轻重有别,快慢适当,如果用力不均则显得呆板。

九、摊

摊法是一种特殊的成形工艺。这种成形方法主要特点如下:①适用于稀软面团或浆糊面团;②是熟制成形,即边成形边成熟,主要适用于煎饼、春卷等品种的制作。

1. 煎饼的制作方法。将豆面和小米面掺和,加水调制成糊,平锅烧熟,用勺舀一些浆糊,放入平铁锅内,用刮子迅速把浆糊刮薄、刮圆、刮匀,使之均匀受热,当刮圆刮匀时,也同时成熟了,揭下来趁热叠起即成煎饼。依此法也可以摊制玉米煎饼、高粱米煎饼等。

2. 春卷皮的制作方法。选用优质面粉调制成稀软面团,用手不断地抓摔均匀,当锅内温度适宜时,用右手抓取稀软的面团,上下抖动抖至面团柔顺光洁,放锅内摊转成厚薄均匀、圆形整齐、没有沙眼(气眼)或破洞的圆皮,当面皮变色时为熟。

摊法操作应注意的事项如下:

(1)调制浆糊或稀软面团的稀稠都要适合。

(2)锅底必须洁净、光滑。

(3)掌握好锅内温度,温度低容易粘锅,温度高则容易焦糊。

(4)摊制时要用肥膘肉或油布将锅擦亮,但不可擦油过多,以免影响操作成形。

(5)下锅摊制的速度要快,用力均匀、厚度要一致,受热要均匀。

十、滚沾

滚沾是在馅料表面洒水后,将其放入干粉料内并不停滚动,使馅沾上粉料,粉料包裹住馅心的成形方法。滚沾成形法的工艺比较独特,大多只用于节日食品"元宵"的制作,传统为人工大批操作,劳动强度较大,现多用机器代替。滚沾也可用于生坯成熟后再滚上其他辅料,如椰蓉、糖粉、芝麻粉、黄豆粉等,起到装饰美化、调节制品口味的效果。

实践操作

实训7 玻璃烧麦

见下篇项目一工作任务一。

工作任务四 模具成形技法

[任务分析] 本项工作的任务是熟悉参考实例品种制作;掌握印模、卡模、胎模成形技法的运用方法及操作要领;通过实训熟练掌握晶饼、松子枣泥拉糕的制作技术。

模具成形是指利用各种食品模具压印,使面点成形的一种方法,所用的模具有塑料、木质、金属、纸质等几种。模具的图案多种多样,有各种花纹图案(如梅花、菊花等)和各种字形图案,有各种小动物图案(如蝴蝶、金鱼、小鸟等),还有各种水果图案(如桃形、苹果形等)。模具成形大体可分为三类:印模、卡模、胎模类。

通过模具成形技法,可使众多数量大的各式糕点体积相等、形状一致,利于达到整齐划一的效果。同时,使繁杂的手工程序加以简化,也能使比较松散的粉料易于成形,制成成品后更不易走样,易于保存储藏。这是模具成形的一大特点。

一、印模成形

[参考实例] 晶饼

(1)原料配方:①皮坯:澄粉450克、生粉50克、熟猪油30克、白糖150克、沸水750克;②馅心:奶黄馅300克

(2)操作程序:①调团:将澄粉、生粉过筛,放入盆内,把沸水倒入盆内,搅拌均匀,倒在案板上搓至完全没有生粉粒时,加入白糖搓至白糖融化在里面时加入熟猪油搓匀。

②包馅成形:将澄粉面团搓条,下剂,压成圆皮,包入奶黄馅,用饼模压成饼形上笼。

③成熟:用旺火沸水蒸5分钟,熟后取出在成品表面上刷少许熟油即成。

（3）风味特色：晶莹剔透、白中透黄、口味甜润。

实例分析：

晶饼在成形中用到模具，包馅后的饼坯放到模具中压印成形后磕出，晶饼成形所用的方法就是印模成形。印模成形就是借助印模，使制品具有一定外形和花纹。印模的模眼大小不一，形状各异，图案多样，有单眼模也有多眼模。单眼模大多用于包馅品种成形，如广式月饼、晶饼等。多眼模大多用于松散面团的成形，如绿豆糕、松糕、葱油桃酥等。

1. 单眼模的使用方法。模眼朝上，取包好的球形生坯入模，收口朝上，用左手压平，然后右手持模板柄，将模左、右侧分别对台板敲震一下，再将模眼朝下，放在台板外，左手配合接住敲震脱下的饼坯，按序放入烤盘中，如图 2-6 所示。

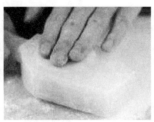

图 2-6 印模成形

2. 多眼模的使用方法。模眼朝下双手握住模的两端对着松散的坯料按擦，使坯料填满印模，然后翻转，用刮板压实坯料，并刮去浮屑。入盘前，左手持模板，模眼朝上，先用小面杖在印模前端敲震几下，使坯料与模松脱，再使模眼向下，向烤盘中敲一下，饼坯即脱模入盘。

印模成形多与包、按配合进行，要求成形后的生坯花纹清晰、边棱明显，使生坯成为印模的翻版。印模成形操作应注意的事项为：

（1）单眼模要保持模内清洁油润，凡新刻的模板应放在油中浸泡数日，以便于印模成形的生坯脱模。

（2）包制生坯的大小应与印模的大小相适应，否则会使制品形态不完整。

（3）包好的生坯放在印模中应光面朝下，收口朝上，这样磕出生坯正好光面上有花纹，图案清晰。

（4）包好的生坯放入模眼中按压时，用力要轻，防止用力过重将生坯内的馅心挤出。

（5）将印模成形的生坯从模具中磕出时要注意技巧，避免脱模的生坯变形。

（6）使用多眼模时，注意合理使用扑粉。若扑粉过少，饼坯易粘模，敲震时不易脱模或脱模后表面形态、花纹不完整；若扑粉过多，粉layers将印模花纹堵住，使饼坯花纹不清。

（7）发现残余面团堵塞印模的凹纹，可用竹签剔除以保持图案纹样清晰，不能用锋利器具刮，以免模具发毛而容易造成粘模。

二、卡模成形

[参考实例] 咖喱酥角

（1）原料配方：①皮坯：中筋粉 750 克、起酥油 500 克、鸡蛋 100 克、黄油 50 克、清水 350克；②馅心：牛绞肉 300 克、洋葱粒 200 克、砂糖 10 克、食盐 5 克、咖喱粉 15 克

（2）操作程序：①制皮：将中筋粉、鸡蛋、黄油、清水混合调制成团稍饧，然后将调制好的

皮面面团稍稍擀正成方形,四个角擀薄一些。再将片状起酥油擀成比皮面面团稍小的正方形,对角线与皮面面团正方形的边长相等。然后将片状起酥油放在皮面面团上,四个顶点正好位于皮面面团的四个边上,再将皮面面团的四个角往中心折拢,并完全包住油脂,最后形成两层面一层油的三层结构的面团。将其擀成长方形,再进行折叠(以四折为例),将长方形面团沿长边方向分为四等份,两端的两部分均往中间折叠,折至中线外,再沿中线折叠一次,最后折成小长方形面团,其宽度为原来的1/4,呈四折状,作为第一轮(次);然后再沿长边方向擀开、折叠,则为第二轮(次)。依此类推,一般共需要经过三次的折叠、擀制,最后将面皮擀成3 mm厚的面片,用带齿的圆形卡模按成圆形的薄饼。

②制馅:将牛绞肉下锅炒散,加入咖喱粉炒香炒上色,再加入洋葱粒、砂糖、食盐炒匀即成。

③成形:取皮坯一个放入馅心,对叠成半圆形,再用圆形卡模按紧,表面刷蛋液即成。

④成熟:将生坯放入烤盘内,送入烤箱内烘烤20分钟即成。

(3)风味特色:皮酥香、馅心鲜美

实例分析:

咖喱酥角在成形中也用到模具,但这个模具与晶饼成形所用模具不同,它是在擀薄的面皮上压出与模具形状一样的面坯,这种成形方法就叫卡模成形。卡模成形是利用两面镂空、有一定立体图形的卡模,在擀成一定厚度的面片上卡出各种形状面坯的方法。该法主要是用于制作各种花样饼干、几何图形的面坯。使用时,右手持模的上端,在面片上用力垂直按下,再提起,使其与整个面片分离,如图2-7所示。

图2-7 卡模成形

卡模成形操作需注意:

(1)面皮一定要平整,保证制品形态基本一致。

(2)用卡模卡制时动作要快,并且要用力,防止粘连,以免影响层酥制品酥层的形成。

(3)若面坯粘在模上与模一起脱离面片,用力向下一抖,面皮即脱模。

(4)若是混酥面团,则应采用叠压的方法调制,避免面团产生筋力造成筋缩、引起变形,便于卡模卡制,确保成品质量。

三、胎模成形

[参考实例] 蛋塔

(1)原料配方:①皮坯:低筋粉300克、糖粉110克、黄油150克、鸡蛋50克、香草粉少许

②馅心(蛋奶水):热水350克、白糖125克、鸡蛋6个、蛋黄4.5个、奶水300克

(2)操作程序:①制皮:将黄油、糖粉、鸡蛋搅拌至浮松加入面粉叠制成团即成。

②制馅:将糖、清水、奶粉、食盐放入盆内搅匀,放在火上加热至糖溶化(在加热过程中要不停地搅动以防烧焦粘盆)端离火口。待糖水稍冷后将蛋黄、全蛋搅匀的蛋液加入拌匀,用过滤网过滤,静置10分钟;静后倒入茶壶里待用。

③成形:将面团分成若干份,将每份分别放在蛋塔模内捏成蛋塔坯,将蛋塔水分别倒入蛋塔坯中即成。

④成熟：将蛋塔生坯放入烤盘内，送入烤箱内烘烤成熟即成。

（3）风味特色：松香、软滑、甜润。

实例分析：

蛋塔成形中所用模具一直到蛋塔皮成熟后方脱去，这种模具就叫胎膜。胎膜成形是将制好的生坯或调好的面团放入胎模内，如图2-8所示，再经过烤或蒸制等成熟方法熟制后从胎模中取出，其成品具有胎模的形状。胎模成形大多用于发酵面团、物理膨松面团、发酵米浆等制品的成形，如蛋糕、土司面包、米糕等。

图2-8　胎模成形

胎模成形操作应注意的事项如下：

（1）成形前要在模中涂油或垫纸，避免成熟后制品粘模而不易脱出。

（2）若生坯是发酵面团或物理膨松而团，不能装得过满，应掌握好分量，给生坯留有足够的胀发余地，防止生坯受热后胀到胎模的外面从而影响形状，浪费原料。

（3）凡是新铁皮没有使用前要涂油烘烤后再用，使用后的模具要经常清除其中的杂质，保持清洁。

实践操作

实训8　晶饼

见下篇项目一工作任务六。

工作任务五　装饰成形

[任务分析]　本项工作的任务是熟悉参考实例品种制作；掌握镶嵌、拼摆、铺撒、沾饰、裱花、立塑成形技法的运用方法及操作要领；通过实训掌握芝麻苕枣、碧波戏鹅的制作技术。

装饰成形技法是指对面点造型起到装饰美化作用的成形方法。其目的不仅使产品外形美观，还可以增加制品营养成分和改善风味，如镶嵌、拼摆、铺撒、沾饰、裱花、立塑等。

一、镶嵌

镶嵌是指在制品坯身上镶嵌可食性的原料作点缀，它起到装饰美化造型和调剂制品口味的作用。镶嵌可分为直接镶嵌法和间接镶嵌法两种。直接镶嵌法是指在制品表面镶上配料，构成一定的图案、色彩效果，如图2-9所示。如发面枣糕、米糕等是在生坯上镶上红枣或果仁、蜜饯而成；象形面点中各种鸟兽的眼睛是直接镶嵌的；四喜饺、一品饺、梅花饺、鸳鸯饺等制品通过在其眼孔中镶上各色配料达到装饰目的；糯米甜藕是在藕孔中

图2-9　镶嵌法

填上糯米蒸制而成;裱花蛋糕上嵌以巧克力糖果、蛋白饼干、曲奇饼干及水果、桃仁、杏仁、蜜饯等作装饰。间接镶嵌法是把各种配料和粉料拌合在一起,制成成品后表面或截面露出配料,如百果年糕、赤豆糕、山东的大发糕等。

镶嵌法的装饰性很强,对镶嵌料的色泽、形状要求较高,要求既能突出制品色、香、味的特点,又能很好的美化制品。镶嵌时应根据制品的要求,充分利用食用性原料本身的色泽和美味,经过合理的组合与搭配,从而达到美化制品、增加口味和营养的效果。

二、拼摆

拼摆是指在制品的底部或上部,运用各种加工成一定形态的辅料有条理地摆放成一定图案的过程。拼摆的原料多为水果、蜜饯、果仁等,其外形美观、营养丰富。拼摆时,图案可随意选择,操作简便,利用装饰料在色、形、质上的变化,表现出制品的艺术美感,如图 2-10 所示。拼摆多用于较大型的坯体,以便于构图造型。如八宝饭、水晶鲜果冻等是将果仁、蜜饯、水果铺在碗底,摆成各式图案,再放入糕坯或果冻水内,成熟或定型后扣于盘内,使上面呈现色彩鲜艳的图案花纹;又如裱花鲜果蛋糕、水果塔、派等制品是将各色、各味的新鲜水果拼摆在蛋糕、塔、派坯体上。

图 2-10　拼摆法

三、铺撒

铺撒是用手或借助一些辅助用具将粉状、颗粒状等装饰料直接撒在已造型的制品表面而装饰的面点成形方法,如图 2-11 所示。铺撒大多用于成熟的制品表面装饰,如蛋糕表面撒糖粉、巧克力彩针、朱古力针等,油炸的混酥制品表面撒糖粉、糖粒等。铺撒可以是全部或局部的铺盖,所用粉料应铺撒均匀、厚薄一致,通过铺撒的装饰衬托出制品的美感。

图 2-11　铺撒法

四、沾饰

沾饰是指将面点半成品经沾水、沾蛋液、沾挂糖浆、膏料后,再粘以果仁、芝麻仁、面包屑、糖霜、豆面等粉粒装饰料的方法。沾水、沾蛋液多用于生坯装饰,如芝麻萝卜饼是利用饼坯沾水后饼身湿润发粘而粘着芝麻仁;土豆饼、苔梨等油炸制品通过沾蛋液,利用蛋液的胶黏性而粘着面包屑等粉状饰料,经油炸后形成金黄色表皮而达到美化效果,如图 2-12 所示。沾糖浆、沾膏料多用于成熟后的制品装饰。糖浆不仅可以粘合各类面点坯料使之形成各种所需的造型,而且可以粘附于制品表面,改变制品的色泽,起到美化的作用。常用的糖浆有亮浆、砂浆、沾浆等。亮浆适用于挂浆后,

图 2-12　沾饰法

要求光洁度较高的制品,能使面点色泽光亮、晶莹通明。砂浆沾在制品上会很快翻砂,在制品表面形成一层不透明,色泽洁白,均匀分布呈细糖粒状的糖皮,从而起到装饰美化作用。沾浆是制品挂浆后,表面再沾一层芝麻、果仁等原料,起到装饰美化和改善制品风味的作用。

五、裱花

裱花主要是指将膏料挤注于糕体表面。裱花所用膏料有软性膏料和硬性膏料。软性膏料用得较多,主要有奶油膏、蛋白膏等,一般是随调随用裱于蛋糕表面,如生日蛋糕;硬性膏料如白帽糖糕,裱好以后,待其硬化保持形状,多用于样品蛋糕、喜庆蛋糕的装饰。裱花通过裱花嘴的变化和熟练技巧,可挤注出各种花卉、树木、山水、动物、果品等,并配以图案、文字,组合成各式精美的图案,如图2-13所示。

图 2-13　裱花法

六、立塑

立塑是指将面点进行立体造型或立体装饰的手法,即利用糖、琼脂、澄粉等原料使之呈立体假山、楼亭、动植物等造型,设计构造成一幅立体图画,如图2-14所示。立塑用于大型立体装饰成形或看台设计。立塑成形工艺复杂,技术性要求较高,不同的制品立塑成形时有不同的做法,但总的要求为:

(1) 构思要清晰,不能夸大其词,立塑装饰要贴近自然。

(2) 立塑装饰手法要灵活多变,使立塑制品更加形象逼真。

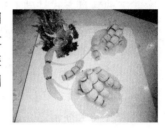

图 2-14　立塑法

实践操作

实训 9　广式月饼(蛋黄莲蓉月饼)

见下篇项目一工作任务四。

工作任务六　面点装盘与围边

[任务分析]　本项工作的任务是了解面点装盘的基本方法和面点装盘布局设计;了解面点平面围边技法、立体围边技法、面点制品围边技法的运用;熟悉面点围边装饰常用原料及围边注意事项。

一、面点装盘的基本要求与方法

(一)面点装盘的基本要求

面点装盘是面点制作的最后一道工序,其基本要求是:

1. 注意清洁,讲究卫生。面点制品经过熟制成为熟食品,装盘时应将盛器严格消毒,并注意装盘工具和双手的清洁卫生,保证食品安全,避免二次污染。

2. 掌握装盘的基本方法。应根据面点的形、色和量大小,选择与之相适应的盛器和装盘方法,并适当加以围边装饰点缀。

(二)面点装盘的基本方法

面点装盘的基本方法有:随意式装盘法、整齐式装盘法、图案式装盘法、点缀式装盘法、象形式装盘法。

随意式装盘法不拘形式，是最简单的装盘方式。这种形式只需要选择适当的餐具与面点成品组合。装盘时，注意留有适当的空间，既不显得空，又不觉得挤，一般以视觉舒适为宜。

整齐式装盘法即产品排列整齐的装盘方式。要求面点成品的形状统一，大小一致，装盘时排列整齐、均匀、有规律。

图案式装盘法指装盘时利用成品的特点进行组合，将成品摆放成对称或不对称的几何图形。

点缀式装盘法是指对面点成品按照对比、衬托等色彩造型规律，通过点、线部分的装饰，体现成品形态美、色彩美的一种面点美化装盘方法。点缀装饰是在随意式、整齐式、图案式三种装盘方式基础上进行的，最常见的点缀方式就是围边装饰。

象形式装盘法是将制作好的面点以象形图案的形式装在盘中。这种装盘方式是在色、形等方面工艺要求最高的一种装盘方式。做好象形装盘的前提是必须紧扣宴席主题，精心构思，设计出具有高雅境界的构图，需要有较强的绘画技巧和主题构思的能力。

二、面点装盘布局设计

面点的装盘布局犹如一幅图画最先的构图设计，其原则是多样统一，对比谐调，主次分明等。面点装盘的布局除了掌握上述原则外，还需要把面点的质感特点和形状特点结合起来，以成品的自然属性和组合规律所呈现出来的审美特性来打动人、感染人。

（一）对称与均衡

对称与均衡是达到形式安定的一种构图原则。对称是一种等形、等量、有秩序的排列，是面点装盘最基本的一种形式，易操作，程序化。对称中心为线的，称之为轮对称；对称中心为点的称之为中心对称。中式面点装盘大多以圆盘为主，因此以中心对称应用较多。

面点对称布局的形式主要有：

1. 圆心与圆周的对称。它是以盘心为轴心，与盘周对称相等的装盘方式。这种对称利用圆的向心作用，使布局产生一种整体的对称美。

2. 环形圆周对称。它是将面点成品摆成一个环形圆周的对称布局，给人以紧密和光环的旋转美。

3. 对角对称。它是将面点成品均匀整齐地排列，给人整洁、均衡的感觉。这种均等可以有四边均等、六边均等，它给人以整体美、和谐美和充实美。

4. 太极对称。依托中国古老的太极图形而做的对称图形，具有浓厚的古朴色彩。其中"S"形对称构图具有一种动感。太极对称布局方式还广泛运用于盘饰中，给人以规整条理、稳重平和的感觉。它的相互偶对性，正负相对、阴阳相依的普遍规律，寄托了人们成双成对、吉祥美好的愿望。

均衡是以盛装器皿的中心线为轴，两边等量不等形。均衡比对称表现更为活泼，均衡是通过艺术手段实现的一种感觉上的平衡，主要在艺术造型盘饰中常常用到。

（二）节奏与旋律

节奏是有规律的变化，给人以美的感受。面点装盘布局中节奏美的表现在于利用面点固有的色泽，运用点、线、面、色、形、量的变化，或表现为相间的式样，或表现为相重的式样，构成节奏美。

旋律是在节奏的基础上产生的强弱起伏、缓急、动静的优美情调。

旋律的形式主要有以下几种：

1. 向心律。向着圆形或椭圆形中心，有节奏地从外往里排列。适用于单一品种的造型面点，其盘饰物摆放在中心。

2. 离心律。以圆形或椭圆的圆心为中心，由里向外有节奏地放射排列。适用于单一品种的造型面点，其盘饰物摆放在外圈。

3. 回旋律。回旋律是从外线开始向内作螺旋上升的布局方式。有向心回旋、离心回旋、边线回旋等。这种装盘方法富有鲜明的旋律之美。

（三）多样与统一

多样与统一是面点装盘布局的基本规律与最高法则。多样与统一表现出和谐之美。多样与统一包括两种基本类型：

1. 对比。即各种对立因素之间的统一，相辅相成，构成和谐。对比布局动感强，生动活泼。

2. 调和。即非对立因素互相联系的统一，形式不太显著地变化。调和布局静感强，庄重大方，表现出相容、一致的性质。

三、面点装盘围边技法

面点装盘围边需要运用各种不同的用具和原料，再施以不同的技法，以产生出各种不同的艺术效果。面点围边的技法很多，除常用的面点成形技法以外，还包括一些特殊的围边技法，其技法主要有：

（一）平面围边技法

利用一些常见的新鲜水果、蔬菜作为原料，利用原料其特有的色泽、形态，经过刀工处理后，采用拼摆、搭配、排列等技法，在盘面周围或一角组合成各种平面图案，并掌握好层次与节奏的变化，构成一个错落有致、色彩和谐的整体，从而起到烘托面点的作用。例如：月牙饺围边时，利用面塑造型技法做出盛开的喇叭花和含苞待放的喇叭花，再配以绿叶进行围边，用黄色圆形蛋皮衬底。黄色圆形蛋皮象征圆月，月牙饺也摆成圆形，寓示着团圆；花为红色，有绿叶相称，寓示着吉祥如意。

（二）立体围边技法

这是一种利用面塑、立雕、挤注和扎干等技法的围边装饰形式来呈示面点的特点及意义。围边的作品体积有大有小，一般是根据面点特点来选用技法造型围边，渲染面点的特点，使之融为一体。例如：田园乐的围边造型，采用西点常用的扎干制作出房屋、栅栏。将房屋置于圆盘的一边，在房屋的两边将栅栏围好，再利用面塑的技法制作出青藤，缠绕于栅栏和屋顶上，将制好的小鸡蒸饺装摆入盘。农舍、小鸡、篱笆相映成趣，好一派田园风光、农家乐园。

（三）面点制品围边技法

面点制品围边装饰可称面点自我围边装饰。它是利用面点的形态进行装饰的手法，如制作的元宝形、葫芦形、菊花形、玉兔形、各式水果形等，再把成形的单个制品按图案围摆于盘中，将食用与审美融为一体，使面点制品形象更加鲜明、生动，给人一种新颖雅致的美感。例如：元宝饺的装盘，利用澄粉制作一把扇子置于盘的一边，另一边用红色纸垫衬底，上面放元宝饺,中间放樱桃点缀。造型简朴,象征着财源滚滚的美好寓意。

四、面点装盘围边技术要点

（一）围边装饰原料

菜肴围边所用原料首先必须是卫生的、可食用的原料,装饰原料与面点和谐一致。同时,出于对美化面点的考虑,围边原料一般选用色彩艳丽的蔬菜和新鲜水果,这样更易突出装饰的效果。围边原料一般分为水果类、蔬菜类、糕类及其他。

1. 水果类。水果类常用的有:杨桃、樱桃、枇杷、菠萝、猕猴桃、橘子、橙子、柠檬等。

2. 蔬菜类。蔬菜类常用的有:西红柿、黄瓜、芹菜、香菜、生菜、荷兰芹、胡萝卜、红萝卜、白萝卜、紫菜头、莴笋、西兰花等。

3. 糕类及其他。常用的有:黄蛋糕、白蛋糕、蛋皮、各种蛋类、各种果仁、鲜花、扎干、黄油膏、面塑等。

（二）围边注意事项

1. 围边色彩搭配。面点围边主要是为了衬托面点制品,突出主题。因此,如何使面点的色彩更丰富、更艳丽、更刺激食欲,是围边配色的主要任务。一般来讲,围边原料的色彩不应与面点已有的颜色相近,应对比明快。当然,这也不是惟一的方法。有的作品,可以选择与面点色彩近似的颜色,使之融为一体,从而扩展渲染面点的特点。两种不同配色的方法均可以使用,但关键是要有利于主题的突出。

2. 围边与面点的比例关系。掌握好围边与面点的比例关系是美化制品很重要的方面。一般来说,作为装饰、点缀的围边的面积和体积都不能过大,否则就会破坏面点主题,给人一种华而不实的感觉;过小则起不到应有的装饰作用。掌握适度,是处理这一关系的关键。实践中应根据实际盘子的尺寸、面点制品的多少、大小适当地把握。

3. 围边对器皿的要求。一般来讲,用于围边的盘子应是素色的,最好是纯白色的,尽量不用带有明显花色图案的盘子。素色的盘子有利于表现作品的内容和风格,但如果没有适合的素色盘子,则可以采用立体围边的方法,以区分盘子图案与围边的关系。

（三）卫生要求

围边原料均因按照可食性的要求来进行设计和造型。我们不应重视艺术要求而忽略了卫生要求,在原料的加工前后,均应进行严格的消毒处理。对有些原料要进行熟处理,有的还要进行必要的调味工序,使之既卫生,又与面点的口味形成有机的整体。

项目三　熟制工艺

学习目标

知识目标：
- 了解面点熟制的概念，面点熟制的标准和热能运用原则
- 熟悉蒸、煮熟制方法的特点、适用范围和熟制原理
- 熟悉炸制熟制方法的特点、适用范围和熟制原理
- 熟悉煎、烙熟制方法的特点、适用范围和熟制原理
- 了解微波加热的特点和加热原理
- 掌握蒸、煮、炸、煎、烙、烤的操作技法与技术要领

技能目标：
- 能够应用蒸制法对面点生坯进行熟制处理
- 能够应用煮制法对面点生坯进行熟制处理
- 能够应用炸制法对面点生坯进行熟制处理
- 能够应用煎制法对面点生坯进行熟制处理
- 能够应用烙制法对面点生坯进行熟制处理
- 能够应用烤制法对面点生坯进行熟制处理

导　读

　　熟制工艺是面点制作的最后一道工艺，也是最为关键的一道工艺。熟制效果的好坏对成品色泽、外形、馅心的口味等起着决定作用，特别是熟制过程中火候把握很重要，它直接影响制品的质量。俗话说："三成做，七分火。"说的就是熟制工艺的重要性，它能使制品形态美观、色泽鲜艳、口味纯正，从而增加成品的可食性。面点常用的熟制方法有蒸、煮、炸、煎、烙、烤和微波加热等。本项目主要介绍面点熟制的质量标准，熟制热能的传递方式，蒸、煮、炸、煎、烙、烤、微波加热几种面点熟制方法的熟制工艺和技术要领。

引导案例

不同质感的饺子

　　今天赵老师布置的实训任务是做饺子，除了水饺以外至少再做两种以上使用其他方式成熟的饺子，然后加以对比。不到两节课，同学们的作品摆到了桌上，除了水饺，还有蒸饺、锅贴饺、炸饺等。水饺面皮筋道爽滑利落；蒸饺面皮柔软，锅贴饺底部焦黄酥脆，上部油润柔软；炸饺酥香干爽。同样都是饺子，为什么使用不同的熟制方法，饺子的质感会产生这样大的差异？不同的熟制方法适应的品种范围一样吗？熟制的标准是什么？熟制过程中有何技术要领？

工作任务一　熟悉面点熟制的质量标准与热能应用原则

［任务分析］　本项工作的任务是了解面点熟制的作用；熟悉面点熟制的质量标准；了解面点熟制过程中热量传递方式和热量传递介质。

面点熟制是指将成形好的面点生坯（半成品），运用各种加热方法，使其成为色、香、味、形、质俱佳的熟食品的过程。面点熟制是通过一定的加热方法来完成的，这个由生变熟的加热过程叫面点的成熟工艺。面点熟制的方法多种多样，不同口感、质感的品种采用的成熟方法也不尽相同。面点常用的成熟方法大致分为单加热、复加热和微波加热三种。所谓的单加热是指面点生坯由生变熟只用一种加热方法来完成的熟制工艺，常见的方法有蒸、煮、炸、煎、烤、烙等；所谓的复加热是指采用两种或两种以上的单加热方法使制品达到成熟的方法；所谓的微波加热是指生坯吸收微波，产生大量热能使制品很快成熟的方法。

一、面点熟制的作用

面点生坯通过加热过程，可使其变成可食性食品，如不经过加热成熟这个阶段，制品就无法食用。但制品成熟过程控制的好坏，对成品色、香、味、形、质等方面影响很大，因而成熟阶段在面点制作中有着举足轻重的作用。

（一）改善面点的色泽，突出成品的形态

面点品种的色泽和形态是评价制品质量的重要标准。制品的优劣，通过肉眼一看便可知道，因为品种的色泽和形态已成为人们评价其好坏的首要条件。面点的成熟方法掌握恰当，不仅可以体现面点制品的原有质量，还能够进一步起到改善成品的色泽，突出制品形态，增加香味，提高滋味的作用，使制品的可视度和可食性同时增加，提高产品质量。

（二）形成面点质感，提高制品营养价值

面点生坯通过加热成熟，会使品种形成各种质感，突出制品的风味特色。制品采用不同的成熟方法，会形成软、糯、酥、脆、爽、滑、松、泡、嫩等多种多样不同的质感，形成风格各异的面点品种，丰富了面点的花色品种，满足人们对美食的追求。熟制不但能使制品由生变熟，成为人们容易消化的、吸收的食品，而且还能大大提高制品的营养价值。

（三）保证面点的质量，提供可食性

任何面点品种，都是通过成熟来体现和确定制品的色泽、形态和口味，使面点品种达到完美的境界，保证品种的质量，提供可食性。因此，品种的最终质量与熟制过程关系紧密，能够体现面团调制、制皮、上馅、成形等工艺过程所形成的质量特色。面点制品的质量主要从色泽、口味、形态、质地等方面来检验，因此，成熟应做到认真细致、火候把握得恰如其分，使制品达到色泽美观、体态完整。

（四）增加面点香味，改善滋味

大多数面点品种只有通过成熟后才能体现出最好香味和滋味。因为原材料的风味物质主要通过生物合成、酶促反应、氧化作用和热分解作用等四条途径形成。成熟使原料的物质产生变化，散发出诱人的香味，如蒸制品的面香，炸制品的酥香，烤制品的松酥、香酥的风味等。同样,包馅点心通过熟制才能产生鲜美的香味,并赋予浓厚的汤汁,改善制品的滋味。

二、面点熟制的质量标准

面点品种经过熟制后,都要求达到一定的质量标准,才能满足人们的需求。由于面点制作技法很多,品种也丰富多彩,风格各异,所要达到的质量标准也各有不同,但从总的方面来看,主要包括色、形、味、质四个方面。其色与形两个方面,是对面点制品外观而言,通过人们的视觉来体现;味与质两个方面则是对面点制品内部质量而言,通过人们的口感来体现。除此之外,面点制品的重量,也是检验制品的标准之一。

(一)外观

面点制品的外观,表现在品种的色泽和形态两个方面,其中色泽是指成品的表面颜色和光泽度,无论何种面点制品,都应达到规定要求,才能体现其价值。如发酵制品,颜色应洁白、表面光滑;煮制品要求色泽自然匀称;煎、炸制品一般要求达到色泽金黄,油润光亮。而所谓形态,是指制品外形的形状,一般面点制品的形态要求饱满、规格一致、大小均匀、花纹清晰、收口整齐、无漏馅伤皮、斜歪塌瘫等现象,使其形态显得细腻精美。

(二)内质

面点制品的内质包括口味和质地两方面,其中口味就是成品在口腔中所感觉出的味道。面点制品的口味一般要求:香味纯正、咸甜适口、滋味鲜美,品种的口味不能出现过酸、过苦、过咸、哈喇等怪味和其他不良味道。所谓质地就是指成品的内部的结构组织。面点成品一般要求:组织结构细腻、松泡软绵、酥脆爽滑等,不能有夹生、粘牙以及污染物出现等现象。除此之外,品种包馅心与不包馅心的要求也不相同,包馅心的品种要求馅心置于成品正中间,制品皮坯上下左右厚薄均匀;不包馅心的品种要求内部组织结构细腻均匀,孔眼大小一致。

(三)重量

所谓重量是指面点制品成熟后的分量。成品的重量主要取决于面点制品生坯的重量,但有些品种在熟制过程中其重量也会受到一定的影响,发生失重或超重现象。比如烤烙制品在熟制中会有水分挥发的现象,熟品分量轻于生坯分量,而大部分煮制品在熟制过程会吸水出现超重现象,熟品重量高于生坯重量。因此,在对容易失重或超重的制品熟制时,应该掌握好火候和加热时间,避免失重或超重过多,影响成品的质量。

三、熟制的热量传递方式

面点制品由生变熟的熟制过程主要是由热量的传递来完成的,其热量传递的方式主要有三种:传导、对流和辐射。

(一)传导

传导是指热量从温度较高的部分传给温度较低的部分,或是从温度较高的物体传递到温度较低的物体的过程,直到热能达到平衡为止,其主要依靠物质分子、原子及自由电子等微观粒子的热运动来进行热量的传递。传导可以在固体、液体以及气体中发生。传导在面点制品熟制中常有两种方式:一种是热量通过锅、油、水、烤盘等传递,如煎、炸、烤、烙等制品的熟制;另一种是热量传递到制品表面后由一个质点向另一个质点传递直到面点制品的内部,从而达到成熟的目的,如煮制品和蒸制品等。

（二）对流

对流是指流体各部分之间发生相对位移时所引起的热量传递的过程。对流仅发生在流体中,包括液体和气体,依靠液体和气体在加热中发生热膨胀而产生的热运动,把热量由一处传递到另一处的现象。在面点制品的熟制的几种常见方法中,蒸、煮、炸、烤等都有对流传热的形式。蒸制品是以水蒸气传热,煮制品是以水作为传热介质,炸制品是以油脂作为传热介质,烤制品是以空气和蒸汽的混合气体为传热介质。

（三）辐射

辐射指物体以电磁波方式向外传递能量的过程,被传递的能量称为辐射能,通常亦把辐射这个术语用来表示辐射能本身。由热的原因产生的电磁波辐射称为热辐射。任何物体在任何温度下都能进行热辐射,差别只是辐射能量的大小不同而已。在面点熟制中应用较多的热辐射方式为明火烧烤、远红外线加热和微波加热三种。

四、面点熟制过程中热能传递的介质

面点熟制过程中热能传递的介质主要有以下几种:

（一）以水为传热介质传热

在面点熟制中以水为载体传热是应用最广泛的方式。用水传热成熟的制品具有充水性和浸出性,如粥、馄饨、水饺、汤圆、面条等,而且制品的口感爽滑柔软,非常受食客们的欢迎。利用水来传热成熟的制品,一般选用煮制的方法,其方法有两种:

1. 开水入锅。开水下面点生坯,制品中的淀粉、蛋白质会很快发生变化,即淀粉发生糊化反应,蛋白质发生变性而凝固,制品内部的营养成分外溢流失的较少,从而保证了制品的营养价值。如面条、馄饨、汤圆等。

2. 冷水入锅。冷水下锅的面点生坯,制品中的原料会慢慢受热发生变化,即淀粉和蛋白质逐步受温度的影响发生反应,有利于将原料煮至软烂,一般应用于各种豆类原料的煮制,易于取沙。如栗子、赤豆、绿豆的煮制等。

（二）以油脂为传热介质传热

油脂是传导介质中较重要的一种。面点中很多制品的成熟都是选用油脂作为传热介质,即各种煎炸制品。以油脂为介质进行传热时,由于油脂的温度高,制品下锅后骤然受热,造成制品外部干燥收缩凝成一层硬壳,外酥脆内细嫩,口味达到松、酥、香、嫩等效果。

因为油脂的燃点温度可达到300℃左右,所以用油作为介质传热,可以使制品迅速成熟。用油成熟制品时,油温最好不要超过250℃,否则易产生有害物质,食后影响人的机体健康。

油脂的渗透力很强,能浸透入面点制品的内部,还能使制品的水分达到沸点而气化,从而使制品变得酥脆爽口,增加制品的风味。

（三）以气体为传热介质传热

气体传热主要有两种方式:水蒸气传热法和热空气传热法。

水蒸气传热法是指利用水温达到沸点后汽化产生水蒸气传递热量使制品达到成熟。用水蒸气加热,其优点是可供给制品适当的水分,保持制品原性原味,使面点制品柔软、湿润,营养成分损失少,成熟时间短,容易掌握,并降低成本,经济又方便。成熟工艺以这种传热方式加热的熟制方法是蒸。

热空气传热是利用空气对流的原理,对生坯循环加热,是以空气为介质传热。成熟工艺以这种传热方式加热的熟制方法为烤,它的热量较高,温度一般在 100～300℃,加热时水分蒸发快,不等水分蒸发完,原料表层就凝结了。以热空气为介质传热的优点是:受热均匀,制品外酥脆内细软,即皮酥脆,馅鲜嫩,色泽金黄美观,并具有烤制品的特殊风味。

(四) 以金属为传热介质传热

以金属为传热介质传热,它是利用锅底的热量把制品加热成熟,其传热方式是以传导为主,常用的成熟方法是煎、烙,如锅盔、烙饼、煎饺等。金属平底锅传热能力比以油和水为介质的传热能力更强,升温的速度快,其火力的大小,一般根据制品所需要的成熟方法来控制温度,并可随时调节,一般温度在 180～220℃为宜。

工作任务二　蒸制工艺

[任务分析]　本项工作的任务是熟悉蒸制成熟方法的特点、适用范围和熟制原理;掌握蒸制成熟法的工艺流程、操作方法与技术要领;通过实作训练熟练掌握蒸制成熟技法,并能根据不同品种的特点选用相应的成熟方法,以达到最佳的质量效果。

蒸制成熟法是面点制作过程中用得比较频繁的加热方法,尤其是在中式面点制作中使用更为广泛。蒸、煮两种成熟方法的温度比较接近,煮制的水温温度最高是 100℃,蒸制加热蒸汽温度一般不会超过 105℃,因为二者成熟的制品含水量都比较高,制品成熟后颜色变化不明显,口感都具有爽滑、松软、馅心鲜嫩的特点。但是它们所使用的传热介质不同,因而适用范围、成品特点、操作方法和要求也会有一定的差异性。

蒸制就是把成形后的面点生坯放在笼屉(蒸盘)内,利用蒸汽作为传热介质,在一定温度的作用下使其达到成熟的一种加热方法。适合蒸制的面团很多,除了油酥面团和矾碱盐面团之外,其他各种面团都可采用蒸制的方法成熟,尤其是发酵面团、米及米粉类面团,如各种包子、馒头、花卷、蒸饺、米糕等。蒸制是面点制作中使用较为广泛的一种加热方法,也是最普通的一种,其使用方法、使用的工具、传热方式都很简单,容易掌握。下面以圆馒头为例来了解蒸制的制作方法及其操作技术要领。

[参考实例]　圆馒头

(1) 原料配方:面粉 500 克、清水 250 克、酵母 6 克、泡打粉 5 克

(2) 操作程序:①调制面团:面粉、泡打粉混合过筛置案板上,中间挖一面塘,先将酵母和适温的水放入略搅拌,然后使用抄拌法将粉与水拌和均匀成雪片状,反复揉搓至面团达到光滑细腻,最后盖上湿布,饧置 30 分钟。

②成形:将饧置好的面团搓成粗细一致的条状,分割成 100 克大小的剂子,反复搓揉成半圆球形,放于刷油的蒸笼内即成。

③发酵:将成形好的生坯放于温度为 30℃左右的环境中饧置发酵,待生坯表面膨胀光亮,质地轻松即可。

④成熟:将发酵好的馒头生坯放于火旺水沸的蒸锅上蒸制 25 分钟左右即成熟。

（3）风味特色：色泽洁白，松泡软绵，奶香味浓郁。

实例分析：

从圆馒头的制作实例分析可知，圆馒头熟制用的是蒸的方法，蒸的时候要准备好蒸锅、蒸笼，蒸笼底部要刷油，蒸笼的密闭性要好，馒头生坯放入蒸笼后略加醒发后开始蒸制，蒸锅内水量适当，水要开沸，要一口气蒸熟，这样蒸出来的馒头洁白、松泡、柔软。

一、蒸制的特点

蒸制成熟是由蒸锅内的蒸汽温度所决定的，蒸箱内的温度和湿度与火力大小及气压高低有关，蒸汽的温度一般在 100～120℃，比炸和烤的温度低。蒸制品大多形态饱满，味道纯正，吃口软滑，馅心多卤而鲜嫩，适应性强且易消化。其主要特点如下：

①生坯受热均匀，口味鲜美。蒸制过程都是置于密封的蒸具中，靠蒸汽的对流传热使制品达到成熟。由于蒸汽的温度稳定，传热均匀，且具有较高的湿度，制品成熟质量高，不会发生失水、失重和炭化等问题，因而成品口感爽滑，口味鲜美，吃口柔软。

②形态美观，能保持原料的营养成分。蒸制过程中，被加热的面点生坯基本上不移动，且加热温度稳定，所以制品的形态能得到完美的保护，因此具有精美的形态，但制品加热的时间要控制好，不宜过长，否则制品容易出现下塌的现象。在整个蒸制过程中，生坯不会发生分解和扩散作用，营养物质不会流失，因而原料的营养成分能够得以保持。

二、蒸制成熟的原理

蒸制成熟主要是利用蒸汽的对流和传导来传递热量，使面点品种获取热能而成熟的。当生坯上笼后，装入蒸箱（蒸锅）内，笼内的蒸汽温度一般在 100℃以上，通过热传导，生坯四周同时受热，使制品表面的水分受热汽化。温度的高低主要决定于火力的大小和气压的高低。

制品生坯受热后，蛋白质与淀粉发生变化，淀粉受热开始膨胀糊化（50℃开始膨胀，60℃～100℃，从开始糊化到全部糊化），淀粉在糊化过程中吸收水分变成黏稠胶体，出笼后温度下降，冷凝形成凝胶体，使成品表面达到光滑；蛋白质受热后发生热变性，开始凝固（50℃～60℃时热凝变性）并排除其中的"结合水"（即和蛋白质结合在一起的水），温度越高，变性速度越快，直到蛋白质全部变性凝固，这样制品就成熟了。由于蒸制品多数是生物膨松面团和物理膨松面团，受热后产生大量的气体，使生坯中的面筋网络形成大量的气泡，成为组织结构多孔，且富有弹性的海绵状态，这就是蒸制成熟的原理。

三、蒸制的操作方法

（一）蒸锅加水

蒸锅加水量以六成满为宜，一般以淹过笼底 5～7 厘米为最佳。若加水量过多，沸腾时容易冲破制品底部，影响蒸制品质量；若加水量过少，蒸汽容易被泄漏，且容易烧干，造成制品出现焦糊。

（二）摆笼

1. 蒸格或蒸笼上需要加垫具或抹油，防止生坯出现粘笼。

2. 在摆笼时，需根据品种要求来间隔距离，上下整齐，使生坯在成熟过程中有膨胀余地，摆放过稀、过密都会影响制品的造型和质量。

3. 准确掌握生坯蒸制时机。大多数情况下，各种面点生坯摆屉后即可入笼蒸制，但对于一些发酵面团制品,则需要在成形后静置一段时间,使在成形过程中由于揉搓而紧张的生坯松弛一下,并继续胀发,利于制品成熟后达到最佳的膨胀效果,但要掌握好静置的温度、湿度和时间。

4. 蒸制过程的把握。无论蒸什么品种,必须先把水烧开,待蒸汽充足时,才能放笼入屉。在蒸制过程中准确掌握成熟时间,笼屉盖要盖紧,防止漏气,"一口气蒸熟";蒸制过程要始终保持一定火力,让笼内有稳定的温度、湿度和气压,产生足够的蒸汽,且蒸制中途不能随意揭开笼盖,避免制品因散气而出现质量问题。

5. 出笼。制品成熟后要及时出笼,制品是否已经成熟,除正确掌握蒸制时间外,还要对制品进行必要检验,以确保成品质量。如:嗅——成熟的制品可嗅到面香味;看——看到制品体积膨胀,色泽洁白光亮;按——用手按一下制品,所按之处能快速鼓起复原,不粘手,这时说明制品已成熟,需要及时取出,摆放整齐,不可乱压乱挤,对带馅的制品要防止掉底漏汤。

四、蒸制的技术要领

①蒸具中加水量要适度,且水要烧开。蒸锅中的水量一定要把握好,不宜过多或是过少,否则会影响制品的质量。生坯上笼时水一定要烧开,保证蒸汽充足,有利于成品的膨胀,使成品口感更理想。

②蒸具要加垫具或抹油,生坯摆放间距要合理。蒸制的笼具一定要加垫或抹上一层色拉油,防止制品粘笼;生坯摆放的间距要适度,一般是一指宽或两指宽,不宜过稀或是过密,防止制品出现粘连成团。

③要掌握好醒发的温度、湿度和时间。醒发时要求环境温度在 28～32℃ 之间,有利于酵母菌繁殖增生,使制品坯体继续胀大。如果温度过低,则坯体胀发性差,体积不大;如果温度较高,生坯的上部气孔过大,组织粗糙,熟制后易塌陷变形,口感不细腻,影响成品质量。醒发环境的湿度要合理,一般相对湿度在 65％～75％ 之间。湿度过小,生坯表面易干燥、结皮;湿度过大,表面凝结水过多易使生坯产生"泡水"现象,熟制后在此处形成"斑点",影响制品外观形状。醒发时间对制品的质量影响也非常大,醒发时间不足,达不到松弛面筋和继续胀发的目的,制品死板发硬。时间过长,制品生坯会出现"跑碱"现象而使制品产生酸味,所以静置时间应根据品种、季节、温度等条件灵活掌握。

④正确掌握蒸制火力和成熟时间,做到"蒸熟一口气"。蒸制的火力和成熟时间对制品影响很大。火力要适度,根据品种的情况选择,但要保证蒸汽量充足。蒸制时间关系着成品最终的质量。蒸制时间不足,制品会因不熟而粘手粘牙;蒸制时间太长,制品会变黄、发黑、下塌变形,甚至会死板发硬。

⑤蒸具密闭性能要良好,严防漏气。蒸具如果密闭性能差,在蒸制过程中会出现漏气,使笼内蒸汽量不足,影响制品的成熟。

⑥无馅生坯与包馅生坯在蒸制时尽量分开,不同种类的面点品种不能一笼混蒸,否则易串味。如有特殊需要应是放有馅生坯的蒸笼在下面,无馅的在上面;酵面面团制品和水调面团制品最好分开蒸制(因成熟时间不同)。

⑦保持蒸锅水质清洁,要经常换水。蒸锅中的水在蒸制过程中会发生水质变化,多次蒸制后的水会含有油脂、悬浮物等杂质,会污染蒸制品,引起食品出现色泽变暗、串味、甚至

有异味附于制品上,影响制品的质量。

实践操作

实训 10　花式蒸饺

见下篇项目一工作任务一。

工作任务三　煮制工艺

[任务分析]　本项工作的任务是熟悉煮制成熟方法的特点、适用范围和熟制原理;掌握煮制成熟法的工艺流程、操作方法与技术要领;通过实作训练熟练掌握煮制成熟技法,并能根据不同品种的特点选用相应的成熟方法,以达到最佳的质量效果。

煮制就是将成形好的面点生坯投入到汤锅中,利用水作为传热介质,通过传导和对流两种传热方式,使制品达到成熟的一种方法。煮制适合很多面点品种的成熟,水调面团、米及米粉类面团、各种羹汤类小吃等,但不能用于发酵面团、油酥面团和矾碱盐面团制品的成熟。

[参考实例]　北方水饺

(1)原料配方:①皮坯:面粉 500 克;②馅心:猪肉(肥 4 瘦 6)300 克、韭菜 200 克(白菜、芹菜、萝卜);③调味料:料酒 5 克、味精 2 克、胡椒粉 1 克、精盐 10 克、酱油 5 克、香油 5 克、醋 4 克、红油辣椒 50 克、白糖 5 克、姜葱蒜各少许、冷鲜汤少许。

(2)操作程序:①调制面团:面粉置案板上,中间挖一面塘,加入适量的清水,然后使用抄拌法将粉与水拌和均匀成雪片状,再反复揉搓至面团达到光滑细腻,最后盖上湿布,饧置5 分钟左右。

②馅心制作:生姜拍破,葱挽结,加入适量的清水浸泡成姜葱汁水待用;猪肉用刀背捶茸去筋,再用刀剁细放于盆内,加料酒、味精、胡椒粉、食盐、酱油少许,用力搅拌均匀,再加入姜葱汁水,继续搅拌至汁水被肉吸尽,再加入适量的冷鲜汤搅拌,直到各种原料融为一体成黏稠状,最后加入少许香油拌匀即成馅心。

③制皮:将饧好的面团搓成圆条,再扯成大小均匀的剂子(约 6 克),并用擀面棍将其擀成直径为 6 厘米,中间略厚边缘薄的圆皮即成。

④包馅成形:取圆皮一张,装上馅心,对叠用力捏成木鱼形状即成生坯。

⑤成熟:汤锅加水用旺火烧沸,搅动锅内水使其旋转,再沿锅边下入水饺生坯,并用瓢推动饺坯,以防水饺发生粘连,煮沸后加少量冷水(点水),以免饺皮破裂,待煮至水饺皮起皱发亮有弹性即熟。

⑥打味碟:酱油、醋、白糖、味精、红油、蒜泥拌匀即成。

(3)风味特色:皮薄馅多,爽滑有韧性,咸鲜味美。

实例分析:

煮制成熟方法应用非常广泛,尤其在中式面点的制作中使用较频繁。通过对北方水饺的学习,可以直接透视煮制的整个过程,煮制成熟方法的技术特点、技术要领等各方面知识就迎刃而解了,其技术关键包括:一是煮制锅内水量的把握;二是煮制的火力和煮制的时间;三是煮制过程要注意点水;四是把握好成熟度。

一、煮制的特点

①保持原料的原汁原味,馅心汁多而鲜嫩。煮制品的生坯在成熟过程中可吸收部分传热介质中的水分,使生坯的吸水量基本饱和,这样生坯吸收馅心水分的机会就大大减少了,因而馅心基本保持原有的水分和香味,从而使制品成熟后口感细嫩滑爽,汁多而鲜美。

②生坯受热均匀、充分,但成熟的时间稍长。制品采用煮制成熟,生坯在加热过程中全部被浸泡在水中,利用水沸腾产生热对流使其受热,制品四周同时受热,表里如一,受热均匀。但由于煮制是靠沸水传热使制品成熟的,正常气压下,沸水最高温度为100℃,生坯对流温度升得较慢,是成熟方法中温度最低的一种,因而制品加热成熟的时间稍长。

③制品口感爽滑筋道、成品重量增加。煮制品加热时是直接与大量水接触的,淀粉颗粒在受热的同时,能充分吸水膨胀,发生糊化反应;蛋白质受热发生热变性而凝固。因此煮制的成品大都较结实、筋道、有嚼劲。由于成熟过程吸水,因此制品熟后重量会增加。

④不会对成品表面产生着色作用,基本保持本色。煮制的整个过程都是在汤锅中完成的,因为沸水的最高温度不会超过100℃,而且生坯在加热的过程中是浸泡在水中,制品表面有水的滋润保护,所以制品成熟后基本保持原料原有色泽。

二、煮制的成熟原理

煮制主要是以水为传热介质,利用传导和对流两种方式传热使面点生坯成熟,而水的沸点较低,在正常气压下,沸水温度为100℃,是各种成熟方法中温度最低的一种。再加上水的传热能力较弱,因而制品成熟就缓慢,需要时间就长。另外,制品在水中受热直接与大量水分子接触,淀粉颗粒在受热的同时能充分吸水膨胀,成熟后重量增加。在成熟过程中应根据锅内加水量及投入生坯多少及火力大小来决定成熟时间,避免投入过多生坯(或水量过少)导致制品破碎、粘连、糊稠等现象出现。制品煮制的时间要把握准确,过短未完全成熟,吃口粘牙;过长制品容易变形、软烂,影响成品的质量。

三、煮制的操作方法

（一）水烧沸

将锅内的水加充分,水量一般为制品的10倍,然后用旺火烧开,行话称"火旺、水沸,水要宽",再下生坯煮制,用沸水煮制的生坯可缩短煮制时间。

（二）生坯入锅

将生坯逐个(或几个)投入滚沸的水中,并用铲子不断顺锅边推划,轻轻搅动,使生坯自然散开,防止制品受热不均,造成相互粘连(或粘锅底)的现象。

（三）煮制

水面要始终保持微开状态,即沸而不腾,然后经过几次"点水"(每开锅一次点一次水),看到制品馅心膨胀圆滑即可。

四、煮制的技术要领

①掌握好锅内水的用量。煮制是适用范围很广的一种成熟方法,适合煮制的面点品种很多,不同的品种锅内加水的量应有所不同,总结起来大致分两种:一类是成形的面点生

坯,如各种水饺、汤圆、馄饨等,煮制时要求锅内水量要充足,而且生坯必须是滚沸的水下锅,防止制品煮制时出现粘连、浑汤的现象,使制品保持清爽筋道;另一类是粥和羹汤类面点,加水时一定要准确,保证制品的质量。

②煮制时注意生坯下锅的水温,并随时搅动防止制品粘连。煮制品种大多数要求沸水下锅,因为面团中的蛋白质受热发生变性,淀粉发生糊化反应的温度需要在60℃~70℃以上才能发生,因此最好是沸水下锅,才能保证制品成熟后的质量。而煮粥是最好冷水下米,让米粒在水烧沸之前先浸泡涨发,容易将粥煮稠,使其达到黏稠滑爽。大多数面点品种在煮制时要随时搅动生坯,以防止品种发生粘连,保证成品的质量。

③掌握好煮制需要的时间,注意煮制时要"点水"。煮制品种必须把握好时间,时间过短制品不熟,时间过长制品易变形散烂,影响制品的风味特色。如煮制水饺的时间要稍长,而煮制抄手的时间要稍短,因为饺子皮厚而抄手皮薄,最长的要算粥类和汤羹类制品的煮制,因此要根据品种的不同特点准确掌握时间。注意多数品种在煮制时要点水,使成品内外成熟并且形态完整。

④准确把握好煮制的火力。煮制品绝大部分要求是火旺、水沸,水面要保持沸腾状态,如面条、水饺等的煮制,火力太小煮制的制品口感不爽滑;而一部分品种要求是用小火煮制,保持水面呈"沸而不腾"的状态,如汤圆的煮制,火力太大容易使品种散烂,影响成品的质量。

⑤连续煮制要不断补充锅中的水,保持煮水清澈。很多煮制品因煮的时间长,汤水会变黏稠发生混浊,若不经过处理继续煮制,会使煮制品出现夹生或是制品发腻不清爽,成熟后吃口粘牙不爽滑,影响品种的风味特色。成熟后的制品容易破裂,捞起要快、准,量大需滴油,防止粘连。

⑥有的煮制品需要成熟后立即食用,或是加入适量色拉油,防止粘连。有些面点制品必须成熟后立即食用,才能达到最佳的口感效果,如各种风味面条,若成熟后不立即食用,经过面汤浸泡后面条吃起来就不筋道,失去原有的风味。有些面点制品成熟后需要捞起沥干水分,加入适量的色拉油拌匀,防止制品出现粘连。如凉面,若不加油拌匀,面条就会粘连在一起而成团,影响制品的质量。

实践操作

实训 11　韭菜水饺

见下篇项目一工作任务一。

工作任务四　炸制工艺

[任务分析]　本项工作的任务是熟悉炸制成熟方法的特点、适用范围和熟制原理;掌握炸制成熟法的工艺流程、操作方法与技术要领;通过实作训练熟练掌握炸制成熟技法,并能根据不同品种的特点选用相应的成熟方法,以达到最佳的质量效果。

炸又叫油炸,是指将成形的面点生坯投入到一定温度的油内,以油脂为传热介质,使制品成熟的方法。炸制可以说是面点中应用较为广泛的成熟方法。炸制适用范围很广,几乎所有种类面团制品都可以用炸的方法成熟,主要用于油酥面团、化学膨松面团、米粉面团、薯类面团制品等,如各种酥点、方块油糕、香酥麻圆、油条、苕梨、土豆饼等。

[参考实例]　南瓜饼

(1) 原料配方:①皮坯:老南瓜 500 克、糯米粉 150 克、澄粉 100 克、白糖 100 克、鸡蛋 2 克、面包糠 150 克;②馅心:豆沙馅 300 克

(2) 操作程序:①蒸南瓜:老南瓜去皮切成薄块,放入蒸笼内用旺火蒸至刚好成熟,取出晾冷后挤去部分汁水备用。

②调制面团:将挤过的南瓜捣成泥茸状,加入适量的白糖、糯米粉和澄粉揉搓均匀成软硬适中的面团即可。

③成形:取一面团包上豆沙馅心捏成圆饼状,放入鸡蛋液中蘸上一层蛋液,再放入面包糠中均匀地裹上一层面包糠即可。

④成熟:油锅置火上,加入较多色拉油烧热到三成热,下南瓜饼生坯炸制,待饼坯漂浮在油面上后,再升高油温炸制至南瓜饼色泽金黄即可。

(3) 风味特色:色泽金黄,酥香爽口。

实例分析:

从南瓜饼的制作实例分析可知,南瓜饼外酥内嫩的特点与其成熟时使用炸的方式密不可分。

一、炸制的特点

①用油量较多,制品生坯受热均匀。炸制成熟整个过程中,面点生坯都是浸泡在油脂中的,受热时制品在炒勺的推动下上下左右活动。由于炸制用油量很大,制品在油中活动的范围很广,受热均匀,制品成熟后色泽一致。

②油炸温度变化快,温域范围宽。油脂通过加热温度上升很快,几分钟就可上升到高温区域。水的加热温度最高只能到 125℃左右,而油脂加热温度最高可到达 300℃左右,其温度变化范围是水的 2 倍。由于油脂的比容是水的一半,因此在相同的加热条件下,油温升高比水要快得多。

③制品成熟速度快,能源消耗少。炸制是成熟方法中成熟最快的一种方法,因为油脂在加热时温度上升很快,面点生坯在油炸过程中油脂紧紧包围,受热均匀而且迅速,再加上油脂在相同加热条件下比水提前升高一倍,这样成熟就大大节约了能源。

④能使制品形成或酥或脆、或外酥内嫩的质感。炸制是用油脂作为传热介质,温度上升的空间大,而且变化很快,在制品成熟过程可以通过控制油温的高低,让成品形成各种不同的口感,一般炸制品的色泽都是白色、淡黄色、黄色和金黄色,其质感或是酥脆,或是松酥,或是外酥里嫩的效果,风味独特。

⑤油脂在高温作用下会产生有毒物质,损害人的身体健康。油脂由于温度变化快,而且上升的温度很高,如果在炸制过程中没有把握好油温,蛋白质和淀粉很容易受高温的影响,产生有毒的致癌物质,危害人体健康。因此油炸温度一般不要超过 250℃,避免产生有毒成分,影响食客的健康。

二、炸制的成熟原理

炸制成熟主要是依靠油脂的传导和对流作用使制品成熟,同时形成面点制品的色泽和

质感。油炸时的热量传递主要是以热传导的方式进行,其次是对流传递。油脂通常被加热到一定温度后(160℃~180℃),热量先从热源传递到油炸容器,油脂从容器表面吸收热量再传递到制品表面,然后通过热传导把热量由外部逐步传向生坯内部,使油脂包围生坯的四周同时受热,在这样高的温度下制品会很快就加热成熟,而且色泽均匀一致。油炸时对流传热对加快面点的成熟起着重要作用,被加热的油脂和面点进行剧烈的对流循环,浮在油面的面点受到高温的油脂强烈对流作用,一部分热量被面点生坯吸收,并使制品内部温度逐渐上升,水分不断受热蒸发,从而使制品达到成熟。

三、油脂在炸制过程中的变化

1. 油脂在炸制过程中的化学变化。油脂在炸制过程中受温度的影响会发生化学变化,主要有热氧化、热水解、热分解、热聚合等。发生化学变化后生成的产物主要有低级的醛类、羧酮、醇等短链化合物和大分子的聚合物等,使油脂的理化性质发生变化。

2. 炸制后油脂的质量变化。炸油经过高温反复加热后,油脂会发生色泽变暗,黏度变稠,泡沫增多,发烟点下降,口感变劣等现象,使油脂的营养价值降低,这些现象称为油脂的老化现象。尤其是反复使用的油脂,会产生对人体危害极大的毒性物质,如环状化合物、二聚甘油脂、三聚甘油脂和烃类等,其中二聚甘油脂毒性最强。

3. 炸油的合理使用。合理使用炸油,目的在于保持油脂的品质,避免油炸过程产生有毒物质,减少对人体健康的危害,以延长炸油的使用时间。因此,炸油在使用中应注意以下几个方面:

(1)选择高质量和高稳定性的油脂作为炸油。

(2)控制好油温,不要过度加热,尽可能使用设计合理的先进设备。

(3)选择正确的加热方式,尽可能保持油温的加热状态,间歇性加热的油脂比连续性加热的油脂变质显著。

(4)尽量减少或避免能促进油脂氧化的因素。

(5)保持炸油清洁,及时清除杂质。

(6)油炸过程中要随时补入新油,并且使用一段时间后要更换新油。

四、炸制的操作方法

(一)锅内油温的控制

不同的制品需要的油温高低不同,形成制品不同的色泽、质感。炸制使用的油温情况表示如下:

1. 低油温:90℃~120℃,行业上称三~四成热油温。

2. 中油温:120℃~150℃,行业上称四~五成热油温。

3. 热油温:150℃~180℃,行业上称五~六成热油温。

4. 高热油温:180℃~210℃,行业上称六~七成油温。

(二)生坯入锅

不同种类的面点制品需要不同油温炸制。如油酥制品多先用低油温浸炸再高油温炸制;糕团类制品多用中油温炸制;热水面团类、矾碱盐面团类制品多用高油温炸制。

(三)炸制

在油炸的过程中,油温可根据制品需要升高或是降低。如明酥类:由低油温→高油温;

糕团类:由中油温→低油温→中油温→中高油温;热水面团和矾碱盐面团类:由低高油温→中高油温。

（四）成熟度把握

成熟是根据制品需要来调节制品色泽。明酥类制品大多色泽乳白或是浅黄,炸制时一般使用中低温油炸;糕团类制品大多色泽金黄,外脆内糯,炸制时一般使用中高温油炸;热水面团和矾碱盐面团类制品大多色泽金黄、酥松膨胀、香脆可口,炸制时一般使用高温油炸。

五、炸制技术要领

①把握好火候,火力不宜过旺。油炸制品的最终效果与炸制的火候控制联系密切,油温高低是以火力大小为转移的。特别是油脂受热后,温度升高很快,很难掌握其变化,操作时切不可火力太旺,尤其是初学者,如果油温不够时,可适当延长加热时间,如果火力过旺,则要将锅端离火口降温。总之,宁可炸制时间长一点,也不要使油温高于制品的所需温度,防止制品出现焦糊。

②控制油温,要按制品需要选择。面点制品中炸制的品种较多,因此,炸制对油温的高低也有不同的要求。有的需要用高油温,有的需要用低油温,有的需要先高后低的油温,有的则需要先低后高的油温,情况颇为复杂,但面点炸制所用的油温大致可分为两种:温油炸制和热油炸制。油温的高低直接影响制品的质量。油温低了,制品不酥不脆,色泽暗淡,并且含油量较大;油温高了,制品容易出现焦糊、层次不清晰等现象。油温的测定方法,有温度计测试和凭实践体验两种。油温过高时应采取控制火源,将锅离开火源、添加冷油或增加生坯的投入量等措施。油温过低时,应加大火力和减少生坯的投入量等。这些措施,应根据当时的具体情况适当采用。

③炸制时还应注意用油量和生坯的比例。炸制时用油量和生坯的比例非常关键,一般来说,油量和生坯的比例应为 5∶1,但也有为 9∶1,还有的无需按比例。这些都应根据制品数量的多少,制品的不同品种,所用的器皿以及火源的强弱等诸多条件来掌握。

④油锅内制品受热要均匀。油炸生坯下锅后,如果生坯数量较多就会互相拥挤,使制品受热不均匀,所以制品下锅后,要用铁铲或炒勺不停翻动或推动制品,使其不相互粘连,受热均匀,成熟一致。但也有的品种,刚下锅时则不要用铁铲或炒勺去翻动推动制品,否则成品会出现散烂。如酥点类,因为酥点类制品的面团韧性差,容易破碎或溶散于油中,因此要加热待制品浮于油面时,才能用炒勺轻轻搅动,容易沉底的制品,要放入漏勺中炸制,防止落入锅底发生粘锅的现象。

⑤掌握好油炸时间,准确判断制品成熟度。炸制时间长短对制品的质量影响很大,时间不够,制品半生不熟;时间过长,制品炸焦炸糊,口感粗老。制品油炸时间应根据制品的原料、生坯的大小、面团的种类等因素决定。不同品种需要炸制的时间不尽相同,只有控制好油炸时间,准确判断其成熟度,才能保证成品的质量。

⑥炸油必须保持清洁。炸油不清洁,会影响热量的传递或污染制品,使制品色泽灰暗,不宜成熟。如果用粗制植物油时,一定要提前加热炼制,待油变熟后才能用于炸制,防止带有生油味,影响制品风味特色;如果使用陈油,则应及时清除杂质,防止污染制品。

实训 12　象生雪梨

见下篇项目一工作任务六。

工作任务五　煎制工艺

[任务分析]　本项工作的任务是熟悉煎制的种类与特点;掌握油煎、水油煎、炸煎和蒸煎的操作方法与技术要领;通过实作训练熟练掌握煎制成熟技法,并能根据不同品种的特点选用相应的成熟方法,以达到最佳的质量效果。

煎制是指将成形好的面点生坯放入煎锅中,利用金属锅底和油脂的传热使制品成熟的方法。煎用油量较少,操作方法简单,一般是在锅底抹一层薄薄的油,再经加热使制品成熟。煎制用油量的多少,根据制品的不同要求而定,有的制品需油量较多,但不能超过制品厚度的一半,有的还需加些水,使之产生蒸汽,然后盖上锅盖,连煎带蒸带焖,使制品成熟。

[参考实例]　生煎包子

(1) 原料配方:①皮坯:面粉 450 克、老酵面 50 克、小苏打 4 克、白糖 20 克;②馅心:猪肉(肥 4 瘦 6)500 克;③调味料:料酒 5 克、味精 2 克、胡椒粉 1 克、精盐 6 克、酱油 10 克、香油 5 克、葱花、冷鲜汤少许、色拉油适量

(2) 操作程序:①发面:面粉加老酵面、清水调成面团,盖上湿布发酵。

②扎碱:将发好的面团加入小苏打、扎成正碱反复揉匀,再用湿布盖好饧面 5 分钟。

③制馅:猪肉切成碎粒,加精盐、酱油、胡椒粉、芝麻油拌匀,最后加入葱花拌匀即成。

④包馅成形:将饧好的面团搓成直径 3 厘米的长条,下剂,用手按成直径 4 厘米的圆皮(中间稍厚,边沿微薄),放入馅心捏成细摺花纹收口,即成包子生坯。

⑤熟制:平锅置中火上,加热菜油烧至三成热,放入包子生坯煎制,待底部煎成金黄色时即烹入 150 克清水,加盖烘 3～5 分钟,水分收干即成。

(3) 风味特色:包皮洁白柔软,包底色泽金黄香脆,馅汁多而鲜美。

实例分析:

生煎包子的特色是包子上部洁白柔软松泡,底部金黄酥脆,其特色的形成关键在于使用的水油煎熟制方法。

一、煎制的种类

根据不同品种的需要,煎制大致可分为四种:油煎、水油煎、煎炸、蒸煎。

(一)油煎

将平锅烧热加入油,将油均匀地布满锅底,投入生坯,先将一面煎至金黄色,再翻身煎另一面,煎至两面呈金黄色,内外四周都熟透为止。油煎具有外酥脆内细软的特点。

无馅的油煎法制品从生到熟都不盖锅盖,因制品紧贴锅底,既受锅底传热,又受油温传热,与火候关系很大,一般以中火,四五成热的油温为宜。过高温度容易焦糊不熟,过低温

度则难以成熟,制品夹生干硬。

包馅的油煎法制品,煎的温度稍高一些,但不能超过七成热(180～200℃)。油煎法所适合的品种有:葱油饼、馅饼、手抓饼等,其制品的特点是两面金黄色,口感香脆。

(二)水油煎

将平锅烧热倒入薄薄的一层油,将生坯由锅的四周向中间摆放,稍煎一会,待制品的底部呈淡金黄色,然后由锅的边缘加入适量的清水或淀粉浆(一般1 500克制品,加水量400～500克),然后盖紧锅盖,煎8～10分钟,让水产生蒸汽,使制品连蒸带煎一起成熟,形成底部金黄、上部柔软、油光鲜明、香酥可口特殊风味。如:生煎包、生煎馒头、鸡汁锅贴等。

(三)煎炸

煎炸与油煎相似,只不过是在煎的基础上多了炸这道工序,行业称这种方法为半煎半炸法。

煎炸法一般是先煎后炸,其方法是先把平锅抹上薄薄的一层油,放入面点生坯,将制品正反两面都煎成金黄色,然后再加油把制品内部炸透,但加油量不可超过制品厚度的一半。适合煎炸法成熟的品种有:萝卜丝酥、鲜肉酥卷等,其特点是层次清晰,外酥内嫩。

(四)蒸煎

蒸煎是先将制品蒸制3～4分钟,待其晾冷后,再将平底锅烧热,加入薄薄的一层油,然后将制品放入锅内,煎至底部呈金黄色即可。适合蒸煎法成熟的品种有:四川煎饺、荔浦芋煎饼、山东煎包。其特点是表面洁白软滑,底部金黄酥脆、口味鲜嫩。

二、煎制的技术要领

(一)油煎

1. 煎制的温度要恰当。

2. 煎制时锅要不断转动位置或移动制品位置,使之受热均匀,成熟一致。

3. 生坯要从锅的四周向锅中间顺次摆放,防止中心温度高,边缘温度低,中心焦糊,锅边部分不熟等现象。

(二)水油煎

1. 严格控制煎制的温度和火候,油的温度应保持在160～180℃。

2. 摆放应由锅边向中心顺次放置,把握好加水时机,掌握好水量。

3. 准确判断制品的成熟情况,要听锅中是否有水炸声,若无水炸声,方可开锅淋油,再煎1～2分钟即可。

(三)煎炸

1. 掌握好火候与油温。

2. 必须将制品煎成两面金黄后再炸制。

(四)蒸煎

1. 把握好制品煎制的时机,控制好用油量。

2. 掌握好煎制的温度,一般是200～220℃。

实践操作

实训13　生煎包子

见下篇项目一工作任务二。

工作任务六　烙制工艺

[任务分析]　本项工作的任务是熟悉烙制成熟方法的适用范围和熟制原理；掌握烙制成熟法的工艺流程、操作方法与技术要领；通过实作训练熟练掌握烙制成熟技法，并能根据不同品种的特点选用相应的成熟方法，以达到最佳的质量效果。

烙是指将成形的面点生坯摆入平底锅中，通过金属介质传热使制品成熟的一种熟制方法。烙通过金属锅底受热，使锅体含有较高的热量，当生坯的一面与锅体接触时，立即得到锅体表面的热能，生坯水分迅速汽化，并开始进行热渗透，经两面反复与热锅接触，使之达到成熟。适合烙制法成熟的主要有水调面团、膨松面团、米粉面团、米浆面团等，特别适合各种饼类的成熟。

[参考实例]　*春饼*

（1）原料配方：面粉 500 克、热水 350 克、熟猪油 35 克、色拉油 50 克

（2）操作程序：①调制面团：面粉调制成团，反复揉至光滑，然后摊开散去热气，再进一步揉搓成团，盖上湿布备用。

②成形：将热水面团加入猪油、色拉油反复揉匀后，搓成长条，揪成 25 克一个的面剂，排列整齐，撒上一些面粉，然后压扁，刷上一层油，再撒一层面粉，把两个面剂合在一起，用擀面杖擀成圆形薄片待用。

③熟制：平锅至中火上烧热，放上生坯烙熟取出，撕开叠成扇形装盘即成。

（3）风味特色：饼皮薄而柔软，绵韧爽口。

实例分析：

从春饼的制作实例分析可知，用干烙方法熟制时，饼坯不宜太厚，由于饼坯直接接触金属锅底，因此加热火力不能太大，否则易焦糊。

一、烙制的种类

根据不同品种的需要，烙制可分为干烙、油烙和水烙三种。

（一）干烙

干烙是将成形的面点生坯直接放入平底锅内加热的成熟方法，此过程不用刷油，也不用洒水。具体方法：先将生坯放入锅内烙一面，待生坯鼓气后，再烙另一面，两面都有"面花斑"状为佳，它是利用锅底传热使其成熟的方法。对中厚的饼类，要求火力适中（160℃～180℃）；对包馅较厚的饼类，要求火力稍低。操作时，必须按不同要求来掌握火力大小、温度高低及时间长短，同时还必须不断移动锅的位置和制品位置，锅在受热后，一般是中间部位温度高，边缘部位温度低。为使制品均匀受热，大多数制品在烙制到一定程度后，就要移动部位，使制品的边缘和中心受热一致。这样，制品就能全面均匀地受热成熟，不致出现中间焦糊，边缘夹生的现象，俗话说的烙饼要"三翻九转"就是这个道理。适合干烙成熟的品种有：春饼、夹馍、白面锅盔、烧饼、米面煎饼类等，其特点是皮面香脆、内部柔软、外呈金黄色，表面有"面花斑"。

（二）油烙

油烙是将锅内烧热（160℃～180℃），抹薄薄的一层油，放入生坯，待制品呈浅黄色后再翻动，然后在制品表面刷上少许油，每翻动一次，就刷一次，直到制品成熟。油烙成熟主要是靠锅底传热，油脂也起到一定作用。适合油烙成熟的品种有：盘丝饼、肉锅盔、发面大饼、烫面大饼等，其特点是外香酥、内柔软、外脆、内嫩，具有特殊风味。

（三）水烙

水烙是利用铁锅和蒸汽联合传热使制品成熟的方法。水烙从制法上看和水油煎很相似，风味也大致相同，但水油煎是在油煎后，洒水焖熟，而加水烙法是在干烙的基础上洒水焖熟。加水烙在洒水前的做法和干烙完全一样，但只烙一面，即把一面烙成金黄色后，洒少许水，盖上盖，边烙制边蒸焖，直到制品完全成熟。适合水烙成熟的品种有：大锅饼、酵面大饼等，其特点是上部分和边缘柔软，底部香脆爽口。

二、烙制的技术要领

（一）干烙

（1）掌握好锅内温度，温度低烙制后的制品易干裂、干硬，且色泽欠佳。

（2）对薄饼一定要烙上"面花斑"，才具有食欲感。

（3）对中厚饼，要求火力先适中，然后变低。

（4）对带馅的制品，要求火力较低。

（二）油烙

（1）无论锅底或制品表面，刷油时一定要少。

（2）锅内要干净，经常清理锅内金属，但勿用钢丝球刷洗。

（3）刷油要刷匀，且每翻一次要刷一次油。

（三）水烙

（1）洒水要洒在锅最热的地方，使之很快产生气体。

（2）如一次洒水蒸焖不熟，要再次洒水，直到完全成熟为止。

（3）每次洒水量要少，宁可多洒几次，也不要一次洒得太多，防止制品散烂而影响成品的质量。

实践操作

实训 14　春饼

见下篇项目一工作任务一。

工作任务七　烤制工艺与微波加热

[任务分析]　本项工作的任务是熟悉烘烤成熟法的适用范围和熟制原理；了解微波加热原理及微波加热器皿的选择；掌握烘烤成熟法的具体操作方法与技术要领；通过实作训练熟练掌握烘烤成熟技法。

一、烤制工艺

烤又叫烘烤、焙烤,是把成形的面点生坯放入烤盘中,送入烤炉内,利用炉内的高温即利用传导、热辐射、对流的传热方式使其成熟的一种方法。

[参考实例] 海绵蛋糕

(1)原料配方:低筋面粉500克、鸡蛋1000克、白糖500克、色拉油150克、清水100克

(2)操作程序:①调制面团:先将鸡蛋和糖加入打蛋缸,用慢速搅打至糖、蛋混合均匀,再改用快速搅打至蛋糊能竖起且不往下流,体积达到原来蛋糖体积的3倍左右时,把过筛的面粉慢慢倒入已打发好的蛋糊中,并搅拌均匀,最后加入色拉油拌匀即可。

②成熟:将调制好的蛋泡面糊倒入烤盘中,放入烤炉中烘烤,一般烤炉的温度调为面火190℃,底火210℃,烘烤的时间大概25分钟左右即可。

(3)风味特色:蛋糕表面色泽金黄,内部组织细腻,松软而香甜。

实例分析:

从海绵蛋糕的制作实例分析可知,烤制成熟需要用到烤箱、烤盘,对烤炉要进行温度、时间的设定。烤制出来的产品表面颜色可呈红褐色、棕黄色,烘烤香味浓郁,这是以蒸的方式制作蛋糕所没有的特点。

(一)烤制的特点

制品在炉内温度高,受热均匀,成品色泽鲜明,形态美观。成品口味较多,外酥脆内松软,或内外绵软,富有弹性,风味独特,营养价值高。烘烤主要用于层酥面团,混酥面团,各种膨松面团等制品,如各种清酥点心、各式面包、蛋糕、蛋挞、饼干、月饼等。既有大众化的品种,也有很多精细造型的点心。

(二)烤制的成熟原理

烤制是一项较精细的工艺技术,由于炉内的温度较高,所以操作时稍有疏忽就会给面点的质量带来直接影响,面点制品在受热烘烤中,热量是由传导、对流和辐射三种方式进行传递的,使制品定形、上色后达到成熟。

传导:通过烤盘或模子受热后再直接传给面点制品的生坯。

对流:炉内的空气与面点表面的热蒸汽对流时,面点可吸收部分热量。

辐射:炉内热源为辐射红外线,可直接被面点生坯吸收。

上述三种方式在面点的成熟过程中一般是混合进行的,但起主要作用的还是传导和辐射。通过烤制使制品由生变熟,并形成金黄色、红褐色、白色、组织结构膨松、香甜可口、富有弹性的特色。

当制品生坯进入炉内受到高温作用,淀粉和蛋白质会立即发生物理和化学变化。这种变化从两个方面表现出来:一方面是制品表面的变化。当制品表面受到高温,所含水分迅速蒸发,淀粉变成糊精,并发生美拉德褐变反应和焦糖化作用,从而使制品形成金黄、光亮、酥脆的外表。另一方面是制品内部的变化。制品内部因不直接接触高温,受高温影响较小。据测定,在制品表面受250℃高温时,制品内部始终不超过100℃,一般在95℃左右,加上制品内部含有无数气泡,传热也慢,水分蒸发较少,气体膨胀,淀粉糊化,蛋白质变性,油脂熔化以及水分再分配等作用,形成制品内部松软有弹性的特点,使制品经烘烤可产生悦人的色泽和香味,这就是烤制的基本原理。

(三)烤制的操作方法

1. 火型和炉温的调节

火型和炉温的调节主要是通过烤炉上下火来控制的,可根据需要发挥烤炉各部位的作用。不同制品所需的炉温是不同的,一般选用以下四种炉温:

(1)低温。100℃~150℃,主要烘烤各种五仁馅、什锦馅心的原料,烘烤成乳白色、白色等,以保持原色、酥脆。如花生仁、瓜子仁、核桃仁、松子仁、面粉、米粉等。

(2)中温。150℃~180℃,主要适合烘烤各种层酥类点心、白皮类制品,一般形成浅黄色、白色、乳白色等,以乳白色制品居多。

(3)中高温。180℃~220℃,主要适合膨松面团、油酥面团、混酥面团、蛋糕、饼干等,表面颜色较重,如黄色、金黄色、黄褐色等。

(4)高温。220℃~270℃,主要适合清酥面团、月饼、各类根茎类土特产的烤制,表面呈金黄色、枣红色、红褐色等。

2.烤盘内生坯摆放。烤盘一定要清洗干净,放入烘烤炉内把水分烘干,然后刷少许油(或不刷油)备用。生坯在摆放时,间隔距离要适中,一般制品是根据烤盘大小来定个数。烤盘间距大或生坯在烤盘内摆放过于稀疏,都易造成炉内湿度小,火力集中,使制品出现表面粗糙、色泽灰暗甚至焦糊的现象。所以烤盘间距和生坯在烤盘内摆放的密度要适中,否则对烘烤的制品有直接的影响。

3.生坯入炉。生坯入炉内前,先根据制品来选定烤炉上下火温度,因炉温是用上下火来调节的。下火亦称底火,下火对制品的传热方式主要是传导,通过烤盘将热量传递给制品,下火适当与否对制品的体积和质量有很大影响。下火有向上鼓动的作用,且热量传递快而强,所以下火主要决定制品的膨胀或松发程度。下火不易调节,过大易造成制品底部焦糊,不松发;过小易使制品塌陷,成熟缓慢,质量欠佳。

上火亦称面火,面火主要通过辐射和对流传递热量,对制品起到定型、上色的作用。烘烤中若上火过大,易使制品过早定型,影响底火的向上鼓动作用,导致坯体膨胀不够,且易造成制品表面上色过快,使制品外焦内生;上火过小,易使制品上色缓慢,烘烤时间延长,制品水分损失大,变得过于干硬、粗糙。

上下火控制要根据不同品种的要求和炉体结构的情况来确定,并且根据室内温度来加减上下火的温度。待需要的炉温达到后便可将装有生坯的烤盘放入烤箱内,关紧箱门进行烤制。

4.烤制。在烘烤面点制品时,必须根据面点制品的类型、馅心的种类、坯体的大小、厚薄、面团特性等因素来确定炉温和烘烤时间。炉温和烘烤时间两者相互影响、相互制约。烘烤时若炉温低、烘烤时间长,则会使制品水分蒸发,造成制品干硬,色泽欠佳;若炉温低、烘烤时间短,则会使制品不易成熟或变形,色泽发青、暗;若炉温高、烘烤时间长,则会使制品外焦内硬,甚至炭化,无法食用;若炉温高、烘烤时间短,则会造成制品外焦内生,内心原料受高温影响而溢出,影响制品的美观度。

5.出炉。根据各类制品需要来决定出炉的时间。清酥制品、物理膨松制品等,需先停炉过2~3分钟再出炉,目的是防止制品受冷收缩;层酥制品、发酵制品等,则必须快速出炉,这样制品才会外酥脆、内松软。

(四)烤制的技术要领

1.烤盘必须擦干净、根据品种需要抹油或不抹油。

2.生坯摆放的数量要适中,间隔距离要适当。

3.调节好烤炉内的湿度,保证成品的质量。

4.控制好烤炉内的温度,根据品种来调节上下火炉温。

5. 把握好制品的烘烤时间,准确判断其成熟度。

二、微波加热工艺

(一) 微波加热的含义和特点

1. 微波加热的含义。微波加热是指将成形好的面点生坯放入微波炉中,通过生坯吸收微波而产生大量的热能,从而使制品达到成熟的熟制方法。微波加热是将微波作为一种能源,使得放在微波炉内的食物与微波场发生相互作用,从而达到加热的效果。

2. 微波加热的特点。微波加热实际上是介质材料在微波炉腔体内与微波磁场发生相互作用后,将其所吸收的微波能量转化为热能的过程。其他加热方式是由热源(煤气火源、电炉丝、煤炭火源等)经过空气传到容器(锅等)的表面,再由容器传到食物表面,然后由食物表面再传到食物内部,最后使食物全部被加热成熟。这个过程主要由两种加热形式组成,即传导加热和辐射加热,不仅热量散失大,且加热速度慢,热效率低。微波加热是利用微波在金属炉腔内来回多次运动,再反射到被加热食物的表面和内部,最终使得食物被加热达到熟制。在这一过程中,当微波到达食物前不会产生任何热量,故不存在热传导和热辐射。由此可见,微波加热与其他加热方式相比较具有许多独到之处,其主要特点归纳如下:

(1) 加热迅速,省时快速。

(2) 节约能源,经济效益高。

(3) 能保持原料的营养价值,消毒杀菌效果好。

(4) 制品受热均匀,成品质量高。

(5) 使用方便,食品安全、卫生。

(6) 制品加热方便,解冻迅速。

(7) 使用方法简单,容易掌握。

(8) 食品再次加热方便,再热效果好。

(9) 制品不易上色,温度表里如一。

(10) 口味少,质地比较单一,以松软为主。

(二) 微波加热原理

微波加热是以辐射的方式进行热量的传递,微波辐射到制品上产生反射、透射和吸收,从而使制品由内到外达到成熟。简单地说,就是指物质中的杂乱无章的极性分子(即一端带正电、一端带负电的分子),在微波磁场的作用下,随着高频场的作用快速摆动。由于分子要随着不断变化的高频场的方向排列,就必定要克服分子原有的热运动和分子间相互作用的干扰和阻碍,产生类似于摩擦的作用,故而以热量的形式表现出来,介质的温度也随之升高,介质再将热量传递给食品,从而使制品成熟。

(三) 微波加热器皿的选择

微波加热成熟食品非常简单方便,操作中除了要拥有一台质量可靠、性能良好的微波炉外,还必须配置适用的微波加热器具,才能达到微波炉加热最佳效果。

微波炉具有三大特征,即反射性、穿透性、吸收性。微波与电波一样,具有直线传播性,微波遇到金属板后将被全部反射回去,所以,在烹饪食物时,最好不要使用金属器皿。否则微波能量将无法穿透金属制品,不能与食物发生相互作用,很难达到加热目的。此外涂有金属粉末、金边、银边的花纹碟盘、碗、杯等餐具,也不宜使用,否则会缩短微波炉的寿命。但事物总是一分为二的,在微波烹饪过程中,有时也利用了金属的反射微波的特点,控制调节炉腔内微波场的分布情况。如为了防止在烹饪如鸡翅、鸡爪、鱼尾等类型的食物时,尖、薄易热部位不至于过热,常用铝箔等金属薄膜将它们覆盖住。这里要说的是,在使用金属铝箔时,铝箔最好与炉壁保持一定距离(约1厘米),不可碰到炉腔内壁,以免引起尖端放电。

微波具有穿透性,可以穿透空气、玻璃、陶瓷、塑料及纸质器皿,但这些物质并不会吸收微波或很少吸收微波。因此,人们常常采用这类物质做成烹调器皿。目前市场上有微波炉专用的低损耗、耐高温的玻璃器皿。若使用普通玻璃器皿烹饪食物,则器皿本身温升会比专用器皿高一些。另外,还有一些低损耗微波炉专用陶瓷器皿以及聚丙烯等中性耐热塑料器皿和微波炉专用塑料器皿。微波烹饪器皿必须耐热,能够盛放滚烫的食品或液体而不会变形、损坏或破裂。除此之外,微波餐具的形状最好采用圆形、直边、宽口,这样才能使食物加热时受热更均匀。

一般耐热塑料容器(耐温性达130℃以上)也可以使用。对于木制及竹制器皿,由于其本身含有水分,可在短时间内加热使用。若加热时间过长,水分蒸发后,会使容器变干而烧焦。另外,对于纸杯、纸碟类纸制品,也只适合于短时间加热。值得注意的是,对于那些表面涂有颜色及防水蜡的纸制品,经微波加热后融化而与食物混合,食用后会对人体造成危害,应加以注意。

为更加有效地使用微波炉,目前市场上还出现了专门为微波炉而设计的系列专用器皿,如烤鸡盘、煎盘、蒸蛋器、盖子、调料杯等。它们是利用介质对微波的吸收特性,在烤盘底部及器具内壁加入部分吸收微波性能良好的介质材料,经过特殊加工处理而制成。在微波加热腔内,器具局部很快地大量吸收微波能量,再将热量传到被加热食品上,从而使被烹饪的食物色泽完美、焦香可口,且少耗电。因此最好选购此类专用器皿,才能达到事半功倍的效果。

(四)微波加热的基本要求

由于微波加热成熟的原理与传统的烹调加热成熟的原理有着本质的区别,所以要想在保持传统的中国烹调艺术的基础上,再利用微波烹调的独特优点,烹制出色、香、味、形、质更佳的美味佳肴,除了要了解影响微波烹调的主要因素外,还必须掌握微波加热的基本要求,才能最终享受到微波烹调的乐趣。微波加热的基本要求主要有:

1. 排列。食物在盛物盘中排列的形状直接影响到加热的均匀度及烹调的效果。一般盛物盘是旋转的,故最好将食物沿盘外侧排列成环行,彼此间留有空隙,才能让微波均匀地从各个方向进入食物。注意中心区域最好不要放置食物,因为当转盘旋转时,环行圈上的食物将在炉腔内不断改变位置,受到大小不同的微波场强(微波能量)的均匀照射,而转盘中心食物在炉内始终处于同一位置,因此,可能导致此处的食物加热不均匀,从而使食物的成熟度很难保持一致。

2. 搅拌。由于微波炉中盛物盘是旋转的,因此食物加热过程中,只存在径向上的温差,特别是在加热颗粒状食物时,如花生米、瓜子、茶叶等,中途可沿着径向搅拌一两次,从而使处于盛物盘内圈上的食物与外圈上的食物吸收到相同的微波能量。对于烹调一般菜肴、汤类、糊状食物时,在烹调过程中,可用汤匙从容器外围向中心搅拌一两次,从而使热量均匀分布,缩短烹调时间。

3. 器皿。盛放食物器皿的材质、大小、形状对烹调时间及加热的均匀性都有直接的影响。使用介质损耗小的微波炉专用器皿(即在烹调食物过程中,器皿本身并不发热),食物烹调时间短。此外,选用扁而浅的大圆盘放置被加热食物,其烹调速度比放置在同等容器的深盘内要快,而且最好选用直边(不要斜边)浅盘,使食物得到均匀的热量。

4. 形状。用微波烹调圆形食物要比烹调矩形或其他带边、角形状的食物均匀加热程度好得多,因为圆形食物可使微波从四周各方向等量地进入其内部均匀加热;而带有棱、角、边形状的食物,棱、角、边会较多地吸收微波能量,从而会使食品因为局部过热而出现烧焦的现象。

5. 加盖。为了避免烹调过程中食物的水分过分地蒸发,防止材料溅溢损失,影响食物的原味,在蒸、煮、焖等烹调过程中,应在容器上加盖。但盖子边缘应留有透气孔,以使烹调过程中过量压力的蒸汽排出,避免因气压过大而出现爆炸的现象,同时也加快了食品烹调的速度。

6. 加保鲜膜。在烹调含水量较低的面点如馒头、面包,以及再热干饭时,为避免加热后因水分的蒸发而过于干燥,使食物仍保持原有松软可口的效果,在烹调过程中应根据食物的数量、干燥程度,适量滴上少许水,用保鲜膜封上后再加热。同样在烹调新鲜蔬菜、新鲜肉片、鱼片等食物时,也应覆盖一层保鲜膜(微波炉专用保鲜膜或聚丙烯塑料膜)后再进行烹调。这样不仅可以防止水分、汤汁的散失,而且还保持了食物原有的鲜嫩口味。

7. 铁网和敷垫。在烹制油炸、烘烤等香脆酥软口感的食物时,应将烹制物放置在专用的微波炉烹调铁丝网上,这样,不仅能使食物中多余的水分很快地蒸发扩散出来,而且可沥干多余的油料。同样用纸巾垫在面包、饼干或粘有面包粉面屑的鸡片、猪肉片下再进行烹调烘烤,这样纸巾可以吸收转盘与食物间积贮的水蒸气,保持食物表面干燥、松脆,使食物成熟后达到最佳效果。

8. 遮裹。在烹调密度和形状不均匀的食物时,如一条鱼其中段较粗,头尾又较细,故其吸收微波程度肯定不一样;而一只整鸡在鸡翅尖、胸骨、腿部吸收微波能量也多于其他部位,为使这些部分不至于在烹调中因过度脱水而焦硬,常采用能反射微波的金属箔纸遮裹易于吸收微波能量的部位,达到加热均匀、形色美观的烹调效果。当然,这里要特别注意的是遮裹的部位,铝箔不触及炉腔内壁,应保持与炉腔有一段距离,以免造成电弧打火。此外,在烹调过程中可将调味汁等涂在肉类表面,同样能起到遮裹作用,防止表面、局部脱水过多,影响食品的口感效果。

9. 搁置。微波烹调是食物的组成分子本身在微波炉腔体内与微波能量相互作用,产生摩擦生热,达到加热的目的,因此加热一段时间后,即使炉子停止工作,但由于惯性作用,食物内分子不会立刻停止振动,而将继续加热,其产生的热量将继续保持一段时间的自身烹调,这就是微波烹调与其他烹调的不同之处。充分利用这一特点,就是我们所说的微波烹调停机搁置技术。

搁置时间的长短,取决于食物的大小、密度等。食物的体积越大、密度越大、分量越多,则自身烹调所延续的时间也越长。一般肉类食物停机后加盖保持10～15分钟,其内部温度可继续上升5℃～10℃,而一般菜肴及蔬菜,搁置时间应相应短些,剩余热量足以使内部完全加热至熟,而从其外部却丝毫看不出烧干、硬皮等烹调过度的现象。总之,停机搁置是微波烹调的基本要素,它不仅能充分利用余热来完成自身烹调,使其更加入味,而且能使食物内外温度更加均匀,以防出现外凉内热而烫伤食用者的口舌。

实践操作

实训 15　黄桥烧饼

见下篇项目一工作任务三。

项目四　面团调制工艺

知识目标：

- 了解面团的概念与作用
- 熟悉面团的分类
- 熟悉面团原辅材料在面点中的作用,掌握其工艺性能
- 熟悉面团调制设备器具的种类、用途和使用方法
- 熟悉面团调制基本原理及影响因素
- 掌握水调面团、发酵面团、物理膨松面团、化学膨松面团、层酥面团、混酥面团、浆皮面团、米及米粉面团、淀粉面团、杂粮面团等面团的用料配方、工艺流程、调制方法、技术要领与调制原理

技能目标：

- 能够熟练准确地调制水调面团、发酵面团、物理膨松面团、化学膨松面团、层酥面团、混酥面团、浆皮面团、米及米粉面团、淀粉面团、杂粮面团等面团
- 能够娴熟掌握各种面团的调制要领,并能够及时发现和解决面团调制过程中出现的问题
- 能够独立完成品种制作的各个工艺环节

面团的调制通常是面点制作的第一道工序,也是最基本的一道工序。从某种意义上讲,没有面团就无所谓面点制品。而粮食粉料的种类不同,掺入的辅助原料不同,采用的调制方法不同,形成的面团性质也就各不相同,因此,才能得到不同质感特色的各色面点制品。

"不争气"的凉蛋糕

小李在某酒店面点房实习。一天中午赶上婚宴,师傅准备的凉蛋糕怕数量不够,让他抓紧时间再做一份。小李按照配方称量好原料后,按照平常师傅操作的步骤一步一步地做着,感觉很顺利,打好蛋糕浆后装笼蒸制,可等蛋糕一出笼,小李傻眼了,蛋糕怎么这么僵硬且表面凸凹不平? 问题出在哪里? 原料、配方都没错,操作步骤也一样,为什么做出来的产品有这样大的差异?

工作任务一　熟悉面团调制基本原理

[任务分析]　本项工作的任务是了解面团的概念,分类与作用;理解面团调制的基本原理及影响因素。只有通过对面团原材料品质、工艺性能的充分熟悉和对面团形成原理的深入解析,才能做到对面团调制技法和面团性质的准确把握和灵活运用,在技术创新运用上有所突破和带来质的飞跃。

一、面团的作用

面团是指用粮食粉料(面粉、米粉及杂粮粉等)掺入适当的水、油、蛋、糖浆等液体原料及配料,经调制使粉粒相互黏结而形成的用来制作半成品或成品的均匀混合的团、浆的总称。

面团调制的好坏,对面点色、香、味、形有着直接影响,对面点制作起着重要作用,是面点制作的基础条件。面团的作用归纳起来有以下几点:

①便于各种物料均匀混合

用于面团调制的原料很多,有干性原料如粮食粉料、砂糖、化学疏松剂等,有湿性原料如水、油脂、蛋液、糖浆等。通过面团调制,使各种干湿原料混合均匀,促使面团性质均匀一致。

②充分发挥皮坯原料应起的作用

如用油脂和面粉调制的面团具有酥松性;用鸡蛋和面粉调制的蛋泡面糊具有膨松性;用冷水和面粉调制的面团具有良好的筋力和韧性;利用酵母发酵的面团具有良好的膨松性和特殊的发酵风味。不同的原料有不同的性质,只有通过面团调制,才能充分发挥出它们在面点制作中应起的作用。

③适合于面点制品特点需要,丰富面点品种

面点制品分别具有松、软、爽滑、筋道、糯、膨松、酥、脆等质感特色。比如面条需要爽滑、筋道;包子需要暄软膨松;蒸饺需要软糯;油酥制品需要酥松等。形成制品质感除了原料特性以及熟制作用外,面团调制也是实现成品质感的重要因素。通过面团调制改变原料的物理性质,形成具有不同特性的面团,使之适合于面点制品特点的需要,从而也大大丰富了面点品种。比如同样是面粉和水调制的面团,用冷水调制面团制作的面条就爽滑、筋道;而用沸水调制面团制作的烧卖就软糯。

④便于面点成形

对大多数品种而言,产品的制作首先需要调制面团,因为形态的形成需要具备一定的条件,如一定的韧性、延伸性和可塑性等。比如制作船点,如果面团没有很好的可塑性,就无法形成千姿百态、栩栩如生的形态;再如制作水饺,如果面团没有良好的韧性和延伸性,也无法擀制出薄薄的饺子皮。因此,调制面团是面点成形的前提条件,是面点制作不可缺少的一道工序。

二、面团的分类

为了便于从理论上对面团进行进一步的深入研究,需要对面团进行系统的分类。

按照面团构成的主要原料,可将面团分为麦粉类面团、米粉类面团、其他类面团。按照调制介质及面团形成的特性,可分为水调性面团、膨松性面团、油酥性面团、浆皮面团等。

水调性面团是指粮食粉料与水调制而成的具有某种特性的面团。由于水温的差异,麦粉类水调性面团可再分为冷水面团、温水面团、热水面团和沸水面团。

膨松性面团是指在面团调制过程中加入适当的辅助原料,或采用适当的调制方法,使面团发生生物、化学反应和物理作用,产生或包裹大量气体,通过加热,气体膨胀使制品膨松,呈海绵状组织结构。膨松性面团按膨松方法可分为生物膨松面团、化学膨松面团和物理膨松面团三种。

油酥性面团是指粮食粉料与较多量的油脂调制而成的面团。按照油酥性面团的调制、加工方法,又可分为层酥面团和混酥面团两大类。

浆皮面团是指面粉主要与糖浆一起调制而成的面团。

面团的具体分类如图 2-15 所示:

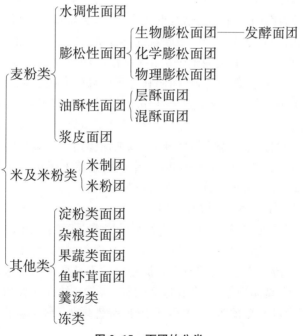

图 2-15 面团的分类

三、面团形成的基本原理

[参考实例] 水饺皮、虾饺皮、桃酥面坯、珍珠圆子坯皮的面团调制、面团性质和成品特性分析

(1)水饺皮:是系面粉加冷水调制,面团具有良好的筋力,富有弹性、韧性和延伸性,成品吃口爽滑、筋道。

(2)虾饺皮:是用 100℃ 的沸水一次性倒入澄粉中,搅拌成团,面团具有良好的可塑性,色泽洁白,制品成熟后呈半透明状,细腻柔软,口感嫩滑。

(3)桃酥面坯:是面粉与大量糖、油及化学疏松剂调制成的面团,成品松酥香甜可口。

（4）珍珠圆子坯皮：糯米煮至九成熟后捞出沥干，趁热加入鸡蛋液、澄粉调制而成，坯团黏结性较好，易包捏成形，成品口感糯爽。

实例分析：

通过水饺皮、虾饺皮、桃酥面坯、珍珠圆子坯皮的面团调制、面团性质和成品特性分析可知，面团的形成是由于面粉及米粉等粮食粉料所含的物质在调制过程中产生的物理、化学变化所至，一般认为有四种作用，蛋白质溶胀作用（既面筋的形成作用）、淀粉糊化作用、吸附作用、黏结作用。

（一）蛋白质溶胀作用（即面筋的形成作用）

1. 蛋白质溶胀作用形成面团的机理

当面粉与水混和后，面粉中的面筋性蛋白质——麦胶蛋白和麦谷蛋白迅速吸水溶胀，膨胀了的蛋白质颗粒互相连接起来形成面筋，经过揉搓使面筋形成规则排列的面筋网络，即蛋白质骨架，同时面粉中的淀粉、纤维素等成分均匀分布在蛋白质骨架之中，就形成了面团。如冷水面团的形成即是蛋白质溶胀作用所致，面团具有良好的弹性、韧性和延伸性。

蛋白质吸水胀润形成面筋的过程是分两步进行的。第一步，是面粉与水混和后，水分子首先与蛋白质分子表面的极性基团结合形成水化物，吸水量较少，体积膨胀不大，是放热反应。第二步，是水以扩散方式向蛋白质胶粒内部渗透。在胶粒内部有低分子量可溶性物质（无机盐类）存在，水分子扩散至内部使可溶性物质溶解而增加了浓度，形成一定的渗透压，使水大量向蛋白质胶粒内部渗透，从而使其分子内部的非极性基团外翻，水化了的极性基团内聚，面团体积膨胀，蛋白质分子肽链"松散、伸展"相互交织在一起，形成面筋网络，而淀粉、水等成分填充其中，即形成凝胶面团。此阶段属不放热反应。水以扩散方式向胶粒渗透的过程实际是缓慢的，这就需要借助外力，以加速渗透。所以，在和面时采用分次加水的办法，与面粉拌和，然后再进行揉面揣面，其作用就是使上述第二步扩散加速进行，使面筋网状结构充分形成。与此同时，面团中淀粉也吸水胀润。

2. 面团组成成分对面团物理性质的影响

（1）面团中结合水与游离水对面团物理性质的影响。调制面团时，面粉与水混合后，面粉中的水分即增加。一开始增加的这部分水全部为游离水，随着面粉中的蛋白质、淀粉吸水过程的进行，一部分游离水进入到蛋白质、淀粉胶粒内部变成结合水，面粉由干燥的粉状物变成含水的面团。在具体操作中，会有这样的感觉，一开始面团较软，黏性大，粘手、粘案板，而且缺乏弹性。通过反复揉搓，面团逐渐变硬，弹性增强，黏性降低，原因就在于游离水向结合水转变需要一个过程。

面团中游离水和结合水的比例，也决定着面团的物理性质。游离水可使面团具有流动性和延伸性。面粉吸水量增大，调制的面团趋于柔软；面粉吸水量降低，调制的面团硬度增加，但面粉的吸水量不能无限小，要保证面粉中的蛋白质能充分吸水形成面筋。一般面粉的吸水量不低于35%。面粉吸水量小，面团中结合水比例大，面筋结构紧密，面团的弹性、韧性强。面粉吸水量增大，面团中的游离水增加，面筋网络中的水分增多，蛋白质分子间的交联作用减弱，面团弹性、韧性相对降低，延伸性增强。因而，软面团较硬面团易于延伸。

（2）面团中固、液、气三相对面团物理性质的影响。已调制好的面团，由固、液、气三相构成。淀粉、麸皮和不溶性蛋白质构成了面团的固相，即面粉固形物中，除去可溶性成分

(可溶性糖、可溶性蛋白质、无机盐等)就构成了面团的固相;液相由游离水及溶解在水中的物质构成;气相由气体构成。面团中的气体有三个来源:面团在调制过程中混入的;酵母在发酵过程中产生的;面团中加入的化学膨松剂产生的。面团中的气体对形成面团疏松多孔结构起着重要作用,主要针对发酵面团、化学膨松面团、物理膨松面团、油酥面团等,水调面团中则要尽量减小气体含量。

面团中三相之间的比例关系,影响着面团的物理性质。面团中液相比例增大,面团的弹性减弱;面团中的气相比例增大,面团弹性和延伸性都减弱;面团中的固相比例增大,则面团硬度增大、韧性强。

（二）淀粉糊化作用

将淀粉在水中加热到一定温度后,淀粉粒开始吸收水分而膨胀,温度继续上升,淀粉颗粒继续膨胀,可达原体积的几倍到十几倍,最后淀粉粒破裂,形成均匀的黏稠糊状溶液,这种现象称为淀粉的糊化。糊化时的温度称为糊化温度。

淀粉糊化作用的本质是淀粉中有规则和无规则(晶体和非晶体)状的淀粉分子间的氢键断裂,分散在水中成为胶体溶液。

各种淀粉的糊化温度不同,见表2-5所示。同一种淀粉,颗粒大小不同其糊化难易也不相同,较大的颗粒容易糊化,能在较低的温度下糊化。因为各个淀粉颗粒的糊化温度不一致,通常用糊化开始的温度和糊化完成的温度表示糊化温度。

表 2-5　几种谷物淀粉的糊化温度(℃)

淀粉名称	糊化开始温度	糊化完成温度
小麦淀粉	59.5	64
大米淀粉	68	78
玉米淀粉	62	70
马铃薯淀粉	56	67
甘薯淀粉	70	76

淀粉糊化后黏度急骤增高,随温度的上升增高很快。在一些面团的调制中常利用淀粉糊化产生的黏性形成面团,如沸水面团、米粉面团、澄粉面团等。

（三）黏结作用

有一些面团的形成,是利用具有黏性的物质使皮坯原料彼此黏结在一起而形成的。如混酥面团成团与油脂、蛋液的黏器性有关;川点中的珍珠圆子坯料是利用蛋液和淀粉趁热加入刚煮好的糯米中产生的黏性使米粒彼此黏结在一起而形成的。

（四）吸附作用

如干油酥面团的形成,是依靠油脂对面粉颗粒表面的吸附而形成面团的。

四、影响面团形成的因素

（一）原料因素

1. 水。水从两方面影响着面团的形成,一是水量,二是水温。

（1）水量。绝大多数面团要加水制成,加水量多少视制品需要而定。调制同样软硬的面团,加水量要受面粉质量、添加的辅料、温度等因素影响。面粉中面筋含量高,吸水率则大,反之则小;精制粉的吸水率就比标准粉大;面粉干燥含水量低,吸水率则大,反之则小;面团中油、糖、蛋用量增多,面团的加水量要减少;气温低,空气湿度小,加水多些,反之则少些。

(2)水温。水温与面筋的生成和淀粉糊化有着密切关系。水温 30℃时,麦谷蛋白、麦胶蛋白最大限度胀润,吸水率达到最大,有助于面筋充分形成,但对淀粉影响不大。当水温超过 60℃时,淀粉吸水膨胀、糊化,蛋白质变性凝固,吸水率降低。当水温为 100℃时,蛋白质完全变性,不能形成面筋,而淀粉大量吸水,膨胀破裂,糊化,黏度很大。所以,调制面团时要根据制品性质需要选择适当水温。

2. 油脂。油脂中存在大量的疏水基,使油脂具有疏水性。在面团调制时,加入油脂后,油脂就与面粉中的其他物质形成两相,油脂分布在蛋白质和淀粉粒的周围,形成油膜,限制了面筋蛋白质的吸水作用,阻止了面筋的形成,使面粉吸水率降低;还由于油脂的隔离作用,使已经形成的面筋微粒不能互相结合而形成大的面筋网络,从而降低了面团的黏性、弹性和韧性,增加了面团的可塑性,增强了面团的酥性结构。面团中加入的油脂越多,对面粉吸水率影响越大,面团中面筋生成越少,筋力降低越大。

3. 糖。糖的溶解度大,吸水性强。在调制面团时,糖会迅速夺取面团中的水分,在蛋白质胶粒外部形成较高渗透压,使胶粒内部的水分产生渗透作用,从而降低蛋白质胶粒的胀润度,使面筋的生成量减少。再由于糖的分子量小,较容易渗透到吸水后的蛋白质分子或其他物质分子中,占据一定的空间位置,置换出部分结合水,形成游离水,使面团软化,弹性和延伸性降低,可塑性增大。因此,糖在面团调制过程中起反水化作用。糖对面粉的反水化作用,双糖比单糖的作用大,糖浆比糖粉的作用大。糖不仅用来调节面筋的胀润度,使面团具有可塑性,还能防止制品收缩变形。

4. 鸡蛋。鸡蛋中的蛋清是一种亲水性液体,具有良好的起泡性。在高速机械搅打下,大量空气均匀混入蛋液中,使蛋液体积膨胀,拌入面粉及其他辅料后,经成熟即形成疏松多孔、柔软而富有弹性的海绵蛋糕类产品。蛋黄中含有大量的卵磷脂,具有良好的乳化性能,可使油、水、糖充分乳化,均匀分散在面团中,促进制品组织细腻,增加制品的疏松性。蛋液具有较高的黏稠度,在一些面团中,常作为黏结剂,促进坯料彼此的黏结。蛋液中含有大量水分和蛋白质,用蛋液调制的筋性面团,面团的筋力、韧性可得到加强。

5. 盐。调制面团时,加入适量的食盐,可以增加面筋的筋力,使面团质地紧密,弹性与强度增加。盐本身为强电解质,其强烈的水化作用往往能剥去蛋白质分子表面的水化层,而使蛋白质溶解度降低,胶粒分子间的距离缩小,弹性增强。但盐用量过多,会使面筋变脆,破坏面团的筋力,使面团容易断裂。

6. 碱。面团中加入适量的食碱,可以软化面筋,降低面团的弹性,增加其延伸性。面团加碱后,面的 pH 值改变。当面团的 pH 值偏离蛋白质等点电时,蛋白质溶解度增大,蛋白质水化作用增强,面筋延伸性增加。拉面、押面就是因为加了碱,才变得容易延伸,否则在加工过程中很容易断裂,这也是一般机制面条都要加碱的原因。食碱还有中和酸的作用,这是酵种发酵面团使碱的目的。

(二)操作因素

1. 投料顺序。面团调制时,投料顺序不同,也会使面团工艺性能产生差异。比如调制酥性面团,要先将油、糖、蛋、乳、水先行搅拌乳化,再加入面粉拌和成团。若将所有原料一起拌和或先加水,后加油、糖,势必造成部分面粉吸水多,部分面粉吸油多,使面团筋酥不匀,制品僵缩不松。又如调制物理膨松面团,一般情况下要先将蛋液或油脂搅打起发后,再拌入面粉,而不能先加入面粉,否则易造成面糊起筋,制品僵硬不疏松。再如调制酵母发酵面团,干酵母不能直接与糖放在一起,而应混入面粉中,否则面粉掺水后,糖迅速溶解产生较高的渗透压,严重影响酵母的活性,抑制面团发酵,使面团不能进行正常发酵。

2. 调制时间。调制时间是控制面筋形成程度和限制面团弹性最直接的因素,也就是说面筋蛋白质的水化过程会在面团调制过程中加速进行。掌握适当的调制时间,会获得理想的效果。由于各种面团的性质、特点不同,对面团调制时间要求也不一样。酥性面团要求筋性较低,因此调制时间要短;筋性面团的调制时间较长,使面筋蛋白质充分吸水形成面筋,增强韧性。

3. 面团静置时间。静置时间的长短可引起面团物理性能的变化。不同的面团对静置的要求不同。酥性面团调制后不需要静置,立即成形,否则面团会生筋,夏季易走油而影响操作,影响产品质量。筋性面团调制后,弹性、韧性较强,无法立即进行成形操作,要静置15～25分钟,使面团中的水化作用继续进行,达到消除张力的目的,使面团渐趋松弛而有延伸性。静置时间短,面团擀制时不易延伸;静置时间过长,面团外表发硬而丧失胶体物质特性,内部稀软不易成形。

工作任务二　水调面团的调制

[任务分析]　本项工作的任务是熟悉水调面团种类、特点及形成的原理;掌握冷水面团、温水面团、热水面团、沸水面团调制的基本配方、工艺流程、调制方法和调制要领;掌握常见水调面团品种的制作。

水调面团是指直接用面粉和水调制而成的面团。调制面团时除了可加少量盐、碱等外,一般不加其他辅料。水调面团在不同的地域有不同的叫法,如水面、呆面、死面等。根据调制面团时所用水温的不同,水调面团又分为冷水面团、温水面团、热水面团和沸水面团。

一、冷水面团调制工艺

[参考实例]　红油水饺

(1)原料配方:①皮坯:面粉500克、冷水210克、食盐少许;②馅心:猪后腿肉、生姜、葱、鸡蛋、各种调味料;③碗内调料:复制酱油、红油辣椒、蒜泥、熟芝麻

(2)操作程序:①制馅:生姜拍破,葱挽结,用清水浸泡。猪肉用刀背捶茸去筋,再用刀剁细,置盆内加姜葱浸泡液少许、味精、胡椒粉、食盐、鸡蛋,用力搅匀融为一体后再分次加入姜葱浸泡液,继续搅拌,直到各种原料融为一体,再加香油搅成黏稠状即成馅心。

②面团调制:面粉置案板上,中间刨一坑塘,撒入少许盐,先加入大部分水,使用抄拌法将粉与水拌和均匀成雪片状,再将小部分水洒在雪花面上,反复揉搓至面团光洁,然后盖上洁净湿布,静置饧面。

③制皮:将饧好的面团搓成圆条,再扯成剂子(约6克),将每个剂子立置案板上用手压扁,撒扑粉,用小擀面棍擀成圆形皮即成。

④包馅成形:取皮坯一张,把馅置于皮坯中,对叠成半月形,用力捏合边口成生饺。

⑤成熟与调味:用旺火沸水煮饺,生饺入锅立即用瓢推动,以防粘连,水沸后加少量冷水,以免饺皮破裂,待饺皮起皱发亮即熟。用漏瓢捞出熟饺,甩干饺汤,分别盛入碗内,淋上复制酱油、味精、红油辣椒、蒜泥、熟芝麻即成。

(3)风味特色:皮韧馅嫩,集咸、甜、辣、香、鲜为一体。

实例分析:

从红油水饺的制作实例分析可知,冷水面团即是用冷水(通常指常温的水)与面粉调制的面团,亦称子面,具有颜色白、筋力强,富有弹性、韧性和延伸性、吃口爽滑、筋道等特点。

在餐饮市场中常见的用冷水面团制作的成品是各地风格各异的水饺、面条、馄饨等,此类制品皮爽滑、有韧劲。

(一)冷水面团的种类

水量的变化对冷水面团的性质有至关重要的影响,根据用水量可将冷水面团分为硬面团、软面团、稀软面团三种,它们的性质及运用都略有区别:

硬面团:坚实、韧性好;适宜作面条、饺子、馄饨等;

软面团:弹性、延伸性好;适宜作抻面、馅饼等;

稀软面团:延伸性好;适宜作春卷皮、拨鱼面等。

(二)冷水面团配方

如表2-6所示。

表2-6　冷水面团的配方(克)

面团	面粉	水
硬面团	500	225以下
软面团	500	225～300
稀软面团	500	300以上

以上配方的用水量范围,随着面粉的筋力强弱变化会有的调整,而且需注意在实际操作中一些品种根据要求还可添加鸡蛋、盐、碱等。

(三)工艺流程

下粉——→掺水——→拌和——→揉搓——→饧面

(四)调制方法

1.硬面团和软面团的调制方法:面粉置案板上,中间刨一个圆坑,然后掺水,先加入大部分水,使用抄拌法将粉与水拌和均匀成雪片状,再将小部分水洒在雪花面上,反复揉搓至面团光洁,此后盖上洁净的湿布,静置饧面。

2.稀面团的调制方法:将面粉放入盆内,加入大部分水,抄拌成软面团,再逐步加水调制成面浆。

(五)调制工艺要领

1.正确掌握加水量。加水量要根据制品要求而定,具体操作时要综合考虑面粉质量、温度等因素。特别对于硬面团,水量如偏少会很难成团,而偏多会对成品口感产生不良的影响。因此,配方水量要事先确定好,在此特别提醒初学者在调制面团之前一定要先按配方称量原料。

2. 和面时要分次掺水。分次掺水既能便于调制又可随时了解面团软硬度情况。和面时一般分 2~3 次掺水,第一次掺水量占总水量 70%~80%,第二次占 20%~30%,第三次将剩余的少量水洒在面上。第一次掺水拌和面时,要观察粉料吸水后的软硬情况,若小面块很接近要求的软硬度时,第二次掺水要酌量减少。分次掺水可很好地控制面团软硬度的情况,以便正确掌握加水量。

3. 添加盐、碱的目的。冷水面团中加入盐、碱都是为了增强面团筋力,使面筋弹性、韧性和延伸性增强。面团中加碱,会使制品带有碱味,同时使面团出现淡黄色,并对面粉中的维生素有破坏作用,因而一般的面团不用加碱来增强面团筋力,而是加盐。但擀制手工面、抻面等,常常既加盐,又加碱,因为加碱不仅可以软化面筋,还能增加面条的爽滑性,使面条煮时不浑汤,吃时爽口不黏。

4. 加蛋的目的。冷水面团中加入蛋液,可使面团表现出更强的韧性,如馄饨、面条面团中常用加蛋来增加其爽滑的口感,甚至用蛋液代替水和面制成金丝面、银丝面。由于蛋液中蛋白质含量高,暴露在空气中易失水变成凝胶及干凝胶,从而易使面团表面结壳,面条、馄饨皮翻硬,故加蛋的冷水面团应比直接加水的面团稍软。

5. 揉面的作用。主要有以下三个方面:

(1) 使各种原料混合均匀。

(2) 加速面粉中的蛋白质与水结合形成面筋。

(3) 扩展面筋。若揉面时间短,没扩展的面筋由于蛋白质结构不规则,使面团缺乏弹性。而经过充分揉制的面团,由于蛋白质结构得到规则伸展,使面团具有良好的弹性、韧性和延伸性。行话说:"揉能上劲",就是这个道理。因此,调制冷水面团时一定要充分揉搓,将面团揉透、揉光滑。对于拉面、抻面,在揉面时还需有规则、有次序,有方向,使面筋网络变得规则有序,但揉的时间不是越长越好,揉久了面筋衰竭、老化,弹性、韧性又会降低。

6. 充分饧面。面团通过静置可得到充分松弛而恢复良好的延伸性,更有利于下一道工序的有效进行。

二、温、热水面团调制工艺

[参考实例]　眉毛饺

(1) 原料配方:①皮坯:面粉 500 克、60℃温水 250 克;②馅心:猪后腿肉、各种调味料。

(2) 操作程序:①制馅:鲜猪肉洗净后剁成肉泥,将肉泥装入钵中,放入酱油、白糖、葱姜末搅拌入味,然后加入少许清水,搅粘上劲,再放入味精、香油搅拌均匀成馅。

②面团调制:面粉置案板上,中间刨个浅坑,把沸水均匀浇在面粉上,边浇水边用小面棒拌和,搅拌均匀后,洒上少许冷水,再揉搓成团,然后将面团摊开或切成小块晾凉,使面团内热气散去,再进一步揉搓成团,饧面。

③ 制皮:将饧好的面团搓成圆条,再扯成剂子(约 6 克),将每个剂子立置案板上用手压扁,撒扑粉,用小擀面棍擀成圆形皮即成。

④包馅成形:取皮坯一张,中间放上馅心,然后对叠将边比齐,将一只角的顶端塞进一

部分,再将结合处捏紧,捏扁,用手绞出绳状花边即成生坯。

⑤成熟:沸汤锅上蒸约 6 分钟即成熟。

(3)风味特色:造型美观,形象逼真,制作精细,实用性广,是酒席筵上常用的面点之一。

[参考实例] 锅贴饺

(1)原料配方:①皮坯:面粉 500 克、80℃热水 280 克;②馅心:猪夹心肉、姜、鸡汤、各种调味料。

(2)操作程序:① 制馅:猪夹心肉洗净剁茸;姜拍破,葱切节,放入碗内加清水浸泡,制成葱姜水。将肉茸置盆内加食盐、料酒拌匀,然后分别加入鸡汤和葱姜水顺一个方向用力搅拌,至汁水全部被肉茸吸收成黏稠糊状,再加入味精、胡椒粉、白糖、香油拌匀即成。

②面团调制:面粉置案板上,中间刨个浅坑,把沸水均匀浇在面粉上,边浇水边用小面棒拌和,搅拌均匀后,洒上少许冷水,再揉搓成团,然后将面团摊开或切成小块晾凉,使面团内热气散去,再进一步揉搓成团,饧面。

③制皮:将饧好的面团搓成圆条,再扯成剂子(约 6 克),将每个剂子立置案板上用手压扁,撒扑粉,用小擀面棍擀成圆形皮即成。

④包馅成形:取圆皮于手中,放入馅心对折捏成月牙饺形。

⑤成熟:平锅置小火上,加入少量猪油,将饺坯由外向内整齐放入平锅内,稍煎一会儿,洒上少许水油混合物(即清水中加入少量油脂),盖严锅盖,不断转动平锅使饺子受热均匀。待锅内水将干时,发出轻微爆裂声,揭开锅盖,再洒少量水油混合物盖严,继续煎至水干饺底金黄起锅装盘即成。

(3)风味特色:饺底金黄酥脆,饺面柔软油润,饺馅鲜嫩多汁。

实例分析:

从眉毛饺、锅贴饺的制作实例分析可知,眉毛饺是由用温水和面调制的温水面团制成,锅贴饺是由用热水和面调制的热水面团制成。

在餐饮市场中常见的用温水面团、热水面团制作的成品是各地风格各异的蒸饺、煎饺,此类制品外形美观、皮较柔软、有些许的嚼劲。

温水面团是用 60℃左右的温水和面粉调制而成的面团。其特点是面团颜色较白,有一定的筋力、韧性,较好的可塑性,做出的成品不易走样,口感适中。温水面团适宜制作各种花色饺子、饼类,如参考实例中的眉毛饺。为了方便制作者包捏造型,要求面皮既要有较好的可塑性,又要有较好的柔韧性,避免在成形中面皮出现断裂,这样就要求面团的筋力不能太强,以便保持较好的柔韧性,所以选用了温水面团。

热水面团是用 80℃以上的热水和面粉调制而成的面团,一些地区称之为烫面。其特点是面团色泽较暗,韧性较差,黏柔性、可塑性良好。根据所用水温和加水量的不同,可分为二生面、三生面、四生面等。所谓"三生面"是指用热水调制的面团中,有七成面粉受热变性,有三成面粉仍保持生面粉的性质,所形成的面团称为"三生面"。热水面团适宜制作蒸、煎、烙、炸类制品,如锅贴、春饼等。如锅贴饺对口感的要求是饺底酥脆,饺面柔软,所以要求面团筋力弱、有良好的可塑性,否则易造成饺底硬脆,饺面韧劲,从而失去此制品的口感特色,故选用了热水面团。

温、热水面团随面团中面筋变性程度增加,面团颜色由较白逐渐变暗,筋力、韧性逐渐减弱,可塑性增强,成品的口感也由筋道逐渐变为软糯。根据调制水温由低到高,适宜制作各种花色蒸饺、锅贴饺、春饼等。

（一）温、热水面团配方

如表2-7所示。

表2-7　温、热水面团配方（克）

面团		面粉	水	水温（℃）
热水面团	二生面	500	400～550	100
	三生面	500	275～375	90
	四生面	500	225～300	80
温水面团	五生面	500	200～275	60

以上配方的用水量范围,需注意在实际操作中一定要根据品种的要求控制总水量来确定面团的软硬度。

（二）工艺流程

下粉──→掺温、热水──→拌和──→揉面──→散热──→揉面

（三）调制方法

1. 温水面团。其调制与冷水面团相似,即先将面粉置案板上,中间刨个圆坑,掺入温水,迅速与面粉拌和,抄拌成雪花状,反复揉搓至面团光滑,此后将面团摊开或切成小块晾凉,再进一步揉搓成团,盖上湿布备用。

2. 热水面团。面粉置案板上,中间刨个浅坑,把热水均匀浇在面粉上,边浇水边用小面棒拌和,搅拌均匀后,洒上少许冷水,再揉搓成团,然后将面团摊开或切成小块晾凉,使面团内热气散去,再进一步揉搓成团,盖上湿布备用。

（四）调制工艺要领

1. 水温、水量要准确。水温过高,会引起蛋白质明显变性,淀粉大量糊化,面团筋力弱,而黏柔性强,颜色发暗,达不到面团性质要求;水温过低,则淀粉不膨胀、不糊化,蛋白质不变性,而面团筋力过强,易使花色蒸饺类制品造型困难,成品口感发硬,不够柔软。具体水温的掌握要根据品种的要求,考虑气温、粉温的影响灵活掌握。加水量的多少要根据品种的要求,考虑水温等因素的影响灵活掌握,使调制出的面团软硬适度。水温升高时面粉吸水量增大,反之则减小。

2. 热水要快浇、浇匀。调制过程中,要边浇水,边拌和,浇水要匀,搅拌要快,水浇完,面拌好。这样可以使面粉中淀粉快速均匀地吸水膨胀、糊化,蛋白质变性,减少面筋生成,使面团性质均匀一致。

3. 要及时洒上冷水揉团。当加热水拌和均匀后,要揉团时,需均匀洒上少许冷水,再揉搓成团。这样可使面团黏糯性更好,成品吃口糯而不粘牙。

4. 必须散去面团内热气。因为用温、热水和面后,面团有一定热度,热气郁集在面团内部,易使淀粉继续膨胀、糊化,面团会逐渐变软、变稀,甚至粘手,制品成形后易结壳,表面粗糙。因此,面团和好后,摊开或切成小块晾凉,使面团中的热气散去,水分也随之散失一些,使淀粉不再继续吸水。

5. 饧面须知。备用的温热水面团要用湿布盖上,避免表皮结壳。

三、沸水面团调制工艺

[参考实例] 烫面蒸饺

(1)原料配方:①皮坯:面粉500克、沸水400克;②馅心:猪肉、猪油、甜面酱、各种调味料。

(2)操作程序:①制馅:猪肉洗净剁细,炒锅置中火上,加入猪油烧至六成热,下姜米炒香,加入肉颗粒炒散,加入甜面酱炒匀起锅,晾冷后放食盐、味精、胡椒粉、花椒油、葱花拌匀即成馅心。

②面团调制:先把面粉过筛,然后锅置炉火上加水,待水沸,一手拿小面棒,一手将面粉徐徐倒入锅中,边倒面粉,边用小面棒快速搅拌,直至面粉全部烫熟,收干水气;然后将面团置于案板上,用刀切成小块微晾,散去部分热气,反复揉搓至面团内部细腻,然后搓成薄片,摊开晾凉,使热气完全散失,然后重新揉搓成团,盖上湿布备用。

③制皮:把面团揉搓成圆条,切成剂子,逐个擀成圆皮。

④包馅成形:取皮坯一张摊在手上,用竹片挑馅于皮坯中间,皮坯合拢成饺形,捏花边成"小生帽"样,竖立于蒸笼中。

⑤成熟:用旺火沸水蒸5分钟即成。

(3)风味特色:皮粘软馅香,清鲜爽口,回味微甜。

实例分析:

从烫面蒸饺的制作实例分析可知,使用烫面做成的饺子软糯,无筋力,颜色发暗。烫面即沸水面团,又称开水面团,是用沸水在锅中加面粉调制而成的面团。由于水温高,始终保持100℃,面粉中的蛋白质完全变性,淀粉大量糊化,因而面团粘糯、柔软,无筋力,可塑性强,色泽暗,口感细腻、粘糯,微带甜味。适宜制作炸糕,烫面饺等。

(一)沸水面团配方

如表2-8所示。

表2-8　沸水面团配方(克)

面粉	沸水
500	350～750

调制沸水面团可加入少量猪油,目的是使调制出的面团更加细腻、滋润。猪油一般在水沸后加入。

(二)工艺流程

锅置火上──→烧水──→烫面──→晾凉──→揉面

(三)调制方法

调制沸水面团要在锅中进行。锅置炉火上加冷水,待水沸,一手拿小面棒,一手将面粉徐徐倒入锅中,边倒面粉,边用小面棒快速搅拌,直至面粉全部烫熟,收干水气;然后将面团置于案板上,用刀切成小块晾凉,散去热气,冷后反复揉搓至面团表面光滑,盖上湿布备用。

(四)调制工艺要领

1.烫面火力适中。烫面时要用中火,切忌用大火,这样很容易造成由于锅底快速焦糊,使面团带有很难闻的焦糊味。一定要水沸后才下面粉,这样才能缩短在锅内烫制的时间,锅不能端离火口,保证锅内的热量充足。

2. 面粉需过筛。因为调制沸水面团时是把面粉向水里加，所以面粉一定要过筛，才能避免面团中夹杂生粉粒。

3. 水量要一次添加准确。由于加粉后就无法调节水量，所以水量要准确，要一次加足，避免出现水多调成浆糊，水少留下大量干粉而无法成团。

4. 面团热气要散尽。面团内的热气要分两次散尽，第一次只能散失少量热气，这样一是保证面团中的干粉颗粒能够在揉搓中变熟，而且这时面团较柔软，便于揉搓；第二次就要完全散尽，道理与温热水面团类似。

5. 面团要揉匀、揉透。通过反复揉面，使面团光滑、细腻。揉面时注意不要待面团完全冷透了才揉，否则会因面团弹韧性过强而难以揉匀揉透。

6. 饧面须知。备用的面团要用湿布盖上。

四、原理分析

通过以上各种水调面团调制工艺的介绍，对水调面团有了较直观的认识，为了使学习者更好地明白和掌握水调面团调制技术、技巧，在此将水调面团的调制原理和特性进行归纳和总结，使学习者能更加系统地了解相关知识点，在将来实际工作中合理使用，从而达到举一反三、独立思考的效果。

（一）水温、水量对蛋白质和淀粉的影响

水调面团是面粉直接与水结合形成的一类面团，其性质及其变化和水温以及水量的变化有直接的关系。一般规律是随着水温的提高面团的弹韧性会降低，而可塑性会增加，反之亦然；而随着用水量的增加面团的弹韧性也会降低，延伸性、可塑性会增加。下面我们就详细了解水温以及水量对面团形成以及性质的影响。由于面粉主要由淀粉和蛋白质组成，而水温以及水量是通过对这两种成分的影响从而达到对面团形成以及性质的影响。

水调面团的形成，主要是由面粉中的淀粉与蛋白质的吸水胀润作用所引起的。随着调制水温的变化，淀粉和蛋白质发生了不同的物理化学变化。

1. 水温、水量对蛋白质的影响。面粉在用冷水调制时，面粉中的蛋白质吸水胀润形成面筋。面筋蛋白质吸水胀润作用在 30℃ 时达到最大，吸水量高达 150%～200%，当温度偏高或偏低时，面筋蛋白质的胀润度都将下降。当温度升高到 60～70℃ 时，蛋白质开始热变性而凝固，这种变性作用使面团中的面筋受到破坏，湿面筋生成量显著下降，因而面团的延伸性、弹性减弱，筋力下降，吸水率降低，而黏度稍有增加。蛋白质的热变性随着温度增高而加强，温度越高，变性越快、越强烈。

常温下随着水量的改变，面团中面筋结合的水量不同，面团表现出不同的物理性质。在水量少的情况下，面筋结构紧密，韧性强，面团坚硬；在加水量多的情况下，面团弹性、韧性相对降低，延伸性增强。随面团调制水温升高，蛋白质开始变性，吸水能力也开始下降，这时水量的变化对蛋白质的影响逐渐降低。

2. 水温、水量对淀粉的影响。面粉中的淀粉主要以淀粉粒的形式存在。淀粉粒由直链淀粉分子和支链淀粉分子有序集合而成，外表由蛋白质薄层包围。淀粉粒结构有晶体和非晶体两种形态，通过淀粉分子间的氢键连结起来。

淀粉粒不溶于冷水，在常温条件下基本没有变化，吸水率和膨胀性很低。水温在 30℃ 时，淀粉只能吸收 30% 左右的水分，淀粉粒不膨胀仍保持硬粒状。当水温达到 50℃ 以上时，

淀粉开始明显膨胀,吸水量增大,当水温达到 60℃时淀粉开始糊化,形成黏性的淀粉溶胶,这时淀粉的吸水率大大增加。淀粉糊化程度越大,吸水越多,黏性也越大。淀粉糊化作用的本质是淀粉中有规则和无规则(晶体和非晶体)状的淀粉分子间的氢键断裂,分散在水中成为胶体溶液。

通过以上的分析可以看出,面团性质在常温下的变化主要是由水量的变化对面筋蛋白质的影响造成的;而随着水温的升高,面团性质的变化逐渐由水量的变化对面筋蛋白质的影响转变为对淀粉糊化的影响来决定。而淀粉糊化需要的水量远远大于面筋蛋白质生成面筋需要的水量,这就是调制同样软硬度的冷水面团所用水量会明显低于沸水面团所需水量的原因。

(二)各水调面团的成团原理及特性

1. 冷水面团。通过温度对面粉中蛋白质、淀粉的作用分析可知,冷水面团的形成主要是蛋白质溶胀作用的结果。面粉与冷水混合后,面筋蛋白质大量吸水形成致密的面筋网络,将其他物质紧紧包裹在其中,面团具有坚实、筋力强的特点,富有弹性、韧性和延伸性。

2. 沸水面团。沸水面团用的是 100℃的沸水,且在锅中调制而成,水温使面粉中的蛋白质变性,淀粉大量吸水糊化。因此,沸水面团的形成主要是淀粉糊化所起的作用。淀粉遇热大量吸水膨胀糊化,形成有黏性的淀粉溶胶,并黏结其他成分而成为黏柔、细腻、略带甜味(淀粉酶的糊化作用以及淀粉糊化作用分解产生的低聚糖)、可塑性良好、无筋力和弹性的面团。

3. 温水面团。温水面团调制时,掺入水的温度为 60℃左右,与蛋白质变性和淀粉糊化温度接近,因此温水面团的形成是蛋白质溶胀和淀粉糊化共同作用的结果。由于水温的影响,面粉中蛋白质开始变性或部分变性,使面筋生成受到限制,面团有一定筋力,但不如冷水面团。面粉中的淀粉在水温的影响下吸水膨胀,部分糊化,使面团带有黏柔性,可塑性增加。所以温水面团的性质是既有一定韧性,又较柔软。

根据温水面团性质要求,温水面团的调制除了直接用温水和面制作外,有用部分面粉加沸水调制成热水面团,剩余面粉加冷水调制成冷水面团,然后将两块面团揉合在一起而制成;也有用沸水打花、冷水调面的方法制作的。所谓沸水打花、冷水调面是指用少量沸水将面粉和成雪花状,待热气散尽后,再加冷水揉至成团,通过沸水的作用使部分面粉中的蛋白质变性、淀粉糊化,从而降低面粉筋度,增加黏柔性,再加冷水调制使未变性的蛋白质充分吸水形成面筋,使形成的面团既有一定韧性,又较柔软,并有一定可塑性。

4. 热水面团。热水面团调制时,用的是 80℃以上的热水甚至沸水。调制初期,热水浇淋到的面粉颗粒,其淀粉糊化,蛋白质变性。淀粉糊化产生的黏性,使粉粒彼此黏在一起形成面团。由于热水面团是在案板上或盆内调制,热水加入面粉中,很快受到粉温、室温的影响,温度降低。此时未被热水浇淋到的面粉颗粒,先是依靠糊化淀粉产生的黏性黏结在一起,然后随着调制过程的进行,面团温度逐渐降低,受热的作用逐渐减小,在揉团过程中逐渐吸收面团内的游离水形成面筋,使面团韧性增加。因此热水面团的性质与面粉受热程度有很大关系,或近似沸水面团,或近似温水面团,这与调制热水面团时所用水温和加水量有很大关系。调制热水面团,水温越高加水量越大,直接受热水作用的面粉粒越多,淀粉糊化、蛋白质变性程度越大,形成的面团黏柔性,可塑性越好,性质越接近沸水面团。若水温偏低,加水量小,就会有大量粉粒未直接受到热水浇淋,受热作用减小,蛋白质变性,淀汾糊化程度减弱,在揉团过程中未变性的蛋白质逐渐产生筋力使面团韧性增加,性质接近温水面团。因此热水面团的形成主要是淀粉糊化作用,其次是蛋白质溶胀作用。

实践操作

实训 16　红油水饺(钟水饺)

见下篇项目一工作任务一。

工作任务三　膨松面团的调制

[任务分析]　本项工作的任务是了解膨松面团的概念和种类;熟悉发酵面团、物理膨松面团、化学膨松面团的膨松原理;熟悉酵种发酵面团、酵母发酵面团、蛋泡膨松面团、油蛋膨松面团、泡芙面团、矾碱面团调制的基本配方、工艺流程、调制方法和调制要领;掌握常见膨松面团品种的制作。

所谓膨松面团,是在面团调制过程中加入适当的辅助原料,或采用适当的调制方法,使面团发生生物、化学和物理反应,产生或包裹大量气体,通过加热气体膨胀使制品膨松,呈海绵状组织结构。膨松面团按膨松方法可分为生物膨松面团、化学膨松面团和物理膨松面团三种。

一、发酵面团调制工艺

发酵面团即生物膨松面团,是面粉中加入适量酵种(或酵母)和水拌揉均匀后,置于适宜的温度下发酵,通过酵母的发酵作用,得到的膨胀松软的面团。该面团适宜制作馒头、花卷、大包等品种。制品体积膨大、形态饱满、口感松软,营养丰富。

(一)酵种发酵面团调制工艺

[参考实例]　芽菜包子

(1)原料配方:①皮坯:面粉500克、老酵面50克、白糖25克、化猪油15克、清水280克、小苏打5克;②馅心:猪肥瘦肉500克、芽菜粒100克、精盐2克、胡椒粉2克、味精2克、料酒15克、芝麻油15克、精炼油50克、葱花50克

(2)操作程序:①发面:将面粉置案板上,中间掏一坑,放入老酵面、水揉合成团,用湿布盖上,常温下进行发酵,当面团膨胀,内部呈均匀的蜂窝眼网状结构,即表明面团发酵成熟。

②使碱:在已发酵好的面团内加入小苏打、猪油、白糖反复揉匀。面团验碱正确后盖上湿布稍饧。

③制馅:猪肉洗净剁碎。锅置火上,放入精炼油烧热,下猪油炒散,加精盐、料酒炒干水分,再加芽菜炒香起锅,冷后加味精、胡椒粉、葱花拌匀。

④包馅成形:将使碱后的面团搓成长条,揪成剂子,按成圆皮,放入馅心捏成摺花纹收口即成包子生坯。

⑤成熟:用旺火沸水蒸约12分钟即成。

(3)风味特色:松软泡嫩,馅心松散,芽菜味浓。

实例分析：

从芽菜包子的制作实例分析可知，芽菜包子面坯是使用老酵面发酵的面团，制作中需注意面团发酵的程度，发酵结束后的面团要加碱去酸，才能制成成品，加碱是酵种发酵面团工艺难度较大的一道工序。

酵种发酵面团就是用面粉与酵种和水调制而成的面团，饮食行业传统制作发酵制品均采用这种面团。该面团发酵结束后产酸较大，需经加碱中和去酸后方能制成产品，其制作工艺难度较大。

1. 酵种发酵面团的种类

在实际工作中，由于调制方法、发酵程度的不同，会使制品有不同的效果，据此调出了特性各异的发酵面团：大酵面、嫩酵面、开花酵面、碰酵面、烫酵面等。

（1）大酵面：亦称全酵面、登发面，指发足了的面团，即发酵成熟的面团。这种面团用途广泛，制作的成品泡度好，柔软，易消化。适宜制作馒头、花卷、大包。

（2）嫩酵面：亦称小酵面，指没有发足的面团，即面团发酵还未成熟。嫩酵面的发酵时间短，约大酵面的一半或1/3。面团稍有起发，仍带有一些韧性，弹性较好。适宜制作带汤汁的软馅品种和各种花色包子，如汤包、小笼包、刺猬包等。

（3）开花酵面：调制的发酵面团，酵种用量较大，发酵时间略长，面团稍微成熟过度。酸碱中和时加入适量的白糖、饴糖和猪油，反复揉匀。成形后，饧面10分钟，用旺火蒸制，使制品表面自然开花。如开花馒头、白结子等。

（4）碰酵面：也称抢酵面，性质与大酵面相同，是大酵面的快速调制法。面团调制时酵种与面粉比例为2∶3或1∶1。和面时便加入碱，调节面团酸碱度，调好后即可使用，不需发酵时间。碰酵面在成品质量上不如大酵面。

（5）烫酵面：俗称"熟酵"，是面粉加沸水调制成热水面团，稍冷后加入酵种揉制、发酵而成的面团。具有筋性小、柔软，吃口软糯、色泽较暗的特点，适宜制作煎、烘成熟的饼类，如黄桥烧饼。

2. 酵种发酵面团配方

如表2-9所示。

表2-9　酵种发酵面团配方(克)

面粉	酵种	水
500	100	250

3. 工艺流程

4. 酵种发酵面团调制方法

（1）酵种制作。一般制法是将当天剩下的发酵面团，加水调散，放进面粉揉和，在发酵盆里进行发酵，成为第二天使用的酵种。在没有发酵面团的情况下，则需重新培养。培养酵面的方法有很多，白酒培养法、酒酿培养法、果汁培养法等。

白酒培养法是在面粉中掺入酒、水拌和均匀,经过一定时间即可发酵为新酵种。酒酿培养法是在面粉中掺入酒酿、水揉和成面团,放入盆内盖严,经过一定时间,即可发酵成酵种。果汁培养法是在面粉中掺入果汁(如苹果汁、橙汁、橘子汁等带酸性的果汁)、水搅和成稀糊状,盖严放在温暖处,经一定时间后,面糊表面起泡即成。

(2)面团调制。酵种先用少量水调散,面粉置案板上或盆内,加入酵种和水拌匀,反复揉搓至面团表面光滑,即可进行发酵。

(3)面团发酵。时间夏天约1~2小时,春秋天约3小时,冬天约5小时。面团发酵过程中有诸多因素会对面团发酵的效果产生至关紧要的影响。

①温度。酵母生长的适宜温度在27~32℃之间,最适温度为27~28℃。酵母的活性随温度升高而增强,面团的产气量大量增加,发酵速度加快。但发酵温度高,酵母的发酵耐力差,面团的持气能力降低,且易引起产酸菌大量繁殖产酸影响发酵制品质量。如果温度低,酵母发酵迟缓,产气量小。因此,在实际生产过程中,发酵面团温度应控制在26~28℃之间,最高不超过30℃。发酵面团的温度一般由添加的水来控制,冬季一般用温水,夏季用凉水。

②酵母。酵母对面团发酵的影响主要有两方面:一是酵母发酵力;二是酵母的用量。所谓酵母发酵力是指在面团发酵中酵母进行有氧呼吸和酒精发酵产生CO_2气体使面团膨胀的能力。酵母发酵力的高低对面团发酵的质量有很大影响。使用发酵力低的酵母发酵会使面团发酵迟缓,面团胀发不足。如存放过久的鲜酵母、干酵母、面肥等。影响酵母发酵力的主要因素是酵母的活力,活力旺盛的酵母发酵力大,而衰竭的酵母发酵力低。

在酵母发酵力相等的条件下,酵母的使用量直接影响面团的发酵速度和发酵程度。增加酵母用量,可以促进面团发酵速度,但不是多多益善。酵母用量过多,反而会使酵母繁殖速度降低,并影响制品口味,使成品带有酵母味。酵母用量可根据具体情况而定,酵母发酵力强,就可以少用;反之,可以多用。气温高,面团发酵快,可少用酵母;反之,可以多用,以保证面团正常发酵。不同的酵母发酵力差别很大,在使用量上有明显不同,它们之间的用量换算关系为:

新鲜酵种∶鲜酵母∶活性干酵母∶即发活性干酵母＝10∶1∶0.5∶0.3

③面粉。面粉对发酵的影响主要是指面筋和淀粉酶的作用。发酵面团有保持气体的能力,是因面团中含有兼备弹性和延伸性的面筋。当面团发酵产生的气体在面团中形成膨压,就会使面筋延伸,面筋的弹韧性使它具有抵抗膨压,阻止面筋延伸和气体透出的能力。面筋筋力越强,抵抗膨压的能力越大,面筋不容易延伸,这样就使气体产生受到抑制,面团不易胀发,需要发酵的时间增长。如果面筋的筋力弱,抵抗膨压的能力小,面筋容易被拉伸,保持气体的能力弱,其结果是面团易塌陷,组织结构不好,制品体积小。因此,制作一般的发酵制品,应选择面筋含量适中且筋力强的面粉。

酵母在面团发酵过程中,仅能利用单糖,而面粉本身的单糖含量很少。这就要求面粉中的淀粉酶不断水解淀粉,使之转化成可溶性糖供酵母利用。淀粉酶的活力大小对面团发酵有很大的影响。淀粉酶活性大,面粉的糖化能力强,可供酵母利用的糖分多,面粉产气能力大。如果使用已变质或经过高温处理的面粉,其淀粉酶活性受到抑制,面粉糖化能力降低,产气能力减弱,面团发酵受到影响。

④渗透压。面团发酵过程中影响酵母活性的渗透压主要是由糖和盐引起的。酵母细胞外围有一层半透性的细胞膜,外界浓度的高低影响酵母活性,抑制酵母发酵。高浓度的

糖和盐产生的渗透压很大,可使酵母体内原生质渗出细胞,造成质壁分离而无法生长。因此无盐、无糖面团发酵充分,而当面团中糖、盐达到一定浓度后,面团发酵受到限制,发酵速度变得缓慢。糖使用量为5%～7%时产气能力大,超过这个范围,糖的用量越多,发酵能力越受抑制,但产气的持续时间长,此时要注意添加氮源和无机盐。

食盐抑制酶的活性,因此添加食盐量越多,酵母产气能力越受抑制。食盐可增强面筋筋力,使面团的稳定性增大。食盐用量超过1%时,对酵母活性就具有抑制作用。

⑤加水量。一般来说,加水量越大,面团越软,面筋易发生水化作用,容易被延伸。因此发酵时,易被CO_2气体所膨胀,面团发酵速度快,但保持气体能力差,气体易散失。硬面团则相反,具有较强的持气性,但对面团发酵速度有所抑制。所以最适加水量是确保最佳持气能力的一个重要条件。调制面团时,根据面团的用途具体掌握,调节好软硬。

⑥发酵时间。以上各种因素在不同程度上影响着面团发酵,面团发酵时间的长短对发酵面团的质量是至关重要的。发酵时间长,面团变得稀软,弹性差,酸味强烈,成熟后软塌不松泡。发酵时间短,面团胀发不足,制品僵硬,体积小,同样影响成品质量。

影响面团发酵的各个因素彼此相互影响,相互制约,在适宜的温度下,面团发酵快,低温则发酵慢;酵母用量多,面团发酵时间短,反之则长;软面团发酵快,硬面团发酵慢。总之,要取得良好的发酵效果,需从多方面加以考虑,但总的来说,时间的掌握和控制是最关键的。

(4)发酵面团成熟度的判别

①眼看法:用肉眼观察,若面团表面已出现略向下塌陷的现象,则表明面团发酵成熟。如果面团表面有裂纹或有很多气孔,说明面团已发酵过度。用刀切开发酵面团,剖面呈均匀的蜂窝眼网状结构,即表明发酵成熟;若孔洞大小不均,有长椭圆形大空孔洞,则表明发酵过度;若孔洞细小,结构紧实,则表明面团发酵不足。

②手触法:用手指轻轻插入面团内部,待手指拔出后,观察面团的变化情况,如面团不再向凹处塌陷,被压凹的面团也不立即复原,仅在面团凹处四周略微下陷,表明面团发酵成熟;如果被手指压下的地方,很快恢复原状,表明面团胀发不足;如果凹陷处面团随手指离开而很快塌陷,表明面团发酵过度。

③手拉鼻嗅法:取一小块面团用手拉开,如果面团有适度的弹性和柔软的伸展性,气泡大小均匀,气泡膜薄,用鼻嗅之,有酒香和酸味,即为面团发酵成熟;如果面团拉开的伸展性不充分,气泡膜厚,拉裂时看到的气泡分布粗糙,用鼻嗅之,酒精味不足,酸味小,即为发酵不足;如果面团拉伸时易断裂,面团内部发脆,黏结性差,闻起来有强烈的酸臭味,便是发酵过度。

(5)使碱和验碱

用酵种发酵,因含有杂菌,使酵面产生了酸度,因此发酵结束后,要进行使碱。使碱又称对碱、下碱、吃碱、揣碱、扎碱等,是酵种发酵面团调制的关键技术。

①加碱量的掌握。加碱多少要根据面团发酵程度、气温高低、操作时间、碱的种类等具体情况灵活掌握。加碱适当与否,对成品质量有决定作用。碱量适中,制品色泽洁白、松泡;若碱量大,制品色黄、味苦涩,而且碱对面粉中维生素破坏很大,影响制品营养;若碱量小,制品味酸、发硬不爽口。

面团发酵时间长,产生的有机酸多,需碱量比正常发酵面团大些;反之,则小。面团发酵程度受温度影响很大,温度高,面团发酵快且产酸多;温度低面团发酵缓慢,产酸速度也缓慢。加碱后的面团,在高温下易"跑碱",在低温下变化较小。所谓"跑碱",是指使碱后的面团继续发酵产酸,使面团酸性大于碱性,犹如加进面团中的碱"跑"了,使面团又呈现酸性。温度越高,跑碱越快。因此,在气温高的情况下,发酵面团加碱量要稍多,且面团跑碱后要补碱。

操作时间长短对面团加碱量也有影响,操作时间长,面团易跑碱,一般加碱后的面团要尽快进行成形、成熟。对加碱后需静置较长时间才成熟的,必须适当增大加碱量。

使用不同种类的碱,加碱量是不同的。食碱比小苏打的碱性大,用量少。因此在使碱操作中应根据各种情况和使碱种类灵活掌握。酵种发酵面团的使碱量是没有固定标准值的,它受着很多不可确定因素的影响和制约,目前而言,大多凭经验操作,因此加碱工序是酵种发酵面团最重要又是最难掌握的基本功之一。

②使碱方法。给发酵后的面团下碱,是整个酵种发酵工艺中极为重要的一个环节。它直接影响着成品的松泡度、色泽,进而决定制品的质量。常用的使碱方法有溶碱法、粉碱呛面法两种。粉碱呛面法是将碱面直接加入面团中;溶碱法是将碱面或碱块放入清水中溶成碱水,再加入面团。面团加碱后要立即揉搓,通常用揣面的方法,让碱在面团中分布均匀。加碱不匀,易造成制品"花碱",即制品表面呈现白一块、黄一块的花斑。

③验碱方法。验碱是对加碱的面团碱量大小的检验。验碱的方法主要有揉、看、拍、闻、蒸(或烙烤)面丸。

揉:凭揉面时手上的感觉来判断。若加碱后的面团软硬适宜,不粘手,有筋力为正碱;粘手、无良好韧性和筋力为缺碱;筋力大,韧性强为碱重(也称伤碱)。

闻:将放碱后的面团用刀切开,用鼻闻,有面香和酒香为正碱;有酸味为缺碱;有碱味为碱重。

拍:将放碱后的面团反复揉匀,用手拍打听其声音,若拍打声发脆为正碱;拍打声发空为缺碱;拍打声发闷为碱重。以上三种方式必须要有足够的实践经验才能准确判断,望初学者不要单靠不确定的感觉判断。

看:将放碱揉匀的面团用刀切开,观察面团内部蜂窝眼结构。若蜂窝眼大小均匀,呈圆形芝麻大小为正碱;眼孔大而多,大小不匀,呈长形为缺碱;眼孔稀少或无眼孔为伤碱。这种方式比较明显,通过几次实践就能掌握。

蒸或烙烤面丸:将加碱揉匀的面团用刀切一小块,搓挤成球形放入笼中用旺火蒸熟后取出。色白、松软爽口为正碱;小面丸起皱、色暗、膨松度差、味酸为缺碱;色黄为碱重。或将揉匀后的面团用刀切一小块,用铁筷夹着放入火中烙烤熟,用手掰开,色白、松软、爽口为正碱;膨松度差、有酸味、粘牙为缺碱;色黄为碱重。这两种方式最易判断,推荐初学者首选。

(6)醒面

酵种发酵面团在上笼蒸制前要准确判断生坯的膨松程度。由于发酵面团在使碱和成形过程中,被反复揉搓,面团结构趋于紧密,面团中的部分 CO_2 被挤压排出,使生坯的膨松程度大大降低,如果马上直接成熟,会使制品膨松度受到很大影响,而通过醒面可以提高制品膨松度。醒面是将使碱后的面团或成形后的发酵制品生坯,放置一段时间,使面团松弛,继续发酵膨胀,使制品达到更加膨松柔软的目的。

醒面通常是将使碱后的面团或成形后的发酵制品生坯放置在案板上或蒸笼内,静置一段时间,待面团或生坯略微起发后再进行加工或熟制。醒面的时间应根据制品的要求、面团中碱量大小和环境温度高低而决定。醒面是发酵制品的一道必要工序,对制品的膨松度和色泽影响很大。

5. 调制技术要领

(1) 面团调制水温适当。

(2) 酵种要新鲜。

(3) 面团软硬适中。

(4) 发酵温度适宜。

(5) 发酵时间适当。

(6) 使碱量适中。

(二) 酵母发酵面团调制工艺

[参考实例] 如意花卷

(1) 原料配方:面粉 500 克、即发干酵母 10 克、泡打粉 7 克、白糖 25 克、温热水 250 克、熟猪油 15 克

(2) 操作程序:①面团调制:面粉加干酵母、泡打粉拌匀置于案板上,用手刨成"凹"字形。白糖加温热水溶化,加入面粉中和成面团,然后加熟猪油揉匀揉透,盖上湿毛巾静置 10 分钟。

②制皮、成形:案板撒上少许干面粉,将经过醒发的面团用擀面棍擀成 0.3 厘米厚的长方片,刷上一层精炼油,采用异向双卷的成形方法卷成筒状,然后用刀切剂,刀口向上竖放即成如意花卷生坯,放入刷油的蒸笼内。

③成熟:接下来进行二次发酵,等生坯发酵成熟后,上笼火旺水开,蒸约 10 分钟即熟。

(3) 风味特色:造型美观,变化多样,白嫩松软,清香可口。

实例分析:

如意花卷与前一案例中的芽菜包子同是发酵制品,但所使用的发酵面团无需加碱工序,制作难度降低,更易于掌握其制作技术,在实际工作中,越来越多的制作者开始普遍使用。原因就在于如意花卷面团是直接加酵母调制的酵母发酵面团,由于所添加的酵母很纯净,不含杂菌,因此无需加碱工序。

酵母发酵面团是指用面粉与鲜酵母或干酵母、水等原料调制而成的面团。这种面团过去主要用于面包制作,现在饮食行业也大量用来制作馒头、花卷、包子等品种。具有制作简便,易于掌握的特点。

现在酵种发酵面团中添加的酵母主要是即发活性干酵母,在正常操作的情况下,添加的比例一般是面粉用量的 1‰～2‰,如使用其他类型的酵母,用量参见之前影响因素之酵母。

1. 参考配方

如表 2-10 所示。

表 2-10 酵母发酵面团配方(克)

面粉	干酵母	水	白糖
500	5～10	225～275	25～75

2. 工艺流程

3. 调制方法

即溶干酵母加少许面粉、水调成糊状,面粉置案板上,中间刨一坑塘,放入白糖、清水、酵母糊拌揉均匀,饧面 15 分钟,再用力揉匀揉透,或用滚筒反复压面至面团光滑,或用压面机反复压面 15～20 遍。此种酵母发酵面团适于饮食行业制作馒头、花卷类制品。面团可不经发酵工序,但成形后,需经过充分醒发,使制品生坯松弛膨胀。

4. 调制技术要领

(1) 水温要适当。水温影响着面团温度,面团温度与面团发酵有着密切关系,因此春秋季要用温水和面,夏季用冷水,冬季用温热水。

(2) 干酵母粉要避免直接与糖、盐接触。避免加水后,糖、盐溶于水中产生较高渗透压影响酵母活性,可将干酵母混入面粉中再加水调制,或将干酵母加少许面粉调成糊状再加入面团中。

(3) 面团要充分揉匀。充分揉面,有利于面筋形成和面筋扩展,使面团具有良好的持气性。

(4) 发酵时间要适当。酵母发酵面团调制工艺中勿需使碱工艺,使得制作技术较之酵种发酵面团工艺更为简便。而影响其制品品质的因素主要是对面团发酵成熟程度的把握,特别是面团成形后的饧发阶段。如饧面坯饧发程度不够,制品体积小、韧性强、膨松度差;如发酵过头,制品过于松泡、形态差、口感缺乏韧性。

(三) 原理分析

1. 面团发酵的目的

发酵面团是通过发酵,酵母大量繁殖,产生 CO_2 气体,促进面团体积膨胀形成海绵状组织结构。改善面团的加工性能,使面团变得柔软,容易延伸,有助于面团的成形操作。在面团发酵过程中,通过一系列的生物化学变化,积累了足够的化学芳香物质,使最终的制品具有优良的风味和口感。

2. 面团发酵的原理

面团发酵是一个十分复杂的生化过程,正是这些变化构成了发酵制品的特色。

(1) 酵母生长繁殖的条件。要使酵母菌迅速繁殖,就必须创造有利于酵母繁殖生长的环境条件和营养条件,如足够的水分、适宜的温度、必需的营养物质等。

酵母在发酵过程中增殖、生长的环境是由面粉、水等调制而成的面团所决定的,因此,面团中的各种成分应该保证酵母生长繁殖所需的各种营养需要。从面团调制开始,酵母就利用面粉中含有的低糖和低氮化合物迅速繁殖,生成大量新的芽孢。因此,在面团中加入少量糖,有助于面团发酵。含糖的面团较无糖的面团发酵快。

酵母在发酵、生长和繁殖过程中都需要氮源,以合成本身细胞所需的蛋白质。其来源一是面团中所含有的有机氮,如氨基酸;二是添加无机氮,如各种铵盐。

面团发酵的最适宜温度为 28℃,高于 35℃或低于 15℃都不利于面团发酵。

酵母在面团发酵中的繁殖增长率与面团中的含水量有很大的关系,在一定范围内,面团含水量多,酵母细胞繁殖快,反之则慢。

(2)酵母的发酵机理——单糖的代谢途径。面团调制完成后,即进入了发酵工序。面团的发酵过程主要是在面粉中天然存在的各种酶和酵母分泌的各种酶的作用下,将各种糖最终转化成二氧化碳使面团膨胀。

酵母在发酵过程中主要利用单糖,酵母将单糖转化成二氧化碳气体,主要是通过两个途径来完成,一是在有氧条件下进行呼吸作用;二是在缺氧条件下进行酒精发酵。

在面团发酵初期,面团内混入大量空气,氧气十分充足,酵母的生命活动也非常旺盛。这时,酵母进行有氧呼吸,将单糖彻底分解,并放出热量。呼吸过程的总反应式如下:

$$C_6H_{12}O_6 + 6O_2 \xrightarrow[\text{酵母酶}]{\text{有氧呼吸}} 6CO_2 \uparrow + 6H_2O + 674 \text{大卡}$$

葡萄糖　　　氧气　　　　　二氧化碳　　水　　　热量

随着发酵的进行,二氧化碳气体不断积累增多,面团中的氧气不断被消耗,直至有氧呼吸被酒精发酵代替。有氧呼吸过程产生的热量是酵母生长繁殖所需热量的主要来源,也是面团发酵温度上升的主要原因。同时,产生的水分也是发酵后面团变软的主要原因。

酵母的酒精发酵是面团发酵的主要形式。酵母在面团缺氧情况下分解单糖产生二氧化碳、酒精和热量。酵母进行酒精发酵的总反应式如下:

$$C_6H_{12}O_6 \xrightarrow[\text{酵母酶}]{\text{酒精发酵}} 2C_2H_5OH + 2CO_2 \uparrow + 24 \text{大卡}$$

葡萄糖　　　　　　酒精　　二氧化碳　热量

面团发酵过程中,越到发酵后期,酒精发酵进行得越旺盛。从理论上讲,有氧呼吸和酒精发酵是有严格区别的。事实上,这两个过程往往是同时进行的,只是在不同的发酵阶段所起的作用不同。在面团发酵前期,主要是酵母的有氧呼吸,而在发酵后期主要是酵母的酒精发酵。在酒精发酵期间,产生的二氧化碳使面团体积膨大,产生的酒精和面团中的有机酸作用形成酯类,给制品带来特有的酒香和酯香。

(3)面团发酵过程中酸度的变化。面团发酵过程中,随着酵母发酵的同时,也伴随着其他发酵过程,如乳酸发酵、醋酸发酵、酪酸发酵等,使面团酸度增高。

乳酸发酵是面团发酵中经常产生的过程。乳酸的积累使面团酸度增高,但它与酒精发酵中产生的酒精发生酯化作用,形成酯类芳香物质,改善了发酵制品风味。醋酸发酵会给制品带来刺激性酸味,酪酸发酸给制品带来恶臭味。

面团发酵中的产酸菌,主要是嗜温菌,当面团温度在 28℃～30℃时,它们的产酸量不大;如果在高温下发酵,它们的活性增强,会大大增加面团的酸度。

使用纯净酵母(如鲜酵母、干酵母)发酵的面团,其产酸菌来源于酵母、面粉、乳制品、搅拌机或发酵缸中。面团适度的产酸对发酵制品风味的形成具有良好的作用,但酸度过高则会影响制品风味。因此,对工具的清洗和定期消毒,注意原材料的检查和处理,是防止酵母发酵面团酸度增高的重要措施。

使用饮食行业自行接种、培养的酵种(有称面肥、老酵面、老面)发酵的面团,因酵种中除了含有大量酵母菌外,还含有许多杂菌,主要是一些产酸菌,伴随酵母发酵的同时,产酸菌进行发酵,产生大量有机酸,使面团带有很大的酸味,面团工艺性能变劣。因此,使用酵种发酵的面团,在面团发酵结束后,需要加碱中和去酸,才能进行成形、成熟。

酵种中存在的产酸菌主要是醋酸菌,其次是乳酸菌、酪酸菌。新鲜的酵种中酪酸菌含量较少,存放越久的酵种酪酸菌含量越多。

(4) 面团发酵中蛋白质的变化。发酵过程中产生的气体积累在面团中形成一定的膨胀压力,面团内部的膨压使得面筋延伸,面团体积增大。这种作用犹如缓慢的搅拌作用一样,使面筋不断产生结合和切断,蛋白质分子间不断发生—SH 和—S—S—的转换,其结果使面团的物理性质和组织结构发生变化,形成膨松多孔的海绵状结构。

在发酵中,蛋白质受到蛋白酶的作用后水解,使面团软化,增强其延伸性,最终生成的氨基酸既是酵母的营养物质,又是发生美拉德反应的基质。

面团发酵过程中的成熟度与蛋白质结构的变化紧密相关。当面团发酵成熟时,蛋白质网状结构的弹韧性和延伸之间处于最适当的平衡,面团持气性能达到最大。如果继续发酵,就会破坏这一平衡,面筋蛋白质网状结构断裂,CO_2 气体逸出,面团发酵过度。

(5) 面团发酵形成的风味物质。在发酵中形成的风味物质大致有以下几种:

酒精:是酵母酒精发酵产生的;

有机酸:是产酸菌发酵产生的,少量的酸有助于增加风味,但大量的酸就会影响风味;

酯类:是由酒精与有机酸反应生成的,使制品带有酯香;

羰基化合物:包括醛类、酮类等。面粉中的脂肪或面团配料中奶粉、奶油、动物油、植物油等油脂中不饱和脂肪酸被面粉中脂肪酶和空气中的氧气氧化成过氧化物,这些过氧化物又被酵母中的酶分解,生成复杂的醛类、酮类等羰基化合物,使发酵制品带有特殊芳香。由于该反应过程复杂,只有经过较长时间发酵的面团才可能产生较多的羰基化合物。因此,面团发酵时间越短,发酵香气越弱。

二、物理膨松面团调制工艺

以物理作用如机械力胀发、水蒸气膨胀,使面团及制品膨胀的方法称为物理膨胀法,其面团称为物理膨松面团。主要包括以机械力作用胀发的蛋泡膨松面团、油蛋膨松面团及以水蒸气膨胀作用胀发的泡芙面团。蛋泡膨松面团、油蛋膨松面团是利用鲜蛋或油脂经高速搅打,打进气体并保持气体,然后与面粉等原料混合调制而成的。泡芙面团在西式面点中运用较广,在此不作详述。

(一) 蛋泡膨松面团调制工艺

[参考实例]　八宝枣糕

(1) 原料配方:①主料:鸡蛋 500 克、低筋面粉 400 克、白糖 400 克、香兰素 1 克;②辅料:核桃仁 150 克、蜜瓜条 120 克、蜜玫瑰 50 克、蜜枣 150 克、蜜樱桃 120 克、生猪板油 120 克、黑芝麻 40 克、橘饼 50 克

(2) 操作程序:① 调制面浆:生猪板油去掉油皮,切成小丁;蜜枣去核,与蜜瓜条、核桃仁、蜜樱桃、橘饼均切成碎粒;面粉过筛。把鸡蛋打入盆内,加白糖,用打蛋器顺一个方向搅打,至蛋液起泡、呈乳白色,体积增大两至三倍时,加入面粉搅拌均匀,再加入板油丁、核桃仁、蜜瓜条、蜜玫瑰、蜜樱桃、橘饼、蜜枣拌和均匀。

②装笼、熟制:在靠近蒸笼边竖放一块木板条,留出一定空间,便于蒸汽进入笼内。若

蒸笼较大则可放一小方形木框。笼内铺垫纱布,倒入蛋糕浆约笼深八成左右,刮平糕面,均匀地撒上一层黑芝麻,用旺火沸水蒸约30分钟。出笼后揭去纱布,再用木板夹住枣糕(有芝麻的一面向上),待凉后,切成5厘米见方的块即成。

(3)风味特色:松泡柔软、香甜滋润、果香浓郁。

实例分析:

八宝枣糕是利用鸡蛋搅打起泡后加入面粉等辅料调制成的面糊上笼蒸制而成的。因此鸡蛋的机械膨松作用是该品种制作的关键。

以鲜蛋为调搅介质,经高速搅打后加入面粉等原料调制而成的面糊称为蛋泡面糊。其制品体积膨大松软、富有弹性,口感滋润香甜。蛋泡面糊的调制工艺可分为传统糖蛋搅拌工艺和现代乳化法搅拌工艺两种。

1. 传统糖蛋搅拌工艺

(1)参考配方

如表2-11所示。

表 2-11　清蛋糕、凉蛋糕配方(克)

品种	面粉	鸡蛋	白糖	水
清蛋糕	500	625	625	适　量
凉蛋糕	500	500	500	适　量

(2)工艺流程

面粉、水
↓
鸡蛋
白糖 }→打蛋泡 → 调糊 →蛋泡面糊

(3)调制方法

将鸡蛋打入容器内,加入白糖,用打蛋机或打蛋器顺一个方向搅打,蛋液逐渐由深黄变成棕黄、淡黄、乳黄,体积胀发三倍,成干厚浓稠的泡沫状,加入面粉、水拌匀即可。

(4)调制技术要领

①打蛋要顺一个方向搅拌。无论人工或打蛋机搅打蛋液,都要自始至终顺着一个方向搅拌,这样可以使空气连续而均匀地吸入蛋液中,蛋白迅速起泡。如果一会儿顺时针搅打,一会逆时针搅打,就会破坏已形成的蛋白气泡,空气逸出,气泡消失。

②面粉需过筛,拌粉要轻。面粉过筛,可使面粉松散,使结块的粉粒松散,便于面粉与蛋泡混合均匀,避免蛋泡膨松面团中夹杂粉粒,使成熟后的蛋糕内存有生粉。拌粉动作要轻,不能用力搅拌,避免面粉生筋,使蛋糕僵死不松软。

③原料配比要适当。配方中如果减少蛋量,则应增添泡打粉以补充蛋泡膨松面团的膨胀性,发粉应与面粉一起拌入。当配方中蛋量减少时,水分含量随之减少,蛋泡膨松面团会过于浓稠,可适当添加奶水或清水调节蛋泡膨松面团稠度。

2. 现代乳化法搅拌工艺

(1)参考配方

如表2-12所示。

表 2-12　清蛋糕、卷筒蛋糕配方(克)

品种	面粉	鸡蛋	白糖	盐	水	蛋糕油	色拉油	发粉
清蛋糕	800	1280	800	8	160	56	80	8
卷筒蛋糕	300	600	300	3	130	25	60	

（2）工艺流程

（3）调制方法

将糖、蛋、盐放入搅拌缸内,用慢速搅至糖溶化,然后加入蛋糕乳化剂搅拌均匀。面粉与发粉过筛加入搅拌缸中,先用慢速搅拌 1~2 分钟,转入高速搅拌 5~7 分钟,加入水搅匀,再转回慢速搅拌 1~2 分钟使蛋泡膨松面团内气泡均匀细腻,然后加入流质油拌匀即可。随着蛋糕乳化剂(俗称蛋糕油)的出现,蛋泡膨松面团的调制工艺有了很大的改进。使用乳化法搅拌工艺,蛋液容易打发,缩短了打蛋时间,可以适当减少蛋和糖的用量,面团中可以补充较多的水分和油脂,蛋糕更加柔软,冷却后不易发干。蛋糕内部组织细腻,气孔细小均匀,弹性好。但是乳化剂用量过多会降低蛋糕的风味,乳化法搅拌工艺特别适合大量生产,制作各种清蛋糕、卷筒蛋糕等。

（4）调制技术要领

①加入面粉时,要用慢速,避免粉尘飞扬。

②高速搅拌时间要适当。时间短,充气量不足,蛋糕体积小;时间过长,充气过多,蛋泡膨松面团比重小,蛋糕出炉后易收缩塌陷。

③加入油脂后不能久拌,以减少油脂的消泡作用。

（二）油蛋膨松面团调制工艺

[参考实例]　黄油蛋糕

（1）原料配方:面粉 500 克、黄油 425 克、细砂糖 425 克、鸡蛋 425 克、泡打粉 2.5 克

（2）操作程序:①面团调制:将奶油和砂糖放入搅拌缸中,快速搅打至蓬松呈绒毛状。分次加入鸡蛋,继续拌至蛋液与油脂融为一体。面粉过筛,加入打发的油脂中,慢速搅匀。

②成形:模具刷油、垫上纸杯,装入面糊约八分满。

③成熟:上火 180℃,下火 180℃,烘烤 15 分钟,表面呈金黄色出炉。脱去模具装盘即成。

（3）风味特色:糕质油润细腻,奶香浓郁,甜香适口。

实例分析:

从黄油蛋糕的制作实例分析可知,黄油蛋糕的膨松不是依靠鸡蛋的作用,而是首先通过搅打黄油,使其充气起发后加入面粉等辅料调制成厚糊,然后装模烘烤而成。因此黄油蛋糕膨松最关键的环节是黄油搅拌充气。

以油脂为调搅介质,通过高速搅拌,然后加入面粉等原料调制而成的面糊称为油蛋膨

松面团。其代表品种是各式油脂蛋糕,制品细腻松爽、油润香甜。根据用油量的差异有重奶油蛋糕和轻奶油蛋糕之分。其区别主要在组织结构上,前者组织紧密,颗粒细小;后者组织疏松,颗粒粗糙。前者用油量较大,膨松主要依靠油脂的作用;后者的膨松既有油的作用,还有疏松剂的作用。

1. 参考配方

如表 2-13 所示。

表 2-13 油脂蛋糕配方(克)

	面粉	细糖	油脂	鸡蛋	盐	鲜牛奶	泡打粉
重奶油蛋糕	500	500	450	500	10	—	2.5
轻奶油蛋糕	500	500	200	200	10	350	25

2. 工艺流程

油蛋膨松面团的调制方法主要有糖油调制法和粉油调制法。

(1) 糖油调制法

(2) 粉油调制法

3. 调制方法

(1) 糖油调制法:将糖、油脂、盐倒入搅拌缸中,用中速搅拌 8～10 分钟,当糖油蓬松呈绒毛状,然后将鸡蛋分多次加入已打发的糖油中搅拌均匀,使蛋与糖油充分乳化融合。面粉与发粉过筛与奶水交替加入上述混合物中,并用慢速搅拌均匀细腻即可。

(2) 粉油调制法:将面粉和发粉过筛,与油脂一起放入搅拌缸中,先用慢速搅打,使面粉表面全部被油脂粘附后再改用中速将粉油拌合均匀,并搅拌至蓬松,约需 10 分钟。然后加入糖、盐继续搅拌 3 分钟,改用慢速将奶水缓缓加入混合均匀,再改用中速将蛋分次加入,继续搅拌至糖溶化。

4. 调制技术要领

(1) 糖的颗粒应细小,应尽量选用细砂糖或糖粉。

(2) 面粉需过筛,拌粉时使用慢速。

(3) 加蛋要分次加入,不能过快过急,避免出现油水分离。

(三) 原理分析

1. 物理膨松面团的膨松原理

(1) 蛋泡膨松面团。主要利用了鸡蛋蛋白的起泡性。蛋白是一种亲水性胶体,具有良好的起泡性。蛋液经强烈搅打,混入大量空气,空气泡被蛋液薄膜所包围形成泡沫。由于蛋泡薄膜有一定的表面张力,从而使空气泡变成球形气泡。蛋液本身的黏度和加入的原料(如白糖、面粉)附着在蛋泡表面,使蛋泡变得浓厚坚实,增强了蛋的机械稳定性,持气性增强。当熟制时,空气受热膨胀,蛋白质受热凝固,使制品呈膨大多孔的疏松结构,并有一定的弹性和韧性。

(2)油蛋膨松面团。主要依靠油脂在机械打发过程中能充入气体的性能。制作油蛋膨松面团的油脂应是具有良好可塑性和融合性的可塑脂。可塑性是指油脂在常温下呈固态,在外力作用下可以改变其形状,并保持变形而不流动的性质。从理论上讲,若使固态油脂具有一定的可塑性,必须在其成分中包括一定的固体脂和液体油,固体脂和液体油的比例必须适当才能得到所需的可塑性。可塑性还和温度有关,温度升高,部分固体脂熔化,可塑脂变软,可塑性增大;温度降低,部分液体油固化,未固化的液体油黏度增加,可塑脂变硬,可塑性变小。融合性是指油脂在经搅拌处理后,油脂包含空气气泡的能力,或称为拌入空气的能力。油脂的融合性与其成分有关,油脂的饱和程度越高,搅拌时吸入的空气越多。通常可塑性好的油脂,融合性也好。起酥油的融合性比奶油和人造奶油好,猪油的融合性较差。油脂的可塑性可以提高油脂和糖或其他原料搅拌时充入空气的能力,油脂的融合性使油脂易于保存空气,从而提高面糊的充气性,增大蛋糕体积。

2. 影响物理膨松面团膨松的因素

(1)蛋泡面糊

①黏度。黏度对蛋泡稳定影响很大,黏度大的物质有助于泡沫的形成与稳定。因为蛋白具有一定的黏度,所以打起的泡沫比较稳定。糖本身具有很高的黏度,在打蛋过程中加入大量蔗糖,可提高蛋液的黏稠度,提高蛋白气泡的稳定性,便于充入更多的气体。

②蛋的质量。新鲜蛋和陈旧蛋的起泡性有明显不同。新鲜蛋白具有良好的起泡性,而陈旧蛋的起泡性差,气泡不稳定。这是因为蛋随贮存时间延长,浓厚蛋白减少,稀薄蛋白增多,蛋白的表面张力下降,黏度降低,影响了起泡性。

③pH值。pH值对蛋白泡沫的形成和稳定影响很大。在蛋白质的等电点时,其渗透压、黏度、起泡性最差。在实际打蛋过程中,往往加一些酸(如柠檬酸、醋酸等)、酸性物质(如塔塔粉)和碱性物质(如小苏打),调节蛋液的pH值,偏离其等电点,有利于蛋白起泡。蛋白在pH值为6.5~9.5时形成泡沫能力很强但不稳定,在偏酸情况下气泡较稳定。

④温度。各原料的温度对蛋泡的形成和稳定性影响很大。蛋、糖温度较低时,蛋液黏稠度大,不易打发,打发所需时间长;蛋、糖温度较高时,蛋液黏稠度较低,蛋泡保持空气的能力差,即蛋泡稳定性差,蛋液容易打泄。新鲜蛋白在30℃时起泡性能最好,黏度亦最稳定。

⑤油脂。油脂是一种消泡剂。因为油脂具有较大的表面张力,而蛋液气泡膜很薄,当油脂接触到蛋液气泡时,油脂的表面张力大于蛋泡膜本身的延伸力而将蛋泡膜拉断,气体从断口处很快冲出,气泡立即消失。所以打蛋时用具一定要清洗干净,不要粘有油污。

⑥蛋糕乳化剂——蛋糕油。蛋糕油的主要成分是脂肪酸单甘酯,搅打蛋液时加入蛋糕油,乳化剂可吸附在气液界面上,使界面张力降低,液体和气体的接触面积增大,蛋泡膜的机械强度增加,有利于蛋液的发泡和泡沫的稳定。同时还能使蛋泡膨松面团中的气泡分布均匀,使蛋糕制品的组织结构和质地更加细腻、均匀。使用乳化剂以后,蛋泡膨松面团的搅打时间大大缩短,从而简化了生产工艺。

⑦打蛋方式、速度和时间。无论人工或机器搅打,都要自始至终顺一个方向搅打。搅打蛋液时,开始阶段应采用快速,在最后阶段应改用中慢速,这样可以使蛋液中保持较多的空气,而且分布均匀,打蛋速度和时间还应视蛋的品质和气温变化而异。蛋液黏度低,气温较高,搅打速度应快,时间要短;反之,搅打速度应慢,时间要长。搅打时间太短,蛋液中充气不足,空气分布不匀,起泡性差,做出的蛋糕体积小;搅打时间太长,蛋白质胶体黏稠度降低,蛋白膜易破裂,气泡不稳定,易造成打起的蛋泡发泄;若使用乳化法搅拌工艺,搅拌时间过长,易使面团充气过多,面团比重过小,烘烤的蛋糕容易收缩塌陷。因此,要严格掌握好打蛋时间。

⑧面粉的质量。制作蛋糕的面粉应选用以筋力弱的软麦制成的蛋糕专用粉或低筋面粉,面粉筋力过高,易造成面团生筋,影响蛋糕膨松度,使蛋糕变得僵硬,粗糙,体积小。

(2)油蛋面糊

①油脂的种类。油脂的种类、性质决定了油蛋膨松面团的打发性。制作油蛋膨松面团的油脂要选择可塑性、融合性好,熔点较高的油脂。氢化油、起酥油的机械胀发性要比奶油、人造奶油好。

②糖的颗粒大小。糖的颗粒大小影响着油脂结合空气的能力。糖的颗粒愈小,油脂结合空气能力越大。另外,糖的颗粒大小还影响油脂的搅拌时间。糖的颗粒愈大,油脂的打发所需时间愈长。糖的颗粒太大,在糖、油搅打过程中不易完全溶化,油蛋膨松面团成熟时易出现流糖现象。

③加蛋情况。油蛋膨松面团配方中的蛋主要是作水分供应原料,以溶解糖和湿润面粉。蛋要在油脂打发后分次加入,边加边搅打至油、蛋完全融合,搅油过程中蛋不能加得过早或过急,否则影响油脂打发,并出现油水分离。每次加蛋时应停机,把缸底未搅匀原料刮起,蛋加入后应充分与糖、油乳化均匀细腻。糖要充分溶化,不可有颗粒存在。

④面粉的质量。应选用蛋糕专用粉或低筋面粉,拌粉操作应慢速搅拌。

⑤温度。温度高低影响油脂的打发性。温度低,油脂硬,油脂不易打发,需要搅打时间长,必要时可用水浴的方法加温。温度高,油脂软,油脂打发速度快,但温度过高,超过油脂溶点,油脂熔化反打发不起来。搅拌后的油蛋膨松面团温度对烘烤与蛋糕的体积、组织和品质有较大影响,油蛋膨松面团温度过高,在装盘进炉前显得稀薄,烤出的蛋糕体积达不到标准,且组织粗糙,外表色深,蛋糕松散干燥。油蛋膨松面团温度过低,显得浓稠,流动性差,烤出的蛋糕体积小,组织紧密。油蛋膨松面团的最佳温度为22℃,此温度下调出的面团烤出的蛋糕膨胀性最好,蛋糕体积最大,内部组织细腻。

三、化学膨松面团调制工艺

[参考实例] 传统油条

(1)原料配方:面粉500克、小苏打8克、明矾8克、食盐8克、清水315克、植物油1 000克(实耗100克)。

(2)操作程序:①面团调制:将食盐、小苏打、明矾放入盆内,加水用力搅匀,见起泡沫、有响声时加入面粉,拌和均匀,然后采用叠揉方法,将面团叠揉光滑,不粘盆、不粘手为止。案板上抹上少许油,将盆内的面团倒在案板上,快速揉成条形,盖上湿毛巾静置30分钟以上。

②成形:案板撒上少许干面粉,将醒好的面团拉成长条,再用双手将之溜成厚约0.6厘米,宽约12厘米的长条,用刀横切成2.5厘米宽的条。

③成熟:锅置火上,放油烧至七八成热,将两个条坯叠为一条,再用竹筷顺条压一下,用双手拉长约27厘米放入油锅,用竹筷不断翻炸,炸至油条膨胀,色泽金黄起锅。

(3)风味特色:色泽金黄,酥脆松泡。

[参考实例]　无矾油条

(1)原料配方:面粉500克、泡打粉4克、小苏打4克、鸡蛋50克、色拉油50克、精盐8克、水270克、植物油2 000克(实耗50克)

(2)操作程序:①面团调制:将面粉、泡打粉、小苏打、食盐混合均匀,加入鸡蛋、色拉油、水调制成团,反复揉搓至面团光滑,饧面30分钟。

②成形:案板撒上少许干面粉,将醒好的面团拉成长条,再用双手将之溜成厚约0.6厘米,宽约12厘米的长条,用刀横切成2.5厘米宽的条。

③成熟:炸油烧至七八成热,下油条生坯,炸至油条膨胀,<u>色泽金黄起锅。</u>

(3)风味特点:色泽金黄,酥脆松泡。

[参考实例]　莲蓉甘露酥

(1)原料配方:面粉500克、白糖粉275克、猪油250、鲜蛋100克、小苏打5克、臭粉15克、泡打粉10克、扫面蛋液50克、莲蓉500克。

(2)操作程序:①面团调制:先将面粉过筛,放在案板上围成圈,把泡打粉均匀洒在面粉上,中间放入清水、臭粉、小苏打、白糖粉、猪油混合后,拌入面粉和匀,即成甘露酥皮。

②包馅成形:以甘露酥皮包莲蓉馅,皮与馅的比例为2:1,包成圆形,放进烤盘,扫第一次蛋液,待干后再扫第二次蛋液入炉。

③成熟:用中火烤至金黄色,饼呈山形,有裂纹,即成莲蓉甘露酥。

(3)风味特点:色泽金黄油润,酥松香甜可口。

实例分析:

分析以上案例,可以看到不论是有矾油条还是无矾油条,其膨松与面团中添加的化学膨松剂有着非常大的关系。莲蓉甘露酥虽说是混酥类制品,但其口感的酥松不仅仅是油糖的作用,所添加的化学膨松剂增加了面团中气体含量,促进了饼坯形成酥松的质感。

因此,化学膨松面团就是把化学膨松剂掺入面团内,利用化学膨松剂的化学特性,使熟制的成品具有膨松、酥脆的特点。

化学膨松剂主要有两大类:一类是单质膨松剂,如小苏打、臭粉等;一类是复合膨松剂,由小苏打、酸性物质和填充剂构成,常用的泡打粉、矾碱即属于复合膨松剂。

小苏打、臭粉和泡打粉较多用于重油、重糖的混酥面团中,起疏松作用;也有用于物理膨松面团、发酵面团中,增加蛋泡膨松面团、油蛋膨松面团、酵母发酵面团、发酵米浆等面团的膨松效果。这些使用了小苏打、臭粉或泡打粉的面团,基本上是在不改变面团调制方法基础上,添加了化学膨松剂,所以在此我们就不一一说明了。而矾碱膨松面团或无矾油条面团调制中添加剂的加入方式对制作技术有至关重要的影响,所以这里主要介绍矾碱膨松面团和无矾油条的调制工艺。

(一)参考配方

如表2-14所示。

表 2-14　矾碱膨松面团配方(克)

	面粉	明矾	食碱	盐	水
春秋	500	12	6	12	300
夏	500	13	6.5	15	275
冬	500	11	5.5	10	325

（二）工艺流程

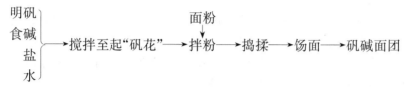

（三）调制方法

先将明矾碾成细末,和碱、盐一起放入盆内,加水搅拌至起"矾花",放入面粉搅拌成团,再反复捣揉至面团光滑,盖上湿布静置饧面。

（四）调制技术要领

1. 原料配比要适当。矾碱比例不当会影响制品的膨松度和酥脆性,检查矾、碱比例是否恰当,可通过"矾花"判断。首先是听声,矾碱发生反应时,有泡沫声就是正常的,没有泡沫声就是矾轻了。其次是水溶液的颜色,水溶液呈乳白色为好。另外用油花,把溶液滴入油内,若水滴成珠并带"白帽",则基本符合要求;若"白帽"多而水珠小于帽子,则碱轻;水滴入油内有摆动,水珠看上去结实,不带"白帽"表示碱重。盐可以增进风味和强化面筋。夏季气温高,面筋性能减弱,需稍多加盐,以增强面筋的强度和弹性。矾碱面团要求要软一些,每 500 克面粉加水 325~350 克左右。季节不同,加水量略有变化。水温也要随季节变化而调整,一般季节用冷水,冬季用温水。

2. 面团要充分捣揉至光滑。这是调制矾碱面团的关键步骤。面团经过充分捣揉,面筋充分形成,规则伸展,使之具有良好的延伸性,从而保证成形工序的顺利进行和成品质量。

3. 灵活掌握饧面时间。矾碱面团的饧面时间应根据面团软硬、面粉筋力强弱、气温高低而定。若面团软、面粉筋力弱、气温高,饧面时间应稍短,约 1 小时;反之,则应延长饧面时间。

（五）原理分析

1. 矾碱面团调制工艺原理

矾碱是化学膨胀面团常用的一种复合疏松剂。使用矾碱调制的面团称为矾碱面团,主要用于油条、炉果、焦圈、麻花等大众化早点的制作。

矾是指明矾,即钾明矾——硫酸钾铝,分子式为 $Al_2(SO_4)_3 \cdot K_2SO_4 \cdot 24H_2O$。其水溶液中有水解作用,溶液呈酸性。

配制矾碱水溶液时,明矾发生水解生成氢氧化铝和硫酸,再与食碱反应生成硫酸钠、二氧化碳和水。反应式如下:

$$Al_2(SO_4)_3 \cdot K_2SO_4 + 6H_2O \longrightarrow 2Al(OH)_3 \downarrow + K_2SO_4 + 3H_2SO_4$$

$$H_2SO_4 + Na_2CO_3 \longrightarrow Na_2SO_4 + CO_2\uparrow + H_2O$$

或　　$$H_2SO_4 + 2NaHCO_3 \longrightarrow Na_2SO_4 + 2CO_2\uparrow + 2H_2O$$

从以上反应式可以看出,如果矾大碱小,则使生成的氢氧化铝(矾花)减少,因多余明矾留在水溶液中,使制品带有苦涩味;矾小碱大,使剩余的碱发生水解,使水溶液呈碱性。生成的氢氧化铝是两性电解质,当 pH 在 7.5 以上时,开始有偏铝酸 $HAlO_2$ 生成,氢氧化铝减少而使成品不酥脆。因此调制矾碱面团的关键技术是明矾与食碱的比例。明矾与食碱相互作用,产生胶状物氢氧化铝和二氧化碳气体,使制品具有膨松、酥脆的特点。矾碱面团中常加入盐,盐主要起增强面团筋力的作用。

2. 无矾油条制作原理

由于明矾中含铝,铝元素沉积到骨骼中,会使骨质变得疏松;沉积在大脑中,可使脑组织发生器质性改变,出现记忆力衰退,甚至痴呆,尤其是老年人,长期吃明矾油条更容易引起老年性痴呆。随着人们健康意识的不断提升,对传统油条的质疑声越来越多,然而油条的美味又让许多人欲罢不能,因此无矾油条受到推崇。

用矾碱制作的油条其特点不仅在于油条的膨松,还在于油条表皮薄而酥脆。矾碱油条表皮酥脆是明矾与小苏打发生反应形成的氢氧化铝所赋予的。目前市场上无矾油条配方有多种,油条的膨松问题大多通过配方中添加泡打粉、小苏打以及老酵面来达到,而关键问题是如何达到油条酥脆的效果。案例二介绍的无矾油条配方,就是通过泡打粉和小苏打使油条膨松,通过面团中添加的鸡蛋增加油条表皮酥脆口感,并且制成品效果良好。

实践操作

实训 17　鲜肉包子

实训 18　凉蛋糕

实训 19　油条

见下篇项目一工作任务二。

工作任务四　层酥面团的调制

[任务分析]　本项工作的任务是了解层酥面团的种类及起层原理;熟悉并掌握水油酥皮、水面酥皮、酵面酥皮的基本配方、工艺流程、调制方法和调制要领;掌握常见层酥面团品种的制作。通过学习,首先要准确掌握各种层酥面团的调制、包酥、开酥技术,特别要掌握面团用油量、水量的变化对面团起酥和酥层效果的影响,明白不同酥皮的层酥制品的特点,以达到合理使用面团调制技术来控制制品的效果,准确地分析和判断技能应用的合理性。

层酥面团是以面粉和油脂作为主要原料,先调制皮面、油酥两块不同质感的面团,再将它们复合,经多次擀、叠、卷后,形成的有层次酥性面团。其中"皮面"面团主要由面粉、水、油等原料调制而成,具有一定的筋性和延伸性;"油酥"面团多为面粉和油脂调制而成,没有筋性,但可塑性好。利用层酥面团作坯制作的制品,其表面或内部具有明显的酥层,是调制工艺比较复杂的一类面团。

层酥面团按用料及调制方法的不同,可分为水油酥皮面团、水面酥皮面团和酵面酥皮面团三类。由层酥面团制作的面点具有松酥、香脆,层次分明,外形饱满等特色。

水油酥皮面团是最常用的层酥面团,其制品的酥层表现有明酥、暗酥、半暗酥等,品种花式繁多,层次分明、清晰,成熟方法以油炸为主,常用于精细面点制作。水面酥皮面团也称擘酥皮,是广式面点中极具特色的一种皮料,融合了西点起酥制皮的方法,制品具有较大的起发性,体积膨胀大,层次丰富,口感松香酥化,其调制过程较为复杂。酵面酥皮面团是以发酵面团包干油酥面团制坯而成,如蟹壳黄、黄桥烧饼等,制品既有油酥面的酥香松化、又有酵面的松软柔嫩的特点,酥层以暗酥为主,制法相对简单,成熟方法以烘烤为主。

一、水油酥皮面团调制工艺

[参考实例] 酥合

(1)原料:①皮坯:面粉500克、熟猪油200克、清水250克;②馅心:猪肉100克、嫩韭菜100克、各种调味料

(2)操作程序:①制馅:猪肉韭菜洗净,分别切成细颗粒。锅置中火上放入猪油,烧至六成熟,下猪肉炒散籽,加入料酒、酱油稍炒起锅,然后加食盐、韭菜、香油、味精、胡椒粉、花椒粉拌匀即成陷心。

②面团调制:干油酥面团的调制:将面粉放在案板上加入油脂,采用调和法和面,不需饧面,再采用擦的调面方法将面团反复调匀。水油酥面团的调制:将面粉放在案板上后,在和面前应先将油和水进行适当的搅拌,使其产生乳化现象后倒入粉中,采用调和法和面,稍饧面后,采用揉、摔等调面方法将面团调至光滑、细腻、均匀,最后盖上湿布静置。

③制皮:用水油面包干油酥面,按扁擀成牛舌形,对叠成两层,再稍擀一下,由外向内卷成圆筒,搓成圆长条,用刀横切成剂子,把剂子逐个立于案上,用手掌压成圆皮。

④包馅成形:取圆皮一个,将馅置皮中间,再取一个圆皮盖在上面,把圆皮边合捏成绳状花纹即成盒子生坯。

⑤成熟:平锅置中火上,把熟菜油烧至六成热时,下盒子生坯,炸至金黄色时起锅即成。

(3)风味特色:色泽微黄、酥层清晰、馅味鲜香、酥脆爽口。

实例分析:

从酥盒的制作实例分析可知,酥盒表面呈现螺旋形酥纹,酥层清晰可见,口感酥脆化渣,与面坯制作中使用两块不同性质的面团包、擀、叠形成层层相隔的面团结构有直接关系。这两块面团分别是水油面和干油酥面。

用水油面团包裹干油酥面团擀叠组合而成的面团就叫水油酥皮面团。在餐饮市场中,常见水油酥皮面团制品是各种炸制的层酥点心,此类制品具有形态各异,层次清晰,口感酥松等特点。

(一)参考配方

如表2-15所示。根据季节的不同,由于熟猪油凝固度有变化,需调整用油量。

表 2-15 水油酥皮面团配方(克)

面团	面粉	水	熟猪油
水油酥面团	500	225～275	75～125
干油酥面团	500	—	250～280

（二）工艺流程

面粉、水、油 ⟶ 和面、揉面 ⟶ 饧面 ⟶ 水油面团 ⎫
面粉、油 ⟶ 和面 ⟶ 干油酥面团 ⎬ ⟶ 包酥 ⟶ 开酥 ⟶ 水油酥皮
⎭

（三）调制方法

1. 水油面团与干油酥面团调制。

（1）水油面团调制方法：水油面团的调制方法与冷水面团基本相同,只是在拌粉前,要先将油、水充分搅拌乳化,再用抄拌法将油、水与面粉拌合均匀,充分揉成团,这样调制的面团细腻、光滑、柔韧。若水、油分别加入面团中,会影响面粉和水、油的结合,造成面团筋、酥不匀。

（2）干油酥面团调制方法：干油酥面团的调制采用"擦"的方法,面粉放在案板上,加油拌匀,用双手推擦。即用双手掌跟一层一层向前推擦,擦完一遍后,再重复操作,直到擦透为止。

2. 包酥。即用水油酥面团包住干油酥面团的过程,其比例一般是 3：2 或 1：1。根据制品的要求不同有两种方法：

（1）大包酥：先将酥皮面团擀压成长方形的薄坯,然后将酥心面团放在薄坯中间的 1/3 处,并将薄坯两边折向中间包住酥心面团即可。大包酥用的面团较大,一次可做几十个坯剂,具有生产量大、速度快、效率高的特点,但起层效果较差。

（2）小包酥：先将酥皮面团按压成圆形的薄坯,然后将酥心面团放在薄坯的正中间,再将薄坯四周收口包住酥心面团。小包酥的酥层清晰均匀,但制作速度慢,效率低,适宜制作各种花色酥点。

3. 开酥。也叫"起酥",是将包酥后的面团折叠或卷筒形成层次的过程。根据成品的要求不同,一般有擀叠起层和擀卷起层两种方法。

（1）擀叠起层：是将包酥后的面团按扁后,将其擀压成长方形的薄片,然后将两边 1/3 处叠向中间,继续擀成长方形薄片,再将两边 1/3 处叠向中间,最后擀开对折或将两边 1/3 处叠向中间,成为层酥面团。

（2）擀卷起层：是将包酥后的面团按扁后,将其擀压成长方形的薄片,然后将两边 1/3 处叠向中间；或将其擀压成长方形的薄片后,从一边卷拢成圆柱形,然后再将其平擀成长方形薄片(稍薄一些),最后从一边(用刀切平)卷拢,成为圆柱形的层酥面团。

4. 面剂酥纹类型。为适应不同层酥制品的特色要求,层酥制品可分为明酥、暗酥、半暗酥三种类型。

（1）暗酥。凡制成品酥层在制品内部,表面看不到层次的统称为暗酥制品。其剂坯是水油酥皮面团经"擀叠"或"擀卷"起层后,直切、平放、按剂、包馅而成。适宜制作大众品种。

（2）明酥。凡用刀切成的剂坯,刀口处呈现酥纹,制作的成品表面有明显酥层的统称为明酥制品。明酥可分为圆酥、直酥、叠酥、排丝酥、剖酥等。

①圆酥。水油酥皮卷成圆筒后用刀横切成面剂,面剂刀口呈螺旋形酥纹,以刀口面向案板直按成圆皮进行包捏成形,使圆形酥纹露在外面。如龙眼酥、酥合等。

②直酥。水油酥皮卷成圆筒后用刀横切成段,再顺着圆筒剖开成两个皮坯,以刀口面有直线酥纹的为面子,无酥纹的作里子进行包捏成形。如海参酥、燕窝酥等。

圆酥和直酥在制作中需注意以下几个问题:一是切坯时,刀要锋利,避免刀口黏连并酥;二是坯剂擀制时,动作要轻,应对准酥层,使酥纹在中心,且厚薄要适宜;三是应以酥纹清晰的一面作面子,另一面作里子。

③叠酥。水油酥皮擀叠后直接切成一定形状的皮坯,再夹馅、成形或直接成熟。如兰花酥、千层酥、鸭粒酥角等。叠酥在制作中需注意以下几个问题:一是擀制酥皮时厚薄要均匀一致,不能破酥;二是切坯时刀要锋利,避免刀口黏连。

④排丝酥。将擀叠起酥后形成的长方形酥皮切成长条,抹上蛋清,然后将切口朝上,互相黏连,在有层次的一面再抹上蛋清,贴上一层薄水油面皮,并以此面包馅,有层次的一面在外,经过成形,使制品表面形成直线形层次。

⑤剖酥。在暗酥的基础上划刀,经成熟使制品酥层外翻。剖酥制品分油炸型和烘烤型两种。油炸型剖酥的具体制法是:水油酥皮卷成筒后,用手扯成面剂,包入馅心按成符合制品要求的形状,放在案板上十几分钟,使之表面变硬,然后用锋利的刀片在饼坯上划刀,通过油炸,使酥层外翻。如菊花酥、层层酥、荷花酥等。油炸型剖酥制作难度较大,制作中需注意以下几个问题:一是起酥要均匀,酥皮不宜擀得过薄或过厚。过薄酥层易碎,过厚酥层少,影响形态美观;二是要待半成品变硬后才可划刀,否则刀口处的酥层会相互黏连,影响制品翻酥。烘烤型剖酥的具体制法是:以暗酥面剂为皮坯,放入馅心包捏成一定形状后,用刀切出数条刀口,再整型而成。如菊花酥饼、京八件等。

(3)半暗酥。即制作的成品酥层一部分露在外面,一部分藏在里面。其剂坯为开酥后的酥皮面团卷筒、横切后,酥层向上呈 45°角斜放,平按包馅而成。适宜制作果类的花色酥点。

(四)调制技术要领

1. 水油面团调制技术要领

(1)水、油充分搅匀。水、油混合越充分乳化效果越好,油脂在面团中分布越均匀,这样的面团才细腻、光滑、柔韧,具有较好的筋性和良好的延伸性、可塑性。若水、油分别加入面粉中和面,会影响面粉与水和油的结合,造成面团筋性不一,酥性不匀。

(2)掌握粉、水、油三者的比例。粉、水、油三者的比例合适,可使面团既有较好的延伸性,又有一定的酥性。如果水量多油少,成品就太硬实,"酥"性不够;相反,如果油量多水量少,则面团因"酥"性太大而操作困难。

(3)水温、油温要适当。水、油温度的控制应根据成品要求而定,一般来说,成品要求"酥"性大的面团则水温可高些,如苏式月饼的水油酥面团可用开水调制,而要求成品起层效果好的则面团的水温可低些,可控制在 30~40℃ 左右。水温过高由于淀粉的糊化,面筋质降低,使面团黏性增加,操作就困难;相反,水温过低会影响面筋的胀润度,使面团筋性过强,延伸性降低,造成起层困难。

(4)面团要调匀,并盖上湿布。水油面团成团时要调匀、调透,并要饧面,保证面团有较好的延伸性,便于包酥、起层。

2. 干油酥面团调制技术要领

(1)要选用合适的油脂。不同的油脂调制成的油酥面团性质不同。一般以动物油脂为好。因动物油脂的熔点高,常温下为固态,凝结性好,润滑面积较大,结合的空气多,起酥性好。植物油脂在面团中多呈球状,润滑面积较小,结合空气量较少,故起酥性稍差。同时还要注意油温的控制,一般为冷油。

（2）控制粉、油的比例。干油酥面团的用油量较高,一般占面粉的 50％左右,油量的多少直接影响制品的质量。用量过多,成品酥层易碎;用量过少,成品不酥松。

（3）面团要擦匀。因干油酥面团没有筋性,加之油脂的黏性较差,故为增加面团的润滑性和黏结性,使其能充分成团,只能采用"擦"的调面方法。

（4）干油酥面团的软硬度应与水油酥面团一致。面团一硬一软,会使面团层次厚薄不匀,甚至破酥。

3. 包酥技术要领

（1）水油酥面团和干油酥面团的比例要适当。酥皮和酥心的比例是否适当,直接影响成品的外型和口感。若干油酥面团过多,擀制就困难,而且易破酥、漏馅,成熟时易碎;水油酥面团过多,易造成酥层不清,成品不酥松,达不到成品的质量要求。

（2）水油酥面团和干油酥面团要软硬一致。若干油酥面团过硬,起层时易破酥;若干油酥面团过软,则擀制时干油酥面团会向面团边缘堆积,造成酥层不匀,影响制品起层效果。

（3）包酥位置。经包酥后,酥心面团应居中,酥皮面团的四周应厚薄一致均匀。

4. 开酥技术要领

（1）擀制时用力要均匀,使酥皮厚薄一致。擀面时用力要轻而稳,不可用力太重,擀制不宜太薄,避免产生破酥、乱酥、并酥的现象。

（2）擀制时要尽量少用干粉。干粉用得过多,一方面会加速面团变硬,另一方面由于粘在面团表面,会影响成品层次的清晰度,使酥层变得粗糙,还会造成制品在熟制(油炸)过程中出现散架、破碎的现象。

（3）所擀制的薄坯厚薄要适当、均匀,卷、叠要紧,否则酥层之间黏结不牢,易造成酥皮分离,脱壳。

二、水面酥皮面团调制工艺

[参考实例] 蝴蝶酥

（1）原料:①皮坯:面粉 500 克、奶油 350 克、鸡蛋 50 克、白糖 25 克、清水 90 克;②装饰料:黑芝麻少许、红色素水少许

（2）操作程序:①面团调制:用 250 克面粉加入奶油擦成酥心,再用 250 克面粉加入鸡蛋、白糖、水和成团,反复搓揉至面团光滑有筋韧性成水面皮。将调制好的酥皮和酥心面团分别放入大小一致的两方盒中按实按平,放入冰箱内冷藏(4℃左右),使面团变硬。

②开酥:将水面擀成长方形,把冻硬的干油酥压扁包入,收口捏紧,擀成厚薄均匀的长方形薄片。然后,从两边向中间横向折叠成 3 层,再擀成长方形薄片,用快刀将薄片四周切齐,在表面刷上红色素水,再顺长由外向里卷起卷紧,卷成长圆筒状(直径约 3 厘米)。取快刀将圆筒切成厚约 0.5 厘米的面片。

③成形:将面片的切面朝上,平放在案板上,每两片靠在一起,中间用蛋糊粘连,在圆片的 2/3 处,用尖头筷把两只面片向中间夹牢,使之成为两大两小的蝶翼。在触须处滴两滴蛋

糊,用面挑各粘一颗黑芝麻作为眼睛。将做好的生坯排放在烤盘内。

④成熟:上火180℃,下火180℃,烘烤15分钟,表面呈金黄色出炉。

(3)风味特色:色泽鲜艳,形态逼真,酥松香甜。

实例分析:

从蝴蝶酥的制作实例分析可知,用筋性很好的面团包裹硬度较高的油脂或干油酥面团制作的层酥制品层次清晰,酥层起发较大。

在餐饮市场中,常见的用水面酥皮面团制作的制品是各种叠酥类酥层点心,此类制品具有层次明显均匀,口感酥脆的特点。水面酥皮面团的调制与水油酥皮面团有很多不同。这是因为水面酥皮面团是从西式面点中的起酥面团演变而来的。一般有两种形式:一种是以水调面团为酥皮,干油酥面团为酥心,经包酥复合而成;另一种在广式面点中称"擘酥",是以干油酥面团为酥皮,水调面团为酥心,经包酥复合而成的面团,因这种方法较为复杂,在实际工作中较少使用。

水面酥皮中含油脂量较大,故调制时必须借助冷藏设备,所制作的产品一般以烘烤成熟为主。

(一)参考配方

如表2-16所示。根据品种需要,水面配方中可添加油脂、鸡蛋、白糖等辅料。

表2-16 水面酥皮配方(克)

面团	面粉	猪油(或奶油)	精盐	水
水面	500	—	10	275
油酥面	200	500	—	—

(二)工艺流程

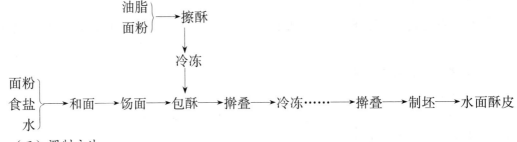

(三)调制方法

1. 水面调制。面粉置案板上,中间掏一坑,放入精盐、水先搅匀,再逐渐拌入面粉和成团,反复揉搓至面团光滑不粘手有弹力。这时用刀在面团上切一个"十字"裂口,用塑料布盖上,静置半小时,让面团充分松弛,或直接盖上塑料布静置松弛。

2. 油酥调制。将猪油或奶油与面粉混合,用手擦匀,放入冰箱冷冻。八成硬时取出,用擀面杖捶打,使油软化,整理成方形或长方形。

3. 包酥。有两种形式,一种是将静置后的水调面团作酥皮,擀成长方形,再取出已冷藏变硬的干油酥面团作酥心,擀成酥皮一半的大小,并放在酥皮一半的上面;另一种是将已冷藏变硬的干油酥面团作酥皮,擀压成长方形,再将冷藏的水调面团作酥心,也擀成大小一样的长方形,最后将酥心叠在酥皮上。

4. 开酥。一般以擀叠起层为主,故制品大多为叠酥,有两种方法:

(1)水调面团包住干油酥面团的坯料擀开后再折3层。进冰箱冷藏一段时间,待变硬时取出,再擀开折3层,再进冰箱冷藏,取出后再擀开折3层,再进冰箱冷藏,最后待发硬后取出擀开擀薄即成。

(2)将冷藏后擀成大小一样的水调面团叠在干油酥面团上,用通心槌擀成长方形,把两端向中间折入,轻轻压平,再对折成4层,称为"蝴蝶折"。即放入冰箱中冷藏,待发硬时取出,再擀成薄形的长方形,折叠成4层,如此折叠3次后,最后放入方盘中,盖上毛巾。放入冰箱冷藏半小时左右,使用时,取出擀薄即可。

(四)调制技术要领

(1)选料要讲究。面粉一般为含筋量适中、筋性大的面粉;油脂为凝结性好的、常温下是固态的油脂,如奶油、凝结猪油。

(2)面团要调匀、擦透,并放入冰箱冷藏,冻至软硬适中时,才便于擀制起层。

(3)开酥动作要快,发现坯团中油脂变软应马上冷藏,这样才能确保起层均匀。

(4)酥皮擀制要厚薄均匀、适当。

三、酵面酥皮面团调制工艺

[参考实例]　黄桥烧饼

(1)原料:①皮坯:面粉600克、熟猪油300克、酵面400克、水300克、碱少许;②馅心:生猪板油250克、葱65克、食盐10克;③装饰料:白芝麻仁70克、饴糖30克

(2)操作程序:①制馅:葱去根,洗净切成葱末,放盘中备用。猪板油撕去皮膜,去筋,切成0.6厘米见方的小丁,放入钵内加入食盐、葱花,拌和成生板油馅心。取少许面粉倒在工作台板上加入熟猪油擦成油酥面,加入食盐、葱花拌成干油酥馅备用。

②面团调制:取面粉倒在工作台板上加入熟猪油擦成油酥面。将1/3份面粉烫熟,散热后与2/3份酵面拌和擦透,直至团面光滑不粘手时将面团放在工作台板上,加入碱水适量,揉匀揉透后再饧发10分钟。

③制皮:将饧发好的面团搓成粗条,摘成每只重约50克的坯子,用手按扁,包入油酥面,捏拢收口,用手按扁,用擀面棍擀成椭圆形,再自左向右卷拢揿扁后,擀成长条,再自上向下卷拢,揿扁。

④包馅、成形:将饴糖放入碗内,加入热水,调和成饴糖水备用。芝麻拣去杂质,放在盘中备用。将揿扁的皮坯包入生板油馅、干油酥馅,捏拢收口后再擀成椭圆形,随后用软刷在饼面上刷上一层蛋液,将饼覆于白芝麻盘中,沾满芝麻便成酥饼生坯,放在台板上备用。

⑤成熟:上火200℃,下火200℃,烘烤20分钟,表面呈金黄色出炉。

(3)风味特色:饼色嫩黄,饼酥层层,一触即落,入口酥松不腻。

实例分析:

以发酵面团包裹干油酥面团制成的层酥制品,酥层较水油酥皮、水面酥皮显得粗犷,发面皮使得酥皮口感更加酥化,形成酵面酥皮制品特殊的质感效果。

在餐饮市场中常见用酵面酥皮面团制作的制品是各种烤制的烧饼,制品既有油酥面的酥香松化,又有酵面的松软柔嫩的特点。为了达到其独特的制品效果,调制方法与水油酥皮面团有很多不同,其中酵面成熟程度和面团的酥层的擀制都会对酵面酥皮面团的性质有

至关重要的影响。

（一）参考配方

如表 2-17 所示。

表 2-17　酵面酥皮面团配方（克）

面团	面粉	水	熟猪油	酵种	食碱
发酵面团	500	250～300	—	50	适量
干油酥面团	500	—	250～280	—	—

（二）工艺流程

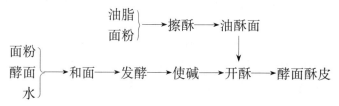

（三）调制方法

1. 发酵面团调制。和面的水温根据季节进行调节，夏季用冷水，冬季用温热水。一些品种为使其软糯性更好，调制发酵面团时用热水和面或部分热水部分冷水和面，使面团韧性降低，部分淀粉糊化，粘糯性增强。总之，根据制品性质要求来选择。面粉加水、酵种调制成团，盖上湿布，任其发酵，达到要求发酵程度后，加碱中和去酸，揉至面团碱正。使用此种方法较难准确控制面团中淀粉糊化程度，发好的面团也只能专用。若运用黄桥烧饼面团调制时使用的按比例烫熟面团，再按比例加入正常发好的酵面，这样既能准确控制面团淀粉糊化程度，又可以一物多用。

2. 干油酥面团调制。面粉加入猪油擦制成团。根据品种需要，油酥中可加入其他辅料，如白糖、盐、葱末等。酵面酥皮的油酥也常用植物油调制，还有是将植物油烧热后，冲入面粉中调制成较稀软的油酥，用抹酥的方法进行开酥，只是起酥的质量稍差。

3. 起酥。酵面酥皮起酥可用小包酥也可用大包酥，包馅品种多用暗酥。

（四）调制技术要领

1. 干油酥面团的调制与水油酥皮面团相同。

2. 包酥时酵面比例一般是干油酥的两倍。根据制品的要求不同，可用大包酥，也可用小包酥。

3. 开酥一般以擀卷起层为主，故制品大多为暗酥。由于酥皮使用的是有一定膨胀度的酵面，在开酥时一定要注意酥层的厚薄度，过薄会使制品失去松软柔嫩的口感，而过厚又会使制品失去酥香松化的口感。

4. 还有很多环节技巧在调制面团的过程中需注意，其中大部分与水油酥皮面团需注意的环节技巧相同。

四、原理分析

通过以上各种层酥面团制作技术的介绍，学习者对层酥面团有了较为直观的认识，为了使学习者更好地明白和掌握技术、技巧，我们把层酥面团的构成和调制原理进行归纳和总结,使学习者能更加系统地了解相关知识点,为将来在实际工作中合理使用技术打好基础。

(一)干油酥面团形成原理

干油酥面团主要由油脂和面粉构成,面团没有筋性,但可塑性好。油脂是一种胶体物质,具有一定的黏性和表面张力,当油脂与面粉混合调制时,油脂便将面粉颗粒包围起来,黏结在一起。但因油脂的表面张力强,不易流散,油脂与面粉不易混合均匀,经过反复地"擦",扩大了油脂与面粉颗粒的接触面,油脂便均匀分布在面粉颗粒的周围,并通过其黏性,将面粉颗粒之间彼此黏结在一起,从而形成面团。这也是干油酥面团为什么必须经"擦"的调面方式才能成团的原因。在干油酥面团中面粉颗粒和油脂并没有结合在一起,只是油脂包围着面粉颗粒,并依靠油脂的黏性粘结起来。它不像水调面团中的冷水面团那样蛋白质吸水形成面筋,也不像热水面团那样淀粉糊化吸水膨润产生黏性。因此干油酥面团比较松散,可塑性强,没有筋性,不宜单独使用制作成品。干油酥面团中面粉颗粒被油脂包围、隔开,面粉颗粒之间的间距扩大,空隙中充满空气。经加热,气体受热膨胀,使制品酥松。此外,面粉中的淀粉未吸水胀润,也促使制品变脆。

(二)皮面面团形成原理

根据层酥面团的分类,我们大概知道了皮面面团的异同,这一类面团一般是由面粉、水、油等原料调制而成,大都具有一定的筋性和延伸性。我们以最常用的水油面团为例来了解皮面面团的情况。当水、油形成的乳浊液加入到面粉中调制时,面粉中的蛋白质首先与水结合形成面筋,使面团具有一定的弹性和韧性。而油脂以油膜的形式作为隔离介质分散在面筋之间,限制了面筋的形成,但能使面团表面光滑、柔韧。即使在和面、调面过程中形成了一些面筋碎块,也由于油脂的隔离作用不能彼此粘结在一起形成大块面筋,最终使得面团弹性降低,而可塑性和延伸性增强。

(三)起层原理

层酥制品之所以能起层,关键作用在于皮面面团和干油酥面团的性质。如水油面团具有一定的筋性和延伸性,可以进行擀制、成形和包捏;而干油酥面团性质松散,没有筋性,但作为酥心包在水油面团中,也可以被擀制、成形和包捏。当水油面团包住干油酥面团经过擀、叠、卷后,使得两块面团均匀地互相间隔叠排在一起,形成有一定间隔层次的坯料。当坯料在加热时(特别是油炸),由于油脂的隔离作用,干油酥面团中的面粉颗粒随油脂温度的上升,黏性下降,便会从坯料中散落出来,使得干油酥面团层的空隙增大;而此时水油酥面团受热后,由于水和蛋白质形成的面筋网络组织受热变性凝固,并同淀粉受热糊化失水后结合在一起,变硬形成片状组织,这样在坯料的横截面便出现层次,同时也形成了酥松、香脆的口感。

实践操作

实训 20　龙眼酥

实训 21　玉带酥

见下篇项目一工作任务三。

工作任务五 混酥面团与浆皮面团的调制

[任务分析] 本项工作的任务是了解混酥面团、浆皮面团的形成原理;熟悉油、糖、蛋、乳、化学疏松剂在混酥面团中的作用;熟悉转化糖浆在浆皮面团中的作用;熟悉并掌握混酥面团、浆皮面团的基本配方、工艺流程、调制方法和调制要领;掌握常见混酥面团、浆皮面团品种的制作。通过学习,准确掌握混酥面团的调制技术,特别要掌握随着油的种类、调制时间、方法的变化对面团成团效果的影响,进而明白面团对制品酥松效果的影响;准确掌握浆皮面团的调制技术,特别要掌握随着糖浆的种类及用量、调制时间、方法等的变化对面团成团效果的影响,进而对制品口感效果产生影响。

一、混酥面团调制工艺

[参考实例] 核桃酥

(1)原料:面粉500克、核桃仁50克、熟猪油225克、小苏打7.5克、白糖225克、臭粉7.5克、鸡蛋200克

(2)操作程序:

①面团调制:将过筛的面粉置于面案上,中间刨成坑状,小苏打放在面粉侧,加入糖、油、蛋、碎桃仁、臭粉用手搅拌成均匀的乳浊液后拌入面粉,抄拌成雪花状后采用翻叠法,将尚松散的物料,通过翻叠,使各原料相互渗透,面团逐渐粘结成团。

②成形:将面团搓成长条,分成每个50克的剂子。将面剂入桃酥模内压紧实,磕出,放入烤盘;或将面剂搓成圆球压成饼形,放入烤盘,中间用手指压一凹。

③成熟:放入烤炉内用160℃炉温烘烤至金黄色,饼面呈裂纹状即可。

(3)风味特色:色泽金黄,口感酥松化渣。

实例分析:

桃酥面团中添加了大量的油脂和糖,水的用量较少,还加入了化学疏松剂,制成品酥松,入口化渣,没有层次。该面团的调制方法与层酥面团有很多不同,这种在面粉中加入适量的油、糖、蛋、乳、疏松剂、水等调制而成的面团就叫混酥面团。因面团中添加的油脂和糖的数量相对较多,且同时添加了一定量的疏松剂,故面团相对较松散,具有良好的可塑性,缺乏弹性和韧性,制品经熟制后口感酥松,但不分层。

(一)参考配方

如表2-18所示。

表2-18 混酥面团配方(克)

面团	面粉	白糖	猪油(奶油)	鸡蛋	鲜奶	水	发酵粉	小苏打	臭粉
桃酥面团	500	225	225	100		适量		7.5	7.5
松酥面团	500	200	200	200			10		
拿酥面团	500	150	300	50					
甘露酥面团	500	275	250	100			10		15

（二）工艺流程

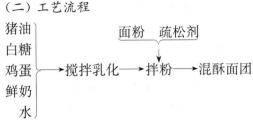

（三）调制方法

将过筛的面粉置于案板上，中间刨成坑状，疏松剂放在面粉侧，加入糖、油、蛋、乳、水等原料，用手搅拌成均匀的乳浊液后，拌入面粉。拌粉时，手要快，抄拌成雪片状后即可采用翻叠法，将尚松散的团块状料，层层向上堆，使各原料在翻叠过程中自然渗透，面团逐渐由松散状变为弱团聚状，并由硬变软，待软硬适度即可停止调制。

（四）调制技术要领

1. 正确投料。混酥面团的品种不同，原料的配方也有区别，故调制时一定要严格按照制品的配方要求，正确称量，按顺序要求投料。

2. 油、糖、水等原料要充分混合乳化后再拌粉。这样能更好地阻止面粉吸水，使面筋有限度地胀润，减少面筋的生成，使制品口感酥松。

3. 面团温度宜低。面团温度以 22～30℃ 为宜。面团用油量越大，面团温度要求越低。温度高，易引起面团"走油"，使面粉粒间的粘结力减弱，面团变松散，影响成形。同时，面团温度高，也会使膨松剂自动分解而失效。

4. 面团调制时间不宜过长。一般调匀即可，以叠的调面方法为主，否则面团大量生筋，会影响酥松效果。此外，面团调制好后不宜久放，一般都是随调随用。

（五）原理分析

混酥面团油、糖含量较高，利用油、糖的作用一方面限制面筋生成，另一方面在面团调制中结合空气，使制品达到松、酥的口感要求。

面团中加入油脂，面粉颗粒被油脂包围，阻碍了面粉吸水。面团中用油量越高，面团的吸水率和面筋生成量降低，制品越酥松。糖具有很强的吸水性，在调制面团时，糖会迅速夺取面团中水分，从而限制面筋蛋白的吸水和面筋的形成。和面时，油、糖、水及蛋、乳要先充分搅拌乳化，使之形成乳浊液，油脂呈细小的微粒分散在水中或水均匀分散在油脂中。油、水乳化的好坏直接影响面团质量。乳化越充分，油微粒或水微粒越细小，拌入面粉后能够更均匀地分散在面团中，限制面筋生成，形成细腻柔软的面团。

利用油、糖限制面筋生成是为了混酥面团起酥。面团生筋就会影响起酥，使制品僵硬、不酥松。而混酥面团的起酥与油脂性质有着密切关系。面粉与油脂混合后，油脂以球状或条状或薄膜状存在于面团中，在这些球状或条状的油脂内，结合着大量的空气。油脂中空气结合量与油脂的搅拌程度和加入糖的颗粒状态有关。油脂在加入面粉前搅拌越充分，加入糖的颗粒越小，则油脂中空气含量越高。油脂结合空气的能力还与油脂中脂肪的饱和程度有关。含饱和脂肪酸越高的油脂，结合空气的能力越大，起酥性越好。不同的油脂在面团中分布的状态不同，含饱和脂肪酸高的氢化油和动物油脂大多以条状或薄膜状存在于面团中，而植物油大多以球状存在于面团中。条状或薄膜状的油脂比球状油脂润滑的面积大，具有更好的起酥性。当成形的生坯被烘烤、油炸时，油脂遇热流散，气体膨胀，并向两相界面聚结，就使制品内部结构碎裂成很多孔隙而呈片状或椭圆状的多孔结构，使制品体积膨大，食用时酥松。

混酥面团中常常添加一定量的化学疏松剂，如小苏打、臭粉或发酵粉，借疏松剂分解或化学反应产生的 CO_2 气体、氨气等来补充面团中气体含量的不足，增大制品的酥松性。当混酥面团中油脂用量充足时，依靠油脂结合的空气量即可使制品达到酥松，且组织结构细腻，孔洞均匀细小。当油脂用量减少或者为了增大制品酥松性，可通过添加化学疏松剂补充面团中气体含量。化学疏松剂用量过大，制品的内部结构粗糙，孔眼大小无规则。

二、浆皮面团调制工艺

[参考实例] 提浆月饼

（1）原料：①糖浆：白砂糖 1 000 克、清水 450 克、柠檬酸 3 克；②皮料：中筋面粉 1 750 克、糖浆 1 300 克、精制油 325 克、小苏打 20 克；③馅料：熟面粉 1 000 克、糖粉 600 克、水 150 克、精制油 250 克、什锦果料 300 克、橘饼 50 克

（2）操作程序：①熬制糖浆：白砂糖、水放锅内烧开后加柠檬酸，用文火熬煮 25 分钟，存放三天后使用。②调制饼皮：将糖浆、精制油、小苏打充分搅拌后加入过筛后的面粉拌匀制成软硬适宜的面团。③调制馅料：将糖粉、精制油、水拌匀，加热面粉拌匀，再加果料拌匀成馅。④包馅：按照皮馅 6∶4 的比例将皮料和馅料分好，用皮料包好馅料。⑤入模成型：模具撒少许干粉，将包好的饼坯放入，收口朝上，用手掌压好，随后将压好的月饼坯轻轻磕出，摆放在烤盘内。⑥入炉烘烤成形。上火 220℃，下火 195℃，烘烤 15 分钟。

（3）风味特色：色泽麦黄，皮薄馅厚，果料均匀，果仁甘香。

实例分析：

从提浆月饼的制作实例分析可知，该月饼面坯是面粉加糖浆和配料调制而成，面团有非常好的可塑性，印模成形，花纹清晰，成品饼皮口感松爽，这种主要加糖浆调制而成的面团就是浆皮面团。

浆皮面团也称提浆面团、糖皮面团、糖浆面团，是先将蔗糖加水熬制成糖浆，再加入油脂和其他配料，搅拌乳化成乳浊液后加入面粉调制成的面团。浆皮面团凭借高浓度的糖浆，延缓面筋蛋白质的吸水时间，达到限制面筋生成的目的，使面团既有一定的韧性，又有良好的可塑性，面团质地细腻，制成品外表光洁，花纹清晰，饼皮松软。

在餐饮市场中常见用浆皮面团制作的制品是各种提浆月饼、广式月饼等，此类制品外表光洁，花纹清晰，饼皮松软。其面团的调制关键包括糖浆熬制与面团调制两个环节。

（一）糖浆熬制工艺

1. 参考配方。如表 2-19 所示。

表 2-19　转化糖浆配方（克）

白糖	水	柠檬酸
500	225	1.5

2. 工艺流程

$$水\atop白糖\Big\}\longrightarrow 煮沸\xrightarrow{\quad 柠檬酸\quad}加酸\longrightarrow 熬煮\longrightarrow 糖浆$$

3. 熬制方法。将水倒入锅中,加白糖煮沸。待糖粒完全溶化后加入柠檬酸,用中小火熬煮 40 分钟,糖浆糖度达到 78°～80°。广式月饼糖浆熬好放置半个月后再使用。

4. 熬糖工艺要点。

(1) 熬糖时必须先下水,后下糖,以防糖粘锅焦糊,影响糖浆色泽。

(2) 若砂糖含杂质多,糖浆熬开后,可加入少量蛋清,通过蛋白质受热凝固吸附杂质并浮于糖浆表面,打去浮沫即可除去杂质得到纯净的糖浆。

(3) 柠檬酸最好在糖液煮沸即温度达到 104～105℃时加入。酸性物质在低温下对蔗糖的转化速度慢,最好的转化温度通常在 110～115℃之间,故最好的加酸时间在 104～105℃。

(4) 若使用饴糖作转化剂熬糖,饴糖的加入量为砂糖量的 30%,加入时间最好是糖液煮沸,温度为 104～105℃。

(5) 熬糖时,尤其是熬制广式月饼糖浆时,配料中可加入鲜柠檬,鲜菠萝等。利用鲜柠檬和鲜菠萝含有的柠檬酸、果胶质等,使糖浆更加光亮,别有风味,使饼皮柔润光洁。熬糖时也可加入部分赤糖,使熬制的糖浆颜色加深,饼皮色泽更加红亮。

(6) 注意掌握熬糖的时间和火力大小。若火力大,加热时间长,糖液水分挥发快,损失多,易造成糖浆温度过高,浆变老,颜色加深,冷却后糖浆易返砂。若火力小,加热时间短,糖浆温度低,糖的转化速度慢,使糖浆转化不充分,浆嫩,调制的面团易生筋,饼皮僵硬。

熬糖的时间、火力与熬糖量及加水量有关。熬糖量大,相应加水量应增大,火力减小,熬糖时间延长,否则糖浆熬制不充分,蔗糖转化不充分,熬制的糖浆易返砂,质量次。

(7) 熬好的糖浆糖度约 78°～80°。糖度低,浆嫩,含水量高,面团易起筋,收缩,饼皮回软差。糖度过高,浆老,糖浆放置过程中易返砂。在糖浆不返砂的情况下,糖度应尽量高。

(8) 糖浆熬好后让其自然冷却,并放置一段时间后使用。

(二) 浆皮面团调制工艺

1. 参考配方。如表 2-20 所示。

表 2-20 浆皮面团配方(克)

面粉	糖浆	植物油	枧水(小苏打)
1 000	500～800	200～280	20(8～12)

2. 工艺流程

3. 调制方法。先将糖浆、植物油、枧水充分搅拌均匀,使之乳化成乳浊液,然后拌入面粉,翻叠成团即可。

4. 调制工艺要点

(1) 拌粉前糖浆、油脂、枧水要充分搅拌乳化。若搅拌时间太短乳化不完全,调制出的面团弹性和韧性不均,外观粗糙,结构松散,重则走油生筋。

(2) 面团的软硬应与馅料软硬一致。豆沙、莲蓉等馅心较软,面团也应稍软一些;白果、什锦馅等较硬,面团也要硬一些。面团软硬可通过配料中增减糖浆来调节,或以分次拌粉的方式调节,不可另加水调节。

(3) 拌粉程度要适当,不要多拌,以免面团生筋。

(4) 面团调好后放置时间不宜长,可先拌入 2/3 面粉,调成软面糊状,使用时再加入剩余面粉调节面团软硬。用多少拌多少,从而保证面团质量。

(三)原理分析

1. 浆皮面团形成原理。当面粉中加入适量的糖浆和油脂混合后,由于糖浆限制了水分向面粉颗粒内部扩散,限制了蛋白质吸水形成的面筋,同时加入面团中的油脂均匀分散在面团中,也限制了面筋的形成。这样,使得调制的面团弹性、韧性降低,可塑性增加。此外,糖浆中的部分转化糖使面团有保潮防干,吸湿回润的特点,成品饼皮口感湿润绵软,水分不易散失。

2. 转化糖浆的形成原理。转化糖浆是调制浆皮面团的主要原料。转化糖浆是由砂糖加水溶解,经加热,在酸的作用下转化为葡萄糖和果糖而得到的糖溶液。

制取转化糖浆俗称熬糖或熬浆。熬糖所用的糖是白砂糖或绵白糖,其主要成分为蔗糖。熬糖时随着温度升高,在一定的酸性条件下,并且在水分子的作用下,蔗糖发生水解生成葡萄糖或果糖。葡萄糖和果糖统称为转化糖,其水溶液称为转化糖浆,这种变化过程称为转化作用。蔗糖转化的程度与酸的种类和加入量有关,常用的酸为柠檬酸。酸度增大,转化糖的生成量增加。转化糖的生成量还与熬糖时糖液的沸腾强度有关,沸腾越剧烈,转化糖生成速度越慢,反之亦然。

除了酸可以作为蔗糖的转化剂外,淀粉糖浆、饴糖浆、明矾等也可作为蔗糖的转化糖的转化剂。传统熬糖多使用饴糖。饴糖是麦芽糖、低聚糖和糊精的混合物,呈黏稠状,具有不结晶性,其对结晶有较大的抑制作用。熬糖时加入饴糖,可以防止蔗糖析出或返砂,增大蔗糖的溶解度,促进蔗糖转化。

熬好的糖浆要待其自然冷却,并放置一段时间后使用,目的是促进蔗糖继续转化,提高糖浆中转化糖含量,防止蔗糖重结晶返砂,使调制的面团质地更柔软,延伸性更好,使制品外表光洁,不收缩,花纹清晰,使饼皮能较长时间保持湿润绵软。

实践操作

实训 22 桃酥

见下篇项目一工作任务四。

工作任务六 **米及米粉面团的调制**

[任务分析] 本项工作的任务是了解米团与米粉面团的分类;熟悉米粉面团调制原理;熟悉并掌握干蒸米团、盆蒸米团、煮米制坯与生粉团、熟粉团、发酵米浆、黏质糕、松质糕的调制工艺,调制方法和调制要领;掌握常见米及米粉面团品种的制作。通过学习,首先要准确掌握在米及米粉两种状态下的面团调制技术,进一步了解不同米质和加工方法对面团调制技术的影响及对制品效果的影响,以达到合理使用面团调制技术来控制制品的效果;并且通过了解面团形成原理等知识来准确地分析和判断技能应用的合理性。

米及米粉制品主要包括饭坯面团制品、糕团制品及其他米粉制品等。其中糕团又是糕与团的总称;糕可分为松质糕和黏质糕;团又可以分为生粉团和熟粉团。米及米粉面坯制品种类如图2-16所示。

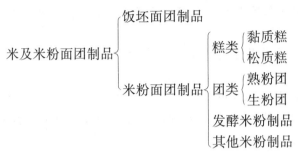

图 2-16　米及米粉面团制品的分类

一、饭坯面团调制工艺

[参考实例]　凉糍粑

(1) 原料:①皮坯:糯米 500 克;②馅心:红果馅 150 克;③装饰料:白糖 150 克、糖桂花 25 克

(2) 操作程序:①调团:糯米淘洗干净,浸泡 2 小时,沥去水分后蒸熟。出笼后,用干净的白布包上蒸熟的糯米,在案板上揉搓,使其粘实。

②制皮、包馅成形:取一糕框,放在笼内,铺垫一层白纱布,倒入一半熟米饭铺平,上面再铺一层红果馅,再铺上另一半熟糯米抹平。去掉木框,切成小块,撒上白糖、糖桂花,冷却后装盘即可。

(3) 风味特色:清凉酸甜、粘糯软润、桂香盈口。

[参考实例]冰汁水晶凉糕

(1) 原料:糯米 250 克、冰糖 100 克、薄荷糖 50 克、清水 100 克、蜜樱桃 20 克、蜜瓜条 20 克、红枣 30 克、猪油 20 克、葡萄干 30 克

(2) 操作程序:①糯米用清水浸泡 30 分钟,然后沥去水分,倒入垫有纱布的蒸笼内,用旺火蒸熟,中间揭开笼盖向糯米洒水两次。另将蜜瓜条、蜜樱桃、葡萄干、红枣切成细颗粒。糯米饭熟后趁热将切好的配料拌入和匀,倒入刷了油的木框内,压紧、压平,冷后置冰箱内。

②清水烧沸后,加入冰糖、薄荷糖,用小火慢慢熬制,熬至糖汁浓稠,舀起糖汁倒下,出现"滴珠"现象时,离火倒入碗内,冷后置于冰箱内。

③将冻好的糕坯取出,先切成 6 厘米宽的条,再横切成 0.3 厘米厚的薄片,整齐装入盘内,淋上冻好的冰糖汁即成。

(3) 风味特色:软糯细腻、香甜凉爽。

[参考实例]　珍珠圆子

(1) 原料:糯米 500 克、鸡蛋 50 克、淀粉 60 克、白糖 100 克、蜜玫瑰 5 克、猪油 40 克、淀粉 40 克

(2) 操作程序:①取 150 克糯米浸泡 10 小时作裹米。350 克糯米淘洗干净,倒入沸水锅中煮至九成熟,沥去米汤,置盆内,趁热加入鸡蛋液、细淀粉拌和均匀,冷后即成坯料。

②蜜玫瑰用少许猪油调散,白糖与细淀粉拌匀后加入蜜玫瑰、猪油搓擦均匀分成小坨

即成馅心。

③裹米沥干水分,手上沾少许清水,取皮坯用拇指按个小坑,放入馅心包捏成圆球形,然后放入裹米中滚粘,使之均匀粘裹上一层裹米,即成生坯。

④将生坯放入垫有屉布的笼内,用旺火沸水蒸约15分钟,出笼后在珍珠圆子顶部放半颗蜜樱桃装盘即成。

(3)风味特色:裹米晶莹透亮,似粒粒珍珠,香甜适口,软糯滋润。

实例分析:

从以上案例分析可知,米通过蒸或煮可以制成面点坯团,蒸煮使米受热成熟产生黏性,彼此粘结在一起成为坯团,便于进一步的加工成形。蒸米又分干蒸和盆蒸两种。

(一)干蒸饭坯调制工艺

干蒸是将米淘洗后浸泡一段时间,让米粒充分吸水,再沥干水分上笼蒸熟,其特点是米粒松爽,软糯适度,容易保持形态,适宜制作各种糯米糕、八宝饭等。

1.调制方法。糯米淘洗干净,放入盆内加水浸泡1～2小时,沥干水分,放入垫有屉布的笼内蒸熟,蒸的过程中要适当淋水。糯米蒸熟后,趁热加入配料拌匀即成糕坯。

2.调制工艺要点

(1)浸米时间要适当。浸米是为了使米粒吸水,干蒸时容易成熟。米粒若不经浸泡,含水量少,干蒸时难以成熟,容易出现夹生。浸米时间通常根据品种要求而定,一般糯米糕、凉糕浸米1～2小时,八宝饭浸米5～6小时。浸米时间过长,米粒吸水充足,易造成米粒蒸后过于软糯;浸米时间过短,米粒吸水不足,易造成蒸后米粒过硬、夹生、缺少糯性。

(2)蒸米过程中注意适当淋水,淋水可以增加米粒吸水,有助于米料成熟。洒水的多少、次数应根据制品要求以及浸米时间长短而定。

(3)糕坯中的配料应趁热加入蒸熟的糯米中,刚蒸熟的糯米,米粒松散黏性较大,配料加入后容易与米粒混合粘结成一体。

(二)盆蒸饭坯调制工艺

盆蒸是将米淘洗后装入盆内,加水蒸熟,其特点是米粒软糯性大,适宜制作米饭、糍粑等。

1.调制方法。将米淘洗干净,装入盆内加入适量清水,上笼蒸熟。

2.调制工艺要点。

(1)注意加水量。加水过多,蒸出的米饭过于软糯,影响成品口感,且制作的糕团不易保持良好形态。加水过少,易造成饭粒过硬,不爽口。加水量的多少应根据制品对米粒软糯度的要求和米质种类而定,饭粒要求松爽则少加;饭粒要求软糯则多加。糯米要少加水,粳米、籼米要适当多加水。

(2)米要蒸熟蒸透,蒸至米粒中不出现硬心。

(三)煮米饭坯的调制工艺

通过煮米制作的品种主要有各种粥和一些糕团。煮粥时米和清水一同下锅,用旺火烧开,小火慢熬,煮至米烂成粥。注意煮粥的水量要适当,使熬好的粥干稀适度。煮米制坯则应沸水下锅,煮至米粒成熟或八至九成熟,起锅沥水,趁热加入细淀粉、鸡蛋液,利用米粒成熟产生的黏性和淀粉、蛋液受热产生的黏性使米粒粘结在一起成为坯团。

二、米粉面团调制工艺

[参考实例]　豆沙松糕

（1）原料：糯米粉 300 克、粳米粉 200 克、白糖 200 克、豆沙馅 100 克、松籽仁 10 克、瓜籽仁 10 克、核桃仁 10 克、蜜枣 10 克、板油 50 克

（2）操作程序：①板油撕去外膜，用刀切成小丁，与白糖拌均匀，腌制一星期待用。

②糯米粉和粳米粉一起倒入盆内，加糖加水揉擦均匀，用粗筛箩过筛成糕粉，分成两份待用。

③取方糕板一块，垫上湿布，再放上方糕架，倒一半的糕粉刮平，撒上板油丁，上笼蒸 10 分钟。等糕面定形时，摊一层豆沙馅，再铺上另一半糕粉，刮平，撒上板油丁、松籽仁、瓜籽仁、核桃仁，上笼用旺火沸水蒸熟，取出待凉透后，切成菱形块装盘即成。

（3）风味特色：色泽美观，松粗细软。

[参考实例]　麻团

（1）原料：①皮坯：糯米粉 500 克、绵白糖 50 克、澄粉 50 克、泡打粉 20 克；②沾裹料：白芝麻 50 克

（2）操作程序：①调团：把糯米粉、澄粉倒入盆内，放入泡打粉、绵白糖，加水 200 毫升和匀。

②制皮、成形：将和好的面团搓条揪成重约 25 克一个的剂子，把剂子用两手逐个揉成圆球形，放在装有白芝麻的容器内，均匀地沾上一层白芝麻。

③成熟：将油烧至 60～70℃时下锅，炸至麻团浮出油面，表面呈枣红色时，出锅即成。

（3）风味特色：外脆里嫩，香甜酥软。

[参考实例]　棉花糕

（1）原料：籼米 500 克、白糖 250 克、米酵浆（糕肥）25 克、泡打粉 10 克、枧水 5 克

（2）操作程序：①调团：籼米淘洗后，加清水浸泡 1.5 小时左右，磨成细米浆（用二百号的筛箩过一遍，使其细滑），用布袋盛装，用重物压干水分成吊浆米粉。取吊浆米粉 75 克，用 250 克清水稀释，用小火熬成糊，倒入盆里。凉后与剩余的吊浆米粉搅匀，加入米酵浆和适量清水搅匀搅透，加盖静置，使其发酵，夏季约 8 小时，冬季约 12 小时，待米浆发起后加入白糖搅拌至糖溶化，再加入泡打粉、枧水拌匀，即糕浆。

②成形、成熟：菊花模抹上少许花生油，撒上少许扑面，放在笼屉上，将搅好的糕浆注入模内（有九成满即可），用大火蒸十分钟便熟。

（3）风味特色：形如棉花，绵软爽滑。

实例分析：

在餐饮市场中常见用米粉面团制作的制品是各地风格各异的糕团制品、发酵米粉团制品及其他米粉团制品等，此类制品有的黏糯、有嚼劲，有的松泡绵软。

豆沙松糕使用的是松质粉团，糯米粉与粳米粉按比例掺和在一起加糖和水混合成粗粉状，上笼蒸制而成。蒸制时糕粉保持松散状态，因此米粉加水量多少是关键，糕粉是否松散亦是非常重要。

麻团使用的是糯米粉团，通过油炸使制品外脆里嫩，香甜酥软。如果米粉团中澄粉比例偏高会影响膨胀度，炸制时油温调节不合适会直接影响制品的膨胀度和口感。

棉花糕应用的是发酵米浆,制品的绵软爽滑给食客带来独特的口感。在米粉中只有籼米粉有发酵能力,由于米粉没有面筋,无法包裹气体,发酵米浆的调制会直接影响制品的膨胀度。

从以上案例分析可知,米粉面团根据调制方式的不同,大体可以分为三种:糕类粉团、团类粉团、发酵米浆。米粉制品的工艺顺序依据品种的不同分为两种:一种是先成形后成熟;另一种是先成熟后成形。松质粉团采用先成形后成熟的方法,将粉料加水或其他辅料拌成松散的湿粉粒状或糊浆状,倒入模具中,蒸制而成。黏质糕粉团一般采用先成熟后成形的方法,将拌和好的湿粉粒蒸熟,揉成团块状后成形制成成品。

（一）糕类粉团调制工艺

糕类粉团是指以糯米粉、粳米粉、籼米粉加水或糖(糖浆、糖汁)等拌和而成的粉团。糕类粉团一般可分为三类:松质粉团、黏质粉团、加工粉团。

1. 松质粉团调制工艺

松质粉团是由糯、粳粉按适当的比例掺合成粉粒,加水或糖(糖浆、糖汁)拌和成松散的湿粉粒状,采用先成形后成熟的工艺顺序调制而成。松质粉团制品松质糕,其特点是多孔、松软,大多为甜味或甜馅品种,如甜味无馅的松糕和淡味有馅的方糕等。松质粉团根据口味分为白糕粉团(用清水拌和不加任何调味料调制而成的粉团)和糖糕粉团(用水、糖或糖浆拌和而成的粉团);根据颜色分为本色糕粉团和有色糕粉团(如加入红曲粉调制而成的红色糕粉团)。

（1）白糕粉团

①调制方法:将冷水与米粉按一定的比例拌和成不粘结成块的松散粉粒状,即成白糕粉团,再倒入或筛入各种模型中蒸制而成松质糕。

②调制工艺要点

拌粉:拌粉就是指加入水与配置粉拌和,使米粉颗粒能均匀地吸收水的过程。拌粉是制作松质糕的关键,粉拌得太干,则无黏性,蒸制时易被蒸汽所冲散,影响米糕的成形且不易成熟;粉拌得太软,则黏糯无空隙,蒸制时蒸汽不易上冒,出现中间夹生的现象,成品不松散柔软。因此,在拌粉时应掌握好掺水量。

掺水量要根据米粉含水量来确定,干粉掺水量不能超过40%,湿磨粉不超过25%~30%,水磨粉一般不需掺水或少许掺水。同时掺水量还要根据粉料品种调整,如粉料中糯米粉多,掺水量要少一些;粉料中粳米粉多,掺水量要多。还要根据各种因素,灵活掌握,如加糖拌和水要少一些;粉质粗掺水量多,粉质细掺水量少等。总之,以拌成粉粒松散而不粘结成块为准。常用的鉴定方法是用手轻轻抓起一团粉松开不散,轻轻抖动能够散开说明加水量适中,如果抖不开说明加水量过多,抓起的粉团松开手散开说明水量太少。

抄拌要匀,要分多次掺入,随掺随拌,使米粉均匀吸水。

拌和后还要静置一段时间,目的是让米粉充分吸水。静置时间的长短,随粉质、季节和制品的不同而不同,一般湿磨粉、水磨粉静置时间短,干磨粉静置时间长;夏天静置时间短,冬天静置时间长。

夹粉:静置后其中有部分黏连在一起,若不经揉搓疏松,蒸制时不易成熟且疏松不一致,所以在米糕制作时,糕粉静置后要进一步搓散、过筛(所用的粉筛的目数一般小于30目),这个过程称之为夹粉。这种经拌粉、静置、夹粉等工序制作而成的米粉叫"糕粉"。

（2）糖糕粉团

糖糕粉团的调制方法和要点均与白糕粉团相同，但为了防止砂糖颗粒在糕粉中分布不均匀，一般先将砂糖溶解在水中加入或在米粉中加入糖浆。糖浆的投料标准一般是 500 克糖、250 克水，具体的比例要根据消费者的口味而定。红糖、青糖用纱布滤去杂质。

2. 黏质粉团调制工艺

黏质粉团的粉料的拌粉、静置、夹粉等过程与松质粉团大体相同，但制品采用先成熟、后成形的方法制作而成。即把粉粒拌和成糕粉后，先蒸制成熟，再揉透（或倒入搅拌机打透打匀）成为团块，即成黏质粉团。其取出后切成各式各样的块，或分块、搓条、下剂，用模具做成各种形状。黏质粉团制品黏质糕一般具有韧性大，黏性足，入口软糯等特点，如蜜糕、糖年糕等。

黏质粉团的制作过程与松质粉团不同的是松质糕是先成形后成熟，且不经揉制；而黏质糕是先成熟经揉搓成结实的粉团后，再加工成形；另外黏质粉团掺水量比松质粉团稍多。

3. 加工粉团调制工艺

加工粉团是糯米经过特殊加工而调制的面团。糯米经特殊加工而制成的粉，称为加工粉、潮州粉。其特点是软滑而带韧性，用于广式点心，制水糕皮等。调制方法是糯米加水浸泡、滤干，小火焖炒到水干米发脆时，取出冷却，再磨制成粉，加水调制成团。

（二）团类粉团调制工艺

团类粉团是以糯米粉、粳米粉按一定比例掺合后加水调制而成的粉团，粉料多先部分预熟处理以增强淀粉黏性再调制。团类制品按成形成熟先后不同，可分为先成形后成熟的生粉团和先成熟后成形的熟粉团两种。

1. 生粉团调制工艺

生粉团是指取糯、粳米粉混合成的粉料少部分进行热处理，再与其余部分生粉料调拌或揉搓成团。生粉团制品工艺顺序是先成形后成熟。生粉团经制皮、包馅、成形，可制出具有皮薄、馅多、黏糯、吃口润滑特色的各式汤团。制作粉团的米粉，因加工方法不同，调制粉团的方法也不尽相同。

（1）干磨粉、湿粉调制生粉团（泡心法）。泡心法是指采用局部热处理的方法。生粉团是不经蒸熟而直接用干磨粉（或湿粉）和水拌和制成的粉团。因为米粉缺少韧性，故必须以沸水冲粉，利用沸水将部分米粉烫熟，使淀粉糊化而产生黏性，即先冲成部分熟粉心子，然后再加冷水揉和成粉团。其具体制作方法是：将按比例掺合的糯、粳米粉倒在缸盆中，中间挖个凹坑，用适量沸水冲入（约每 500 克干粉用沸水 125 克），其余用冷水（每 500 克干粉用冷水 200 克左右），将中间部分的粉烫熟（称熟粉心子），再将四周的干粉与熟粉心子一起揉和，然后加入冷水揉搓，反复揉到软滑不粘手即成。注意点是：掺水量要正确掌握，如沸水少了，制品容易裂口；沸水投入在前，冷水加入在后。

（2）水磨粉调制生粉团（煮芡法）。煮芡法常用于水磨粉调制的生粉团。因为水磨粉内含有大量的水分，不宜再冲入大量的水分拌粉。另外，一些特殊的制品，如青团、船点、艺术糕点等也需用煮芡的方法制作粉团。

具体操作法是：先取出 1/3 的水磨粉，按每 1 公斤粉掺水约 200 克的比例掺入凉水揉和，调制成粉团，塌成饼形，投入到沸水中煮成"熟芡"，取出后马上与余下的 2/3 粉料揉和，揉搓到细洁、光滑、不粘手为止。注意点是：熟芡制作，必须等水沸后才可投入"饼"（否则，容易沉底散破),以后轻轻搅拌;第二次水沸时需加适量凉水,抑制水的沸滚,使团子漂浮在水面上 3～5 分钟,即成熟芡。

2. 熟粉团调制工艺

用糯、粳米粉按成品要求掺合成粉料,加入冷水拌和成粉粒,蒸熟,倒出揉透(或在搅拌机内搅透拌匀)成团块,即成熟粉团,取出制成各种团类品种。制品特点是软糯、有黏性,如芝麻凉团、双馅团子等。

熟粉团的调制方法与黏质糕相同,也要经过拌粉、蒸制、搅拌过程,只是熟粉团在分块、搓条、下剂、包馅后要制成圆团形。

(三)发酵米浆调制工艺

发酵米浆是米粉面团的一种,是用籼米粉加水及膨松剂,再掺入辅料糖、糕肥等调制而成的面团。其面团可制成松软可口的膨松制品,在广式面点中使用最多,如著名的棉花糕等。

1. 参考配方

如表 2-21 所示。

表 2-21 各种发酵米浆配方(克)

制品	籼米粉	糖	发酵粉	糕肥	枧水	水	蛋清
棉花糕	750	250	6	50	1	250	少许
伦教糕	750	600	—	200	—	650	少许
黄松糕	2250	600	7.5	75	15	550	少许

注:①糕肥:是指发过酵的糕浆。②枧水:是指从草木灰中提取的,主要成分是碳酸钾,所起作用同碳酸钠或碳酸氢钠。

2. 工艺流程

籼米粉10% ╲
　　　　　 ╱ ——→ 煮成熟芡 ——→ 晾凉 ——→ 搅匀 ——→ 发酵 ——→ 发酵米浆
水 ╱　　　　　　　　　　　　　　　 ↑剩余90%籼米粉
　　　　　　　　　　　　　　 糕肥、水

3. 调制方法与工艺要点

(1) 先取 10% 籼米粉,加该量一倍的水煮成稀糊成熟芡。

(2) 煮熟的熟芡一定要晾凉至 30℃ 左右方可加入糕肥。

(3) 放置在温度在 30℃ 左右的环境中发酵。

(4) 只有在发酵结束后方可加入大量的糖。

(5) 最后加入发酵粉和枧水后立即制成成品,不宜久放。

三、原理分析

通过以上各种米及米粉面团制作技术的介绍,学习者对米及米粉面团有了较为直观的认识,为了使学习者更好地明白和掌握技术、技巧,我们把米及米粉面团的构成和调制原理进行归纳和总结,使学习者能更加系统地了解相关知识,并合理使用这些技术,达到举一反三的效果。

米及米粉组成成分和面粉基本一样,主要都是淀粉和蛋白质,但两者的性质并不相同。面粉所含的蛋白质,有能吸水形成面筋的麦胶蛋白和麦谷蛋白,因此,用冷水调制能够形成劲大、硬实和韧性足的面团。米及米粉所含的蛋白质是谷蛋白和谷胶蛋白,不能产生面筋,虽然米及米粉所含的淀粉胶性较大,但是用冷水调制,淀粉在水温低时,不溶或很少溶于水,淀粉的胶性不能很好发挥作用,所以,用冷水调制就根本无法成团,形成无劲、韧性差、松散,不具有延伸性,即使成团,也很散碎,不易制皮包捏成形的特点,因此,米粉面团一般不用冷水调制。为了调制需要的米及米粉面团,必须采取特殊措施和办法,如提高水温、蒸、煮等,产生淀粉糊化作用,或加入适量的面粉形成米粉面团。

米粉面团和面粉面团在发酵上的差异也是由米粉和面粉所含淀粉、蛋白质性质不同所致。面团发酵需要具备两个条件,一是要有产生二氧化碳的能力;二是要有保持气体的能力。面粉中的淀粉含直链淀粉较高,容易被淀粉酶作用水解成可供酵母利用的糖分,经酵母的繁殖和发酵作用产生大量二氧化碳气体,面粉中的蛋白质能形成面筋,在面团发酵过程中包裹住不断产生的气体,使面团体积膨大,组织松软。而米粉由于直链淀粉含量较少,可供淀粉酶利用转化成可溶性糖的淀粉少,酵母发酵所需糖分不足,故产气性差,尤其是糯米粉的直链淀粉含量几乎为零,一般不能做发酵面团用。另一方面,米粉面团中没有类似面筋的物质,缺乏保持气体的能力,所以无法使制品达到膨松的目的。因这两方面的原因,糯米粉和粳米粉团一般不做发酵面团使用;籼粉因直链淀粉含量高于糯米、粳米而接近面粉,具有生成气体的条件,可用于发酵米团的调制,但由于缺乏保持气体的能力,籼米粉团的发酵方法与面粉团存在有着明显区别。面粉团发酵首先将面粉调制成富有弹性、筋力强的面团,发酵时产生的气体使面团膨胀,加热成熟时面坯进一步膨胀、定型,形成松泡、柔软的制品。籼米粉团发酵一般是将籼米粉调制成米浆,有助于二氧化碳气体保留在米浆中,并加入辅助糖,以补酵母碳源不足,成熟时米浆受热,气体膨胀,淀粉糊化,蛋白质凝固,米浆逐渐定型形成膨松的结构。

米粉还有粉质重、坚实、通气性差的特点,故在制作松质糕点时,糕粉应拌成松散的粉粒状,成形前最好过筛,使粉粒之间保持适当的空隙,有利于松糕的成熟和形成疏松的组织结构。

实践操作

实训23　豆沙麻团

见下篇项目一工作任务五。

工作任务七　杂粮面团及其他面团的调制

[任务分析]　本项工作的任务是了解杂粮面团、淀粉类面团、果蔬类面团、鱼虾茸面团、羹汤、冻类的特点及应用;掌握杂粮面团、澄粉面团、果蔬类面团、鱼虾茸面团、羹汤、冻类的调制方法和调制要领;掌握其常见品种的制作;懂得不同类型的杂粮及淀粉、果蔬、鱼虾茸等原料对面团调制技术的影响和制品效果的影响。

一、杂粮面团调制工艺

杂粮是指稻谷、小麦以外的粮食,如玉米、高粱、豆类等。杂粮面团是指将玉米、高粱、豆类、薯类等杂粮磨成粉或蒸煮成熟加工成泥茸调制而成的面团。杂粮面团制作工艺较为复杂,使用前一般要经过初步加工。有的在调制时要掺入适量的面粉来增加面团的黏性、延伸性和可塑性;有的需要去除老的皮筋蒸煮熟后压成泥茸,再掺入其他辅料调制成面团;有的可以单独使用直接成团。

杂粮面团所用的原料除富含淀粉和蛋白质外,还含有丰富的维生素、矿物质及一些微量元素,因此这类面团的营养素的含量比面粉、米粉面团的含量更为丰富,而且根据营养互补的原则,这类面团的营养价值也可大大提高。由于一些杂粮受季节的影响,这类面团的制品季节性较强,春夏秋冬,品种四季更新,并且它们有各自不同的风味特色。一些品种配料很讲究,制作上也比较精细,如绿豆糕、山药桃、象生雪梨等,这些品种熟制后,具有粘韧、松软、爽滑、味香、可口等特点。

杂粮面团的种类比较多,常见的面团有三大类:谷类杂粮面团、薯类面团和豆类面团。调制杂粮面团时,无论是调制哪一类都必须注意:第一,原料必须经过精选,并加工整理;第二,调制时,需根据杂粮的性质,灵活掺和面粉、澄粉等辅助原料,控制面团的黏度、软硬度,便于操作;第三,杂粮制品必须突出它们的特殊风味;第四,杂粮制品以突出原料的时令性为贵。

(一)谷类杂粮面团调制工艺

[参考实例] 小窝头

(1)原料:细玉米面400克、黄豆面100克、白糖250克、糖桂花10克

(2)操作程序:①调团:将玉米面、黄豆面、白糖、糖桂花一起放入盆中,逐次加入温水共150克,慢慢揉和,使面团柔韧有劲。

②成形:揉匀后,搓成直径约2厘米粗的条,再揪成100个小面剂。在捏窝头前,右手先蘸一点凉水,擦在左手心上,然后取一个面剂放在左手心里,用右手指揉捻几下,再用双手搓成圆球形状,仍放在左手心里。右手食指蘸点凉水,在圆球中间钻1个小洞,边钻边转动手指,左手拇指根及中指同时协同捏拢。面团厚度只有0.4厘米,且内壁和表面均光滑时为止。

③成熟:将制好的小窝头生坯上笼用旺火蒸10分钟即成。

(3)风味特色:形状上尖下圆如塔状,色泽鲜黄,小巧别致,慢慢咀嚼像吃栗子,细腻甜香。

实例分析:

小窝头是以玉米粉为主料制作的谷类杂粮制品。由于谷类杂粮不含面筋质,其粉团的调制类似米粉团。谷类杂粮除玉米外,主要还有小米、高粱、荞麦、莜麦、燕麦等。谷类杂粮制品主要是运用谷类杂粮制成的粉单独使用或与面粉、米粉、豆类杂粮粉掺和使用,制成的风味独特、乡土气息浓郁的面点制品。

谷类杂粮面团调制时应注意以下几点:

(1)用料比例必须准确。

(2)调制面团的温度要得当。

（3）要用新鲜的杂粮粉制作，才能保证制品清香松软。

（二）薯类面团调制工艺

在餐饮市场中常见用薯类面团制作的制品是各地风格各异的土豆、山芋等制品，此类制品口感细腻，味美鲜香。下面我们以象生雪梨为例来了解薯类面团的调制技术，及其对制品效果的影响。

[参考实例]　象生雪梨

（1）原料：①皮坯：土豆150克、澄粉50克；②馅心：三鲜馅适量；③沾裹装饰料：面包糠50克、火腿丝10根

（2）操作程序：①调团：土豆洗净后上蒸笼，撕去土豆皮，擦成泥茸。澄粉加入70克开水搅和后，稍饧，将土豆泥、澄粉团及少许胡椒粉一起揉匀揉透。

②制皮、包馅成形：分成10个面剂，将其按扁，包入三鲜馅后收口，做成梨形，插上火腿丝作梨柄，再在表面均匀粘上面包糠成生坯。

③成熟：油锅上火，放入清油烧至三到四成熟时放入生坯，炸至浮起，色泽金黄时，捞出装盘即可。

（3）风味特色：形象逼真、外酥里嫩、味道鲜美。

实例分析：

从象生雪梨的制作实例分析可知，薯类通过蒸或煮熟后压成泥茸，趁热加入适量粉料、调味料等调制成薯类面团。这类面团制品软糯细腻，有特殊香味。油炸的薯类制品更是外酥内嫩，口感丰富。

薯类面团常用的根茎类原料有马铃薯、甘薯、山药、芋艿等，这些薯类制成的泥茸含水量不同，因此在调制面坯时添加的粉料用量也是不同的。薯类面团中添加的粉料主要有糯米粉、澄粉、面粉。通过加粉使薯类面团软硬适中，可塑性强，适宜制作较精细的风味面点。

薯类面团在调制时应注意以下几点：

（1）薯类必须蒸熟、熟透。

（2）压泥时要压得细腻。

（3）掺粉时应根据品种要求掌握好比例。

（三）豆类面团调制工艺

[参考实例]　豌豆黄

（1）原料：白豌豆500克，白糖350克，碱面1克

（2）操作程序：①制豆泥：将豌豆磨碎、去皮、洗净。铝锅或铜锅内倒入凉水1 500克，用旺火烧开，下入碱面烧沸后改用微火煮2小时。当豌豆煮成稀粥状时，加入白糖搅匀，将锅端下。取瓷盆1只，上面翻扣一个马尾罗，逐次将煮烂的豌豆和汤舀在罗上，用竹板刮擦，通过罗形成小细丝，落到瓷盆中成豆泥。

②熬豆泥：把豆泥倒入铜锅里，在旺火上用木板不断地搅炒，勿使糊锅。可随时用木板捞起试验，如豆泥往下流得很慢，流下的豆泥形成一堆，并逐渐与锅中的豆泥融合时即可起锅。

③成形：将炒好的豆泥倒入白铁模子（约32厘米长、17厘米宽、2.3厘米高）内摊平，用净纸盖在上面，晾5～6个小时，再放入冰箱内凝结后即成豌豆黄。食用时揭去纸，将豌豆黄

切成小方块或其他形状，摆入盘中。

（3）风味特色：颜色浅黄，细腻纯净，香甜凉爽，入口即化。

实例分析：

从豌豆黄的制作实例分析可知，豆类面团制品具有细腻纯净，香甜凉爽，入口即化的独特风味。为了达到良好制作效果，一是煮豆，二是豆泥的熬制技术，都非常关键，只有豌豆煮到火候才能使豆泥的沙性得以充分体现，而对豆泥熬制火候的掌握对糕体凝固和成形起着决定性的作用。在餐饮市场中常见的用豆类面团制作的制品是各地风格各异的豆糕，此类制品有豆泥的沙性，口味香甜，风味独特。

豆类面团是指用各种豆类（如绿豆、豌豆、芸豆、蚕豆、赤豆等）加工成粉、泥，或单独调制，或与其他原料一同调制而成的面团。这类面团的制品色彩自然、干香爽口、豆香浓郁。

豆类杂粮面团的调制工艺要根据具体品种而定，不同的品种有着不同的工艺要求。调制时应注意以下几点：

（1）对豆子进行挑拣。因豆子在储藏期间，很容易被蛀虫侵蚀，吸水霉变，在调制时必须去除这些，否则会影响成品质量，也不符合卫生要求。

（2）皮要去净。皮不去净，会直接影响成品的吃口，降低质量。

（3）泥茸擦至细腻。除特殊品种要求外，一般豆类制品均要求豆类成泥茸状态，不夹豆粒。

二、其他面团

其他面团是除麦粉类、米粉、杂粮所制的多种面团外其他面团的（包括面粉特殊加工面团）总称，包括淀粉、果蔬类、鱼虾茸、羹汤类等面团。

（一）淀粉类面团调制工艺

[参考实例]　虾饺

（1）原料：①皮坯：澄粉 356 克、生粉 115 克、栗粉 25 克；②馅心：鲜虾肉 500 克、肥膘 100 克、熟笋肉 200 克、各种调料

（2）操作程序：①调团：澄粉、栗粉一齐过筛后装在钢锅中，放入精盐 5 克，并将沸水 700 毫升一次性注入澄面中，用木棒搅拌成团，烫成熟澄面，随即倒在案台上，待稍闷加入生粉，揉搓成匀滑的粉团，并加入猪油再揉滑，成为虾饺皮粉团面，用半湿白布 1 条覆醒置，候用。

②制馅：将精盐 10 克，食粉 3 克与鲜虾肉拌匀后，腌制 15～20 分钟，然后用自来水轻轻冲洗虾肉，直至虾肉没有黏手感即可捞起，将捞起的虾肉用洁白毛巾吸干水分，肉身较大的切成两段，小的可以原只不动；肥膘片薄成大块，用沸水烫熟，漂清水冷却后切成细粒；笋肉切成细粒或细丝，用沸水泡片刻捞起，漂清水冷却后压干水分（用白布包着扭干更好），用熟猪油拌和，候用。虾肉与生粉混合在拌盆内，加入精盐 10 克，白糖，味精，麻油，胡椒粉，肥膘粒拌和，再加入拌了猪油的笋丝拌和成为虾饺馅。将虾饺馅装入洗净的装馅盒，放入冰箱内冷藏一刻即可使用。

③制皮、包馅成形：将虾饺馅和虾饺皮各分成 80 份，用拍皮刀将每块皮压薄成直径约为 6.4 厘米的圆块，每块包入虾饺馅 1 份，捏成弯梳饺坯，放入已抹油的蒸笼内。

④成熟：用旺火蒸 5～6 分钟即成。

（3）风味特色：皮白透明，形状美观，馅鲜湿润，滑中夹爽。

实例分析：

淀粉类面团是指以淀粉（澄粉、生粉、鹰粟粉等）为主要原料加水和少量油、糖等调制而成的面团。在餐饮市场中常见用淀粉面团制作的制品是南方的晶饼和虾饺等，此类制品皮白透明，形状美观。

淀粉类面团的形成主要依靠淀粉的糊化作用。调制淀粉类面团时通常使用100℃的沸水一次性倒入淀粉中，搅拌成团，或用沸水与部分淀粉调成粉糊与其余淀粉揉和成团，最后加入少量油、糖等辅料揉匀而成。淀粉类面团具有良好的可塑性，色泽洁白，成熟后呈半透明状，细腻柔软，口感嫩滑，适宜制作各种精细面点，如虾饺、晶饼、粉果、象形瓜果、花草、动物等。

淀粉类面团中常见的主要有熟澄粉面团、虾饺皮面团、粉果皮面团、晶饼皮面团、蛋黄澄粉面团等。熟澄粉面团为淀粉类基本面团，在此基础上添加各种辅料，可以变化出很多皮料。若在熟澄粉面团中添加熟蛋黄，可制成具有特殊成熟效果的蛋黄角皮制品，如金丝蛋黄角、蜂巢蛋角酥、波丝花篮等。熟澄粉面团也常作为粘结剂用于薯类、果蔬等面团的调制，如马铃薯面团、甘薯茸面团、芋芳面团、西米面团等。虾饺皮面团主要用于鲜虾饺以及各式咸馅花式蒸饺、水晶包子等品种的制作。制成品皮白透明，细腻软滑，色彩分明。晶饼皮面团主要用于制作各式晶饼、甜味的象形蒸点。粉果皮面团的代表品种有娥姐粉果、潮州粉果等。

淀粉类面团在调制时应注意以下几点：

（1）用沸水烫粉动作要快，使粉均匀烫熟。面团要反复揉至匀滑，不能夹杂硬块。

（2）正确掌握掺水量。使用沸水烫粉，一般淀粉的吸水量为150%左右。水少面团硬，成形困难制品易开裂；水多面团过黏，影响成形且制品形态差。

（3）掺水应一次性加入，分次加水易造成粉粒吸水糊化不均匀，影响面团性能。

（4）面团揉好后需盖上湿布，防止面团变干结壳。

（5）注意掌握面团的加油量（包括蛋黄用量），不同的加油量可使成品产生完全不同的成形效果，如蜂巢状、丝网状等。

（二）果蔬类面团调制工艺

［参考实例］　马蹄糕

（1）原料：清水马蹄1 500克、马蹄粉300克、白糖1 000克、生油25克、清水750毫升

（2）操作程序：①调团：将马蹄磨成马蹄茸。马蹄粉用清水500克浸湿拌匀溶开，经过滤成为粉浆，将马蹄茸倒入粉浆中混合，然后分别倒入甲、乙两盆中。将其余清水与白糖煮溶、过滤成糖水，再将糖水煮沸，倒入甲盆粉浆中拌匀，使粉浆成为挂糊浆。将乙盆粉浆倒入甲盆浆糊内，并搅拌均匀，使粉浆成为刚可挂糊的蹄粉浆，然后放入生油拌匀。

②成形：在一洁净的27厘米方盘中刷上生油，倒入半成品蹄粉浆成为糕坯。

③成熟：把糕坯放入蒸笼内，用猛火蒸约30分钟至熟透，取出晾凉即成。

（3）风味特色：糕质晶莹，软韧爽滑，清甜可口。

实例分析：

在餐饮市场中常见用果蔬类面团制作的制品是各地风格各异的特色小吃，此类制品口

感口味各具特色,能给食客带来难忘的体验。下面我们以生磨马蹄糕为例来了解果蔬类面团的调制技术,及其对制品效果的影响。

此制品应用的是果蔬类面团,通过马蹄独特的风味使制品具有了独树一帜的特色。为了达到制作效果,一是对原料比例的控制,二是面团成团技术,都非常关键。首先要控制好马蹄茸和马蹄粉比例,才能使糕体的凝固性和风味达到和谐统一,调团时要注意浆体的浓稠度,以免影响成熟后糕体的成形和口感。

通过对生磨马蹄糕的分析使我们了解到果蔬面团主要指运用水果、蔬菜等原料,配以各种粉料制成的面团品种,如梨、菊花、南瓜、芋头、马蹄等。具体制法大致相同,通常是先将这些原料进行初步加工后,制成丝、泥、茸等,再和粉制成坯皮。这类面点软糯适宜、滋味甜美、滑爽可口、营养丰富,并具有浓厚的清香味。

在调团时应注意以下几点:

(1)选用的果蔬含水量不宜太多。

(2)果蔬加工成丝粒状后不宜太大,否则影响成型。

(三)鱼虾茸面团调制工艺

[参考实例] 鱼皮蟹黄饺

(1)原料:①皮坯:净鱼茸200克、澄粉200克、清水适量;②馅心:猪肉250克、人工蟹黄125克、水发冬菇15克、鲜笋125克、精盐5克、味精2克、胡椒粉1克、芝麻油10克

(2)操作程序:①制馅:将猪肉、人工蟹黄、鲜笋、水发冬菇分别剁细,加精盐、味精、胡椒粉和芝麻油拌匀成馅。

②调团:将鱼茸与澄粉拌和均匀,用清水调节面团软硬,成为软硬适度的面团。

③包馅成形:将鱼茸面团搓条,下剂,擀成直径约6厘米的圆皮,放入馅心,对折成半圆形,即成饺坯。

④成熟:生坯放入笼中,用旺火沸水蒸约5~7分钟。出笼后表面刷少许色拉油即可装盘。

(3)风味特色:皮薄爽滑,馅心鲜美,呈半透明状。

实例分析:

此制品应用的是鱼虾茸面团,通过制品外形美观、皮薄爽滑、馅心鲜美的特色,给食客带来独特的视觉和口感冲击。为了达到制作效果,一是对原料比例的控制,二是面团成团技术,都非常关键。

在餐饮市场中常见用鱼虾茸面团制作的制品是沿海地区极富特色的各类鱼虾茸做皮的饺子和烧卖,此类制品打破了以面粉做皮的传统口感,不仅能给食客带来难忘的口感口味体验,还大大提升了制品的档次。

通过对鱼皮蟹黄饺的分析,使我们了解到鱼虾茸面团是利用净鱼肉、净虾肉与其他调配料一起掺合而调制的面团。该面团中由于加入了蛋白质含量比较丰富的鱼、虾肉,使得面团具有较强的劲性;同时使得制品的营养更加丰富。

鱼虾茸面团可分为鱼茸面团和虾茸面团。鱼茸面团是将鱼肉切碎剁烂,成茸,装入盆内,放盐和水(分次逐渐加入),用力打透搅拌,打至起胶(发黏)、结实,接着加入芝麻油、味精、胡椒粉等拌匀,最后加入生粉,搅拌成为纯滑的鱼胶,即鱼茸面团。制成品时,蘸些淀粉,压薄成片,包馅熟制。鱼茸面团的特点是爽滑、味鲜,有透明感,有一种特殊风味。虾茸

面团是将虾肉洗净晾干,剁碎压烂成茸,用精盐将虾茸打至胶黏性,加入生粉即成为虾茸面团。制成点心时,将虾茸团分成小坯(约10～15克重),用生粉作扑,把它擀成圆形,便成虾茸坯皮,直接包入馅心。虾茸面团的特点是味极鲜美,软硬度适合,没有虾腥味,营养极为丰富。

鱼虾茸面团调制过程中应注意以下几点:

(1) 鱼肉要去净鱼骨。

(2) 调制时要加入葱姜汁和料酒去除异味。

(3) 一般先将鱼虾茸搅打上劲后再加入面粉或淀粉。

(四)羹汤类调制工艺

[参考实例]　椰汁西米露

(1) 原料:西米100克、椰粉100克、鲜牛奶1 000克、白糖50克

(2) 操作程序:①煮西米:锅中烧开水,改小火,把淘好的西米放进锅中煮。煮的过程中要不断地搅拌,等到西米心里还有一个小白点的时候,关火。把煮好的西米过凉水。

②熬汁:锅里加鲜牛奶烧开,改小火,倒入椰粉,加入白糖,最后倒入煮好的西米,起锅装碗即可。

(3) 风味特色:香甜可口,回味无穷。

实例分析:

羹汤类制品主要指用各类植物性原料、动物性原料及鲜果、果仁等为主加工而成的各种羹、汤、糊、露,如八宝银耳羹、醉八仙、西米露等。这类制品具有用料广泛,取材灵活,制作容易简便,口味清淡,有增进食欲,解腻、解渴、调剂口味之特点,深受大众喜爱。

(五)冻类调制工艺

[参考实例]　西瓜冻

(1) 原料:琼脂35克、2 500克重西瓜一个、白糖500克、清水1 000克

(2) 操作程序:①把西瓜剖开,用汤匙挖出瓤心,去净瓜子。瓤心太大者可改刀,把瓜中卤汁倒入碗中待用,瓜肉另外放置。

②将琼脂和清水1 000克入锅同煮,待琼脂溶化后即投入白糖,白糖溶化后再倾入西瓜汁,同时将西瓜瓤亦入锅烫一烫,随即捞起。烫的作用是使西瓜瓤减少水分,以便冻得结实。

③把西瓜瓤放在清洁的方搪瓷盘中铺开,将锅中的琼脂糖水浇在上面,用筷将西瓜瓤拨匀,待其冷透凝结,然后加盖置冰箱中冰冻,冻好后取出用刀划成菱形斜方块,即可食用。

(3) 风味特色:清香甜嫩、滑爽。

实例分析:

冻类是指利用琼脂、明胶、淀粉等凝胶剂,加入各种果料、豆泥、豆汁、乳品等加工而成的各式凝冻食品,这类制品有着很强的季节性,是夏令季节消暑解热的佳品,具有清凉滑爽,开胃健脾的特点,如杏仁豆腐、什锦水果冻、豌豆冻、三色奶冻糕等。

实践操作

实训24　鲜虾饺

见下篇项目一工作任务六。

综合考核——中式面点师(中级)模拟考核

一、中式面点师(中级)考核要点

参见由中华人民共和国人力资源和社会保障部制定的《国家职业技能标准——中式面点师》。

二、中式面点师(中级)考核模拟题

(一)理论考核模拟题

中式面点师(中级)理论知识模拟试题

注意事项:

1. 请首先按要求在试卷的标封处填写您的姓名、准考证号和所在单位名称。

2. 请仔细阅读各种题目的回答要求,在规定的位置填写您的答案。

3. 不要在试卷上乱画,不要在标封区填写无关的内容。

	一	二	总分
得分			

得分	
评分人	

一、判断题(第1~20题。将判断结果填入括号内,正确的填"√",错误的填"×"。每题2分,共40分)

1. 食物所含的能供给人体营养的有效成分,称为营养素。(　　　)

2. 食物中毒产生的原因是在运输中受到致病性微生物的大量污染。(　　　)

3. 两种以上的食物混合食用,食物中的蛋白质可以互相补充缺乏或含量不足的氨基酸。(　　　)

4. 乳类中的钙最容易吸收。(　　　)

5. 影响出材率的因素主要是原料的规格质量和原料的产地。(　　　)

6. 毛利等于售价减成本。(　　　)

7. 京式面点富有代表性的品种有抻面、叉烧包、马蹄糕、一品烧饼、艾窝窝等。(　　　)

8. 可溶性糖及淀粉可以为酵母菌的繁殖、发酵提供养分,使成品膨松。(　　　)

9. 琼脂又称为洋粉、冻粉、琼胶、鱼胶。(　　　)

10. 由于渗透压的作用,盐能够起到使面团变白的作用。(　　　)

11. 化学膨松制品具有海绵状的组织结构,口感松软。(　　　)

12. 干油酥面团调制时,面粉与油脂并不融合,只是依靠油脂的黏着性粘合在一起,因此干油酥面团具有松散性。(　　　)

13. 水油酥皮是由干油酥面和水油面两块不同性质的面团结合而成的面坯。(　　　)

218

14. 保存鲜蛋应先用水洗净。(　　)

15. 蔬菜在温度高、湿度大的情况下,会加快呼吸,新陈代谢过程加快,消耗大量营养成分,从而降低品质。(　　)

16. 煎是用平锅、小油量传热熟制的方法。(　　)

17. 用捏的手法造型的品种,都不能有馅心,否则馅易被挤出。(　　)

18. 米粉面团在掺粉的方法上可以是不同米粉的掺和,也可以是米粉与面粉或杂粮粉的掺和。(　　)

19. 饭坯面团缺乏韧性和可塑性。(　　)

20. 米粉不能像面粉一样制作发酵制品。(　　)。

得分	
评分人	

二、单项选择题(第 21～80 题。选择一个正确的答案,将相应的字母填入题内的括号中。每题 1 分,共 60 分)

21. 发芽的马铃薯中,引起机体食物中毒的有毒物质是(　　)。

A. 毒肽　　　　　　B. 亚硝酸盐　　　　　　C. 氢氰酸　　　　　　D. 龙葵素

22. 将被沙门氏菌污染的食品(　　)是重要的灭菌手段。

A. 加入使用醋酸　　　　　　　　B. 彻底加热

C. 充分冲洗　　　　　　　　　　D. 适当晾晒

23. 请选择下列叙述正确的句子(　　)。

A. 营养素的功用是供给热能和调节生理机能

B. 营养素的功用是维持体内酸碱平衡

C. 营养素的功能是保持人体正常发育和健康

D. 营养素的功能是供给热能,维持体内酸碱平衡

24. 广式面点的馅心选料讲究,保持原味,馅心多样,味道(　　)。

A. 汁多味浓　　　　B. 略带甜头　　　　C. 清淡鲜滑　　　　D. 咸鲜醇香

25. 选择一组富有代表性的苏式面点(　　)。

A. 文楼汤包、翡翠烧卖、船点　　　　　　B. 蟹黄包、叉烧包、芸豆卷

C. 宁波汤圆、虾饺、豌豆黄　　　　　　　D. 翡翠烧卖、马蹄糕、担担面

26. 最适宜制馅的猪肉部位为(　　)。

A. 前蹄膀　　　　　　B. 通脊　　　　　　C. 前夹心肉　　　　　　D. 后臀尖

27. 请选择下列叙述正确的句子(　　)。

A. 油作为传热介质,可使成品达到松、香、软糯的效果

B. 油脂的乳化性可使成品光滑、油亮、色匀,但有增加"老化"的作用

C. 油脂的乳化性可使成品光滑、油亮、色匀,但不便于工艺操作

D. 油脂的乳化性可使成品光滑、油亮、色匀,并有抗"老化"的作用

28. 酵母在发酵过程只能利用(　　)。

A. 蔗糖　　　　　　B. 单糖　　　　　　C. 双糖　　　　　　D. 多糖

29. 化学膨松剂受热分解,会产生大量的(　　)。

A. 空气　　　　　B. 氧气　　　　　C. 水蒸气　　　　　D. 二氧化碳

30. 世界四大干果指的是腰果、榛子、核桃和（　　）。

A. 巴旦杏仁　　　B. 京东板栗　　　C. 佛指百果　　　D. 葵花子仁

31. 干油酥面是使用（　　）方法调制的。

A. 搓擦　　　　　B. 摔打　　　　　C. 揉搋　　　　　D. 捣轧

32. 速度快、效率高的开酥方法是（　　）。

A. 叠酥　　　　　B. 抹酥　　　　　C. 大包酥　　　　D. 小包酥

33. 制作蛋泡面团抽打蛋液时应（　　）方向抽打。

A. 顺时针　　　　B. 逆时针　　　　C. 始终顺一个　　　D. 任意

34. 糯米粉与（　　）掺和调制的面团，其成品不易变形，有筋力、韧性、黏润感和软糯感。

A. 粳米粉　　　　B. 籼米粉　　　　C. 面粉　　　　　D. 杂粮粉

35. 使用纯酵母调制发酵面团时，酵母不能与糖直接放在一起，因为糖的（　　）作用会影响面团的正常发酵。

A. 渗透压　　　　B. 水化　　　　　C. 反水化　　　　D. 糖化

36. 在"按"的成形工艺中，对于包馅品种应注意动作要（　　），防止馅心外露。

A. 轻　　　　　　B. 重　　　　　　C. 轻重适度　　　D. 先轻后重

37. （　　）具有底部香脆、上面及边缘柔软的特点。

A. 干烙　　　　　B. 水烙　　　　　C. 油烙

38. 炸制时用油量和生坯的比例非常关键，一般来说，油量和生坯的比例应为（　　）。

A. 2：1　　　　　B. 3：1　　　　　C. 5：1　　　　　D. 10：1

39. 炸制时，制品出现色浅、内部浸油现象，是因为（　　）。

A. 油温过高　　　B. 油温过低　　　C. 油量过多　　　D. 火力过小

40. 炸制所说的中油温是指（　　）油温。

A. 90～120℃　　B. 120～150℃　　C. 150～180℃　　D. 180℃～210℃

41. 下列品种的熟制方法属于煎的是（　　）。

A. 家常饼　　　　B. 春饼　　　　　C. 煎饼　　　　　D. 锅贴

42. 生煎包子是用（　　）方法熟制的。

A. 油煎　　　　　B. 炸煎　　　　　C. 水油煎　　　　D. 蒸煎

43. 剪的成形手法常配合（　　）手法一起使用。

A. 包、捏　　　　B. 抻、摊　　　　C. 削、拨　　　　D. 搓、叠

44. 复合加热法与单一加热法的不同在于：熟制工艺中往往要（　　）方法配合使用。

A. 多种熟制　　　B. 一种以上　　　C. 三种　　　　　D. 三种以上

45. 烙是通过（　　）受热后的热传导作用使生坯成熟的方法。

A. 油温　　　　　B. 水　　　　　　C. 蒸汽　　　　　D. 金属

46. 能使制品形成或酥或脆、外酥内嫩质感的熟制方法是（　　）。

A. 蒸制　　　　　B. 煮制　　　　　C. 烤制　　　　　D. 炸制

47. 层酥制品的酥皮种类有明酥、暗酥和（　　）。

A. 圆酥　　　　　B. 直酥　　　　　C. 叠酥　　　　　D. 半暗酥

48. 由于馅心口味不同,形成了不同的( )风味特色。

　　A. 地方　　　　　　B. 要求　　　　　　C. 形式　　　　　　D. 方式

49. 通常面点皮坯和馅心的比例为( )。

　　A. 6：4　　　　　　B. 5：5　　　　　　C. 4：6　　　　　　D. 3：7

50. 面点制品的色泽,除了皮料及成熟方式起作用外,( )也起到改善制品的色泽的作用。

　　A. 馅心　　　　　　B. 造型　　　　　　C. 面团　　　　　　D. 油炸

51. 甜馅按职责特点可分为( )、泥茸馅、果仁蜜饯馅三大类。

　　A. 豆沙馅　　　　　B. 百果馅　　　　　C. 糖馅　　　　　　D. 黑芝麻馅

52. 面点制作基本操作技能主要包括和面、揉面、( )、下剂、制皮、上馅。

　　A. 饧面　　　　　　B. 发酵　　　　　　C. 开酥　　　　　　D. 搓条

53. 运用推捏法可捏制( )。

　　A. 月牙饺　　　　　B. 四喜饺　　　　　C. 白菜饺　　　　　D. 鸳鸯饺

54. 镶嵌成形方法主要起装饰美化面点成品的作用,如( )。

　　A. 月饼　　　　　　B. 八宝饭　　　　　C. 麻园　　　　　　D. 荷叶夹

55. 摊春卷皮必须掌握锅的温度,选用( )。

　　A. 大火　　　　　　B. 中火　　　　　　C. 小火　　　　　　D. 中小火

56. 北京的( ),闻名遐迩,是老北京人的最爱。

　　A. 打卤面　　　　　B. 杂酱面　　　　　C. 阳春面　　　　　D. 担担面

57. 川式面点具有浓郁的地方特色,主要表现在调味上,咸、甜、麻、辣、鲜、香兼具。下列品种中口味带辣的是( )。

　　A. 烫面蒸饺　　　　B. 韭菜水饺　　　　C. 甜水面　　　　　D. 龙抄手

58. 食物储存时应选择干燥、( )的环境。

　　A. 封闭　　　　　　B. 低温　　　　　　C. 通风　　　　　　D. 高温

59. 咸淡保存中有"四怕":怕水洗、( )、怕潮湿、怕苍蝇叮。

　　A. 怕变质　　　　　B. 怕高温　　　　　C. 怕低温　　　　　D. 怕透光

60. 食品添加剂受潮,会影响使用( )。

　　A. 质量　　　　　　B. 寿命　　　　　　C. 安全　　　　　　D. 效果

61. 《食品卫生法》要求全体职工严格执行食品卫生( )制。

　　A. 五四　　　　　　B. 个人　　　　　　C. 健康　　　　　　D. 安全

62. 生产管理主要是指流程管理、生产卫生管理和( )。

　　A. 加工管理　　　　B. 产品管理　　　　C. 生产安全管理　　D. 质量管理

63. 糖馅中加入熟面粉,可使糖在受热熔化时使糖浆( ),防止成品塌底、漏糖。

　　A. 变稠　　　　　　B. 凝固　　　　　　C. 温度降低　　　　D. 膨胀

64. 制作水果酱不能选择( )的水果。

　　A. 未成熟　　　　　B. 熟透　　　　　　C. 有疤痕　　　　　D. 含胶质

65. 调制蛋泡面团时,下列原料中的( )可提高蛋液泡沫的稳定性。

　　A. 油脂　　　　　　B. 蔗糖　　　　　　C. 乳粉　　　　　　D. 淀粉

66. 面粉中蛋白质在( )时,吸水量可达150%左右。

A. 15℃　　　　　　　B. 30℃　　　　　　　C. 45℃　　　　　　　D. 60℃

67. 淀粉粒不溶于冷水,在常温条件下基本没有变化,当水温达到(　　)时淀粉开始糊化。

A. 15℃　　　　　　　B. 30℃　　　　　　　C. 45℃　　　　　　　D. 60℃

68. 面团发酵过程中影响酵母活性的渗透压主要是由糖和(　　)引起的。

A. 食盐　　　　　　　B. 油脂　　　　　　　C. 乳粉　　　　　　　D. 鸡蛋

69. 影响面团发酵的各个因素彼此相互影响,相互制约,(　　)。

A. 面团软、酵母用量多、温度适宜的条件下面团发酵快,反之则慢

B. 面团软、温度适宜、面团筋力很强的条件下面团发酵快,反之则慢

C. 面团硬、酵母用量多、温度适宜的条件下面团发酵快,反之则慢

D. 面团硬、酵母存放时间长、温度稍低的条件下面团发酵快,反之则慢

70. 调制蛋泡面团,将鸡蛋打入容器内,加入白糖,用打蛋机或打蛋器顺一个方向搅打,蛋液逐渐由深黄变成乳黄,体积胀发(　　)倍,成干厚浓稠的泡沫状,加入面粉、水拌匀即可。

A. 一　　　　　　　　B. 二　　　　　　　　C. 三　　　　　　　　D. 四

71. 搅打蛋泡面团宜选择新鲜蛋的原因是(　　)。

A. 蛋清含量高　　　　　　　　　　　　B. 稀薄蛋白含量高

C. 浓厚蛋白含量高　　　　　　　　　　D. 蛋黄含量高

72. 一般制作蛋糕的面粉应选用软麦制成的(　　)。

A. 高筋面粉　　　　　　　　　　　　　B. 中筋面粉

C. 低筋面粉　　　　　　　　　　　　　D. 通用面粉

73. 泡打粉属于复合疏松剂,由酸式盐、(　　)和填充剂构成。

A. 塔塔粉　　　　　　B. 小苏打　　　　　　C. 臭粉　　　　　　　D. 明矾

74. 水油酥皮开酥时,为保证酥层的均匀,水油面团的硬度应比干油酥面(　　)。

A. 高　　　　　　　　　　　　　　　　B. 低

C. 一致　　　　　　　　　　　　　　　D. 以上三种情况均可

75. 暗酥面坯下剂时,一般用(　　)的方式下剂。

A. 剁剂　　　　　　　B. 切剂　　　　　　　C. 挖剂　　　　　　　D. 揪剂

76. 下列品种全部用饭坯面团制作的是(　　)。

A. 凉糍粑、水晶凉糕、棉花糕　　　　　B. 凉糍粑、水晶凉糕、珍珠圆子

C. 凉糍粑、麻园、三鲜米饺　　　　　　D. 凉糍粑、叶儿粑、三鲜米饺

77. 由糯、粳粉按适当的比例掺合成粉粒,加水或糖(糖浆、糖汁)拌和成松散的湿粉粒状,采用先成熟后成形的工艺顺序制成的品种是(　　)。

A. 年糕　　　　　　　B. 松糕　　　　　　　C. 方糕　　　　　　　D. 米饺

78. 使用冷水调制的米粉面团,其性质与麦面类冷水面团(　　)。

A. 相同　　　　　　　　　　　　　　　B. 不同,粉团性质松散

C. 不同,粉团黏性强　　　　　　　　　D. 不同,粉团韧性强

79. 面点制品由生变熟的过程主要由热量的传递来完成,其热量传递的方式主要有三种(　　)。

A. 传导、对流、辐射　　　　　　　　　B. 传导、微波、辐射

C. 对流、辐射、微波 　　　　　　　　　　D. 对流、传导、微波

80. 适用范围广,几乎所有面团制品均可运用的熟制方法是(　　)。

A. 蒸制 　　　　　　B. 煮制 　　　　　　C. 炸制 　　　　　　D. 烤制

(二)技能考核模拟题

中式面点师中级技能考核模拟题

试题一　指定品种:生煎包

1. 准备要求

(1)原料准备:

序号	名称	规格	数量	备注
1	面粉	克	180	
2	猪绞肉	克	200	
3	酵母	克	适量	
4	发粉	克	适量	
5	各种调味料	克	适量	

(2)工具、用具准备:

序号	名称	规格	数量	备注
1	擀面杖	根	1	
2	毛巾	条	1	
3	刮板	根	1	
4	软毛刷子	把	1	
5	平锅式电铛	台	1	

2. 考核要求

(1)本题分值:30分。

(2)考核时间:与指定品种、抽签品种共用准备时间30分钟,正式操作时间150分钟。提前完成操作不加分,超时操作按规定标准扣分。

(3)成品数量:10人份。

(4)具体操作要求

①现场调制合适面坯。

②采用酵母发酵面团、鲜肉馅、包捏成形、水油煎成熟工艺。

③产品规格:每个面剂重量25克,每个馅心重量25克。

(5)产品质量要求

①色泽:表面洁白,光滑有光泽,底部金黄。

②形态:外形圆整、饱满,花纹整齐、清晰,馅心居中、收口不漏卤汁。

③口味:馅心鲜香多汁,咸淡适宜。

④火候:火候掌握恰当,皮坯不爆裂,不粘牙,不瘪缩。

⑤质感:皮部松软有弹性,底部酥脆。

(6)考核规定说明

①操作违章,将停止考核。

②考核采用百分制,考核项目得分按组卷比例进行折算。

3. 评分记录表

职业技能鉴定统一试卷中式面点师中级操作技能考核评分记录表

现场号_____ 工位_____

试题名称:生煎包

序号	考核项目	评分要素	配分	评价等级	评分标准	得分	备注
1	色泽	表面洁白,光滑有光泽,底部金黄	20	A(1.0)	表面洁白,光滑有光泽,底部金黄		
				B(0.8)	表面洁白,无光泽,底部金黄		
				C(0.6)	表面色白,底部颜色过深或过浅		
				D(0.4)	表面色暗,底部焦糊或无色		
2	形态	外形圆整、饱满、花纹整齐、清晰,馅心居中、收口不漏卤汁	20	A(1.0)	外形圆整、饱满,花纹整齐、清晰,馅心居中、收口不漏卤汁		
				B(0.8)	外形较圆整、饱满,花纹较整齐、清晰,馅心居中、收口不漏卤汁		
				C(0.6)	外形不够圆整、饱满,花纹不够整齐、清晰,馅心未居中、收口漏卤汁		
				D(0.4)	形态差,不会包捏		
3	口味	馅心鲜香多汁,咸淡适宜	20	A(1.0)	馅心鲜香多汁,咸淡适宜		
				B(0.8)	馅心咸淡尚可,有香味,欠卤汁		
				C(0.6)	馅心味偏淡或偏咸,香味淡薄		
				D(0.4)	馅心口味差,有异味		
4	火候	火候掌握恰当,皮坯不爆裂,不粘牙,不瘪缩	20	A(1.0)	火候掌握恰当,皮坯不爆裂,不粘牙,不瘪缩		
				B(0.8)	火候掌握一般,皮坯不爆裂,不粘牙		
				C(0.6)	火候掌握欠佳,皮坯开裂、缩瘪		
				D(0.4)	火候掌握不好,皮坯粘牙、夹生		
5	质感	皮部松软有弹性,底部酥脆	20	A(1.0)	皮部松软有弹性,底部酥脆		
				B(0.8)	皮部较松软,底部不够酥脆		
				C(0.6)	成品变形,底部不酥脆		
				D(0.4)	成品僵硬		

序号	考核项目	评分要素	配分	评价等级	评分标准	得分	备注
6	现场操作	合理用原料			浪费原料从总分中扣5分		
		考场纪律			违反纪律从总分中扣5分;严重违纪将取消考核		
		现场卫生			卫生差从总分中扣5分		
7	安全文明操作	遵守操作规程			每违反一项规定从总分中扣5分;严重违规停止操作		
8	考核时限	超时			每超时1分钟从总分中扣5分;超时3分钟停止操作		
	合　　计		100				

试题二　抽签品种:龙眼酥

1. 准备要求

(1)原料准备:

序号	名称	规格	数量	备注
1	面粉	克	300	
2	黑芝麻馅	克	150	
3	猪油	克	100	
4	色拉油	克	适量	

(2)工具、用具准备:

序号	名称	规格	数量	备注
1	擀面杖	根	1	
2	刮板	个	1	
3	切刀	把	1	
4	炸锅	个	1	
5	漏勺	个	1	

2. 考核要求

(1)本题分值:30分。

(2)考核时间:与指定品种、抽签品种共用准备时间30分钟、正式操作时间150分钟。提前完成操作不加分,超时操作按规定标准扣分。

(3)成品数量:10人份。

(4)具体操作要求

①现场调制合适面坯。

②采用水油酥皮面团,油炸成熟工艺。

③产品规格:每个面剂重量15克,每个馅心重量10克。

(5)产品质量要求

①色泽:颜色洁白,无浸油色斑。

②形态:造型美观,规格一致。

③口味:馅香甜,皮酥香。

④火候:炸制油温、火力、时间掌握适当。

⑤质感:酥层均匀清晰,质地酥松。

(6)考核规定说明

①操作违章,将停止考核。

②考核采用百分制,考核项目得分按组卷比例进行折算。

3. 评分记录表

职业技能鉴定统一试卷中式面点师中级操作技能考核评分记录表

现场号_____   工位_____

试题名称:龙眼酥

序号	考核项目	评分要素	配分	评价等级	评分标准	得分	备注
1	色泽	颜色洁白,无浸油色斑	20	A(1.0)	颜色洁白,无油浸色斑		
				B(0.8)	颜色微黄		
				C(0.6)	颜色白,有油浸暗色斑		
				D(0.4)	颜色深黄或未成熟		
2	形态	造型美观,规格一致	20	A(1.0)	造型美观,规格一致		
				B(0.8)	形态尚可,大小一致		
				C(0.6)	形态欠佳,大小不匀		
				D(0.4)	形态极差		
3	口味	馅香甜,皮酥香	20	A(1.0)	馅香甜,皮酥香		
				B(0.8)	馅香甜,皮较酥香		
				C(0.6)	馅甜,皮偏软不酥		
				D(0.4)	口味口感差		
4	火候	炸制油温、火力、时间掌握适当	20	A(1.0)	炸制油温、火力、时间掌握适当		
				B(0.8)	炸制油温略高(颜色偏深)		
				C(0.6)	炸制油温偏低,时间不足(略浸油)		
				D(0.4)	炸制油温、火力、时间掌握不当		

序号	考核项目	评分要素	配分	评价等级	评分标准	得分	备注
5	质感	酥层均匀清晰，质地酥松	20	A(1.0)	酥层均匀清晰，质地酥松		
				B(0.8)	酥层均匀，质地略欠酥松		
				C(0.6)	酥层不匀		
				D(0.4)	酥层效果很差		
6	现场操作	合理用原料			浪费原料从总分中扣5分		
		考场纪律			违反纪律从总分中扣5分；严重违纪将取消考核		
		现场卫生			卫生差从总分中扣5分		
7	安全文明操作	遵守操作规程			每违反一项规定从总分中扣5分；严重违规停止操作		
8	考核时限	超时			每超时5分钟从总分中扣1分；超时20分钟视为不及格		
	合　　计		100				

试题三　自选品种

1. 准备要求

(1) 原料准备：特殊原料自带。

(2) 工具、用具准备：特殊用具自带。

2. 考核要求

(1) 本题分值：40分。

(2) 考核时间：与指定品种、抽签品种共用准备时间30分钟、正式操作时间150分钟。提前完成操作不加分，超时操作按规定标准扣分。

(3) 成品数量：10人份。

(4) 具体操作要求

①面坯、馅心和成熟方法与指定、抽签品种不同。

②有一定难度和创意，讲究色、香、味、形、质、器皿的配合。

③考核时，考生应上交自选品种的相关说明(品种名称、配方、制作过程、主要特点)。

(5) 产品质量要求

①色泽：色调自然、协调、明快、鲜艳。

②形态：造型美观、完整，规格一致。

③口味：体现原料的本味及风味，风味独特、鲜美适口

④火候：正确运用熟制方法，火候适当。

⑤质感：质感鲜明有特色。

(6) 考核规定说明

①操作违章，将停止考核。

②考核采用百分制，考核项目得分按组卷比例进行折算。

3. 评分记录表

职业技能鉴定统一试卷中式面点师中级操作技能考核评分记录表

试题名称：

序号	考核项目	评分要素	配分	评价等级	评分标准	得分	备注
1	色泽	色调自然、协调、明快、鲜艳	20	A(1.0)	色调自然、协调、明快、鲜艳		
				B(0.8)	色泽、色调基本符合要求		
				C(0.6)	色泽基本符合要求，色调稍差		
				D(0.4)	色泽较差		
2	形态	造型美观、完整，规格一致	20	A(1.0)	造型美观、完整，规格一致		
				B(0.8)	基本符合成品固有形态、规格要求		
				C(0.6)	成品外观较差，规格与标准相差较大		
				D(0.4)	不符合成品固有形态或一半产品破损、漏馅		
3	口味	体现原料的本味及风味，风味独特、鲜美适口	20	A(1.0)	符合成品应有的风味，特色突出		
				B(0.8)	基本符合成品应有风味，特色较好		
				C(0.6)	成品口味较差		
				D(0.4)	没有体现出成品固有的口味		
4	火候	正确运用熟制方法，火候适当	20	A(1.0)	火候运用恰当，成品符合其特色要求		
				B(0.8)	火候运用一般，成品基本符合要求		
				C(0.6)	火候运用不当，成品有轻度焦糊		
				D(0.4)	成品不熟或过度焦糊		
5	质感	质感鲜明有特色	20	A(1.0)	充分体现出成品应有的质感		
				B(0.8)	基本符合成品质感要求，但不够鲜明		
				C(0.6)	成品质感较差		
				D(0.4)	没有体现出成品质感要求		
6	现场操作	合理用原料			浪费原料从总分中扣5分		
		考场纪律			违反纪律从总分中扣5分；严重违纪将取消考核		
		现场卫生			卫生差从总分中扣5分		
7	安全文明操作	遵守操作规程			每违反一项规定从总分中扣5分；严重违规停止操作		
8	考核时限	超时			每超时5分钟从总分中扣1分；超时20分钟视为不及格		
	合 计		100				

附:中式面点师(中级)理论知识模拟试题答案

一、判断题(第1~20题。将判断结果填入括号内,正确的填"√",错误的填"×"。每题2分,共40分)

1. √　　2. ×　　3. √　　4. √　　5. ×　　6. √　　7. ×　　8. √

9. ×　　10. ×　　11. ×　　12. √　　13. √　　14. ×　　15. √　　16. √

17. ×　　18. √　　19. ×　　20. ×

二、单项选择题(第21~80题。选择一个正确的答案,将相应的字母填入题内的括号中。每题1分,共60分)

21. D　　22. B　　23. C　　24. C　　25. A　　26. C　　27. D　　28. B

29. D　　30. A　　31. A　　32. C　　33. C　　34. C　　35. A　　36. C

37. B　　38. C　　39. B　　40. C　　41. D　　42. C　　43. A　　44. B

45. D　　46. D　　47. D　　48. A　　49. B　　50. A　　51. C　　52. D

53. A　　54. B　　55. D　　56. D　　57. C　　58. C　　59. B　　60. D

61. A　　62. A　　63. A　　64. A　　65. B　　66. B　　67. D　　68. A

69. A　　70. C　　71. C　　72. C　　73. B　　74. C　　75. D　　76. B

77. A　　78. B　　79. B　　80. C

下　篇

面点技术 篇

项目一　面点品种制作

知识目标：

- 了解各类面点品种的风味特色
- 熟悉各类面团品种的原料构成，了解原料在面点中所起的作用
- 熟悉各类面团品种的制作工艺流程
- 掌握各类面团品种的操作程序和技术要领

技能目标：

- 能够正确选择品种所需的主辅原料
- 能够按品种需要正确调制面团
- 能够按品种需要正确调制馅心
- 能够按品种要求进行生坯成形
- 能够正确运用熟制方法对制品进行熟制

　　实践操作是面点制作工艺课程教学的重要组成部分。通过实际操作训练学生的基本功，强化学生的动手能力和面点制作能力，使学生进入工作岗位后能更好地适应岗位工作要求。本篇以面团为主线，通过对各类面团的典型性品种的演示及学生实训，让学生学会制作不同面团的品种。本项目内容共设计了六个工作任务四十五个实作训练，分别从水调面团、膨松面团、层酥面团、混酥与浆皮面团、米及米粉面团、杂粮及其他面团品种的制作，列举了57个具有代表性的典型品种，详尽列出了每个实训项目的实训目的、实训时间、实训准备、制作原理与技法、工艺流程、实训内容、实训考核等方面的内容，再通过授课教师的讲解、示范和学生实训，使学生能够熟练掌握实训面点品种的制作。

引导案例

行行出状元，状元靠努力

　　首届中华发酵面食大赛首战比赛中，来自四川旅游学院（筹）学校刚刚大三的学生周丽莉技压群雄，斩获冠军。经过对周丽莉的采访，我们发觉，她获得冠军绝对不是偶然。

　　喜爱是原动力——周丽莉并没有将制作面点仅仅作为自己一种谋生的手段，而是将制

作面点作为一种兴趣,在平时的学习中,她经常会抓住制作的细节去认真研究,特别是喜欢思考如何创作新面点。下课后,她还经常自己购买材料在寝室自己研究制作要点和创作新面点。

动脑比动手更重要——要成为一名优秀的面点大师,除了对面点行业有兴趣外,还要善于总结。周丽莉介绍说自己有一个最大的特点就是特别注重理论学习。她告诉我们,有很多面点师不重视理论学习,但作为一个优秀的面点师一定要善于学习理论,因为这样的面点师才能不只是会模仿,同时在制作过程中才能更精确的把握,做出来的面点才会更可口。同时,平时要注重理论和实践相结合,并且善于总结。她在学校上课的时候就特别认真,把老师说的每个要点都详细记录,在工作中发现的制作要点以及向其他同行学习的要点都进行记录,这让她的面点制作技术越来越精湛。我们发现,她是本次参会最年轻的高级面点师,也是唯一的女高级面点师。

用刻苦来战胜困难——作为一名女面点师,她遇到的困难要比男面点师大的多。首先,最大的困难就是体力,刚开始工作时,由于每天要做成百上千个面皮,一天下来,她累的连胳膊都抬不起来。但是,她没有选择放弃,而是在别人下班后加班训练臂力,慢慢适应了工作强度。其次,作为一名女面点师,在动手方面要弱一些,为了弥补这个缺陷,周丽莉选择的是在休息时间反复练习,从而达到熟能生巧的目的,以此来弥补自己的不足。

——资料来源:http://www.angelyeast.com/angel/cdxs_3.html

课堂思考:
- 周丽莉的成功依靠的是什么?
- 对面点品种仅仅模仿会做就行了吗?
- 怎样做才能成为一个合格的面点师?

工作任务一　水调面团类品种的制作

[任务分析]　本项工作的任务是通过教师示范操作和学生实作训练,使学生掌握水调面团制品的制作技术;掌握冷水面团、温水面团、热水面团、沸水面团制品的特点、制作原理与操作技法、工艺流程、技术要领,能够独立完成水调面团品种的制作。

●韭菜水饺

【实训目的】

水饺又称饺子,是以冷水面团制皮,包裹馅心,捏成饺形,经煮制而成的面食品。通过饺子实训练习,使学生熟悉冷水面团的调制方法和了解冷水面团的性质特点;正确掌握面点制作的基本操作技法;学会水饺包捏成形的方法;掌握煮制的技术要领。

【实训时间】

2学时

【实训准备】

1. 原料准备

参考配方:①坯料:面粉 250 g、清水 115 g;②馅料:猪肉 250 g、韭菜 200 g、姜末 10 g、料酒 25 g、酱油 15 g、精盐 5 g、味精 2 g、芝麻油 30 g

2. 设备器具准备

操作台、炉灶、汤锅、碗、盆、刮板、擀面杖、菜刀、菜板、竹筷、漏瓢等。

【制作原理与技法】

1. 面团性质:冷水面团——硬面团。

2. 面点制作基本操作技法:和面、揉面、搓条、揪剂、擀皮。

3. 馅心种类:咸馅——生荤素馅。

4. 成形方法:擀皮,包、捏成形。

5. 成熟方法:煮制。

【工艺流程】

制馅
↓
调制冷水面团——→搓条——→下剂——→擀皮——→包馅成形——→煮制——→装盘

【实训内容】

1. 操作程序

(1)制馅:韭菜摘洗净切细;猪肉剁成碎末放入盆内,加姜末、精盐、料酒、味精、芝麻油和少量的水,顺一个方向搅拌,至肉末有黏性上劲,加入韭菜拌均即成馅心。

(2)制皮:面粉置案板上,中间刨个坑,加水抄拌成雪片状,再反复揉搓成团,饧面 15 分钟。将饧好的面团搓成直径约 1.5 cm 的圆柱形长条,揪成面剂。将剂子竖放在案板上,用手按扁,用擀面杖擀成直径约 6 cm 中间稍厚的圆形皮坯。

(3)包馅成形:取皮一张,把馅心置皮坯中央,对叠挤捏成木鱼饺形。

(4)成熟:用旺火沸水煮饺。生饺下锅后,立即用勺背搅动几下,防止饺子粘连或粘锅。待饺子浮上水面,饺皮鼓起光滑不粘,馅心发硬即熟。用漏瓢捞出饺子,沥干水分,盛入盘中即成。

2. 实训总结

(1)成品特点:皮薄馅足,皮面柔韧,馅心软嫩,咸鲜适口,韭香怡人。

(2)技术要领:①制馅时,生肉部分要先加调味料拌和均匀后,再加韭菜拌匀。

②煮饺时,当饺子浮面后要"点水",保持锅内水沸而不腾,避免剧烈翻腾的水将饺子冲烂,造成漏馅。

③饺子煮制皮略有一点硬心时出锅,余热即可使饺子皮完全成熟,否则饺子会呈现过熟现象,皮软缺乏筋道。

(3)品种变化:变换馅心,可制作芹菜水饺、白菜水饺、青椒水饺等。

【实训考核】

考核内容如表 3-1 所示。

表 3-1　韭菜水饺实训考核内容

项目		评分标准		分值分配	扣分原因	实际得分
操作过程	原料准备	原料准备到位,原料质量、用量符合要求		5		
	设备器具准备	设备器具准备到位,卫生符合要求,设备运行正常		5		
	操作时间	90 分钟		5		
	操作规程	面团调制	①水量添加准确 ②面团软硬适度	6		
		制皮	①皮坯圆正,厚薄均匀 ②皮坯大小符合要求	6		
		制馅	①肉、菜比例适中 ②拌料顺序正确 ③馅心咸淡鲜香味适中	6		
		成形	①形态规范美观 ②生坯大小符合要求	6		
	卫生习惯	成熟	①煮制过程中避免水大开大滚 ②煮制时间恰当	6		
		①个人卫生整洁 ②工作完成后,工位干净整洁 ③操作过程符合卫生规范		15		
成品质量	成品形状	木鱼饺形		10		
	成品色泽	白中透绿		10		
	成品质感	皮面柔韧,馅心软嫩		10		
	成品口味	咸鲜适口,韭香怡人		10		
合计				100		

● 红油水饺(钟水饺)

【实训目的】

红油水饺系以冷水面团制皮,配以水打馅,包捏成饺形,煮制成熟后淋上复制红酱油、红油辣椒等调味料而成。为四川风味小吃,又以钟水饺最为知名。据传 1893 年,由小贩钟燮生在成都荔枝巷设小店经营水饺,因其选料精,调味好,而备受顾客称赞,誉为"钟水饺"。又因其调味重用红油,故"荔枝巷红油水饺"之名也不胫而走,钟水饺的调料比一般川味水饺多,水饺食后剩余调料还可供蘸一个酥锅盔食用,锅盔蘸调料又是一番风味。通过本实训练习,使学生掌握冷水面团的调制方法和了解冷水面团的性质特点;熟练掌握饺皮擀制操作技法;掌握水打馅制作方法及要领;熟悉红油水饺的制作方法及味型特点。

【实训时间】

2 学时

【实训准备】

1. 原料准备

参考配方:①坯料:面粉 300 g、清水 135 g;②馅料:猪后腿肉 250 g、生姜 25 g、葱 25 g、鸡蛋 1 个、料酒 10 g、精盐 5 g、味精 2 g、胡椒粉 2 g、芝麻油 20 g;③碗内调味:复制红酱油 100 g、红油辣椒 75 g、味精 2 g、蒜泥 50 g

2. 设备器具准备

操作台、炉灶、汤锅、碗、盆、刮板、擀面杖、菜刀、菜板、竹筷、漏瓢等。

【制作原理与技法】

1. 面团性质:冷水面团——硬面团。

2. 面点制作基本操作技法:和面、揉面、搓条、下剂、擀皮。

3. 馅心种类:咸馅——生荤素馅。

4. 成形方法:擀皮,包、捏成形。

5. 成熟方法:煮制。

【工艺流程】

制馅

调制冷水面团──→擀皮──→包馅成形──→煮饺──→装碗──→淋味──→成品

【实训内容】

1. 操作程序

(1) 制馅:生姜拍破,葱挽结用清水浸泡;猪肉用刀背捶茸去筋,再用刀剁细。将肉茸置盆内加精盐、料酒、味精、胡椒粉、芝麻油、鸡蛋用力搅匀,再分次加入姜葱浸泡液,继续搅拌,直到各原料融为一体成为黏稠糊状即可。

(2) 制皮:面粉置案板上,中间刨呈"凹"字形,加清水抄拌成雪片状再反复揉匀成团,饧面约 15 分钟。将饧好的面团搓成直径约 1.5 cm 的长条,揪成剂子。将每个剂子竖放案板上用手按扁,撒扑粉,用擀面杖擀成直径约 5 cm 的圆皮即成。

(3) 包馅成形:取皮坯一张,把馅置于皮坯中,对叠捏成半月形即成生饺坯。

(4) 煮饺与调味:用旺火沸水煮饺,生饺入锅后立即用勺推动,防止饺子粘连或粘锅。水沸后加少量冷水,避免饺子皮破裂。待饺子浮上水面,饺皮起皱发亮即熟。用漏瓢捞出饺子,沥干水分,分别盛入碗内,淋上复制红酱油、红油辣椒、蒜泥、味精即成。

2. 实训总结

(1) 成品特点:皮薄馅嫩,集咸、甜、辣、香、鲜于一体。

(2) 技术要领:①面团软硬要适当。

②揉好的面团要饧面后方宜搓条。

③搓条粗细应均匀。

④揪剂时每揪一个,剂条要转动 90 度。

⑤擀皮用力要均匀,使饺子的大小、厚薄、形状均匀一致。

⑥制馅加水要分次加入,不可一次加入或加得过快或过多,避免馅心吐水发泄。

【实训考核】

考核内容如表3-2所示。

表3-2　红油水饺实训考核内容

项目		评分标准		分值分配	扣分原因	实际得分
操作过程	原料准备	原料准备到位,原料质量、用量符合要求		5		
	设备器具准备	设备器具准备到位,卫生符合要求,设备运行正常		5		
	操作时间	90分钟		5		
	操作规程	面团调制	①水量添加准确 ②面团软硬适度	5		
		制皮	①饺皮圆正,厚薄均匀 ②皮坯大小符合要求	5		
		制馅	①猪肉剁成泥茸状 ②馅心稠度适中 ③馅心味道适中	5		
		成形	①皮、馅心比例适当 ②饺子生坯呈半月形	5		
		成熟	①饺子无粘连、粘锅现象 ②煮制时间恰当	5		
		调味	调味料用量准确,味道适宜	5		
	卫生习惯	①个人卫生整洁 ②工作完成后,工位干净整洁 ③操作过程符合卫生规范		15		
成品质量	成品形状	半月形		10		
	成品色泽	色白		10		
	成品质感	皮面柔韧,馅心细嫩		10		
	成品口味	咸、甜、辣、香、鲜		10		
合计				100		

● 玻璃烧麦

【实训目的】

烧麦全国各地均有,因地域不同名称各异,有"烧卖"、"稍梅"、"刷把头"等叫法。玻璃烧麦因其皮薄馅多,熟后透明见馅而得名,系用冷水面团制皮,馅心选用生熟馅,蒸制而成。

通过本实训练习,使学生掌握烧麦皮擀制技法;了解冷水面团类烧麦的特点;掌握玻璃烧麦制作方法。

【实训时间】

2 学时

【实训准备】

1. 原料准备

参考配方:①坯料:面粉 300 g、清水 135 g;②馅料:猪肥肉 400 g、猪瘦肉 100 g、小白菜 250 g、精盐 5 g、胡椒粉 1 g、味精 1 g、香油 10 g、料酒 4 g;③辅料:细淀粉 250 g

2. 设备器具准备

操作台、炉灶、蒸锅、蒸笼、碗、盆、刮板、擀面杖、菜刀、菜板等。

【制作原理与技法】

1. 面团性质:冷水面团。

2. 馅心种类:生熟馅。

3. 成形方法:烧麦皮擀法,拢馅成形。

4. 成熟方法:蒸制。

【工艺流程】

<pre>
                              制馅
                               │
调制冷水面团 ──→ 擀烧麦皮 ──→ 包馅成形 ──→ 蒸制 ──→ 成品
</pre>

【实训内容】

1. 操作程序

(1)制馅:把猪的肥肉煮熟待冷后,切成小颗粒;生瘦肉用刀宰成碎粒;小白菜洗净入沸水中焯后用冷水浸漂,然后用刀宰细,用沙布包住挤去水分。将瘦肉放入盆内加料酒、味精、香油、胡椒粉、精盐拌和均匀,再加熟肥肉和匀,最后加小白菜拌和均匀即成。

(2)制皮:面粉置案板上加入冷水和成团,反复揉匀,饧面后搓成直径为 2 cm 的长条,揪成剂子,撒上少许淀粉,将每个面剂竖放按扁,用擀面杖擀成直径约 5 cm 的圆皮,撒上淀粉以防粘连,再一张张地整齐叠放,放置案上用擀面杖捶面皮的边沿,使其中间厚而沿薄,到捶成直径约 8 cm 的荷叶形圆皮即成;或者用橄榄杖或通心槌将面剂擀成荷叶边形烧麦皮。

(3)成形:取皮坯一张置手掌中,放入馅心捏成白菜形状,竖放于蒸笼内。

(4)蒸制:用旺火蒸三分钟左右揭开笼盖,洒少许冷水于烧麦上,特别是有白点(即淀粉)处,再盖笼蒸熟即成。

2. 实训总结

(1)成品特点:皮薄透明,形如白菜,清香可口,肥而不腻。

(2)技术要领:①面团不宜软,否则制品在成熟时易下塌。

②生熟猪肉都不宜切得过细,掌握好生熟肉搭配比例,一般肥七瘦三。

③擀制烧麦皮要以细淀粉作扑粉。

④蒸制过程中要洒水。洒水的作用是使烧麦皮上的干淀粉得以湿润而成熟,避免制品成熟后皮坯上留有白色淀粉斑点。

【实训考核】

考核内容如表3-3所示。

表3-3　玻璃烧麦实训考核内容

项目		评分标准		分值分配	扣分原因	实际得分
操作过程	原料准备	原料准备到位,原料质量、用量符合要求		5		
	设备器具准备	设备器具准备到位,卫生符合要求,设备运行正常		5		
	操作时间	90分钟		5		
	操作规程	面团调制	①水量添加准确 ②面团软硬适度	6		
		制皮	①皮坯厚薄均匀,边缘呈荷叶边状 ②皮坯大小符合要求	6		
		制馅	①馅心中生肉、熟肉与蔬菜搭配比例适当 ②馅心拌料顺序正确 ③馅心味道咸淡适中	6		
		成形	①形态规范美观 ②生坯大小符合要求	6		
		成熟	①蒸笼刷油后放入生坯 ②蒸锅内水量充足 ③蒸制时间适度	6		
	卫生习惯	①个人卫生整洁 ②工作完成后,工位干净整洁 ③操作过程符合卫生规范		15		
成品质量	成品形状	白菜形		10		
	成品色泽	白中透红、透绿		10		
	成品质感	饺皮柔软有韧性、馅心松爽		10		
	成品口味	清香可口,肥而不腻		10		
合计				100		

● 原汤抄手(龙抄手)

【实训目的】

抄手是全国各地比较普通的面食,其制作方法与馅的调制各地有同有异。抄手北方称馄饨,南方称面包或云吞,而四川大部分地区则根据其成形时,上下两角折合,左右两角向中间包抄交叉粘合,形似人的双手抱胸相抄而取名。相传"龙抄手"在40年代初开业前夕,几位股东在成都太平街"浓花茶社"内商谈合伙经营和为店命名之事,借"浓"字之谐言,取"龙凤呈祥、生意兴隆"之意,定名为"龙抄手"。由于其能采众家之长,并精心制皮作馅制汤,开业不久即扬名蓉城迄今不衰,为适应时令与顾客需要,"龙抄手"有原汤、红汤(即红油)、清汤、海味、炖鸡和酸辣等品种轮流供应。通过本实训练习,使学生掌握水打馅调制技术;掌握抄手成形技法;了解龙抄手制作方法及味型特点。

【实训时间】

2 学时

【实训准备】

1. 原料准备

参考配方:①坯料:面粉 500 g、清水 200 g、鸡蛋清 25 g;③馅料:猪肥瘦肉 500 g、生姜 10 g、清水 450 g、鸡蛋 1 个、胡椒粉 2 g、芝麻油 15 g、味精 5 g、精盐 10 g、料酒 5 g;③碗内调料:原汤 2 000 g、胡椒粉 2 g、精盐 15 g、味精 3 g

2. 设备器具准备

操作台、炉灶、汤锅、菜刀、菜板、碗、盆、竹筷、漏瓢等。

【制作原理与技法】

1. 面团性质:冷水面团——硬面团。

2. 馅心种类:咸馅——生荤素馅。

3. 成形方法:擀、切制皮,包捻成形。

4. 成熟方法:煮制。

【工艺流程】

调制冷水面团——→擀面——→切抄手皮——→包馅成形——→煮抄手——→装碗——→成品

（制馅在包馅成形上方，定碗底味在装碗上方）

【实训内容】

1. 操作程序

(1) 制馅:生姜拍破,用清水浸泡制成生姜水;猪肉用刀背捶茸去筋,加精盐、鸡蛋拌匀,分次加入生姜水,用力顺一个方向搅动至水分被肉茸吸收后,再加胡椒粉、料酒、芝麻油、味精,继续搅动至呈黏稠糊状即成馅。

(2) 制皮:面粉加清水、鸡蛋清和成硬面团后,用手将面团擂光滑,然后擀成薄片,用刀切成 8 cm 见方的面皮即成抄手皮。

(3) 包馅成形:取抄手皮一张,将馅置皮正中,对叠成三角形,再将左右两角尖向中间折叠粘合(粘合处抹少许馅糊)成菱角形即成抄手坯。

(4) 定碗底味:将精盐、胡椒粉、味精均匀分于十个碗内,每碗加适量的原汤(用排骨、肘子、猪蹄、猪肚、猪棒骨、母鸡熬制的汤)。

(5) 煮制:用旺火沸水煮制抄手,生抄手入锅后立即轻轻推转,防止粘连,待水复沸后,加少量冷水,煮至皮起皱即熟;然后用漏瓢捞出,置于已定味碗中即成原汤抄手。

2. 品种变化

龙抄手的品种变化:

(1) 清汤抄手:碗内用清汤加精盐、味精、胡椒粉、芝麻油、葱花兑制成汤,舀入熟抄手即成。其特点是汤味醇厚,汤色清晰。

(2)红油抄手:熟抄手用漏勺沥去水分后置碗中,放红油辣椒、红酱油、蒜泥、味精即成。其特点是香辣回甜。

(3)酸辣抄手:碗内用清汤、酱油、精盐、胡椒粉、芽菜末、葱花、醋、味精、芝麻油兑成汤。其特点是酸辣适口,咸鲜味美。

(4)海味抄手:用墨鱼、鱿鱼或海参,猪心、舌、肚烹制成汤臊,淋入熟抄手上即成。其特点是海味浓郁,鲜味绵长。

3.实训总结

(1)成品特点:皮薄滑爽,馅嫩化渣,汤色奶白,香味醇厚。

(2)技术要领:①擀制抄手皮,应注意大小、厚薄一致。

②猪肉宜选择肥三瘦七,肉一定要捶茸、去筋、剁细。

③馅心调味注意加水顺序,加水一定要分次,每加一次要待肉茸吸收后再加下一次。

④包馅心时不能过多或过少,皮与馅搭配比例应适当。

⑤碗内调料用量放置准确。

【实训考核】

考核内容如表3-4所示。

表3-4 原汤抄手实训考核内容

项目		评分标准		分值分配	扣分原因	实际得分
操作过程	原料准备	原料准备到位,原料质量、用量符合要求		5		
	设备器具准备	设备器具准备到位,卫生符合要求,设备运行正常		5		
	操作时间	90分钟		5		
	操作规程	制皮	①面团软硬适宜 ②抄手皮擀制方法正确 ③皮坯厚薄符合要求	6		
		制馅	①猪肉剁成泥茸状 ②馅心稠度适中 ③馅心味道适中	6		
		包馅成形	①皮、馅心比例适当 ②抄手生坯呈菱角形,形态符合要求	6		
		定碗底味	①碗内调料无遗漏 ②碗内调料、汤料用量准确	6		
		成熟	①汤锅内水宽、水沸 ②煮制时间恰当	6		
	卫生习惯	①个人卫生整洁 ②工作完成后,工位干净整洁 ③操作过程符合卫生规范		15		

项目		评分标准	分值分配	扣分原因	实际得分
成品质量	成品形状	抄手呈菱角形	10		
	成品色泽	汤色奶白	10		
	成品质感	皮薄滑爽,馅嫩化渣	10		
	成品口味	咸鲜适口,香味醇厚	10		
合计			100		

● 杂酱面

【实训目的】

杂酱面是一种大众化面食,各地在面臊制作、面条调味上略有差异,因而风味各异。下面介绍四川地区做法。通过本实训练习,使学生掌握杂酱面臊制作方法,熟悉卤汁面臊制作工艺;了解杂酱面制作过程和技术要领。

【实训时间】

2学时

【实训准备】

1. 原料准备

参考配方:①面条:韭菜叶形面条650 g;②面臊:猪肥瘦肉200 g、料酒10 g、混合油20 g、甜酱15 g、酱油15 g、精盐2 g、鲜汤200 g;③清汤杂酱面碗底调料:酱油90 g、猪油30 g、胡椒粉2 g、味精4 g、葱花40 g、鲜汤100 g;④素椒杂酱面碗底调料:酱油60 g、甜红酱油30 g、芝麻油4 g、红油辣椒70 g、味精4 g、葱花40 g、醋40 g

2. 设备器具准备

操作台、炉灶、汤锅、炒锅、炒勺、菜刀、菜板、碗、盆、筷子等。

【制作原理与技法】

1. 面团性质:冷水面团——硬面团。

2. 面臊种类:卤汁面臊。

3. 成熟方法:煮制。

【工艺流程】

<pre>
        定碗底味 制面臊
          ↓   ↓
煮面──→装碗──→浇面臊──→成品
</pre>

【实训内容】

1. 操作程序

(1) 制面臊:猪肥瘦肉用刀剁成碎粒。炒锅置中火上,下油烧至五六成热,下猪肉炒散,加料酒、甜酱、盐、酱油炒香,掺入鲜汤烧沸,起锅即成。

(2) 定碗底味:将清汤杂酱面(或素椒杂酱面)的调料分别放入十个碗内。

(3) 煮面:锅内加水烧沸,放入面条煮熟,捞入定好底味的碗内,再舀上杂酱面臊即成。

2. 实训总结

（1）成品特点：面条滑爽，面臊鲜香，咸鲜回甜。

（2）技术要领：①炒肉时油温不宜过高，否则肉粒不易炒散。炒肉的时间不宜太长，否则影响其鲜嫩度。

②煮面的水必须沸而宽，用旺火。

【实训考核】

考核内容如表3-5所示。

表3-5　杂酱面实训考核内容

项目			评分标准		分值分配	扣分原因	实际得分
操作过程	原料准备		原料准备到位，原料质量、用量符合要求		5		
	设备器具准备		设备器具准备到位，卫生符合要求，设备运行正常		5		
	操作时间		90分钟		5		
	操作规程	配料加工	猪肉颗粒大小适中		5		
		面臊	①肉粒散籽，无结块现象 ②面臊稠度适中 ③面臊咸淡鲜香适度		10		
		碗底调料	①调味料添加齐备，没有漏项 ②调味料用量准确		5		
		成熟	①煮面水宽、水沸 ②煮制时间恰当		10		
	卫生习惯		①个人卫生整洁 ②工作完成后，工位干净整洁 ③操作过程符合卫生规范		15		
成品质量	成品形状		细面条		10		
	成品色泽		面臊颜色棕红		10		
	成品质感		面条爽滑		10		
	成品口味		面条滑爽，面臊鲜香，咸鲜回甜		10		
合计					100		

● 担 担 面

【实训目的】

担担面是成都市著名小吃之一，相传1841年由绰号陈包包者始创于自贡市，已有一百多年历史，最初因经营者挑担沿街叫卖而得名。面条系用冷水面团手工擀制而成，用四川特产叙府芽菜为主要配料。面条滑利爽口，芽菜香味浓郁，风味独特，流行全省，深受消费者欢迎,现已由个体挑担经营发展到专店供应。由于担担面形成时间较长,全国各地在调味和制作上有一些差别,大体分用肉与不用肉两类。这里介绍的是成都的制作方法。通过本实训练习,使学生掌握干煵面臊制作方法及工艺;了解担担面味型的调制方法,突出地方风味特色;掌握面团煮制技术要领。

【实训时间】

2 学时

【实训准备】

1. 原料准备

参考配方:①面条:韭菜叶形面条 500 g;②面臊:猪肥瘦肉 200 g、猪油 25 g、酱油 5 g、精盐 1 g、料酒 15 g、甜酱 10 g;③碗内调料:酱油 50 g、食醋 15 g、芽菜 25 g、红油辣椒 25 g、味精 5 g、葱花 50 g、鲜汤 100 g

2. 设备器具准备

操作台、炉灶、汤锅、炒锅、炒勺、菜刀、菜板、碗、盆、筷子等。

【制作原理与技法】

1. 面团性质:冷水面团——硬面团。

2. 面臊种类:干煵面臊。

3. 成熟方法:煮制。

【工艺流程】

```
              定碗底味   制面臊
                 ↓        ↓
煮面 ——→ 装碗 ——→ 撒面臊 ——→ 成品
```

【实训内容】

1. 操作程序

(1)制面臊:猪肉宰成碎米粒状,用中火将猪油烧至五成热,下肉粒炒散,加料酒、甜酱、盐和酱油适量,炒至肉末吐油香酥,起锅即成面臊。

(2)定底味:将酱油、味精、红油辣椒、芽菜、葱花、醋均分于十个碗内,每碗加鲜汤少许即成。

(3)煮面:水沸下面条,待煮熟,用排竿捞出,盛入十个定好味的碗中,然后将面臊撒在面条上即成。

2. 实训总结

(1)成品特点:面臊酥香,面条滑爽利口,其味咸鲜微辣,芽菜香味浓郁。

(2)技术要领:①猪肉肥三瘦七,不宜宰得过细。

②面臊必须炒干水分,才能达到酥香、色泽金黄的效果。

③调料定味,醋不宜过多,以回味有醋感为度,碗内可放少许猪油。

【实训考核】

考核内容如表 3-6 所示。

表 3-6　担担面实训考核内容

项目		评分标准		分值分配	扣分原因	实际得分
操作过程	原料准备	原料准备到位,原料质量、用量符合要求		5		
	设备器具准备	设备器具准备到位,卫生符合要求,设备运行正常		5		
	操作时间	90 分钟		5		
	操作规程	配料加工	猪肉颗粒大小适中	5		
		面臊	①肉粒散籽,无结块现象 ②面臊酥香,无过干或不酥现象 ③面臊颜色红亮 ④面臊咸淡鲜香适度	10		
		碗底调料	①调味料添加齐备,没有漏项 ②调味料用量准确	5		
		成熟	①煮面水宽、水沸 ②煮制时间恰当	10		
	卫生习惯	①个人卫生整洁 ②工作完成后,工位干净整洁 ③操作过程符合卫生规范		15		
成品质量	成品形状	细面条		10		
	成品色泽	面臊颜色红亮		10		
	成品质感	面条爽滑		10		
	成品口味	面条滑爽利口,面臊酥香,咸鲜微辣,芽菜香味浓郁		10		
合计				100		

● 春　卷

【实训目的】

春卷是我国传统食品之一,具有上千年历史。春卷以稀面团烙制成皮,配以丰富多样的馅料,卷馅成形后或直接食用,或油炸至皮金黄酥脆。其风味独特,富于变化。通过本实训练习,使学生掌握稀软面团调制方法和性质特点;正确掌握春卷皮摊制技术要领。

【实训时间】

2 学时

【实训准备】

1. 原料准备

参考配方:①坯料:春卷皮:面粉 500 g、清水 500 g、精盐 5 g;②馅料:猪肉 500 g、韭黄 250 g、绿豆芽 500 g、冬笋 250 g、菜油 50 g、料酒 25 g、酱油 25 g、精盐 15 g、芝麻油 10 g、味

精 5 g、胡椒粉 2 g

2. 设备器具准备

操作台、炉灶、炒锅、炸锅、云板(2 厘米厚、直径 20 厘米的圆钢板)、面盆、菜刀、菜板、碗、盆等。

【制作原理与技法】

1. 面团性质:冷水面团——稀软面团。

2. 馅心种类:熟馅。

3. 成形方法:摊皮,包卷成形。

4. 成熟方法:炸制。

【工艺流程】

调制稀面团──→摊春卷皮──→卷馅──→油炸──→成品
　　　　　　　　　　　　　↑
　　　　　　　　　　　　制馅

【实训内容】

1. 操作程序

(1) 制稀软面团:面粉、精盐放入盆内,缓慢加入清水,用手不断搅拌,使面粉与水混和均匀,然后用湿布将盆口盖上,饧面 1 小时左右。

(2) 烙制:云板用少量的油脂先炙一下,放于微火上;再将盆内的面团用力顺一个方向搅动,搅至筋力强,不粘盆,不粘手为度。用右手取三分之一的面团在手中反复不停甩动,边甩边将手中的面团放在 90℃ 左右的云板上用手轻轻地揉一下,粘上一层面皮,再将面团提起不断地甩动,等面翻白成熟,将面皮提离云板放入盘中,再操作下一个,直至烙完。

(3) 制馅:将猪肉洗净切成丝;韭黄洗净切成 2 cm 的节;冬笋切成丝;绿豆芽入沸水中焯一下,捞出晾冷。锅置中火上加菜油烧至五成热,下猪肉炒散后加料酒、酱油、冬笋微炒出锅,加入绿豆芽、味精、芝麻油、胡椒粉拌匀即成春卷馅。

(4) 包馅成形:取春卷皮一张平摊在案板上,放入馅心,先将一边折拢,再将两端包折向中央,然后卷起,用面粉糊封住皮口,即成春卷坯。

(5) 炸制:用旺火将植物油烧至八成热时,放入生坯炸制,并不停翻动,炸至皮色金黄,酥脆即成。

2. 实训总结

(1) 成品特点:色泽金黄,外酥脆,馅鲜香。

(2) 技术要领:①和面时要干稀适度,加水不能太急,面团内必须无小颗粒。

②搅面团时应向一个方向搅动,让面团充分产生面筋。

③云板必须炙好,避免粘锅。

④饼皮应揉成圆形,烙皮时需用小火。

⑤卷春卷时,封口要用面糊粘住。

⑥炸制春卷时注意油温要适当。

【实训考核】

考核内容如表 3-7 所示。

表 3-7　春卷实训考核内容

项目		评分标准		分值分配	扣分原因	实际得分
操作过程	原料准备	原料准备到位,原料质量、用量符合要求		5		
	设备器具准备	设备器具准备到位,卫生符合要求,设备运行正常		5		
	操作时间	90 分钟		5		
	操作规程	面团调制	①春卷面糊稀软适度 ②面团内无颗粒,筋力良好	6		
		烙春卷皮	①烙制用的云板炙法得当 ②甩动春卷面糊方法正确 ③摊皮方法正确 ④火候掌握恰当	8		
		制馅	①原料刀工切配符合要求 ②馅心炒制火候得当 ③调味符合要求	5		
		包馅成形	春卷包卷方法符合要求	6		
		成熟	①炸制油温控制得当 ②炸制颜色符合要求	5		
	卫生习惯	①个人卫生整洁 ②工作完成后,工位干净整洁 ③操作过程符合卫生规范		15		
成品质量	成品形状	包卷形		10		
	成品色泽	色泽金黄		10		
	成品质感	春卷皮薄而有韧性;炸春卷外皮酥脆		10		
	成品口味	外皮酥香,馅心鲜香		10		
合计				100		

● 花式蒸饺

【实训目的】

花式蒸饺是以温水面团制皮,运用不同的包捏方法,制作而成的各种造型美观的蒸饺。通过本实训练习,使学生熟悉温水面团的调制方法、制作要领及面团性质特点;进一步熟练掌握和面、揉面、搓条、下剂、擀皮的方法;掌握四喜饺、白菜饺、冠顶饺、鸳鸯饺的包捏成形方法;熟悉蒸制成熟的技术要求。

【实训时间】

2 学时

【实训准备】

1. 原料准备

参考配方:①坯料:面粉 500 g、热水 250 g;②馅料:猪腿肉 400 g、味精 2 g、金钩 20 g、胡椒面 1 g、猪油 200 g、花椒面 1 g、料酒 10 g、芝麻油 5 g、酱油 10 g、葱花 30 g、精盐 5 g;③装饰料:水发香菇 100 g、蛋皮 50 g、菠菜 100 g、火腿 75 g、红樱桃 20 g、精盐 5 g、味精 3 g、芝麻油 20 g

2. 设备器具准备

操作台、炉灶、蒸锅、蒸笼、炒锅、炒勺、菜刀、菜板、碗、盆、小擀面杖、刮板等。

【制作原理与技法】

1. 面团性质:温水面团。

2. 馅心种类:咸馅——熟荤馅。

3. 成形方法:擀皮,包,捏(叠捏、推捏、捻捏、折捏等)成形。

4. 成熟方法:蒸制。

【工艺流程】

制馅

调制面团──→散热──→揉搓成团──→擀皮──→包馅成形──→装饰点缀──→蒸制──→装盘

【实训内容】

1. 操作程序

(1)制馅:将猪腿肉切成碎粒;金钩胀发后切成小颗粒。炒锅内放入猪油烧热,下猪肉炒散籽,加料酒、酱油、精盐炒香,加味精、芝麻油、胡椒面、花椒面、金钩、葱花拌匀起锅,冷却后用手捏成小圆坨即成馅心。菠菜洗净后焯水,并用冷水漂凉,再切成碎末,挤干水分;水发香菇、蛋皮、火腿分别切成碎末备用。

(2)制皮:面粉置案板上,中间掏一个坑,倒入温水,先抄拌成雪花面,再揉搓成团,摊开晾凉,再反复揉搓至面团光滑,盖上湿布饧面。将松弛后的面团搓成直径 2.5 cm 的圆柱形长条,揪成面剂,逐个擀成直径 8 cm 的圆皮。

(3)包馅成形:

①四喜饺:左手拿皮放入馅心,然后两手将皮子四周四等分向上拢起,中间捏紧成四角空、中间粘合的四角形,再将每个孔眼相邻的两壁捏在一起,成为四个大孔眼包四个小孔眼,并在四个大孔眼的外边中端用手或花钳轻轻捏出一个尖头。然后将蛋皮末、香菇末、火腿末、菠菜末分别填入四个大眼中,即成四喜饺生坯。

②白菜饺:在圆形皮坯中间放上馅心,四周涂上蛋液,将圆面皮五等分向上向中间捏拢成五个角,角上呈五条双边,将五条双边分别捏紧,然后将每条边用手由内向外、由上向下逐条边推捏出波浪形花纹,把每条边的下端捏上来,用蛋液粘在邻边的一片菜叶的边上,即成白菜饺生坯。

③冠顶饺:将圆皮边三等分向反面折起成三角形,正面放上馅心,三条边涂上蛋液,然后将三条边的三个角向上拢起,将每条边对折捏紧,顶部留一小孔,用拇指和食指将每边捻

捏出双波浪花纹,将反面原折起的边翻出,顶上放一颗红樱桃,即成冠顶饺生坯。

④鸳鸯饺:将圆形皮坯相对四分之一皮边捏出绳状花纹,然后放入馅心,把未捏花纹的相对两皮边中间部分对粘起来,再将皮坯在手上转动90°,先后把两端的面皮对捏紧,成为鸟头,中间形成两个圆形孔洞。用花钳把鸟头夹出花纹,再在两个圆形孔洞中分别放入火腿末和蛋皮末,即成鸳鸯饺生坯。

(4)成熟:生坯放入蒸笼中用旺火沸水蒸约10分钟即熟,然后装盘。

2. 实训总结

(1)成品特点:造型美观,口味鲜美。

(2)技术要领:①水温与水量要适当。水温适当以保证面团性质适度;水量适当以保证面团软硬适度。

②温水面团成团后要摊开以散热,避免热气聚集在面团内使面团变软、变稀、变黏。

③备用的面团要用湿布盖上,避免表皮结壳。

④馅心要凝固,便于包捏成形。

⑤成形时交口处要捏紧,避免成熟时散烂。

⑥蒸制时掌握好火候,蒸锅内的水要淹过笼足,蒸制时间要适宜,不能久蒸。

【实训考核】

考核内容如表3-8所示。

表3-8 花式蒸饺实训考核内容

项目			评分标准	分值分配	扣分原因	实际得分
操作过程	原料准备		原料准备到位,原料质量、用量符合要求	5		
	设备器具准备		设备器具准备到位,卫生符合要求,设备运行正常	5		
	操作时间		90分钟	5		
	操作规程	面团调制	①面团软硬适度 ②面团成团后有散热	6		
		制皮	①皮坯圆正,厚薄均匀 ②皮坯大小符合要求	6		
		制馅	①馅心味道咸淡适中 ②镶馅色彩分明	6		
		成形	①形态规范美观 ②生坯大小符合要求	6		
		成熟	蒸制时间适度	6		
	卫生习惯		①个人卫生整洁 ②工作完成后,工位干净整洁 ③操作过程符合卫生规范	15		

项目		评分标准	分值分配	扣分原因	实际得分
成品质量	成品形状	四喜饺形、白菜饺形、冠顶饺形、鸳鸯饺形	10		
	成品色泽	色彩丰富,黄、白、绿、黑色兼备	10		
	成品质感	饺皮柔软有韧性、馅心松爽	10		
	成品口味	饺皮柔软有韧性、馅心松爽鲜美	10		
合计			100		

● 鸡汁锅贴

【实训目的】

鸡汁锅贴为重庆"丘二馆"于 40 年代创制的著名小吃。因使用大量鸡汤汁作馅,并用煎的方式成熟,馅心细嫩鲜香,饺底金黄酥香,饺面油润绵软,故而得名。通过本实训练习,使学生掌握热水面团的调制方法、制作要领及面团性质特点,掌握锅贴饺的成形方法,掌握煎制成熟的技术要求。

【实训时间】

2 学时

【实训准备】

1. 原料准备

参考配方:①坯料:面粉 500 g、热水 280 g;②馅料:猪夹心肉 500 g、姜 50 g、鸡汤 100 g、味精 5 g、精盐 15 g、胡椒粉 2 g、料酒 10 g、白糖 10 g、葱 50 g、芝麻油 10 g;③辅料:猪油 100 g

2. 设备器具准备

操作台、炉灶、煎锅、菜刀、菜板、碗、盆、小擀面杖、刮板等。

【制作原理与技法】

1. 面团性质:热水面团。

2. 馅心种类:咸馅——水打馅。

3. 成形方法:擀皮,包、捏成形。

4. 成熟方法:煎制。

【工艺流程】

制馅
↓
调制面团——→散热——→揉搓成团——→擀皮——→包馅成形——→煎制——→装盘

【实训内容】

1. 操作程序

(1) 制馅:将猪夹心肉洗净剁茸;姜拍破,葱切节,放入碗内加 100 g 清水浸泡,制成葱姜水。将肉茸置盆内加精盐、料酒拌匀,然后分别加入鸡汤和葱姜水顺一个方向用力搅拌,至汁水全部被肉茸吸收成黏稠糊状,再加入味精、胡椒粉、白糖、芝麻油拌匀即成。

(2) 制皮:面粉置案板上,中间掏一浅坑,把热水均匀浇淋在面粉上,边浇边用擀面杖拌和,搅拌均匀后,洒少许冷水揉搓成团,然后将面团摊开晾凉,再反复揉搓成团,搓成直径 2 cm 的圆柱形长条,揪成剂子,擀成直径 7 cm 的圆皮。

(3)包馅成形:取圆皮于手中,放入馅心对折捏成月牙饺形。

(4)成熟:平锅置小火上,加入少量猪油,将饺坯由外向内整齐放入平锅内,稍煎一会儿,洒上少许水油混合物(即清水中加入少量油脂),盖严锅盖,不断转动平锅使饺子受热均匀。待锅内水将干时,发出轻微爆裂声,揭开锅盖,再洒少量水油混合物盖严,继续煎至水干饺底金黄起锅装盘即成。

2.实训总结

(1)成品特点:饺底金黄酥脆,饺面柔软油润,饺馅鲜嫩多汁。

(2)技术要领:①和面时加水量要准确,一次加足;热水浇淋时要均匀,拌和动作要快;面团成团后要摊开散尽热气;备用面团要盖上湿布。

②制馅时,鸡汤和葱姜水要分次加入,避免出现油水分离,影响肉茸吸水量及馅心嫩度。

③成熟时火不宜过旺,避免底部焦糊,煎制时应不停转动锅位,使锅内各部分制品受热均匀,成熟和上色均匀。

【实训考核】

考核内容如表 3-9 所示。

表 3-9　鸡汁锅贴实训考核内容

项目		评分标准	分值分配	扣分原因	实际得分
操作过程	原料准备	原料准备到位,原料质量、用量符合要求	5		
	设备器具准备	设备器具准备到位,卫生符合要求,设备运行正常	5		
	操作时间	90 分钟	5		
	操作规程	面团调制　①面团软硬适中　②松弛饧面时间充足	10		
		制馅　①猪肉剁成泥茸状　②馅心稠度适中　③馅心味道适中	6		
		成形　①皮馅比例适中　②形态符合要求	7		
		成熟　①油温火候控制得当　②饺子上部油润柔软,底部酥香金黄	7		
	卫生习惯	①个人卫生整洁　②工作完成后,工位干净整洁　③操作过程符合卫生规范	15		

项目		评分标准	分值分配	扣分原因	实际得分
成品质量	成品形状	月牙饺形	10		
	成品色泽	上部色白油润,底部金黄	10		
	成品质感	饺皮柔韧,底部酥脆,馅心细嫩	10		
	成品口味	饺皮油润柔韧,饺馅鲜嫩多汁	10		
合计			100		

● 翡翠烧麦

【实训目的】

翡翠烧麦以热水面团制皮,配以翠绿馅心,包捏成石榴形,蒸制成熟。成品皮薄如纸、透映翠绿,因其色泽翠绿、宛如翡翠而得名。翡翠烧麦系扬州著名小吃。通过本实训练习,使学生掌握翡翠烧麦制作方法;了解热水面团类烧麦的特点。

【实训时间】

2 学时

【实训准备】

1. 原料准备

参考配方:①坯料:面粉 500 g、沸水 250 g、冷水 50 g;②馅料:嫩青菜叶 1 500 g、熟火腿 80 g、精盐 8 g、味精 5 g、白糖 400 g、熟猪油 300 g

2. 设备器具准备

擀面杖、菜刀、菜板、碗、盘、蒸锅、蒸笼等。

【制作原理与技法】

1. 面团性质:热水面团。

2. 馅心种类:素馅。

3. 成形方法:烧麦皮擀法,拢馅成形。

4. 成熟方法:蒸制。

【工艺流程】

制馅

调制热水面团──→擀烧麦皮──→包馅成形──→蒸制──→成品

【实训内容】

1. 操作程序

(1)制馅:将熟火腿切成细末;绿叶蔬菜洗净,放入开水锅内焯一下,捞出放入清水中漂冷,挤净水分,用刀切碎剁成细茸状,放入盆内加精盐先腌渍去涩味,然后再加白糖、猪油拌匀即成馅心。

(2)制皮:将面粉置于案板上,中间刨成"凹"形,倒入热水用小擀面杖搅至成团,然后切成小块晾凉后,洒上冷水反复揉搓成团,饧面后搓成长条,揪成剂子,撒上扑粉,将每个面剂压扁,擀成直径6 cm呈菊花边状的烧麦皮。

(3)包馅成形:取皮坯一张置手掌中,把馅置皮坯中央,把皮子四周同时向掌心收拢,使其成为下端圆鼓,上端细圆的石榴状生坯,最后在顶部撒上火腿末。

(4)蒸制:用旺火蒸制5分钟左右即出笼。

2. 实训总结

(1)成品特点:皮薄似纸,馅心翠绿,色如翡翠,甜润清香。

(2)技术要领:①面团不宜软,否则制品在成熟时易下塌。

②青菜剁茸后要挤干水分,防止馅心拌好后吐水。

③包捏烧麦时,烧麦颈部应稍细,使顶部开口张开一些。

④蒸制时间不宜长,防止菜馅变色。

【实训考核】

考核内容如表3-10所示。

表3-10　翡翠烧卖实训考核内容

项目			评分标准		分值分配	扣分原因	实际得分
操作过程	原料准备		原料准备到位,原料质量、用量符合要求		5		
	设备器具准备		设备器具准备到位,卫生符合要求,设备运行正常		5		
	操作时间		90分钟		5		
	操作规程	面团调制	①面团软硬适中②松弛饧面时间充足		8		
		制馅	①绿色蔬菜不发黄②馅心不吐水③馅心滋味良好		7		
		成形	①皮馅比例适中②形态符合要求		8		
		成熟	蒸制时间适宜		7		
	卫生习惯		①个人卫生整洁②工作完成后,工位干净整洁③操作过程符合卫生规范		15		
成品质量	成品形状		石榴状		10		
	成品色泽		色如翡翠		10		
	成品质感		皮薄似纸		10		
	成品口味		皮薄柔软,甜润清香		10		
合计					100		

● 春 饼

【实训目的】

春饼是我国传统应季食品,各地春饼皮的制法基本相同,而馅心变化多样,形成各自特色。春饼以热水面团制坯烙制而成,吃时卷上炒豆芽、炒土豆丝、炒三丝等菜肴。通过本实训练习,使学生掌握薄饼擀制方法和要领;掌握春饼烙制技术。

【实训时间】

2学时

【实训准备】

1. 原料准备

参考配方:面粉500 g、热水350 g、猪油35 g、色拉油35 g

2. 设备器具准备

操作台、炉灶、煎锅、碗、盆等。

【制作原理与技法】

1. 面团性质:热水面团。

2. 成形方法:擀。

3. 成熟方法:烙制。

【工艺流程】

调制热水面团——→成形——→烙饼——→成品

【实训内容】

1. 操作程序

(1) 调制面团:面粉置案板上,中间挖一面塘,边加热水边用面棒搅拌,待面粉成团后,用手快速将面团揉搓均匀,然后再摊开散热,待热气散去后,再用手反复揉搓至面团达到光滑细腻,最后盖上湿毛巾备用。

(2) 成形:将热水面团加入适量的熟猪油和色拉油反复揉搓均匀,然后将其搓成长条,扯成重约25 g的面剂,撒上适量的干面粉压扁,再刷上一层色拉油,并将两个剂子重叠压合在一起,最后用擀面棒将其擀成圆形薄片即可。

(3) 成熟:平锅置火上,用中火烧热用油布擦锅,放上生坯烙制,反复翻面烙制至饼面色黄成熟,取出后撕开叠成扇形装盘即可。

2. 实训总结

(1) 成品特点:饼皮薄而柔软。

(2) 技术要领:①水量与面粉比例要适当。

②成团后要摊开或切成小块晾凉以散去面团内的热气。

③擀面皮时要厚薄均匀,用中火烙制。

【实训考核】

考核内容如表3-11所示。

表 3-11　春饼实训考核内容

项目		评分标准		分值分配	扣分原因	实际得分
操作过程	原料准备	原料准备到位,原料质量、用量符合要求		5		
	设备器具准备	设备器具准备到位,卫生符合要求,设备运行正常		5		
	操作时间	90 分钟		5		
	操作规程	面团调制	①面团软硬适中 ②松弛饧面时间充足	10		
		成形	①两个面剂擀薄后,面坯能分开 ②形态符合要求	10		
		成熟	①火候控制得当 ②饼面无焦糊	10		
	卫生习惯	①个人卫生整洁 ②工作完成后,工位干净整洁 ③操作过程符合卫生规范		15		
成品质量	成品形状	圆饼状		10		
	成品色泽	饼面色黄		10		
	成品质感	皮薄柔软		10		
	成品口味	饼皮柔软,面香浓郁		10		
合计				100		

● 烫面蒸饺

【实训目的】

蒸饺全国各地均有,但川味蒸饺多用锅内烫面(沸水面团)作坯,饺坯软糯,皮色较暗,配以鲜香松散的熟馅,别具风味。烫面蒸饺系用烫面皮坯包熟馅捏成半月形蒸制而成。通过本实训练习,使学生掌握熟荤馅制作方法;掌握月牙饺的成形方法;熟悉沸水面团的调制方法及面团性质特点。

【实训时间】

2 学时

【实训准备】

1. 原料准备

参考配方:①坯料:面粉 500 g、清水 450 g;②馅料:半肥猪肉 400 g、小白菜 250 g、猪油 50 g、精盐 2 g、酱油 25 g、芝麻油 25 g、胡椒粉 1 g、料酒 15 g、味精 1 g

2. 设备器具准备

操作台、炉灶、蒸锅、蒸笼、炒锅、炒勺、菜刀、菜板、碗、盆、小擀面杖、刮板等。

【制作原理与技法】

1. 面团性质:沸水面团。

2. 馅心种类:咸馅——熟荤馅。

3. 成形方法:擀皮,包、捏成形。

4. 成熟方法:蒸制。

【工艺流程】

制馅

烫面 → 散热 → 揉面 → 擀皮 → 包馅成形 → 蒸制 → 成品

【实训内容】

1. 操作程序

(1)制馅:将猪肉洗净切成米粒状,锅置中火上放猪油烧热,下肉粒炒散,加入料酒、酱油、精盐炒匀起锅待用;小白菜洗净,入沸水焯一下捞起,用清水漂冷捞出剁细,挤干水分,与炒熟的肉馅拌和均匀,加入芝麻油、味精、胡椒粉拌匀即成馅心。

(2)制皮:清水烧沸后,加入过筛的面粉,并用小面杖不地地搅动,至面粉烫熟收干水气起锅,切成小块晾凉,反复揉搓成团。将揉好的面团搓成直径 2 cm 的圆条,切成剂子,撒上扑粉,用小面杖擀成直径 8 cm 的圆皮即成。

(3)包馅成形:取皮坯置手心中,将馅挑入圆皮中央,合拢捏成月牙饺形,生坯放入蒸笼中。

(4)熟制:用旺火沸水蒸制五分钟即熟。

2. 实训总结

(1)成品特点:饺皮软糯、馅心松爽鲜香。

(2)技术要领:①馅心炒制火候很关键,锅内油温不宜太高,火力不宜太大,这样肉粒方易炒散籽。

②小白菜焯水后一定要挤去水分,避免馅心水分过重,影响包馅操作。

③烫面时,水要沸,面粉要过筛。烫好的面团要趁热摊开或切成小块晾凉以散去面团内的热气。

④成形接口处要捏紧,避免成熟时散烂。

⑤蒸制时掌握好火候,不宜久蒸。

【实训考核】

考核内容如表 3-12 所示。

表 3-12　烫面蒸饺实训考核内容

项目		评分标准	分值分配	扣分原因	实际得分
操作过程	原料准备	原料准备到位,原料质量、用量符合要求	5		
	设备器具准备	设备器具准备到位,卫生符合要求,设备运行正常	5		
	操作时间	90分钟	5		

项目			评分标准	分值分配	扣分原因	实际得分
操作规程		面团调制	①面粉、水量添加准确 ②烫面火候控制得当 ③面团散热	8		
		制馅	①馅心炒制火候适中 ②馅心散籽,无结块 ③馅心咸淡鲜香适中	7		
		包馅成形	①饺皮圆整,大小、厚薄适中 ②形态符合要求	8		
		成熟	①沸水蒸制 ②蒸制时间恰当	7		
	卫生习惯		①个人卫生整洁 ②工作完成后,工位干净整洁 ③操作过程符合卫生规范	15		
成品质量	成品形状		月牙饺形	10		
	成品色泽		熟面本色略暗	10		
	成品质感		饺皮软糯、馅心松爽	10		
	成品口味		饺皮软糯、馅心松爽鲜香	10		
合计				100		

工作任务二　膨松面团类品种的制作

[任务分析]　本项工作的任务是通过教师示范操作和学生实作训练,使学生掌握膨松面团制品的制作技术;掌握发酵面团、物理膨松面团、化学膨松面团制品的特点、制作原理与操作技法、工艺流程、技术要领,能够独立完成膨松面团品种的制作。

● 奶白小馒头

【实训目的】

馒头是我国传统面食品之一,具有悠久的历史。奶白小馒头是在传统馒头制作的基础上加以继承和改进,使用干酵母调制发酵面团,操作工艺简便,易于掌握。面团调制后即可成形,经醒发后蒸制成熟。成品具有色泽洁白、质地暄软的特点。通过本实训练习,使学生掌握酵母发酵面团的调制方法;掌握酵母发酵制品的制作工艺、要领。

【实训时间】

2 学时

【实训准备】

1. 原料准备

参考配方：面粉 500 g、干酵母 5 g、白糖 50 g、泡打粉 4 g、清水 225 g

2. 设备器具准备

操作台、炉灶、蒸锅、蒸笼、切刀、油刷等。

【制作原理与技法】

1. 面团性质：酵母发酵面团。

2. 成形方法：擀、切。

3. 成熟方法：蒸制。

【工艺流程】

和面──→压面──→成形──→醒面──→蒸制──→成品

【实训内容】

1. 操作程序

（1）调制面团：面粉、泡打粉一同过筛，放在案板上呈凹形，将酵母、白糖、清水放入，即与面粉、泡打粉拌合揉成团。

（2）成形：将面团放入压面机内反复压面数次，至面皮表面平滑为止；然后将面团压成面片，放在案板上，采用卷筒的方法，由外向内卷成圆柱形，合口处涂上少许清水，以便黏合，用刀切成馒头生坯即成。

（3）醒面：将生坯放入蒸笼内加盖，在适宜的环境中静置 30～40 分钟，至馒头生坯膨松。

（4）熟制：用旺火沸水蒸约 8 分钟即成。

2. 实训总结

（1）成品特点：皮色奶白、暄软松泡、形态饱满。

（2）技术要领：①酵母用量要根据气温、水温的高低而增减。

②静置时适宜的环境温度为 38℃，如气温低应适当延长静置时间。

【实训考核】

考核内容如表 3-13 所示。

表 3-13　奶白小馒头实训考核内容

项目		评分标准	分值分配	扣分原因	实际得分
操作过程	原料准备	原料准备到位，原料质量、用量符合要求	5		
	设备器具准备	设备器具准备到位，卫生符合要求，设备运行正常	5		
	操作时间	90 分钟	5		

项目			评分标准	分值分配	扣分原因	实际得分
操作规程	面团调制		①面团软硬适中 ②压面次数适当,面团光滑有筋力	8		
	成形		①馒头条坯粗细均匀适中 ②形态符合要求	7		
	醒面		①环境温度适宜 ②醒面时间、程度控制得当	8		
	成熟		①蒸锅内水量充足 ②蒸制时间适度	7		
	卫生习惯		①个人卫生整洁 ②工作完成后,工位干净整洁 ③操作过程符合卫生规范	15		
成品质量	成品形状	刀切馒头		10		
	成品色泽	奶白色		10		
	成品质感	膨松泡嫩		10		
	成品口味	暄软,略带甜味		10		
合计				100		

● 花 卷

【实训目的】

花卷为发酵面团制品,以其价廉实惠,形态美观多样而受人们喜爱。通过本实训练习,使学生了解酵种发酵面团的调制工艺、要领;掌握单卷、双卷类花卷的成形方法。

【实训时间】

2 学时

【实训准备】

1. 原料准备

参考配方:①坯料:面粉 500 g、老酵面 50 g、白糖 25 g、温水 300 g、小苏打 5 g、化猪油 15 g;②辅料:精炼油 20 g

2. 设备器具准备

操作台、炉灶、蒸锅、蒸笼、炒锅、炒勺、切刀、小擀面杖、刮板、油刷等。

【制作原理与技法】

1. 面团性质:酵种发酵面团。

2. 成形方法:擀、卷、切。

3. 成熟方法:蒸制。

【工艺流程】

和面──→发面──→使碱──→成形──→蒸制──→装盘

【实训内容】

1. 操作程序

(1) 发面:将面粉、清水、老酵面调制成团,盖上湿布置温暖处发酵2小时。

(2) 使碱:将发酵后的面团加入小苏打揉匀,用湿布盖好,稍饧。

(3) 成形:将松弛后的面团分成两块,分别擀成长方形薄片,抹上色拉油,一块单卷,一块双卷,然后刀切下剂,分别造型。

①单卷类

绣球花卷:用两手拿住单卷面剂两头,刀口处向两侧,略拉长向上对折,然后用右手往左手的大拇指上绕,即成绣球花卷坯。

鸡冠花卷:用两手拿住单卷面剂的两头,刀口处向上,双手向下翻,即鸡冠花卷坯。

核桃花卷:单卷面剂放案板上,用一根筷子横向压住面剂的1/2,用左手拉起未压住的面剂部分,将面剂折成扇形三折,取出筷子,再从上向下一压,即成核桃花卷坯。

马鞍花卷:面剂放案板上,用筷子横向压一下,卷起再压,即成马鞍花卷坯。

麻花卷:用两手捏住面剂两头,刀口处向两侧,各向反方向拧一圈,稍伸长一点,即成麻花卷坯。

蝴蝶卷:用快刀将单卷圆柱条切成0.8 cm厚的薄片,成圆盘状。取两片圆盘对称并拢,用筷子在两圆盘下端1/3处夹紧,成两个大圆盘连两个小圆盘,将卷头散开作蝴蝶触须,再用手在四个夹出的圆盘上捏出翅尖,即成蝴蝶卷生坯。

②双卷类

如意花卷:双卷面剂,刀口处向上竖放,即成如意花卷。

四喜花卷:双卷面剂,在每段的反面,用刀切一下,不要到底,使底层的坯皮相连,向两边向下翻出,刀切面朝上,即成四喜花卷坯。

海棠花卷:双卷面剂竖放在案板上,用一双筷子从面剂中间向里夹紧,转动90°,再夹紧,即成海棠花卷坯。

菊花卷:将酵母发酵面团搓成长条,揪成面剂。将每个面剂揉光滑,再搓成比竹筷略细的长条,将长条沾上色拉油,顺长放在案板上,从两头向中间反方向卷起,卷成两个相等相连的圆盘。用细头筷子从两个圆盘中间向里夹紧,夹成4个相连的圆形小圆盘,再用刀将4个小圆盘一分为二,切至圆心,即成菊花卷坯。

(4) 成熟:用旺火沸水蒸15分钟即可。

2. 实训总结

(1) 成品特点:造型美观,暄软松泡。

(2) 技术要领:①面团揉匀揉光滑,松弛时间恰当。

②面团擀片厚薄要均匀、适当。太厚影响卷制层数;太薄卷的层数太多,影响制品泡度。

③双卷时,两边要卷得平均,对卷条口处可以抹少许清水帮助黏合,以免散卷。双卷筒不能用手搓长,只能用双手将条从中间向两头慢慢捋长,注意粗细要均匀。

【实训考核】

考核内容如表3-14所示。

表3-14　花卷实训考核内容

项目		评分标准		分值分配	扣分原因	实际得分
操作过程	原料准备	原料准备到位,原料质量、用量符合要求		5		
	设备器具准备	设备器具准备到位,卫生符合要求,设备运行正常		5		
	操作时间	90分钟		5		
	操作规程	面团调制	①面团软硬适中 ②面团发酵充分 ③面团扎碱正确	10		
		成形	①形态符合要求 ②生坯大小均匀	10		
		成熟	蒸制时间正确	10		
	卫生习惯	①个人卫生整洁 ②工作完成后,工位干净整洁 ③操作过程符合卫生规范		15		
成品质量	成品形状	单卷类:绣球花卷、鸡冠花卷、核桃花卷、马鞍花卷、麻花卷、蝴蝶卷 双卷类:如意卷花、四喜花卷、海棠花卷、菊花卷		10		
	成品色泽	色泽洁白		10		
	成品质感	膨松柔软		10		
	成品口味	松泡暄软,口感微甜		10		
合计				100		

● 寿　桃

【实训目的】

寿桃系用呛酵面皮包豆沙馅蒸制而成,因其形如仙桃故名。寿桃常作为寿筵配点,以贺长寿延年。通过本实训练习,使学生掌握寿桃成形方法;掌握寿桃上色方法。

【实训时间】

2学时

【实训准备】

1. 原料准备

参考配方:①坯料:面粉600 g、老酵面50 g、小苏打4 g、清水240 g、白糖25 g、猪油25 g;②馅料:豆沙馅200 g;③辅料:食用红色素少许。

2. 设备器具准备

碗、盆、竹筷、菜板、蒸笼、蒸锅等。

【制作原理与技法】

1. 面团性质：酵种发酵面团。

2. 馅心种类：甜馅。

3. 成形方法：包捏，喷色。

4. 成熟方法：蒸制。

【工艺流程】

```
                          制馅
                           ↓
和面──→发面──→使碱──→包馅成形──→蒸制──→喷色装饰──→成品
```

【实训内容】

1. 操作程序

（1）发面：将 500 克面粉加清水、老酵面调制成团，盖上湿布发酵成大酵面。

（2）使碱、呛面：将发酵后的面团加入小苏打、白糖、猪油反复揉匀，验碱正确后呛入 100 克干面粉，盖上湿布饧面 15 分钟。

（3）包馅成形：将饧好的面团搓成直径 3 cm 的长条，下剂，再分别用手按成直径 6 cm 的圆皮，包上馅心，封口处向下，用手将顶部捏成锥形，再用梳子在一侧从底部到顶部压一凹迹即成寿桃生坯。

（4）熟制：生坯放入蒸锅内，用旺火沸水蒸 15 分钟后取出，趁热撕去桃坯的表皮，放于案上，用牙刷沾食用红色素液，让牙刷在筷子上拨动，使食用红色素液喷洒在桃坯顶部即成。

2. 实训总结

（1）成品特点：形似鲜桃、松泡香甜。

（2）技术要领：①此品为呛酵面品种，面团应发酵充分，呛面后面团要稍硬，便于造型，保持形态。

②桃坯蒸熟后要趁热撕去表皮。

③食用红色素液的深浅应适当。弹色前应先将沾有色素液的牙刷甩去多余色液再弹色，使色点均匀。

【实训考核】

考核内容如表 3-15 所示。

表 3-15　寿桃实训考核内容

项目		评分标准	分值分配	扣分原因	实际得分
操作过程	原料准备	原料准备到位，原料质量、用量符合要求	5		
	设备器具准备	设备器具准备到位，卫生符合要求，设备运行正常	5		
	操作时间	90 分钟	5		

项目			评分标准	分值分配	扣分原因	实际得分
操作规程	面团调制		①面团软硬适中 ②面团发酵适度 ③正碱	8		
	成形		①皮馅比例适中 ②形态符合要求	7		
	成熟		①蒸笼刷油后放入生坯 ②蒸制时间适度	8		
	装饰		①撕掉寿桃表皮,无破损 ②喷色均匀,颜色浓淡适宜	7		
	卫生习惯		①个人卫生整洁 ②工作完成后,工位干净整洁 ③操作过程符合卫生规范	15		
成品质量	成品形状		桃形	10		
	成品色泽		白里透红	10		
	成品质感		膨松柔软	10		
	成品口味		皮松泡,馅香甜	10		
合计				100		

● 鲜肉包子

【实训目的】

通过本实训练习,使学生掌握酵种发酵面团的使碱、验碱操作技术;掌握包子的成形基本技法;掌握鲜肉馅调制方法。

【实训时间】

2 学时

【实训准备】

1. 原料准备

参考配方:①坯料:面粉 500 g、老酵面 50 g、小苏打 5 g、清水 275 g;②馅料:猪肉 400 g、鸡汁 80 g、精盐 1 g、酱油 10 g、味精 3 g、料酒 15 g、胡椒粉 1 g、芝麻油 5 g

2. 设备器具准备

操作台、炉灶、蒸锅、蒸笼、碗、盆、菜板、菜刀、竹筷、馅挑等。

【制作原理与技法】

1. 面团性质:酵种发酵面团。

2. 馅心种类:咸馅——生荤馅。

3. 成形方法:包、捏。

4. 成熟方法:蒸制。

【工艺流程】

$$制馅$$
$$\downarrow$$
和面——→发面——→使碱——→包馅成形——→蒸制——→成品

【实训内容】

1. 操作程序

(1) 发面:面粉加老酵面、清水调成面团,盖上湿布发酵成大酵面。

(2) 扎碱:将发好的面团加入小苏打扎成正碱反复揉匀,再用湿布盖上饧面10分钟。

(3) 制馅:猪肉剁成米粒状,加精盐、酱油、胡椒粉、料酒、芝麻油用力搅拌和匀,再将鸡汁分三次加入,每加一次都要用力顺一个方向搅拌,待其被充分吸收即成。

(4) 包馅成形:将饧好的面团搓成直径3 cm的长条,下剂,用手按成直径7 cm圆皮(中间稍厚,边沿微薄),放入馅心捏成褶花纹收口即成包子生坯。

(5) 熟制:生坯放入笼中用旺火沸水蒸15分钟即成。

2. 实训总结

(1) 成品特点:皮白松泡、馅嫩鲜香。

(2) 技术要领:①面团应发酵充分。

②制馅时鸡汁要分次加入。

③包捏成形时提摺应均匀,收口宜小,不漏汤汁。

【实训考核】

考核内容如表3-16所示。

表3-16　鲜肉包子实训考核内容

项目		评分标准		分值分配	扣分原因	实际得分
操作过程	原料准备	原料准备到位,原料质量、用量符合要求		5		
	设备器具准备	设备器具准备到位,卫生符合要求,设备运行正常		5		
	操作时间	90分钟		5		
	操作规程	面团调制	①面团软硬适中 ②面团发酵适度 ③正碱	8		
		制馅	①调味料用量准确 ②馅心咸淡鲜香适宜	7		
		成形	①皮馅比例适中 ②形态符合要求	8		
		成熟	①蒸笼刷油后放入生坯 ②蒸锅内水量充足 ③蒸制时间适度	7		

项目		评分标准	分值分配	扣分原因	实际得分
	卫生习惯	①个人卫生整洁 ②工作完成后,工位干净整洁 ③操作过程符合卫生规范	15		
成品质量	成品形状	提褶包	10		
	成品色泽	色泽洁白	10		
	成品质感	皮松泡,馅鲜嫩	10		
	成品口味	皮膨松泡嫩,馅鲜嫩多汁	10		
合计			100		

● 素菜包子

【实训目的】

素菜包系由发酵面团为皮配以素馅,包捏成秋叶形,蒸制成熟。通过本实训练习,使学生掌握素馅制作方法;掌握叶形包子成形方法。

【实训时间】

2 学时

【实训准备】

1. 原料准备

参考配方:①坯料:面粉 500 g、老酵面 50 g、小苏打 5 g、清水 275 g;②馅料:应时蔬菜 300 g、水发香菇 50 g、细粉丝 50 g、水发木耳 50 g、葱花 50 g、冬笋 50 g、精盐 3 g、酱油 15 g、芝麻油 15 g、胡椒粉 2 g、味精 2 g、猪油 100 g

2. 设备器具准备

碗、盆、竹筷、菜板、蒸笼、蒸锅等。

【制作原理与技法】

1. 面团性质:酵种发酵面团。

2. 馅心种类:咸馅——生素馅。

3. 成形方法:包、捏。

4. 成熟方法:蒸制。

【工艺流程】

制馅

和面——→发面——→使碱——→包馅成形——→蒸制——→成品

【实训内容】

1. 操作程序

(1) 发面:面粉加老酵面、清水调成面团,盖上湿布发酵成大酵面。

(2) 扎碱:将发好的面团加入小苏打扎成正碱反复揉匀,再用湿布盖好饧 10 分钟。

（3）制馅：应时蔬菜入沸水中焯一下，捞出用清水漂冷，沥干水分，用刀剁细，然后用纱布包上挤干水分；水发香菇、水发木耳、冬笋切成碎粒状；粉丝用油炸酥脆后切成小节。将以上各原料放入盆内加入葱花、精盐、酱油、猪油、味精、芝麻油、胡椒粉拌匀即成。

（4）包馅成形：将饧好的面团搓成直径 3 cm 的长条，下剂，用手按成直径 7cm 的圆皮（中间稍厚，边沿微薄），放入馅心捏成秋叶形。

（5）熟制：生坯上笼，用旺火沸水蒸 15 分钟即成。

2．实训总结

（1）成品特点：形态美观、色白松泡、咸鲜清香。

（2）技术要领：①蔬菜焯水后要漂冷，避免变色。

②馅心应干爽不带汤汁。

【实训考核】

考核内容如表 3-17 所示。

表 3-17　素菜包子实训考核内容

项目		评分标准	分值分配	扣分原因	实际得分
操作过程	原料准备	原料准备到位，原料质量、用量符合要求	5		
	设备器具准备	设备器具准备到位，卫生符合要求，设备运行正常	5		
	操作时间	90 分钟	5		
	操作规程 — 面团调制	①面团软硬适中 ②面团发酵适度 ③正碱	8		
	操作规程 — 制馅	①调味料用量准确 ②馅心咸淡鲜香适宜	7		
	操作规程 — 成形	①皮馅比例适中 ②形态符合要求	8		
	操作规程 — 成熟	①蒸笼刷油后放入生坯 ②蒸制时间适度	7		
	卫生习惯	①个人卫生整洁 ②工作完成后，工位干净整洁 ③操作过程符合卫生规范	15		
成品质量	成品形状	提褶包	10		
	成品色泽	色泽洁白	10		
	成品质感	皮松泡，馅鲜嫩	10		
	成品口味	皮膨松泡嫩，馅鲜嫩多汁	10		
合计			100		

● 生煎包子

【实训目的】

生煎包子系用发面皮包肉馅煎制而成,较之蒸制的发面包子另有一番风味。通过本实训练习,使学生掌握生煎包子制作方法;掌握水油煎成熟的技术要领。

【实训时间】

2 学时

【实训准备】

1. 原料准备

参考配方:①坯料:面粉 500 g、干酵母 10 g、泡打粉 5 g、白糖 25 g、猪油 15 g、清水 275 g;②馅料:猪肉(肥四瘦六)500 g、料酒 5 g、味精 2 g、胡椒粉 1 g、精盐 6 g、酱油 10 g、香油 5 g、葱花、冷鲜汤少许;③辅料:色拉油 100 g

2. 设备器具准备

操作台、炉灶、煎锅、碗、盆、菜板、菜刀、竹筷等。

【制作原理与技法】

1. 面团性质:酵种发酵面团。

2. 馅心种类:咸馅——生荤馅。

3. 成形方法:包、捏。

4. 成熟方法:煎制。

【工艺流程】

制馅
↓
和面——→发面——→使碱——→包馅成形——→煎制——→成品

【实训内容】

1. 操作程序

(1)调制面团:面粉加入干酵母、泡打粉、白糖、猪油、清水调制成团,反复揉至光滑,盖上湿毛巾饧置备用。

(2)馅心制作:猪肉用刀剁细放于盆内,加料酒、味精、胡椒粉、食盐、酱油少许,用力搅拌均匀,再加入适量冷鲜汤搅拌至被肉吸尽,最后加入少许香油和葱花拌匀即成馅心。

(3)包馅成形:将饧置好的面团搓成长条,扯成重约 20 g 的剂子,装上馅心,并捏成细褶花纹收口、鲫鱼嘴形状的包子生坯即成。

(4)成熟:平底锅置火上,加入适量的色拉油烧至三成热,由锅的四周向中间依次放入包子生坯,煎制底部微黄冒油泡,再沿锅的四周倒入适量的清水,盖上锅盖,焖煎至锅内无水的爆裂声,收干水分,包底呈金黄色即可。

2. 实训总结

(1)成品特点:皮油润柔软,包底金黄香脆,馅鲜嫩多汁。

(2)技术要领:①面团应发得稍嫩一点。

②煎制时火力不宜大,注意生坯受热均匀。

【实训考核】

考核内容如表 3-18 所示。

表 3-18　生煎包子实训考核内容

项目				评分标准	分值分配	扣分原因	实际得分
操作过程	原料准备			原料准备到位,原料质量、用量符合要求	5		
	设备器具准备			设备器具准备到位,卫生符合要求,设备运行正常	5		
	操作时间			90 分钟	5		
	操作规程	面团调制		①面团软硬适中 ②松弛饧面时间充足	8		
		制馅		①馅心黏稠 ②馅心咸淡鲜香适宜	7		
		成形		①皮馅比例适中 ②形态符合要求	8		
		成熟		①油温火候控制得当 ②包子上部膨松柔软,底部酥香焦黄	7		
	卫生习惯			①个人卫生整洁 ②工作完成后,工位干净整洁 ③操作过程符合卫生规范	15		
成品质量	成品形状			提褶包	10		
	成品色泽			上部洁白油润,底部金黄	10		
	成品质感			上部膨松柔软,底部酥脆	10		
	成品口味			皮膨松泡嫩,馅鲜嫩多汁	10		
合计					100		

● 凉　蛋　糕

【实训目的】

凉蛋糕是以蛋泡面糊面团装笼蒸制成熟的蛋糕类膨松制品。通过本实训练习,使学生掌握海绵蛋糕传统糖蛋搅拌工艺及操作要点;理解影响蛋泡面糊形成的各个因素;掌握凉蛋糕蒸制成熟方法。

【实训时间】

2 学时

【实训准备】

1. 原料准备

参考配方:鸡蛋 500 g、低筋面粉 400 g、白糖 400 g、香兰素 1 g

2. 设备器具准备

操作台、炉灶、打蛋器、打蛋桶、蒸笼、木条或木框、垫纸、面筛、台秤等。

【制作原理与技法】

1. 面团性质:物理膨松面团——蛋泡面糊。

2. 蛋泡面糊搅打方法:传统糖蛋搅拌工艺。

3. 成形方法:熟制成形,熟后切块。

4. 成熟方法:蒸制。

【工艺流程】

$$白糖 \atop 鸡蛋 \Big\} \longrightarrow 搅打起发 \xrightarrow[\quad]{面粉、香兰素} 调糊 \longrightarrow 蒸制 \longrightarrow 切块 \longrightarrow 装盘$$

【实训内容】

1. 操作程序

(1) 打蛋泡:将鸡蛋磕入容器内,加入白糖用打蛋器用力顺一个方向搅打,蛋液逐渐由深黄变成棕黄、淡黄、乳黄,体积胀发成干厚浓稠的泡沫状。

(2) 调糊:面粉过筛后加入蛋泡中,用手缓慢拌匀即可。具体操作方法是将手指分开,从下往上慢慢抖动,使粉和蛋泡混合均匀。

(3) 装笼:在靠近蒸笼边竖放一块木板条,留出一定空间,便于蒸汽进入笼内。若蒸笼较,大则可放一小方形木框。笼内铺垫沙布,倒入蛋糕糊约笼深八成左右。

(4) 成熟:用旺火沸水蒸约 20 分钟。蛋糕熟后,倒出撕去垫纸,冷后切成块即可。

2. 实训总结

(1) 成品特点:滋润柔软,松软香甜。

(2) 技术要领:①搅打蛋泡程度要适当。搅打时间不足蛋糕体积小;搅打过头,蛋泡易被打泄,且蛋糕成熟后易塌陷。

②面粉一定要过筛。

③调糊时拌粉动作要轻,不能用力搅拌,只要面粉与蛋泡混匀即可,否则面粉生筋,使蛋糕僵死不松泡。

④蒸制时蒸笼应选用竹笼。因铝笼在蒸制过程中聚集在笼盖的蒸汽易凝结成水滴,水滴落下滴在蛋糕表面,使之不能形成干爽的表皮,影响成品质量。而竹笼具有吸水性,避免了铝笼的不足。

⑤鉴别蛋糕是否成熟,一种方法是用细竹签插入蛋糕内部后抽出,观察竹签上是否粘有面糊。竹签干爽即蛋糕已成熟,竹签上粘有面糊表明蛋糕不熟。另一种方法是用手按压蛋糕表面,蛋糕表面干爽有弹性,表明蛋粒已熟;若蛋糕表面较湿润,按压不能回弹恢复原状,表明不熟。

【实训考核】

考核内容如表 3-19 所示。

表 3-19　凉蛋糕实训考核内容

项目		评分标准	分值分配	扣分原因	实际得分
操作过程	原料准备	原料准备到位,原料质量、用量符合要求	5		
	设备器具准备	设备器具准备到位,卫生符合要求,设备运行正常	5		
	操作时间	90 分钟	5		
	操作规程	面团调制 ①面粉过筛 ②蛋泡体积、颜色、稠度符合要求 ③拌粉无搅拌过度	10		
		装笼 ①蒸笼放木框、垫纸 ②面糊厚薄均匀	10		
		成熟 ①蒸笼密闭情况良好 ②蒸制时间恰当 ③蛋糕成熟度判断准确	10		
	卫生习惯	①个人卫生整洁 ②工作完成后,工位干净整洁 ③操作过程符合卫生规范	15		
成品质量	成品形状	菱形或方形	10		
	成品色泽	淡黄色	10		
	成品质感	膨松泡嫩	10		
	成品口味	松软香甜	10		
合计			100		

● 什锦水果油蛋糕

【实训目的】

什锦水果油蛋糕是利用油脂的充气性能调制的油蛋面糊面团,经装模烘烤制成的蛋糕类膨松制品。通过本实训练习,使学生了解油蛋面糊的膨松原理;掌握油蛋面糊面团的调制方法和要领;掌握胎模成形方法的运用。

【实训时间】

2 学时

【实训准备】

1. 原料准备

参考配方:面粉 500 g、什锦蜜饯 250 g、人造奶油 425 g、核桃仁 150 g、细砂糖 425 g、葡萄干 100 g、鸡蛋 425 g、泡打粉 2.5 g

2. 设备器具准备

操作台、多功能搅拌机、烤炉、面筛、刮板、菊花模、纸杯、油刷、台秤等。

【制作原理与技法】

1. 面团性质:物理膨松面团——油蛋面糊。

2. 蛋泡面糊搅拌工艺:糖蛋搅拌工艺。

3. 成形方法:胎模成形。

4. 成熟方法:烘烤。

【工艺流程】

【实训内容】

1. 操作程序

(1) 搅油:将奶油和砂糖放入搅拌缸中,用快速搅打至蓬松呈绒毛状。分次加入鸡蛋,继续拌至蛋液与油脂融为一体。

(2) 调糊:面粉过筛,加入打发的油脂中,慢速搅匀;什锦蜜饯、核桃仁切成颗粒与葡萄干一起加入拌匀。

(3) 装模:模具刷油,垫上纸杯,装入面糊约八分满。

(4) 烘烤:上火180℃,下火180℃,烘烤15分钟,表面呈金黄色出炉。脱去模具装盘即成。

2. 实训总结

(1) 成品特点:糕质油润细腻,奶香、果香浓郁,甜香适口。

(2) 技术要领:①砂糖颗粒不能过大,使用细砂糖或糖粉为好。

②鸡蛋要在油脂打发后加入,并要分次加入,每加一次要待油、蛋完全乳化后再加。加蛋不能加得过早过急,否则影响油脂打发,并出现油水分离,使蛋糕粗糙、膨胀度差。

③什锦蜜饯切碎后,可加少量葡萄酒浸泡能更好地增添蛋糕的香味。

④装模不能过满,否则烘烤过程中会外溢。

⑤烘烤温度和时间要视糕坯大小而定。坯大烘烤时要低温长时间,坯小则高温短时间。

【实训考核】

考核内容如表3-20所示。

表3-20　什锦水果油蛋糕实训考核内容

项目		评分标准	分值分配	扣分原因	实际得分
操作过程	原料准备	原料准备到位,原料质量、用量符合要求	5		
	设备器具准备	设备器具准备到位,卫生符合要求,设备运行正常	5		
	操作时间	90分钟	5		

项目		评分标准		分值分配	扣分原因	实际得分
操作规程	面团调制	①糖油搅拌程度适当 ②蛋液分次加入,油蛋乳化均匀 ③果料最后拌入		10		
	装模	①模具刷油、垫纸杯 ②面糊厚薄均匀		10		
	成熟	①炉温、时间控制确定 ②蛋糕颜色正常		10		
	卫生习惯	①个人卫生整洁 ②工作完成后,工位干净整洁 ③操作过程符合卫生规范		15		
成品质量	成品形状	菊花形		10		
	成品色泽	表面棕红,内部淡黄		10		
	成品质感	膨松柔软		10		
	成品口味	糕质油润细腻,奶香、果香浓郁,甜香适口		10		
合计				100		

● 脆皮泡芙

【实训目的】

通过本实训练习,使学生了解泡芙面团的膨松原理;掌握泡芙面团的调制方法和要领;掌握挤注成形方法的运用。

【实训时间】

2 学时

【实训准备】

1. 原料准备

参考配方:①泡芙坯料:中筋面粉 250 g、色拉油 188 g、盐 2.5 g、鸡蛋 500 g;②脆皮料:低筋面粉 200 g、麦淇淋 160 g、糖粉 120 g、鸡蛋 20 g、奶香粉 1 g;③馅料:泡沫鲜奶油 150 g

2. 设备器具准备

操作台、搅拌机、烤炉、面筛、刮板、油刷、电子秤、保鲜膜等。

【制作原理与技法】

1. 面团性质:物理膨松面团——泡芙面团。

2. 成形方法:挤注成形。

3. 成熟方法:烘烤。

【工艺流程】

水、色拉油、食盐 → 煮沸 →（面粉）烫面 → 散热 →（鸡蛋）加蛋搅拌 → 泡芙面团

【实训内容】

1. 操作程序

(1) 脆皮调制:麦淇淋与糖粉一起擦揉均匀后加入蛋液乳化均匀,加入过筛面粉拌匀成团,将面团搓成与泡芙大小相当的圆条,放入冰箱冷冻至硬备用。

(2) 烫面:将色拉油、水煮至沸腾后,加入过筛后的面粉烫熟。

(3) 泡芙面糊搅拌:将烫熟后的面糊放入搅拌机中快速搅拌至微温,分次加入鸡蛋搅拌至面糊黏稠、光滑。

(4) 挤注成形:泡芙面糊装入裱花袋挤注成半圆球形。取出冻硬的脆皮料切成薄片,覆盖在泡芙面糊坯上。

(5) 烘烤:面火 220℃/180℃,烘烤约 25 分钟。

(6) 填馅:将冷却好的泡芙由底部灌入鲜奶油即可。

2. 实训总结

(1) 成品特点:表皮酥脆、馅心香甜。

(2) 技术要领:①面团要烫熟、烫透,否则会影响起发。

②鸡蛋要分次加入,每加入一次鸡蛋要充分搅匀。

③泡芙脆皮料性质属油酥面团,注意面团调制的投料顺序及操作要求。

④调制好的脆皮料需冻硬后再使用,便于切成薄片。

【实训考核】

考核内容如表 3-21 所示。

表 3-21　脆皮泡芙实训考核内容

项目		评分标准		分值分配	扣分原因	实际得分
操作过程	原料准备	原料准备到位,原料质量、用量符合要求		5		
	设备器具准备	设备器具准备到位,卫生符合要求,设备运行正常		5		
	操作时间	90 分钟		5		
	操作规程	面团调制	①烫面火候适宜 ②蛋液分次加入 ③面糊稠度适中	8		
		成形	①烤盘刷油撒粉 ②挤注成形生坯大小均匀 ③脆皮料厚薄适宜	7		
		成熟	①炉温、时间控制确定 ②泡芙膨松良好	8		
		灌馅	①馅心从底部灌入 ②馅心饱满	7		
	卫生习惯	①个人卫生整洁 ②工作完成后,工位干净整洁 ③操作过程符合卫生规范		15		

项目		评分标准	分值分配	扣分原因	实际得分
成品质量	成品形状	半圆球形	10		
	成品色泽	金黄色	10		
	成品质感	皮酥脆,馅细软	10		
	成品口味	香甜适口	10		
合计			100		

● 油　条

【实训目的】

油条属于膨松面团中化学膨松面团制品,以其色泽金黄,质感松、脆、软、香而著称于世,是各地普遍制作的大众品种。通过本次实训练习,使学生了解化学膨松面团的膨松原理和特性;掌握油条面团调制、成形成熟方法;掌握高温油炸技术要领。

【实训时间】

2 学时

【实训准备】

1. 原料准备

参考配方:①坯料:面粉 500 g、泡打粉 4 g、小苏打 4 g、鸡蛋 50 g、色拉油 50 g、精盐 8 g、水 270 g、植物油 2 000 g(实耗 50 g)

2. 设备器具准备

操作台、炉灶、炸锅、台秤、面筛、刮板、竹筷、盆等。

【制作原理与技法】

1. 面团性质:化学膨松面团。

2. 成形方法:切、拉。

3. 成熟方法:油炸。

【工艺流程】

面团调制──→拌粉──→捣揉──→饧面──→出条──→切剂──→成形──→油炸──→成品

【实训内容】

1. 操作程序

(1)面团调制:面粉、泡打粉混合均匀,加入鸡蛋、色拉油、水、小苏打、食盐调制成团,反复捣揉至面团光滑,饧面 30 分钟。

(2)成形:案板撒上少许干面粉,将醒好的面团拉成长条,再用双手将之溜成厚约0.6 cm,宽约 12 cm 的长条,用刀横条切成 2.5 cm 宽的条。

(3)成熟:炸油烧至七八成热,下油条生坯,炸至油条膨胀,色泽金黄起锅。

2. 实训总结

(1)成品特点:色泽金黄,膨松饱满,皮脆心软。

（2）技术要领：①面团软硬应适度。面团过硬，需要饧面时间长，且面团不易拉伸开。面团过软，黏性大，影响操作。

②饧面时间要充分。饧面时间与面团软硬、气温高低、面粉筋度等因素有关。面团软、气温高、面粉筋度低，饧面时间短；反之则长。

③出条时扑粉不宜过多，否则易坏油，且炸制时重叠的条块易分离。出条时案板上可用抹油代替撒扑粉。

④炸制的油温要适当。油温过高，油条泡度差，色深；油温低，油条色浅，耗油多。

【实训考核】

考核内容如表3-22所示。

表3-22 油条实训考核内容

项目		评分标准		分值分配	扣分原因	实际得分
操作过程	原料准备	原料准备到位，原料质量、用量符合要求		5		
	设备器具准备	设备器具准备到位，卫生符合要求，设备运行正常		5		
	操作时间	90分钟		5		
	操作规程	面团调制	①原料投放顺序正确 ②面团捣揉充分，面团光滑有筋力 ③饧面时间充足	10		
		成形	①面团延展性好 ②条坯宽窄、厚薄均匀 ③小条刀口光滑无粘连	10		
		成熟	①油温适当 ②制品泡度、颜色符合要求	10		
	卫生习惯	①个人卫生整洁 ②工作完成后，工位干净整洁 ③操作过程符合卫生规范		15		
成品质量	成品形状	长条状		10		
	成品色泽	色泽金黄		10		
	成品质感	膨松饱满，皮脆心软		10		
	成品口味	酥香松泡		10		
合计				100		

工作任务三　　层酥面团类品种的制作

[任务分析]　本项工作的任务是通过教师示范操作和学生实作训练,使学生掌握层酥面团制品的制作技术;掌握水油酥皮、酵面酥皮、水面酥皮面团制品的特点、制作原理与操作技法、工艺流程、技术要领,能够独立完成层酥面团品种的制作。

● 龙眼酥

【实训目的】

龙眼酥是用水油酥皮以圆酥下剂包甜馅温油炸制而成。通过本次实训练习,使学生了解水油酥皮起层原理;掌握水油面团和干油酥面团调制方法和要领。

【实训时间】

2 学时

【实训准备】

1. 原料准备

参考配方:①坯料:面粉 1 000 g、清水 270 g、猪油 320 g;②馅料:熟面粉 200 g、猪油 200 g、白糖 600 g、蜜樱桃 200 g;③辅料:猪油 2 500 g(实耗 200 g)

2. 设备器具准备

操作台、炉灶、炸锅、菜刀、碗、盆、刮板、擀面杖等。

【制作原理与技法】

1. 面团性质:层酥面团——水油酥皮。

起酥方法:大包酥。

酥层表现形式:圆酥。

2. 馅心种类:甜馅。

3. 成形方法:包、捏。

4. 成熟方法:油炸。

【工艺流程】

```
                干油酥面团                    制馅
                   ↓                          ↓
水油面团──→大包酥──→开酥──→圆酥下剂──→包馅成形──→油炸──→成品
```

【实训内容】

1. 操作程序

(1) 调制面团:取 400 g 面粉加 200 g 猪油擦制成干油酥面团;再取 600 g 面粉加 120 g 猪油和清水调制成水油面团,盖上湿布饧面 15 分钟。

(2) 制馅:蜜樱桃切成碎粒。熟面粉与白糖拌匀,加猪油搓擦均匀再加蜜樱桃拌匀即成。

(3) 开酥、成形:用水油面包干油酥面,收口按扁,擀成长方形薄片,一折三层,再擀薄成长方形,从一头卷起成圆筒状,用刀切成圆酥剂子,盖上湿布。将剂子刀口面向上按扁成圆皮,包入馅心,收口朝下,捏成半球形,饼顶用食指按成凹形,即成饼坯。

（4）熟制:平锅置中火上,加入猪油烧至三四成热放入生坯,见成品上浮,逐步加温,炸至表面酥纹显露,酥层清晰,色白变硬时起锅,最后在饼坯凹处嵌一颗蜜樱桃即成。

2. 实训总结

（1）成品特点:色泽洁白,形如龙眼,层次分明,酥松香甜。

（2）技术要领:①水油面包干油酥面的比例要适当。

②水油面团和干油酥面团的软硬应一致。

③擀酥时用力要均匀,使酥层厚薄一致。卷筒时,一头切掉5~6 cm再卷,可避免圆酥中心出现面骨头,使酥纹清晰均匀。卷筒时要卷紧,避免酥层分离、脱壳。

【实训考核】

考核内容如表3-23所示。

表3-23　龙眼酥实训考核内容

项目		评分标准	分值分配	扣分原因	实际得分
操作过程	原料准备	原料准备到位,原料质量、用量符合要求	5		
	设备器具准备	设备器具准备到位,卫生符合要求,设备运行正常	5		
	操作时间	90分钟	5		
	操作规程	面团调制 ①水油面、干油酥面软硬一致 ②大包酥开酥方法正确	8		
		制馅 ①蜜樱桃颗粒大小适中 ②馅心成团性好	7		
		成形 ①圆酥下剂方法正确 ②造型符合要求 ③生坯大小均匀	8		
		成熟 ①油温控制恰当 ②成品色白,酥硬无油浸现象	7		
	卫生习惯	①个人卫生整洁 ②工作完成后,工位干净整洁 ③操作过程符合卫生规范	15		
成品质量	成品形状	形似龙眼	10		
	成品色泽	色泽洁白	10		
	成品质感	层次分明	10		
	成品口味	酥松香甜	10		
合计			100		

● 韭菜酥盒

【实训目的】

韭菜酥盒系用水油酥皮以圆酥下剂,包韭菜馅炸制而成。本次实训的目的是使学生掌握大包酥开酥方法和技术要领;掌握酥盒成形方法和炸制要领。

【实训时间】

2 学时

【实训准备】

1. 原料准备

参考配方:①坯料:面粉 1 000 g、清水 275 g、猪油 335 g;②馅料:猪肉 500 g、嫩韭菜 200 g、精盐 5 g、酱油 25 g、花椒粉 1 g、胡椒粉 2 g、芝麻油 20 g、料酒 15 g、猪油 50 g、味精 3 g;③辅料:猪油 2 500 g(实耗 200 g)

2. 设备器具准备

操作台、炉灶、炸锅、菜刀、碗、盆、刮板、擀面杖等。

【制作原理与技法】

1. 面团性质:层酥面团——水油酥皮。

起酥方法:大包酥。

酥层表现形式:圆酥。

2. 馅心种类:咸馅——熟荤馅。

3. 成形方法:包、捏。

4. 成熟方法:油炸。

【工艺流程】

```
              干油酥面团                    制馅
                  ↓                         ↓
水油面团 ──→ 大包酥 ──→ 开酥 ──→ 圆酥下剂 ──→ 包馅成形 ──→ 油炸 ──→ 成品
```

【实训内容】

1. 操作程序

(1) 调制面团:用 450 g 面粉加 225 g 猪油擦制成干油酥面团;再用 550 g 面粉与 110 g 猪油和清水调制成水油面团,盖上湿布饧面 15 分钟。

(2) 制馅:猪肉洗净切成碎粒;韭菜切成细颗粒。炒锅内放猪油烧至五成热,下猪肉炒散籽,加精盐、料酒、酱油炒香起锅,然后加韭菜、芝麻油、味精、胡椒粉、花椒粉拌匀即成馅心。

(3) 开酥、成形:用水油面包干油酥面,收口按扁,擀成长方形薄片,一折三层,再擀薄成长方形,从一头卷起成圆筒状,用刀切成圆酥剂子,盖上湿布。将剂子刀口面向上按扁,用擀面杖擀成圆皮。取两张皮子,一张上面放入馅心,盖上另一张,捏紧边缘,然后沿边缘捏出绳状花边,即成韭菜酥盒生坯。

(4) 熟制:平锅置中火上,将猪油烧至六成热时,放入生坯,炸至金黄色起锅即成。

2. 实训总结

(1) 成品特点:色泽淡黄、外形美观,馅味鲜香、酥脆爽口。

(2) 技术要领:①水油面与干油酥面的软硬要适度。

②起酥时厚薄均匀,保证酥纹层次清晰。

③制馅时,韭菜不能下锅炒,否则会吐水。

④包馅成形时,馅心的油不能粘在皮的边缘上,否则难以成形。

⑤炸制油温不宜过高或过低。

【实训考核】

考核内容如表 3-24 所示。

表 3-24　韭菜酥盒实训考核内容

项目		评分标准		分值分配	扣分原因	实际得分
操作过程	原料准备	原料准备到位,原料质量、用量符合要求		5		
	设备器具准备	设备器具准备到位,卫生符合要求,设备运行正常		5		
	操作时间	90 分钟		5		
	操作规程	面团调制	①水油面、干油酥面软硬一致 ②大包酥开酥方法正确	8		
		制馅	①馅心炒散,起锅后加入韭菜 ②口味咸淡鲜香味适中	7		
		成形	①圆酥下剂方法正确 ②造型符合要求 ③生坯大小均匀	8		
		成熟	①油温控制恰当 ②成品色泽金黄,颜色均匀	7		
	卫生习惯	①个人卫生整洁 ②工作完成后,工位干净整洁 ③操作过程符合卫生规范		15		
成品质量	成品形状	圆形酥盒,酥纹清晰		10		
	成品色泽	色泽淡黄		10		
	成品质感	酥脆		10		
	成品口味	馅味鲜香,酥脆爽口		10		
合计				100		

● 玉 带 酥

【实训目的】

玉带酥系用水油酥皮以直酥下剂,包甜馅油炸而成。本次实训的目的是使学生掌握直酥制作方法和技术要领;掌握玉带酥成形方法和炸制要领。

【实训时间】

2 学时

【实训准备】

1. 原料准备

参考配方：①坯料：面粉 1 000 g、清水 270 g、猪油 320 g；②馅料：枣泥馅 1 000 g；③辅料：猪油 2 500 g（实耗 200 g）

2. 设备器具准备

操作台、炉灶、炸锅、菜刀、碗、盆、刮板、擀面杖等。

【制作原理与技法】

1. 面团性质：层酥面团——水油酥皮。

起酥方法：大包酥。

酥层表现形式：直酥。

2. 馅心种类：甜馅。

3. 成形方法：包、捏。

4. 成熟方法：油炸。

【工艺流程】

水油面团 ⟶ 大包酥 ⟶ 开酥 ⟶ 直酥下剂 ⟶ 包馅成形 ⟶ 油炸 ⟶ 成品

（大包酥上方：干油酥面团；包馅成形上方：制馅）

【实训内容】

1. 操作程序

（1）调制面团：用 400 g 面粉加 200 g 猪油擦制成干油酥面团；再用 600 g 面粉与 120 g 猪油和清水调制成水油面团，盖上湿布饧面 15 分钟。

（2）开酥、成形：用水油面包干油酥面，收口按扁，擀成长方形薄片，一折三层，再擀薄成长方形，从一头卷起成圆筒状，用刀切成直酥剂子，盖上湿布。将面剂呈直线酥纹的一面向案板，两头向上折起，然后按扁，放入馅心包紧，按成圆饼形生坯。

（3）熟制：生坯放入三四成热的油锅内，用中火炸至酥硬不软即熟。

2. 实训总结

（1）成品特点：酥纹清晰，色泽洁白，酥香甜润。

（2）技术要领：①水油面包干油酥面的比例要适当。

②水油面团和干油酥面团的软硬应一致。

③擀酥时用力要均匀，使酥层厚薄一致。卷筒时要卷紧，避免酥层分离、脱壳。

④油炸时油温不宜过低，否则酥层易出现分离。

【实训考核】

考核内容如表 3-25 所示。

表 3-25　玉带酥实训考核内容

项目		评分标准		分值分配	扣分原因	实际得分
操作过程	原料准备	原料准备到位，原料质量、用量符合要求		5		
	设备器具准备	设备器具准备到位，卫生符合要求，设备运行正常		5		
	操作时间	90 分钟		5		
	操作规程	面团调制	①水油面、干油酥面软硬一致 ②大包酥开酥方法正确	10		

项目		评分标准		分值 分配	扣分 原因	实际 得分
	成形	①直酥下剂方法正确 ②造型符合要求 ③生坯大小均匀		10		
	成熟	①油温控制恰当 ②成品色白,酥硬无油浸现象		10		
	卫生习惯	①个人卫生整洁 ②工作完成后,工位干净整洁 ③操作过程符合卫生规范		15		
成品 质量	成品形状	形如荷花		10		
	成品色泽	色泽洁白		10		
	成品质感	层次分明		10		
	成品口味	酥香甜润		10		
合计				100		

● 荷 花 酥

【实训目的】

荷花酥系用水油酥皮以暗酥下剂,包馅成形,再用利刀在饼坯表面剖刀,经油炸后使酥层外翻,形成良好造型。本次实训的目的是使学生掌握小包酥开酥方法和要领;掌握油炸型剖酥制作方法和技术要领;掌握剖酥制品油炸成熟的方法和技术要领。

【实训时间】

2 学时

【实训准备】

1. 原料准备

参考配方:①坯料:面粉 1 000 g、清水 330 g、猪油 250 g;②馅料:豆沙馅 800 g;③辅料:猪油 2 500 g(实耗 200 g)

2. 设备器具准备

操作台、炉灶、炸锅、菜刀、碗、盆、刮板、擀面杖、刀片等。

【制作原理与技法】

1. 面团性质:层酥面团——水油酥皮。

起酥方法:小包酥。

酥层表现形式:剖酥。

2. 馅心种类:甜馅。

3. 成形方法:包捏、剖刀。

4. 成熟方法:油炸。

【工艺流程】

干油酥面团

↓

水油面团 —→ 包酥 —→ 起酥 —→ 包馅成形 —→ 油炸 —→ 装盘 —→ 油炸 —→ 装盘

【实训内容】

1. 操作程序

(1)调制面团:将配方中水油面团和干油酥面团的原料分别调制成水油面团和干油酥面团,然后把水油面团和干油酥面团分别下剂。水油面剂用湿布盖上。

(2)开酥、成形:用水油面剂包干油酥面剂,按扁擀成牛舌形,由外向内卷成圆筒,按扁一折三层,擀成圆皮。把馅心置皮坯中,捏拢收口,收口朝下成半球形。待饼坯表面翻硬后,一手拿饼坯,一手持刀片,在饼坯的凸面,均匀交叉剞三刀,以不划到馅心为度。

(3)熟制:猪油烧至三成热,放入生坯用中火炸制,边炸边用炒勺舀油浇淋饼坯中心,帮助酥层外翻。炸至酥硬不软,不浸油,色白时起锅,装盘即成。

2. 实训总结

(1)成品特点:形如荷花,层次分明,酥脆香甜。

(2)技术要领:①起酥要均匀,酥皮不宜擀得过薄或过厚。

②包馅后要待饼坯翻硬后方可剞刀,否则刀口处易粘连,影响制品翻酥。

③划饼坯的刀要是薄而利的刀片,划至接近馅心为佳。

④炸制油温不宜过高。若油温过高,使饼坯表面很快定型变硬,而不能翻酥,形成不了荷花瓣。

【实训考核】

考核内容如表3-26所示。

表3-26 荷花酥实训考核内容

项目			评分标准	分值分配	扣分原因	实际得分
操作过程	原料准备		原料准备到位,原料质量、用量符合要求	5		
	设备器具准备		设备器具准备到位,卫生符合要求,设备运行正常	5		
	操作时间		90分钟	5		
	操作规程	面团调制	①水油面、干油酥面软硬一致 ②小包酥开酥方法正确	10		
		成形	①造型符合要求 ②划刀手法、深浅符合要求 ③生坯大小均匀	10		
		成熟	①油温控制恰当 ②成品色白,酥硬无油浸现象	10		
	卫生习惯		①个人卫生整洁 ②工作完成后,工位干净整洁 ③操作过程符合卫生规范	15		

续表 3-26

项目		评分标准	分值分配	扣分原因	实际得分
成品质量	成品形状	荷花状,花瓣酥层清晰分明	10		
	成品色泽	色泽洁白	10		
	成品质感	层次分明	10		
	成品口味	酥香甜润	10		
合计			100		

● 黄桥烧饼

【实训目的】

黄桥烧饼系用酵面酥皮包馅烤制而成,为江苏风味面点,以江苏省泰兴县的黄桥镇的最为著名。1940 年 10 月,新四军东进苏北,进行了黄桥战役,取得辉煌胜利。当时,黄桥人民就用这种烧饼慰问子弟兵。"黄桥烧饼黄又黄,黄黄烧饼慰劳忙,烧饼要用热火烤,军队要靠百姓帮。同志们啊吃个饱,多打胜仗多缴枪。"这首优美的苏北民歌,从苏北唱到苏南,响彻解放区,黄桥烧饼也随之名扬大江南北。本次实训的目的是使学生掌握酵面酥皮制作方法和要领;掌握黄桥烧饼烘烤方法。

【实训时间】

2 学时

【实训准备】

1. 原料准备

参考配方:①发酵面团:面粉 425 g、温水(50~80℃)220 g、老酵面 5 g、白碱 9 g;②干油酥面:面粉 550 g、猪油 275 g;③馅料:猪板油 250 g、香葱 200 g、精盐 30 g;④辅料:芝麻 70 g、饴糖 100 g。

2. 设备器具准备

操作台、烤炉、切刀、碗、盆、刮板、擀面杖等。

【制作原理与技法】

1. 面团性质:层酥面团——酵面酥皮。

起酥方法:小包酥。

酥层表现形式:暗酥。

2. 馅心种类:咸馅。

3. 成形方法:包捏、按压等。

4. 成熟方法:烘烤。

【工艺流程】

干油酥面团　　　　　　　　　　制馅
　　　　　↓　　　　　　　　　　↓
发酵面团 → 小包酥 → 开酥 → 包馅成形 → 粘芝麻 → 烘烤 → 成品

【实训内容】

1. 操作程序

(1) 制发酵面团:将面粉 200 g 用温水 100 g 和成团,摊开晾至微温(20℃),加入老酵面揉匀,放置发酵 12 小时。另取面粉 225 g 加温水 120 g 和成团,稍晾后与已发好的面团揉和,放置饧面 1 小时。

(2) 制干油酥面:将面粉与猪油擦制成干油酥面团。

(3) 制馅:芝麻淘洗干净,用小火炒至芝麻鼓起呈金黄色,备用。将猪板油去筋皮,切成小丁;香葱切成葱花。取 80 g 葱花与猪板油丁和 12 g 精盐拌匀制成葱油丁馅,剩余 120 g 葱花与 300 g 干油酥面、18 g 精盐拌匀成葱油酥。

(4) 包酥、成形:饧好的面团加碱揉成正碱酵面,搓成长条,揪成面剂 40 个(每个重 17 g);逐个包上干油酥面(每个重 13 g),擀成 10 cm×6.5 cm 的薄片,对折后再擀薄,然后由外向内卷起,按成直径 8 cm 的圆皮,铺上葱油丁馅(每个重 8 g),再加葱油酥(每个重 10 g),收口朝下包成圆饼形,表面涂上一层饴糖,沾上芝麻,即成黄桥烧饼生坯。

(5) 熟制:生坯摆入烤盘内,送入烤炉,用 220℃ 炉温烘烤至饼坯呈金黄色。

2. 实训总结

(1) 成品特点:色泽金黄,饼形饱满,层次丰富,香酥肥润。

(2) 技术要领:①使用温水调制的发酵面团有良好的松发性,使制品松、酥、脆。和面的水温不宜高,以不超过 80℃ 为宜,夏季用 50℃ 温水即可。

②开酥时擀皮厚薄要均匀,使成品层次分明。

③烘烤时炉温不宜过高,注意时间的掌握。

【实训考核】

考核内容如表 3-27 所示。

表 3-27　黄桥烧饼实训考核内容

项目		评分标准		分值分配	扣分原因	实际得分
操作过程	原料准备	原料准备到位,原料质量、用量符合要求		5		
	设备器具准备	设备器具准备到位,卫生符合要求,设备运行正常		5		
	操作时间	90 分钟		5		
	操作规程	面团调制	①发酵面团发酵程度适宜,扎碱正确 ②发酵面团与干油酥面剂比例适当	8		
		制馅	①猪板油去筋皮 ②葱油丁馅与葱油酥符合要求	7		
		成形	①小包酥操作方法正确 ②芝麻沾裹均匀 ③造型符合要求,生坯大小均匀	8		
		成熟	①炉温、烘烤时间控制得当 ②成品颜色符合要求	7		

项目		评分标准	分值分配	扣分原因	实际得分
	卫生习惯	①个人卫生整洁 ②工作完成后,工位干净整洁 ③操作过程符合卫生规范	15		
成品质量	成品形状	圆饼形	10		
	成品色泽	色泽金黄	10		
	成品质感	层次丰富	10		
	成品口味	香酥肥润	10		
合计			100		

● 风车酥

【实训目的】

风车酥系用水面包油擀折开酥制成的水面酥皮,运用叠酥成形法将面坯折叠成风车形,经烘烤而成。本次实训的目的是使学生掌握水面酥皮包酥、开酥方法和要领;掌握叠酥制作方法;掌握风车酥制作工艺。

【实训时间】

2 学时

【实训准备】

1. 原料准备

参考配方:①坯料:面粉 375 g、鸡蛋 25 g、白糖 25 g、水 180 g、盐 5 g、片状酥油 250 g;②辅料:车厘子 10 粒、鸡蛋 1 个

2. 设备器具准备

操作台、冰箱、烤炉、烤盘、碗、盆、刮板、擀面杖、滚筒、不锈钢盘、切刀等。

【制作原理与技法】

1. 面团性质:层酥面团——水面酥皮。

起酥方法:大包酥。

酥层表现形式:明酥。

2. 成形方法:叠酥成形方式。

3. 成熟方法:烘烤。

【工艺流程】

面粉
鸡蛋
白糖
水
盐 ⎱→冷水面团──→饧面──→片状酥油→包酥──→擀折冷冻三次──→擀长方形片──→切块──→

造型──→烘烤──→装盘

【实训内容】

1. 操作程序

(1) 调制水面:面粉置案板上,中间掏一坑,放入鸡蛋、白糖、精盐、水先搅匀,再逐渐拌入面粉和成团,反复揉搓至面团光滑不粘手有弹力。这时用刀在面团上切一个"十字"裂口,用塑料布盖上,静置饧面 30 分钟,让面团充分松弛。

(2) 开酥:将面团中十字掰开,四个角擀薄,成十字形,中间较厚。将片状黄油整理成正方形放在面皮中间,拉起面皮一角包住中间油脂,其他三角同样拉起包住油脂;然后将面坯擀薄,折成三层,放进冷箱冷冻,使油脂凝结,取出擀薄,折成三层冷冻,共擀折冷冻三次,然后取出擀成 0.3 cm 厚的薄片。

(3) 成形:将面皮切割成 9 cm×9 cm 的正方形,再将正方形的四个角对剖开,分别将切开的角右边一只压向中心,呈风车形,表面刷蛋液,中间放半颗车厘子。

(4) 熟制:用上火 240℃,下火 180℃炉温烘烤 15 分钟至成熟。

2. 实训总结

(1) 成品特点:色泽金黄,层次分明,松脆酥香。

(2) 技术要领:①水面不宜太硬,否则擀不开。片状黄油与水面硬度应一致。

②每次擀叠酥皮时间要短,动作应迅速利落,以保证在油脂软化前擀叠好,否则油脂易外溢,影响起酥。

③烘烤时注意炉温,底火不宜太大,否则底部会焦糊。

【实训考核】

考核内容如表 3-28 所示。

表 3-28　风车酥实训考核内容

项目		评分标准	分值分配	扣分原因	实际得分
操作过程	原料准备	原料准备到位,原料质量、用量符合要求	5		
	设备器具准备	设备器具准备到位,卫生符合要求,设备运行正常	5		
	操作时间	90 分钟	5		
	操作规程	面团调制 ①水调面团软硬适度,松弛充分 ②面团与油脂软硬度一致 ③包油、开酥、折叠方法正确	10		
		成形 ①面坯呈正方形,无收缩变形 ②造型方法正确 ③面坯表面刷蛋液	10		
		成熟 ①炉温、烘烤时间控制得当 ②成品颜色符合要求	10		

项目		评分标准	分值分配	扣分原因	实际得分
	卫生习惯	①个人卫生整洁 ②工作完成后,工位干净整洁 ③操作过程符合卫生规范	15		
成品质量	成品形状	风车形	10		
	成品色泽	色泽金黄	10		
	成品质感	层次丰富	10		
	成品口味	松脆酥香	10		
合计			100		

工作任务四　混酥、浆皮面团类品种的制作

[任务分析]　本项工作的任务是通过教师示范操作和学生实作训练,使学生掌握混酥面团、浆皮面团制品的制作技术;掌握混酥面团、浆皮面团制品的特点、制作原理与操作技法、工艺流程、技术要领,能够独立完成混酥面团、浆皮面团品种的制作。

● 桃　酥

【实训目的】

桃酥口感酥松,但不分层,配料中油脂、糖的用量较大,利用油脂的起酥性及糖油限制面筋生成的作用达到制品酥松的目的。加之疏松剂的作用,进一步补充了面团中气体含量,促进制品形成酥松的多孔组织。通过本实训练习,使学生了解混酥面团的性质特点及起酥原理;掌握混酥面团的调制方法和操作要领。

【实训时间】

2 学时

【实训准备】

1. 原料准备

参考配方:面粉 500 g、核桃仁 50 g、猪油 225 g、小苏打 7.5 g、白糖 225 g、臭粉 7.5 g、鸡蛋 200 g

2. 设备器具准备

操作台、冰箱、烤炉、烤盘、碗、盆、刮板、台秤、桃酥印模等。

【制作原理与技法】

1. 面团性质:混酥面团。

2. 成形方法:模具成形或手工成形。

3. 成熟方法:烘烤。

【工艺流程】

【实训内容】

1. 操作程序

(1)面团调制:将过筛的面粉置于面案上,中间刨成坑状,小苏打放在面粉侧,加入糖、油、蛋、碎桃仁、臭粉用手搅拌成均匀的乳浊液后拌入面粉,抄拌成雪花状后采用翻叠法,将尚松散的物料,通过翻叠,使各原料相互渗透,面团逐渐黏结成团。

(2)成形:将面团搓成长条,分成每个 50 g 的剂子。将面剂入桃酥模内压紧实,磕出,放入烤盘,或将面剂搓成圆球压成饼形,放入烤盘,中间用手指压一凹。

(3)成熟:放入烤炉用 180℃炉温烘烤至金黄色,饼面呈裂纹状。

2. 实训总结

(1)成品特点:色泽金黄,口感酥松化渣。

(2)技术要领:①油、糖、蛋要充分乳化后才能拌粉,使面筋有限胀润,使面团筋酥一致,细腻,柔软。

②拌粉时,动作要轻、要快,采用翻叠法,尽量避免面团起筋。

③混酥面团不宜久放,否则易生筋,要随调随用。

④面团软硬不能在拌粉后或面团成团后加水调节,可通过拌粉时留出少量面粉,根据调制情况,决定是否加入剩余面粉。

⑤烘烤的炉温和时间要适当。炉温高,时间长,易造成制品色深,焦糊;炉温低,时间短,易使制品色泽浅淡,不熟。

【实训考核】

考核内容如表 3-29 所示。

表 3-29　桃酥实训考核内容

项目		评分标准		分值分配	扣分原因	实际得分
操作过程	原料准备	原料准备到位,原料质量、用量符合要求		5		
	设备器具准备	设备器具准备到位,卫生符合要求,设备运行正常		5		
	操作时间	90 分钟		5		
	操作规程	面团调制	①面团调制投料顺序正确 ②面团软硬适度,无筋力	10		

项目			评分标准	分值分配	扣分原因	实际得分
		成形	①生坯大小、形状一致 ②生坯间隔距离适中	10		
		成熟	①炉温、烘烤时间控制得当 ②成品颜色、形态符合要求	10		
		卫生习惯	①个人卫生整洁 ②工作完成后,工位干净整洁 ③操作过程符合卫生规范	15		
成品质量		成品形状	圆饼形	10		
		成品色泽	色泽金黄	10		
		成品质感	质感酥松	10		
		成品口味	酥松化渣	10		
合计				100		

● 广式月饼(蛋黄莲蓉月饼)

【实训目的】

广式月饼,又名广东月饼,是中国月饼的一大类型,盛行于广东、海南、广西等地,并远传至东南亚及欧美各国的华侨聚居地。广式月饼因主产于广东而得名,早在清末民初已享誉国内外市场。广式月饼的主要特色是:选料上乘、精工细作、饼面上的图案花纹玲珑浮凸,式样新颖,皮薄馅丰、滋润柔软,表皮光亮,色泽金黄,口味有咸有甜,可茶可酒,味美香醇,百食不厌。本次实训的目的是使学生掌握广月糖浆的熬制原理及工艺;掌握广月饼皮的调制方法及工艺要点;掌握广式月饼成形、烘烤的技术要求。

【实训时间】

2 学时

【实训准备】

1. 原料准备

参考配方:①广月糖浆:白糖 300 g、水 135 g、柠檬酸 0.9 g;②广月饼皮:低筋面粉 500 g、广月糖浆 350 g、花生油 125 g、枧水 10 g;③馅心:莲蓉馅 1 650 g、咸鸭蛋黄 22 个;④辅料:鸡蛋 2 个

2. 设备器具准备

操作台、烤炉、烤盘、不锈钢锅、月饼印模、碗、盆、蛋刷、油刷等。

【制作原理与技法】

1. 面团性质:浆皮面团。

2. 馅心种类:甜咸馅。

3. 成形方法：印模成形。

4. 成熟方法：烘烤。

【工艺流程】

糖浆
↓
调制浆皮面团──→包馅成形──→烘烤──→成品

【实训内容】

1. 操作程序

(1) 熬糖浆：将水和白糖倒入锅中，大火烧开后约 10 分钟加入柠檬酸，用中小火熬煮 40 分钟，糖浆温度 113～114℃，糖度 78°。熬好的糖浆放置 15 天后使用。

(2) 调制浆皮面团：将广月饼皮配方中的糖浆、花生油和枧水放入容器中搅拌均匀，使之乳化形成均匀的乳浊液。面粉置案板上，中间刨个坑，放入糖、油乳浊液抄拌均匀，翻叠成团即可。

(3) 制馅：咸鸭蛋去清取黄，放入烤盘内，倒入适量花生油，烤至蛋黄吐油成熟，取出冷却。莲蓉馅分成每个重 75 g 的剂子，分别包入咸鸭蛋黄，搓成圆球形。

(4) 包馅成形：将饼皮分成每个重 40 g 的面剂，分别包入蛋黄莲蓉馅，放入月饼印模中用左手掌按实压平，然后右手持模板柄，将模左右侧分别在台板上敲震一下，再将模眼前端与台面平震敲一下，模眼在台边外，左手配合接住敲震脱下的饼坯，按序放置烤盘中。

(5) 烘烤：先用上火 220℃、下火 180℃炉温烘烤 12 分钟，出炉冷却后刷蛋黄液，再用上火 220℃，下火 200℃炉温烘烤 12 分钟。

2. 实训总结

(1) 成品特点：色泽棕红，花纹清晰，馅心香甜，饼皮湿润绵软。

(2) 技术要领：①熬制月饼糖浆时注意火候、时间的掌握，使糖浆浓度适宜。

②饼皮用油量最好不超过糖浆的 30%，否则饼皮韧性差，易开裂。

③广月饼皮中油脂最好用花生油，花生油具有良好的耐高温、抗氧化性。

④枧水是食品厂调配好的碱溶液，主要用于广月饼皮的调制。没有水可用小苏打或白碱水溶液代替。面团中枧水用量多，饼皮回油慢，无光泽，但饼坯花纹清晰；枧水少，饼皮颜色浅，纹路不清晰。

⑤面团拌粉前，糖浆、油脂、枧水要充分乳化，否则面团易走油，生筋，粗糙，工艺性能下降。面团软硬应与馅心一致。

⑥豆蓉类馅料切忌搅拌，否则进入空气易使饼坯在烘烤时爆裂。如需在馅料中加入葡萄干或花生仁等，需采用翻叠方法混合。

⑦调制好的饼皮应尽量在半小时内使用完。

⑧新月饼模应先用油浸泡数日，可避免饼皮脱模时粘模，每次填坯磕模前要扑粉。

⑨烘烤时刷饼坯的蛋液最好是蛋黄。但纯蛋黄稠度太大，可用六个蛋黄加一个全蛋以及少量精炼油调配而成，过滤后使用。为使烘烤后饼坯颜色更加棕红光亮，可增加刷蛋次数。

【实训考核】

考核内容如表 3-30 所示。

表 3-30　广式月饼实训考核内容

项目		评分标准	分值分配	扣分原因	实际得分
操作过程	原料准备	原料准备到位,原料质量、用量符合要求	5		
	设备器具准备	设备器具准备到位,卫生符合要求,设备运行正常	5		
	操作时间	90 分钟	5		
	操作规程	面团调制　①投料顺序正确　②面团软硬适中,无筋力	10		
		制馅　馅心大小符合要求	4		
		成形　①皮馅比例适中　②印模成形方法正确　③饼坯形状规整	8		
		成熟　①炉温、烘烤时间控制得当　②成品颜色符合要求	8		
	卫生习惯	①个人卫生整洁　②工作完成后,工位干净整洁　③操作过程符合卫生规范	15		
成品质量	成品形状	圆饼状	10		
	成品色泽	色泽棕红	10		
	成品质感	饼皮绵软	10		
	成品口味	馅心香甜,饼皮棉软	10		
合计			100		

工作任务五　米及米粉面团类品种的制作

[任务分析]　本项工作的任务是通过教师示范操作和学生实作训练,使学生掌握米及米粉面团制品的制作技术;掌握米团、糕团、生粉团、熟粉团、发酵粉团制品的特点、制作原理与操作技法、工艺流程、技术要领,能够独立完成米及米粉面团品种的制作。

● 珍珠圆子

【实训目的】

珍珠圆子是以糯米饭皮包馅后表面再粘裹糯米蒸制而成的米制小吃。通过本实训练习,使学生掌握珍珠圆子煮米制坯的方法及要点;掌握珍珠圆子的制作方法。

【实训时间】

2 学时

【实训准备】

1. 原料准备

参考配方:①坯料:糯米 500 g、鸡蛋 50 g、淀粉 80 g;②馅料:白糖 100 g、蜜玫瑰 5 g、猪油 40 g、淀粉 40 g

2. 设备器具准备

操作台、炉灶、蒸锅、蒸笼、汤锅、漏瓢、碗、盆等。

【制作原理与技法】

1. 面团性质:米团。

2. 馅心种类:甜馅。

3. 成形方法:包捏、滚沾。

4. 成熟方法:蒸制。

【工艺流程】

糯米 → 煮米 → 沥水 → 拌坯料(鸡蛋、淀粉) → 包馅成形(制馅) → 滚沾裹米(裹米) → 蒸制 → 装盘

【实训内容】

1. 操作程序

(1)制坯:取 150 g 糯米浸泡 10 小时作裹米。350 g 糯米淘洗干净,倒入沸汤锅中煮至九成熟,沥去米汤,置盆内,趁热加入鸡蛋液、细淀粉拌和均匀,冷后即成坯料。

(2)制馅:蜜玫瑰用少许猪油调散,白糖与细淀粉拌匀后加入蜜玫瑰、猪油搓擦均匀分成小坨即成馅心。

(3)包馅成形:裹米沥干水分,手上沾少许清水,取皮坯用拇指按个小坑,放入馅心包捏成圆球形,然后放入裹米中滚粘,使之均匀粘裹上一层裹米,即成生坯。

(4)蒸制:将生坯放入垫有屉布的笼内,用旺火沸水蒸约 15 分钟,出笼后在珍珠圆子顶部放半颗蜜樱桃装盘即成。

2. 实训总结

(1)成品特点:裹米晶莹透亮,似粒粒珍珠,香甜适口,软糯滋润。

(2)技术要领:①裹米一定要泡透、泡胀。若裹米浸泡时间不够,蒸制时裹米难以熟透。裹米也可用西米代替。

②煮米时注意掌握米粒的生熟程度,煮至九成熟即可,起锅后利用余热使米粒全熟。若煮至米粒全熟才起锅,易使米粒变软,制品蒸制时易塌陷。若煮米时间太短,制品蒸制时不易成熟,久蒸制品易塌。

③皮料中加豆粉量要适当。豆粉少了,皮坯黏结性差,不便成形;豆粉多了,成熟后的珍珠圆子易翻硬,不爽口。

④制馅时用豆粉制得的馅心蒸熟后爽口。

⑤成形时手上抹水是为了防止皮坯粘手,也可抹油。

⑥珍珠圆子也可用吊浆米粉包馅心粘裹米制成,也可制咸馅的。

【实训考核】

考核内容如表 3-31 所示。

表 3-31　珍珠圆子实训考核内容

项目		评分标准		分值分配	扣分原因	实际得分
操作过程	原料准备	原料准备到位,原料质量、用量符合要求		5		
	设备器具准备	设备器具准备到位,卫生符合要求,设备运行正常		5		
	操作时间	90 分钟		5		
	操作规程	面团调制	①裹米浸泡程度适中②煮米程度适当③米坯黏度适中	10		
		制馅	①蜜玫瑰混合均匀②馅心软硬度适中	6		
		成形	①皮馅比例适中②形态符合要求③裹米粘裹均匀	7		
		成熟	①蒸制火候适宜,蒸汽充足②蒸制时间适当	7		
	卫生习惯	①个人卫生整洁②工作完成后,工位干净整洁③操作过程符合卫生规范		15		
成品质量	成品形状	圆球形		10		
	成品色泽	色泽洁白,裹米晶莹透亮似粒粒珍珠		10		
	成品质感	软糯滋润		10		
	成品口味	软糯滋润,香甜适口		10		
合计				100		

● 豆沙凉糍粑

【实训目的】

凉糍粑系将糯米蒸熟,舂茸,夹豆沙馅,裹熟芝麻面,切块而成。通过本实训练习,使学生掌握凉糍粑盆蒸米饭制坯的特点与方法;掌握凉糍粑的制作工艺。

【实训时间】

2 学时

【实训准备】

1. 原料准备

参考配方:①坯料:糯米 500 g、清水 450 g、冷开水 50 g;②馅心:豆沙馅 250 g;③表面裹料、装饰料:白芝麻 200 g、白糖 100 g、食用红色素少许。

2. 设备器具准备

操作台、炉灶、蒸锅、蒸笼、炒锅、碗、盆、擀面杖、切刀等。

【制作原理与技法】

1. 面团性质:米团。

2. 馅心种类:甜馅。

3. 成形方法:夹馅、滚沾。

4. 成熟方法:蒸制。

【工艺流程】

糯米──→盆蒸──→舂茸──→夹馅成形──→切块──→撒胭脂糖──→成品

【实训内容】

1. 操作程序

(1)制皮坯:糯米淘洗干净,装入盆中加适量清水上笼蒸约40分钟,糯米熟透即可取出。趁热用木棒舂茸,边舂边加冷开水,糯米饭舂茸后用湿布盖上即成皮坯。

(2)成形:白芝麻淘洗干净炒熟,倒在案板上用擀面杖碾细成芝麻粉;白糖加食用红色素调成粉红色胭脂糖。芝麻粉放置案板上铺平,取糯米茸按扁后放在芝麻粉上拼成长方形,将豆沙馅抹在长方形的二分之一面上,然后将未抹豆沙馅的糯米茸翻起盖在馅上压平。用刀切成菱形块,装盘后撒上胭脂糖即成。

2. 实训总结

(1)成品特点:入口凉爽、香甜软糯。

(2)技术要领:①盆蒸糯米时,注意掌握好糯米的加水量。加水过多,蒸出的糯米不易成形或成形后易变形;加水过少,蒸出的糯米制成品软糯性差,不爽口。

②蒸糯米也可采用汗蒸的方法,即将糯米浸泡8小时后倒入垫有纱布的笼中蒸熟。

③糯米要蒸熟蒸透,蒸好的糯米饭要趁热舂茸,边舂边加冷开水,并注意冷开水的加入量。加多了糯米茸过于软糯,不易成形,且成形后容易吐水、变形;加少了糯米茸冷后易翻硬,成品不爽口。

④糯米茸制好后应用湿布盖上,避免表皮结壳。

⑤成形时,手上沾水或抹油,再拿糯米茸就不会粘手。

⑥胭脂糖的颜色不宜深。

⑦凉糍粑的成形还可用包馅法。糯米茸分成剂子,包入豆沙馅,按成扁圆形,裹芝麻粉装盘,撒上胭脂糖即成。

⑧芝麻粉可用黄豆粉代替。

【实训考核】

考核内容如表3-32所示。

表 3-32　豆沙凉糍粑实训考核内容

项目			评分标准		分值分配	扣分原因	实际得分
操作过程	原料准备		原料准备到位,原料质量、用量符合要求		5		
	设备器具准备		设备器具准备到位,卫生符合要求,设备运行正常		5		
	操作时间		90分钟		5		
	操作规程	煮米制坯	①蒸米成熟度适宜②糍粑舂茸		12		
		装饰料	①芝麻炒制程度适宜,芝麻粉粗细适度②胭脂糖颜色适宜		6		
		成形	①糍粑厚薄均匀②芝麻粉粘裹均匀③形状符合要求		12		
	卫生习惯		①个人卫生整洁②工作完成后,工位干净整洁③操作过程符合卫生规范		15		
成品质量	成品形状		菱形		10		
	成品色泽		表面芝麻粉棕黄,糍粑洁白,馅心黑亮		10		
	成品质感		软糯		10		
	成品口味		香甜软糯		10		
合计					100		

● 四味汤圆

【实训目的】

为满足食客一次能品尝到不同口味的汤圆,做成不同形状,如圆形、圆柱形、圆锥形、橄榄形等。上桌时,一碗四个,四种馅心,四种形状,小巧玲珑,称之四味汤圆。食用汤圆时配以白糖、芝麻酱,更是别具风味。本实训练习的目的是使学生了解生米粉团的性质及调制方法;掌握汤圆的成形方法及煮制要领。

【实训时间】

2学时

【实训准备】

1. 原料准备

参考配方:①坯料:汤圆粉 500 g、清水 150 g;②馅心:黑芝麻馅 175 g、樱桃馅 175 g、玫瑰馅 175 g、冰橘馅 175 g

2. 设备器具准备

操作台、炉灶、汤锅、碗、盆、盘子、纱布、漏勺等。

【制作原理与技法】

1. 面团性质:米粉面团——生粉团。

2. 馅心种类:甜馅——糖馅。

3. 成形方法:包捏。

4. 成熟方法:煮制。

【工艺流程】

$$馅心$$
$$↓$$
调制生米粉团──→包馅成形──→煮制──→装碗

【实训内容】

1. 操作程序

(1)调制生米粉团:汤圆粉放盆内加入适量清水拌和成团。

(2)制馅:黑芝麻淘洗干净,去掉杂质、空壳,用小火炒香碾成粗粉,加入面粉、白糖拌匀,再加猪油搓擦成团,打坯切块即成黑芝麻馅心。蜜樱桃切成小颗粒,蜜玫瑰用刀剁细,橘饼切成小颗粒。以同样方法,用蜜樱桃、蜜玫瑰、橘饼和冰糖代替黑芝麻粉制得樱桃馅心、玫瑰馅心、冰橘馅心。

(3)包馅成形:米粉团下剂,分别包入黑芝麻馅心、樱桃馅心、玫瑰馅心、冰橘馅心捏成圆球形、圆柱形、圆锥形、橄榄形。

(4)成熟:用旺火沸水煮制,待汤圆浮面后,加入少量的冷水,以保持锅内水沸而不腾。煮至汤圆皮内无硬心即熟。将汤圆舀入碗内,每碗盛四个不同形态的汤圆。

2. 实训总结

(1)成品特点:皮白软糯,馅心多样,味道各异,香甜适口。

(2)技术要领:①调制米粉团时,汤圆粉加水要适量,使皮坯干稀适度。皮料干了,包馅时易裂口;皮料稀了,煮制时易烂、易变形。

②包汤圆时,不能拿在手中久搓。搓久了汤圆内的馅心容易散,煮的时候易被水冲烂。

③包好的汤圆要放在湿纱布上,若放在案板上或盘子里,汤圆易粘在上面,取时易烂。

④煮汤圆要旺火水沸,汤圆浮面后要点水保持锅内水沸而不腾。

【实训考核】

考核内容如表3-33所示。

表3-33　四味汤圆实训考核内容

项目		评分标准	分值分配	扣分原因	实际得分
操作过程	原料准备	原料准备到位,原料质量、用量符合要求	5		
	设备器具准备	设备器具准备到位,卫生符合要求,设备运行正常	5		
	操作时间	90分钟	5		

项目			评分标准		分值分配	扣分原因	实际得分
	操作规程	面团调制	面团软硬适宜		10		
		成形	①生坯大小形状均匀 ②生坯无漏馅、破损		10		
		成熟	①汤锅内水宽、水沸 ②煮制时间适当		10		
	卫生习惯		①个人卫生整洁 ②工作完成后,工位干净整洁 ③操作过程符合卫生规范		15		
成品质量	成品形状		圆形、圆柱形、圆锥形、橄榄形		10		
	成品色泽		色泽洁白		10		
	成品质感		软糯		10		
	成品口味		皮软糯、馅香甜		10		
合计					100		

● 豆沙麻团

【实训目的】

豆沙麻团系用米粉团包馅裹芝麻炸制而成。成品具有外圆内空,色泽金黄的特点。通过本实训练习,使学生了解糯米粉团中添加澄粉的目的和作用;掌握麻团粉团的调制方法;掌握麻团炸制技术要领。

【实训时间】

2 学时

【实训准备】

1. 原料准备

参考配方:①坯料:吊浆糯米粉 500 g、澄粉 100 g、猪油 100 g、白糖 150 g、泡打粉少许;②馅心:豆沙馅 200 g;③表面裹料:白芝麻 100 g;④辅料:植物油 1 500 g(耗 50 g)

2. 设备器具准备

操作台、炉灶、炸锅、碗、盆、漏勺等。

【制作原理与技法】

1. 面团性质:米粉面团——生粉团。

2. 馅心种类:甜馅。

3. 成形方法:包捏。

4. 成熟方法:炸制。

【工艺流程】

调制米粉团 —→ 包馅成形 —→ 粘芝麻 —→ 油炸 —→ 成品

【实训内容】

1. 操作程序

（1）调制米粉团：先将白糖加入适量的开水溶化成糖液待用；再将澄粉加入适量的沸水烫成较软的熟面团，然后与吊浆粉、少许泡打粉和少许猪油一起，加入糖液调制成软硬适中的面团。

（2）包馅、成形：将米粉团分摘下剂，逐个搓圆，用手指按成"凹"形，包入馅心，收口搓圆，放入白芝麻内，使其表面均匀地粘裹上一层芝麻，即成生坯。

（3）熟制：锅置中火上，加植物油烧至三成热时，放入生坯，见成品上浮，逐步加温，边炸边用勺掀动生坯，坯体逐渐胀大，炸至棕黄色、皮酥即成。

2. 实训总结

（1）成品特点：皮酥香、馅甜润。

（2）技术要领：①麻团粉团中澄粉添加量要适中。过多，麻团膨胀差，成品易翻硬；过少，麻团支撑力不足，易变形下塌。

②米粉团的软硬适中，和好后应放置一段时间再成形。

③炸麻团时宜用中小火，油温应由低慢慢升高。

【实训考核】

考核内容如表 3-34 所示。

表 3-34　豆沙麻团实训考核内容

项目		评分标准		分值分配	扣分原因	实际得分
操作过程	原料准备	原料准备到位，原料质量、用量符合要求		5		
	设备器具准备	设备器具准备到位，卫生符合要求，设备运行正常		5		
	操作时间	90分钟		5		
	操作规程	面团调制	①熟粉团比例适当②面团软硬适宜	10		
		成形	①生坯大小形状均匀②表面芝麻粘裹均匀	10		
		成熟	①油温适当②麻团膨胀情况良好③色泽符合要求	10		
	卫生习惯	①个人卫生整洁②工作完成后，工位干净整洁③操作过程符合卫生规范		15		

项目		评分标准	分值分配	扣分原因	实际得分
成品质量	成品形状	圆球形	10		
	成品色泽	色泽金黄	10		
	成品质感	表面皮酥内软糯	10		
	成品口味	皮酥香、馅甜润	10		
合计			100		

● 船　点

【实训目的】

船点为江苏名点,是著名的米制食品。由熟半粉裹馅心后,捏成各种形状,蒸制面成。馅心有荤、素、咸、甜之分。船点起源不迟于明代,因作为太湖游船上的点心而得名,后经历代名师不断研究改进,将花卉瓜果、鱼虫鸟兽等各种形象引入船点,而形成了小巧玲珑、栩栩如生、既可观赏、又可口尝的特色。通过本实训练习,使学生了解船点的特色,掌握熟芡法调制生粉团的方法;掌握色彩调配的原则,学会调色的方法及运用技巧;逐步掌握船点造型的基本方法,学会制作一些船点品种,如玉米、红尖椒、桃子、柿子、月季花、核桃、雏鸡、白鹅。

【实训时间】

4学时

【实训准备】

1. 原料准备

参考配方:①坯料:糯米粉250 g、粳米粉250 g、橙黄色素少许、绿色素少许、胭脂红色素少许、褐色素少许、柠檬黄色素少许;②馅料:豆沙馅250 g;③辅料:色拉油25 g、黑芝麻少许

2. 设备器具准备

操作台、炉灶、蒸锅、蒸笼、碗、盆、剪刀、骨针、鹅毛管、木梳、镊子、花钳等。

【制作原理与技法】

1. 面团性质:米粉面团——生粉团。制作船点的米粉为镶粉,用50%的糯米粉和50%的粳米粉掺和而成。调制时使用熟芡法,这是船点制作的一个关键性工艺。先用30%的镶粉用热水拌和成团,然后将该粉团蒸成熟芡,再将熟芡和剩余的70%镶粉加清水拌揉成米粉面团。这种面团具有黏糯适中,造型稳定性好,表面光滑不开裂等特点。

2. 馅心种类:甜馅。船点的馅心是从属于造型的,馅心多用豆沙、枣泥、椰蓉等甜味馅,也可将普通的糖馅加少量淀粉制成硬馅。硬馅便于包捏,在蒸制时也不会因馅心溶化而导致皮坯破裂而影响造型。

3. 成形方法:套色、包捏。船点既是小巧玲珑的食品,又是极具欣赏价值的艺术品。船点向人们展示的果蔬花鸟禽兽鱼虫惟妙惟肖,其万千变化皆出自面点师的精巧构思和娴熟技巧。船点的工艺性、可塑性、色调性取决于粉团的调制和调色两个方面。调色工艺应根据船点的品种要求进行一次性调色。调色用的色素有天然色素和人工色素。人工合成色

素具有色彩鲜艳,性质稳定,着色力强,调色方便的特点。因加热过程中,人工合成色素要加深显色,粉团调色的色度应略淡。天然色素性质不稳定,着色力差,加热过程中出现氧化和褪色,故一般船点调色用人工合成色素,但需要注意用量要适当。

4. 成熟方法:蒸制。船点所用皮料、馅料都便于成熟,故蒸制时间控制在 3～5 分钟,吹去水气,刷上色拉油,使船点增强质感,更加光彩夺目。

【工艺流程】

糯米粉
 粳米粉 }⟶掺粉⟶打熟芡⟶调制米粉面团⟶调色⟶包馅成形⟶蒸制⟶

装盘

【实训内容】

1. 操作程序

(1) 面团调制:将糯米粉和粳米粉掺和成镶米,取 150 g 镶粉加热水和成米粉团,上笼蒸熟取出,与剩余的 350 g 镶粉加清水揉和成米粉面团。

(2) 调色:将粉团按需要分别加色素调成黄色、橙红色、褐色粉团和不调色的白色粉团。

(3) 包馅成形:

①玉米棒:将黄色粉团分摘成剂子,包入馅心,搓成一端圆的玉米棒子,用骨针顺长在玉米棒上划 6～7 道印痕,再用鹅毛管刻出玉米粒子。用淡绿色的粉团做成 2 片尖叶,包裹着玉米棒的圆头,即成玉米棒生坯。

②红尖椒:将红色粉团分摘成剂子,包入馅心,搓捏成尖椒形状,红椒尖端要稍微弯曲。用深绿色粉团做成红尖椒蒂子,即成红尖椒生坯。

③桃子:将白色粉团分摘成剂子,在剂子中心按一凹陷,加入一点粉红色粉团,再搓圆,按扁,有红色的一面做光面,包入馅心,捏成圆形,在有红色处捏出桃尖,再用骨针自圆头至桃尖压一凹槽,然后用淡绿色粉团做成桃叶和桃梗装在桃子底部,即成桃子生坯。

④柿子:将橙黄色粉团分摘成剂子,包入馅心,收口捏紧朝下,按成鼓形,上端略向下凹,用褐色粉团做成柿蒂装在柿子上,即成柿子生坯。

⑤月季花:分别将白色粉团和红色粉团摘成剂子,用红色粉团包白色粉团,收口捏紧朝下摆放,用剪刀从圆粉球的下端沿着一圈平剪 7～8 刀,在圆粉球的中间与下面的刀纹交错剪 5～6 刀,在圆粉球上端剪 3～4 刀。再用鸭舌钳子将剪出部分夹成花瓣状,修整花形,然后用黄色粉团搓成细丝,镶在花的中间成为花蕊,即成月季花生坯。

⑥核桃:将褐色粉团摘成剂子,包入馅心捏成圆球形,收口朝下,在圆球中间用钳子夹出一条环形核边,用骨针将核边压成两条,在两侧用鹅毛管刻出核桃纹,即成核桃生坯。

⑦雏鸡:将褐色粉团摘成剂子,包入馅心,捏成圆球形,收口成球形,捏出鸡头、身躯和尾巴。在头部装上橙红色的嘴,将黑芝麻嵌入头部两侧做眼睛,在背部两侧剪出两只翅膀,用木梳压成羽毛状,腹部下装两只橙红色脚爪,即成雏鸡生坯。

⑧白鹅:将白色粉团分摘成剂子,包入馅心,收口成球形,将一头搓长,捏出头颈,其余部分捏出身躯、尾部,尾部用木梳压出尾羽;另用白色粉团做成翅膀,压出羽毛状,按在身体两侧。头部装上红色的嘴和顶,黑芝麻嵌在头部两侧做眼睛,腹部下面装上橙红色脚掌,即成白鹅生坯。

(4) 成熟:将生坯放入笼内,蒸约 3～5 分钟,取出刷上色拉油装盘即成。

2. 实训总结

(1) 成品特点:制作精巧,造型逼真,色彩自然,软糯香甜适口。

(2) 技术要领:①米粉团软硬要适当。过软,保持形态能力差,易塌陷。过硬,造型粗糙,易开裂。

②熟芡比例不能过多,否则粉团粘手,上劲,不易成形。

③调色色调要自然。

④蒸制时间不宜长,蒸汽不能太足,否则制品易开裂,变形。

【实训考核】

考核内容如表 3-35 所示。

表 3-35　船点实训考核内容

项目		评分标准		分值分配	扣分原因	实际得分
操作过程	原料准备	原料准备到位,原料质量、用量符合要求		5		
	设备器具准备	设备器具准备到位,卫生符合要求,设备运行正常		5		
	操作时间	90 分钟		5		
	操作规程	面团调制	①熟粉团比例适当 ②面团软硬适宜	12		
		成形	①色彩搭配适宜 ②形态生动,造型美观	6		
		成熟	①沸水蒸制 ②蒸制时间适宜	12		
	卫生习惯	①个人卫生整洁 ②工作完成后,工位干净整洁 ③操作过程符合卫生规范		15		
成品质量	成品形状	象形玉米棒、红尖椒、桃子、柿子、月季花、核桃、雏鸡、白鹅		10		
	成品色泽	色彩自然,造型逼真		10		
	成品质感	软糯		10		
	成品口味	软糯香甜适口		10		
合计				100		

● 果酱白蜂糕

【实训目的】

果酱白蜂糕系以发酵米浆为坯料,辅以果酱、果脯蒸制而成。果酱白蜂糕在发酵米浆中添加了蜂蜜,使成品更加滋润爽口。通过本实训练习,使学生了解发酵米浆的性质特点;掌握发酵米浆的制作方法和要求;掌握果酱白蜂糕的制作工艺。

【实训时间】

2 学时

【实训准备】

1. 原料准备

参考配方:①坯料:籼米 750 g、糕肥 50 g、白糖 100 g、蜂蜜 300 g、小苏打 5 g;②馅料:果酱 150 g、蜜玫瑰 25 g;③装饰料:蜜瓜条 50 g、蜜樱桃 50 g、酥核桃仁 50 g、红枣 40 g、生猪板油 50 g、蜜玫瑰 25 g、白芝麻 25 g。

2. 设备器具准备

操作台、炉灶、蒸锅、蒸笼、盆、木框、切刀等。

【制作原理与技法】

1. 面团性质:发酵米浆。

2. 馅心种类:甜馅。

3. 成形方法:熟制成形,刀切成块。

4. 成熟方法:蒸制。

【工艺流程】

磨米浆──→发酵──→装笼──→蒸制──→切块──→成品

【实训内容】

1. 操作程序

(1) 制发酵米浆:籼米用清水浸泡约 10 小时左右,沥干水分,加清水和匀,用石磨磨成米浆,用布袋盛装,用重物压干水分成干浆(吊浆米粉)。取干浆 100 g,用 300 g 清水稀释,用小火熬成糊,倒入盆里,凉后与剩余的干浆搅匀,加入糕肥搅匀发酵(夏季约 10 小时,冬季约 20 小时)。待米浆发起后加入蜂蜜、小苏打、白糖和匀即成。

(2) 切配辅料:蜜瓜条、酥核桃仁切成薄片;红枣去核,每两枚重叠卷紧,用刀横切成薄片;生猪板油去筋皮,切成小颗粒;蜜樱桃对剖开;果酱加蜜玫瑰调匀。

(3) 装笼、熟制:蒸笼内置放一方形木框架,高约 4 cm,垫上湿纱布,将一半糕浆舀入框内,糕浆厚约 1.5 cm,用旺火沸水蒸 15 分钟,揭开笼盖,将玫瑰果浆均匀地涂抹在糕面上,再倒入剩余糕浆抹平,然后将蜜瓜条、酥核桃仁、红枣片及蜜樱桃均匀摆放在上面,再撒上猪板油丁和芝麻,盖上笼盖,用旺火沸水再蒸 20 分钟即熟,出笼稍凉后切成菱形块即成。

2. 实训总结

(1) 成品特点:色白暄软,果香馥郁,蜜甜可口。

(2) 技术要领:① 打熟芡的作用是增加米浆的稠度,防止米浆发酵时淀粉沉淀,影响发酵。②注意打熟芡的比例,一般取干浆 10%,加 2 倍清水调成稀浆用于打熟芡。

③米浆的稠度应适度,宁干勿稀。

④发酵时应加盖,发酵时间应充足。

⑤发酵米浆中加蜂糖,可以增进风味,同时因蜂糖中含有大量的果糖和葡萄糖,能够更好地保持制品柔软,不翻硬。

⑥切配的果料以薄为好;红枣应选择体大形态完好的;红枣不能用水洗,而应用湿布擦去泥沙,因为水洗后的红枣彼此不易卷紧,影响红枣切片造型。

⑦糕坯蒸好后应凉后再切块,否则成形不好。

【实训考核】

考核内容如表3-36所示。

表3-36　果酱白蜂糕实训考核内容

项目		评分标准		分值分配	扣分原因	实际得分
操作过程	原料准备	原料准备到位,原料质量、用量符合要求		5		
	设备器具准备	设备器具准备到位,卫生符合要求,设备运行正常		5		
	操作时间	90分钟		5		
	操作规程	面团调制	①熟粉团比例适当 ②面团软硬适宜	12		
		成形	①色彩搭配适宜 ②形态生动,造型美观	6		
		成熟	①蒸笼内需放置木隔板或木框 ②蒸笼底部垫细纱布 ③蒸制时间适宜	12		
	卫生习惯	①个人卫生整洁 ②工作完成后,工位干净整洁 ③操作过程符合卫生规范		15		
成品质量	成品形状	菱形块		10		
	成品色泽	色白		10		
	成品质感	暄软		10		
	成品口味	暄软泡嫩,果香馥郁		10		
合计				100		

工作任务六　杂粮及其他面团类品种的制作

[任务分析]　本项工作的任务是通过教师示范操作和学生实作训练,使学生掌握杂粮及其他面团制品的制作技术;掌握杂粮面团、淀粉面团、果蔬面团、羹汤、冻类制品的特点、制作原理与操作技法、工艺流程、技术要领,能够独立完成水调面团品种的制作。

● 黄金玉米饼

【实训目的】

黄金玉米饼系以快熟玉米粉、生玉米粉、糯米粉及玉米粒为主料,辅以砂糖、黄油、淡奶等原料蒸制成玉米糕再切块油炸而成。通过本实训练习,使学生了解谷类杂粮在面点中的运用;熟悉杂粮坯团调制特点;掌握黄金玉米饼的制作方法。

【实训时间】

2 学时

【实训准备】

1. 原料准备

参考配方:快熟玉米粉 200 g、生玉米粉 100 g、糯米粉 100 g、罐头玉米粒 50 g、黄油 75 g、白糖 100 g、三花淡奶 50 g、吉士粉 10 g、面包糠 100 g、鸡蛋 50 g、色拉油 1 500 g(实耗 50 g)

2. 设备器具准备

操作台、炉灶、炸锅、漏勺、切刀、盆、碗等。

【制作原理与技法】

1. 面团性质:谷类杂粮面团。

2. 成形方法:熟制成形,刀切成块。

3. 成熟方法:蒸、炸制。

【工艺流程】

面团调制──→装盘──→蒸制──→冷冻──→切块──→滚蛋液（蛋液）──→裹面包糠（面包糠）──→油炸──→成品

【实训内容】

1. 操作程序

(1) 面团调制:快熟玉米粉加适量沸水调成稠糊状,放入生玉米粉、糯米粉、黄油、白糖、吉士粉、三花淡奶、罐头玉米粒、适量清水搅成厚浆状。

(2) 蒸制:将玉米厚浆糊倒入不锈钢方盘中,上笼蒸约 30 分钟,冷后放入冰箱冻硬。

(3) 裹面包糠:将冻好的糕坯切成厚约 0.5 厘米的长方形片状,滚蛋液,裹面包糠。

(4) 油炸:色拉油烧至六成热,放入生坯炸成金黄色即成。

2. 实训总结

(1) 成品特点:色泽金黄,酥香甘甜。

(2) 技术要领:①快熟玉米粉用量要适当,用量过大易造成糕坯发粘;过量过少粉浆中生玉米粉和糯米粉易沉淀。

②面包糠碾成粗粉状,使玉米饼颜色均匀且细致。

【实训考核】

考核内容如表 3-37 所示。

表 3-37　黄金玉米饼实训考核内容

项目		评分标准	分值分配	扣分原因	实际得分
操作过程	原料准备	原料准备到位,原料质量、用量符合要求	5		
	设备器具准备	设备器具准备到位,卫生符合要求,设备运行正常	5		
	操作时间	90 分钟	5		

项目			评分标准	分值分配	扣分原因	实际得分
操作规程	面团调制		①调制方法正确 ②玉米粉浆稠厚适宜	10		
	蒸制与成形		①蒸制时间充分 ②冷冻充分,方便切片 ③面包糠黏裹均匀	10		
	成熟		①油温适当 ②色泽符合要求	10		
	卫生习惯		①个人卫生整洁 ②工作完成后,工位干净整洁 ③操作过程符合卫生规范	15		
成品质量	成品形状		长方形	10		
	成品色泽		色泽金黄	10		
	成品质感		外酥内嫩	10		
	成品口味		酥香甘甜	10		
合计				100		

● 豆沙苕饼

【实训目的】

豆沙苕饼是以红薯泥制坯包豆沙馅捏成圆饼外裹面包糠油炸而制成。通过本实训练习,使学生通过实验掌握红薯制坯的方法;掌握苕饼成形的方法和炸制要求。

【实训时间】

2 学时

【实训准备】

1. 原料准备

参考配方:①坯料:红薯 500 g、熟糯米粉 50 g;②馅料:豆沙馅 300 g;③辅料:面包糠 100 g、鸡蛋 2 个、菜油 1 500 g(实耗 50 g)

2. 设备器具准备

操作台、炉灶、蒸锅、炸锅、蒸笼、漏勺、菜刀、盆、碗等。

【制作原理与技法】

1. 面团性质:薯类面团。

2. 馅心种类:熟荤馅。

3. 成形方法:包捏、滚沾。

4. 成熟方法:炸制。

【工艺流程】

$$\text{红薯蒸熟} \longrightarrow \text{制泥茸} \longrightarrow \overset{\text{糯米粉}}{\text{红薯面团}} \longrightarrow \overset{\text{馅心}}{\text{包馅成形}} \longrightarrow \text{滚沾蛋液} \longrightarrow \text{裹面包糠} \longrightarrow \text{油炸} \longrightarrow \text{成品}$$

【实训内容】

1. 操作程序

(1)制皮坯:红薯洗净,蒸熟后去皮,用刀将红薯抿成泥茸,加熟糯米粉揉匀即成皮坯料。

(2)包馅成形:手上抹油,取皮坯料包入豆沙馅,压成圆饼形,在蛋液中滚沾一下,再裹上面包糠。

(3)成熟:等油烧至七成热,将苕饼装入大漏瓢中,放入油锅中炸至金黄色即成。

2. 实训总结

(1)成品特点:色泽金黄,外酥内嫩,香甜适口。

(2)技术要领:①红薯水分含量较高,制成的泥茸软糯、黏性大,需加入糯米粉调节其干稀度,使之具有良好的可塑性,便于包捏成形。

②蒸红薯的时间要适当,蒸至红薯能制成茸即可。蒸的时间长,红薯变得过软,可塑性变差,不易包馅成形。

③包馅时,手上要抹少量熟菜油,或芝麻油,以防止皮坯粘手。

④炸制油温要适宜,油温过低,制品易变形漏陷,面包屑脱落;油温过高,制品上色过快,易出现外焦内冷的现象。

【实训考核】

考核内容如表 3-38 所示。

表 3-38 豆沙苕饼实训考核内容

项目		评分标准		分值分配	扣分原因	实际得分
操作过程	原料准备	原料准备到位,原料质量、用量符合要求		5		
	设备器具准备	设备器具准备到位,卫生符合要求,设备运行正常		5		
	操作时间	90 分钟		5		
	操作规程	面团调制	①红薯泥细腻 ②红薯面团软硬适宜	10		
		成形	①大小、厚薄均匀 ②面包糠黏裹均匀	10		
		成熟	①油温适当 ②色泽符合要求	10		
	卫生习惯	①个人卫生整洁 ②工作完成后,工位干净整洁 ③操作过程符合卫生规范		15		

项目		评分标准	分值分配	扣分原因	实际得分
成品质量	成品形状	圆饼形	10		
	成品色泽	色泽金黄	10		
	成品质感	外酥内嫩	10		
	成品口味	外酥内嫩,香甜适口	10		
合计			100		

● 象生雪梨

【实训目的】

象生雪梨以马铃薯泥制坯包馅捏成梨形外裹面包糠油炸而成。通过本实训练习,使学生掌握马铃薯制坯的方法;掌握熟荤馅的制作方法;掌握象生雪梨成形的方法和炸制要求。

【实训时间】

2 学时

【实训准备】

1. 原料准备

参考配方:①坯料:熟马铃薯 500 g、澄粉 100 g、沸水 125 g、猪油 40 g、精盐 10 g、白糖 20 g、味精 5 g、胡椒粉 5 g、芝麻油 5 g、熟咸蛋黄 50 g;②馅料:猪瘦肉 100 g、肥肉 50 g、熟虾肉 50 g、叉烧肉 25 g、干冬菇 12 g、精盐 3 g、白糖 8 g、味精 1 g、酱油 30 g、胡椒粉 1 g、芝麻油 5 g、料酒 5 g、湿淀粉适量;③辅料:面包糠 100 g、火腿 150 g、鸡蛋 2 个、植物油 1 500 g(实耗 50 g)

2. 设备器具准备

操作台、炉灶、炸锅、菜刀、菜板、碗、盆、刮板、馅挑等。

【制作原理与技法】

1. 面团性质:薯类面团。

2. 馅心种类:熟荤馅。

3. 成形方法:包捏成梨形,滚沾面包糠。

4. 成熟方法:炸制。

【工艺流程】

```
                    熟澄粉团          馅心
                      ↓              ↓
马铃薯蒸熟 ──→ 压茸 ──→ 马铃薯面团 ──→ 包馅成形 ──→ 滚沾蛋液 ──→ 裹面包糠 ──→ 油炸 ──→ 成品
```

【实训内容】

1. 操作程序

(1) 制马铃薯皮坯:熟马铃薯去皮,用刀压成泥茸。澄粉加沸水调成熟澄粉团,与马铃薯茸拌和揉匀,加猪油、白糖、精盐、味精、胡椒粉、咸蛋黄拌匀即成。

(2)制馅:猪肥、瘦肉切成粗粒,用湿淀粉码芡;熟虾肉、叉烧肉切成粗粒;干冬菇泡发后挤干水分,切成粗粒。炒锅放油烧热,下猪油滑散,加虾肉粒、叉烧肉粒、冬菇粒炒匀,加料酒、酱油略炒,加清水(或上汤)及调味料,烧沸后加湿淀粉勾芡,起锅凉冻待用。

(3)包馅成形:火腿切成 5 cm 长的粗丝。取皮坯料包入熟肉馅,捏成梨形,在蛋液中滚沾一下,裹上面糠,顶部插入火腿丝即成梨坯。

(4)成熟:植物油烧至七成热,将梨坯装入大漏瓢中,放入油锅中炸至浅金黄色即成。

2. 实训总结

(1)成品特点:色泽金黄,形如雪梨,外酥内嫩,馅鲜香浓。

(2)技术要领:①马铃薯应选择粉质型,胶质不宜过大。

②熟肉馅勾芡后,以馅汁不泄、不渗出水为好。

③炸制油温要适宜。油温过低,制品易变形漏陷,面包屑脱落;油温过高,制品上色过快,易出现外焦内冷的现象。

【实训考核】

考核内容如表 3-39 所示。

表 3-39　象生雪梨实训考核内容

项目		评分标准	分值分配	扣分原因	实际得分
操作过程	原料准备	原料准备到位,原料质量、用量符合要求	5		
	设备器具准备	设备器具准备到位,卫生符合要求,设备运行正常	5		
	操作时间	90 分钟	5		
	操作规程	面团调制　①马铃薯蒸制时间恰当　②马铃薯泥加工细腻,无颗粒　③面团软硬适度	8		
		制馅　①馅心炒松散　②口味咸淡鲜香味适中	7		
		成形　①造型符合要求　②生坯大小均匀　③面包糠滚沾均匀	7		
		成熟　①油温控制得当　②成品色泽金黄,颜色均匀	8		
	卫生习惯	①个人卫生整洁　②工作完成后,工位干净整洁　③操作过程符合卫生规范	15		

项目		评分标准	分值分配	扣分原因	实际得分
成品质量	成品形状	梨形	10		
	成品色泽	色泽金黄	10		
	成品质感	外酥内嫩	10		
	成品口味	细腻香甜	10		
合计			100		

● 豌 豆 黄

【实训目的】

豌豆黄系用豌豆煮后炒制而成，为北京风味面点。按照北京民俗，"农历三月初三为上巳，居民多食豌豆黄"，所以，每年入春伊始，豌豆黄便陆续上市，一直卖到夏季。制作豌豆黄最有名的是 1925 年开业的仿膳饭庄，他们按照清宫御膳房的传统做法，选料严格，加工精细，工艺讲究，做出的豌豆黄色香味形质俱佳，非同凡响。通过本实训练习，使学生了解豌豆黄制作糕坯的特点；掌握豌豆黄制作方法和要领。

【实训时间】

2 学时

【实训准备】

1. 原料准备

参考配方：白豌豆 500 g、白糖 350 g、白碱 1.5 g、清水 1 500 g、白糖 250 g

2. 设备器具准备

操作台、炉灶、炒锅、炒勺、切刀、不锈钢方盘、不锈钢汤锅等。

【制作原理与技法】

1. 面团性质：豆类面团。

2. 成形方法：刀切。

3. 成熟方法：炒、冷冻。

【工艺流程】

煮豌豆──→制豆泥──→炒豆泥──→装模定形──→切块──→成品

【实训内容】

1. 操作程序

（1）制豆泥：将白豌豆磨碎、去皮、洗净。不锈钢汤锅内倒入清水用旺火烧开，放入碎豌豆瓣和白碱，水再开时，撇尽浮沫，改用小火煮 2 小时。当豌豆煮成稀粥状时，下白糖搅匀，将锅离火；然后将煮烂的豌豆带原汤一起过筛，筛入盆中的即是豆泥。

（2）炒豆泥：将豆泥倒入铝锅（或铜锅、不锈钢锅等）内，在旺火上用木铲不断搅炒，勿使糊锅。炒至用木铲舀起豆泥再倒下，豆泥往下流得很慢，流下的豆泥形成一堆，并逐渐地与锅中的豆泥融合（俗称"堆丝"），即可起锅。

（3）成形：将炒好的豆泥倒入不锈钢方盘内摊平，用洁净的白纸盖上，以免凝固后表面结皮裂口，并可保持清洁；然后放在通风处晾5～6小时，再放入冰箱内凝结后即成碗豆黄。吃时揭去纸，将豌豆黄切成小方块或其他形状，摆入盘中即成。

2. 实训总结

（1）成品特点：颜色浅黄，细腻香甜，清凉爽口，入口即化。

（2）技术要领：①制作豌豆黄讲究用白豌豆，如用褐色花豌豆则需加黄栀子水染成黄色。

②煮豆和炒豆泥都要用铝锅或铜锅、不锈钢锅等，不宜用铁锅，因豌豆遇铁器易变黑。

③过筛豆泥时，用竹板刮擦，使豆泥容易通过筛网。

④炒豆泥时要不停搅动，避免糊锅。

⑤注意掌握炒豆泥的火候。若豆泥炒得太嫩，即水分过多，则凝固后切不成块；炒得过老，即水分过少，凝固后又会裂纹。

【实训考核】

考核内容如表3-40所示。

表3-40 豌豆黄实训考核内容

项目		评分标准	分值分配	扣分原因	实际得分
操作过程	原料准备	原料准备到位，原料质量、用量符合要求	5		
	设备器具准备	设备器具准备到位，卫生符合要求，设备运行正常	5		
	操作时间	90分钟	5		
	操作规程 制豆泥	①豌豆煮制时间充分 ②豆泥中无混杂豆皮	10		
	操作规程 炒豆泥	①豆泥稠度适当 ②无粘锅、焦糊	10		
	操作规程 成形	①盘中凝固无裂口 ②切块大小均匀，刀口平整	10		
	卫生习惯	①个人卫生整洁 ②工作完成后，工位干净整洁 ③操作过程符合卫生规范	15		
成品质量	成品形状	小方块	10		
	成品色泽	浅黄	10		
	成品质感	质地细腻	10		
	成品口味	细腻香甜，清凉爽口，入口即化	10		
合计			100		

● 晶 饼

【实训目的】

晶饼为广东著名风味面点,系以澄粉面团包莲蓉馅,印模成形蒸制而成。通过本实训练习,使学生了解澄粉面团性质及调制方法;掌握晶饼印模成形的方法。

【实训时间】

2学时

【实训准备】

1. 原料准备

参考配方:①皮坯原料:澄粉400 g、生粉120 g、白糖350 g、猪油40 g、水700 g;②馅心原料:莲蓉馅100 g

2. 设备器具准备

操作台、炉灶、蒸锅、蒸笼、碗、盆、晶饼印模等。

【制作原理与技法】

1. 面团性质:澄粉面团。

2. 馅心种类:甜馅——泥茸馅。

3. 成形方法:印模成形。

4. 成熟方法:蒸制。

【工艺流程】

制馅
↓
调制澄粉面团—→搓条—→下剂—→制皮—→包馅—→印模成形—→蒸炸—→成品

【实训内容】

1. 操作程序

(1) 将澄粉、生粉拌匀,将水烧开加入粉中,迅速搅拌均匀,加盖焗透,然后趁热搓均揉匀,加入白糖擦化,擦透,最后加入猪油揉光滑即成皮坯。

(2) 将晶饼皮和莲蓉馅各分成三十份,用皮包上馅,扑上少量生粉,印入晶饼模中,用力压实,扣出即成。

(3) 成熟:用旺火沸水蒸制6~7分钟,成熟后表面扫少许香油即成。

2. 实训总结

(1) 成品特点:晶莹透亮、香甜爽滑。

(2) 技术要领:①晶饼皮要烫透,要揉均匀,包馅要趁热。

②成形:印饼时用力必须均匀,使其饼形完整,边角浮突。

③成熟:蒸时用猛火蒸6~7分钟熟透即止。

【实训考核】

考核内容如表3-41所示。

表 3-41　晶饼实训考核内容

项目		评分标准		分值分配	扣分原因	实际得分
操作过程	原料准备	原料准备到位,原料质量、用量符合要求		5		
	设备器具准备	设备器具准备到位,卫生符合要求,设备运行正常		5		
	操作时间	90 分钟		5		
	操作规程	面团调制	①面团调制操作规范 ②面团软硬适度	10		
		成形	①皮坯、馅心比例正确 ②馅心位于饼坯中央 ③饼坯厚薄符合要求	10		
		成熟	①火候控制适度 ②蒸制时间恰当	10		
	卫生习惯	①个人卫生整洁 ②工作完成后,工位干净整洁 ③操作过程符合卫生规范		15		
成品质量	成品形状	圆饼形		10		
	成品色泽	晶莹透明,白中透黑		10		
	成品质感	柔软细腻		10		
	成品口味	清香甜润,香甜爽滑		10		
合计				100		

● 鲜 虾 饺

【实训目的】

鲜虾饺为广州风味面点,系以澄粉面团为皮,包笋尖鲜虾馅,捏成弯梳形,蒸制而成。通过本实训练习,使学生掌握虾饺成形手法。

【实训时间】

2 学时

【实训准备】

1. 原料准备

参考配方:①坯料:澄粉 400 g、沸水 700 g、生粉 100 g、精盐 5 g;②馅料:鲜虾肉 500 g、味精 12.5 g、猪肥肉 100 g、芝麻油 7 g、熟笋肉 200 g、白糖 17 g、胡椒粉 1.5 g、生粉 5 g、精盐 20 g、猪油 75 g、食碱 3 g

2. 设备器具准备

操作台、炉灶、蒸锅、蒸笼、盆、碗、刮板、菜刀、菜板等。

【制作原理与技法】

1. 面团性质:澄粉类面团。

2. 成形方法:包捏。

3. 成熟方法:蒸制。

【工艺流程】

调制熟澄粉面──→制虾饺皮面团──→压皮──→包馅成形──→蒸制──→成品

（上方：制馅 ↓ 指向 包馅成形）

【实训内容】

1. 操作程序

（1）制馅:将精盐(10 g)、食碱与鲜虾肉拌匀腌制 15～20 分钟,然后用清水冲洗虾肉,直至虾肉没有粘手感即可捞起。将捞起的虾肉用洁净毛巾吸干水分,肉身较大的切成两段,小的可以整只不动;猪肥肉片薄成大块,用沸水煮熟,清水漂冷后切成细粒;笋肉切成细粒或细丝,入沸水焯水片刻捞起,用清水漂冷后压干水,加猪油拌合。鲜虾肉放入盆内,加生粉拌匀,加入精盐、白糖、芝麻油、胡椒粉、味精、猪肥肉粒拌和,再加入笋丝拌匀即成虾饺馅。

（2）制虾饺皮:澄粉过滤后放入盆内,加入精盐,将沸水一次性倒入粉料中,用小面棒搅拌成团,烫成熟澄面,然后倒在案板上,稍凉后加入生粉揉和成匀滑的面团,再加猪油揉匀。将虾饺皮面团搓成长条,刀切下剂,用刮面刀将面剂压成薄圆皮。

（3）包馅成形:取面皮包入虾饺馅,捏成弯梳形饺坯,放入笼内。

（4）熟制:用旺火沸水蒸约 4～5 分钟。

2. 实训总结

（1）成品特点:皮白透明,形状美观,鲜香爽滑。

（2）技术要领:①烫粉时水量应准确。

②包馅时,馅心不能沾湿皮边,否则皮不易黏合,成熟时易开裂。

③蒸制时要火旺水沸气足,蒸制时间适宜。

【实训考核】

考核内容如表 3-42 所示。

表 3-42　鲜虾饺实训考核内容

项目		评分标准	分值分配	扣分原因	实际得分
操作过程	原料准备	原料准备到位,原料质量、用量符合要求	5		
	设备器具准备	设备器具准备到位,卫生符合要求,设备运行正常	5		
	操作时间	90 分钟	5		
	操作规程	面团调制　①面团调制操作规范　②面团软硬适度	8		
		制馅　①原料加工处理得当　②调味符合要求	7		
		成形　①皮坯馅心比例正确　②形态生动,造型美观	8		
		成熟　①火候控制适度　②蒸制时间恰当	7		

项目		评分标准	分值分配	扣分原因	实际得分
	卫生习惯	①个人卫生整洁 ②工作完成后,工位干净整洁 ③操作过程符合卫生规范	15		
成品质量	成品形状	弯梳饺形	10		
	成品色泽	皮白透明	10		
	成品质感	柔软细腻	10		
	成品口味	鲜香爽滑	10		
合计			100		

● 马 蹄 糕

【实训目的】

马蹄糕系用马蹄粉和鲜马蹄制成粉糊蒸制而成。本次实训的目的是使学生掌握马蹄糕制作方法和技术要领。

【实训时间】

2 学时

【实训准备】

1. 原料准备

参考配方:马蹄粉 500 g、白糖 1 000 g、鲜马蹄 250 g、清水 2 750 g

2. 设备器具准备

操作台、炉灶、汤锅、蒸锅、蒸笼、切刀、方瓷盘等。

【制作原理与技法】

1. 面团性质:果蔬类面团。

2. 成形方法:刀切。

3. 成熟方法:蒸制。

【工艺流程】

马蹄粒

制马蹄粉糊──→蒸制──→切块──→成品

【实训内容】

1. 操作程序

(1)制粉糊:鲜马蹄去皮切成小颗粒。马蹄粉放入盆内,加入 1 000 g 清水混匀,用细筛过滤即成马蹄粉浆。将剩余清水放入锅内,加入白糖,煮沸至白糖溶化,然后冲入马蹄粉浆中,搅拌成半熟粉糊,再加入鲜马蹄颗粒拌匀。

(2)熟制:将粉糊倒入抹了油的方瓷盘内,上笼用旺火蒸约 25 分钟至熟,出笼冷却后切块即成。

2. 实训总结

(1) 成品特点:软韧滑爽、口感宜人。

(2) 技术要领:①用水量一定要准确。

②糕坯冷却后才能切块。

【实训考核】

考核内容如表 3-43 所示。

表 3-43　马蹄糕实训考核内容

项目		评分标准		分值分配	扣分原因	实际得分
操作过程	原料准备	原料准备到位,原料质量、用量符合要求		5		
	设备器具准备	设备器具准备到位,卫生符合要求,设备运行正常		5		
	操作时间	90 分钟		5		
	操作规程	面团调制	①面团调制操作规范 ②面团软硬适度	10		
		成形	①皮坯馅心比例正确 ②形态生动,造型美观	10		
		成熟	①火候控制适度 ②蒸制时间恰当	10		
	卫生习惯	①个人卫生整洁 ②工作完成后,工位干净整洁 ③操作过程符合卫生规范		15		
成品质量	成品形状	圆饼状		10		
	成品色泽	色泽自然鲜明		10		
	成品质感	柔软细腻		10		
	成品口味	香甜爽滑		10		
合计				100		

● 椰汁西米露

【实训目的】

椰汁西米露系以西米加椰汁、淡奶煮制而成。通过本实训练习,使学生掌握西米制羹汤的处理方法;掌握椰汁西米露的制作方法。

【实训时间】

2 学时

【实训准备】

1. 原料准备

参考配方:西米 100 g、椰汁 150 g、白糖 200 g、淡奶 50 g

2. 设备器具准备

操作台、炉灶、汤锅、碗、盆、丝漏网等。

【制作原理与技法】

1. 面团性质:羹汤类。

2. 成熟方法:煮制。

【工艺流程】

浸泡西米——→煮西米——→浸漂——→加配料煮沸——→成品

【实训内容】

1. 操作程序

(1)西米先用清水浸泡半小时。

(2)锅内加清水烧沸,放入西米煮至透明,倒入丝网中,于清水中浸一浸,沥干水分。

(3)锅内加清水 800 g 烧沸,放入熟西米、白糖煮沸,再加入椰汁、淡奶煮沸即成,冷热食均可。

2. 实训总结

(1)成品特点:汤色奶白,西米透明似粒粒珍珠,口感滑爽,椰香浓郁。

(2)技术要领:①西米要先用清水浸泡,使之煮制时容易成熟,产生透明质感。

②西米煮后用清水浸一浸,是为减低西米黏性,使之清爽利落。

【实训考核】

考核内容如表 3-44 所示。

表 3-44　椰汁西米露实训考核内容

项目		评分标准		分值分配	扣分原因	实际得分
操作过程	原料准备	原料准备到位,原料质量、用量符合要求		5		
	设备器具准备	设备器具准备到位,卫生符合要求,设备运行正常		5		
	操作时间	90 分钟		5		
	操作规程	西米预处理	①西米浸泡时间适宜 ②煮至透明且清水冲洗利爽	15		
		煮制	①配料添加顺序正确 ②煮制时间适宜	15		
	卫生习惯	①个人卫生整洁 ②工作完成后,工位干净整洁 ③操作过程符合卫生规范		15		
成品质量	成品形状	羹汤		10		
	成品色泽	汤色奶白,西米透明		10		
	成品质感	滑爽		10		
	成品口味	口感滑爽,椰香浓郁		10		
合计				100		

● 杏仁豆腐

【实训目的】

杏仁豆腐系以杏仁为原料,榨取浆汁,加入琼脂糖水中,经凝冻而成。因其色泽白嫩似豆腐,故名,为夏季消暑佳品。通过本实训练习,使学生掌握杏仁浆制取方法;掌握杏仁冻的制作方法和要领。

【实训时间】

2 学时

【实训准备】

1. 原料准备

参考配方:甜杏仁 50 g、白糖 400 g、琼脂 4 g、牛奶 100 g、清水 1 000 g、鸡蛋清 1 个

2. 设备器具准备

操作台、炉灶、汤锅、碗、盆、小刀、纱布、冰箱等。

【制作原理与技法】

1. 面团性质:胶冻类。

2. 成熟方法:冷冻。

【工艺流程】

制杏仁浆──→制杏仁冻──→切块──→灌糖汁──→成品

【实训内容】

1. 操作程序

(1)制杏仁浆:甜杏仁用沸水略烫,去掉皮衣,用纱布包好,捶成茸,再放入少许清水中洗出浆汁。

(2)制杏仁冻:琼脂先用少量清水浸泡 2 小时。锅内加清水 500 g 烧沸,下琼脂熬化,再放入白糖 150 g 熬至糖浆能滴珠时离火,再用纱布将糖水过滤,然后加入杏仁浆、牛奶,烧沸后分别盛于碗内,待冷入冰箱冷却凝结即成杏仁冻。

(3)熬糖汁:锅内加清水(500 g)烧沸,放入白糖(250 g)熬化,鸡蛋清调散后倒入锅内,用勺搅转,然后撇去浮沫,离火,把糖汁放冰箱冷却。

(4)切块、灌糖汁:待杏仁冻凝固后,从冰箱中取出,用小刀划成菱形块,再将冻好的糖汁从碗边慢慢灌入,杏仁冻浮起即成。

2. 实训总结

(1)成品特点:洁白细嫩、甜润清香。

(2)技术要领:①洗杏仁浆汁时水不宜过多。

②琼脂必须先用清水泡胀。熬琼脂糖浆时,要待琼脂溶化后再加入白糖。

③琼脂的用量要适当。琼脂少了,杏仁冻不易凝结;琼脂多了,杏仁冻过老,灌入糖汁后不能浮面。

④杏仁浆入锅后不宜久熬,以免影响色泽。

【实训考核】

考核内容如表 3-45 所示。

表 3-45　杏仁豆腐实训考核内容

项目		评分标准		分值分配	扣分原因	实际得分
操作过程	原料准备	原料准备到位,原料质量、用量符合要求		5		
	设备器具准备	设备器具准备到位,卫生符合要求,设备运行正常		5		
	操作时间	90分钟		5		
	操作规程	制杏仁浆	①杏仁去衣皮 ②浆汁浓稠	10		
		制杏仁冻	①琼脂用清水浸泡 ②放置冷藏柜中冷却	10		
		切块、灌糖汁	①熬制的糖汁清澈 ②杏仁冻凝结后用小刀划成菱形块 ③杏仁冻于糖汁中浮起	10		
	卫生习惯	①个人卫生整洁 ②工作完成后,工位干净整洁 ③操作过程符合卫生规范		15		
成品质量	成品形状	冻状		10		
	成品色泽	洁白		10		
	成品质感	细嫩		10		
	成品口味	甜润清香		10		
合计				100		

项目二　面点运用与创新

知识目标：

- 了解筵席面点的作用
- 熟悉筵席面点的配备原则
- 熟悉筵席配点的基本要求
- 了解传统面点创新的思路与方法
- 了解营养强化面点、功能性面点、快餐面点、速冻面点开发的必要性和方向

技能目标：

- 能够根据客人要求配备筵席面点
- 能够设计不同风味的面点筵席单

　　本项目首先介绍筵席面点的配备。筵席，是传统餐饮与现代餐饮烹饪技术水平与管理能力的集中体现，是构思、创意、服务、营销的有力手段，是品牌效益的有效载体。筵席面点是筵席的重要组成部分，它与菜肴等一道共同形成一个综合性的筵席整体。通过筵席面点配备知识的学习，使学生能够运用所学知识进行筵席面点的设计与制作。然后介绍面点创新与开发的思路、方法和方向。面点创新与开发需要具备综合知识和能力，通过前面理论知识和实践操作的学习，引导学生灵活运用所学知识技能，学会创新面点产品的设计和运用。

引导案例

西安饺子宴

　　饺子是中国的传统食品。使这种寻常小吃登上宴会的"大雅之堂"，是西安饺子宴饭店（原西安解放路饺子馆）近年的独创，它与著名的仿唐菜点和牛羊肉泡馍，一并被誉为"西安饮食三绝"。

　　饺子是我国北方的一种面皮包馅的名食，有着悠久的历史。早在2000多年前的西汉时期，都城长安（今西安）就盛行食饺子。不过那时俗称"角子"，南北朝改称"偃月形馄饨"。三国时期，魏国人张揖所撰《广雅》一书中，做了有关馄饨的记载。北齐时的颜子推也曾著书曰："今之馄饨，形如偃月，天下通食也"。偃月就是现在饺子的形状。到了唐代，饺子更为流行，称之为"扁食"。我国考古工作者在新疆吐鲁番的唐代墓葬中发现盛在碗里的饺子，和现在的饺子一样。宋代时称"角角"。明刘若愚编的《明宫吏·火集》记载过年吃饺子

的情况时说:"五更起,饮椒柏酒,吃水点心,即扁食也。或暗包银钱一二于内,得之者卜一岁之吉"。清代的《燕京岁时记》里,也有类似记载。到了明、清时代,才改称"饺子",并一直延续至今。

　　说到饺子宴的诞生,颇有一段艰难的经历。西安饺子宴饭店(原解放路饺子馆)位于西安市解放路北段,有着近50多年的历史。他们制作的饺子一向出名,玲珑剔透,形似元宝,软嫩可口,味道鲜美,常使食客久别而不忘其味,买卖颇盛。为了适应旅游事业的发展,满足广大群众的要求,该店从1984年起,着手研制饺子宴。他们派出名厨师走遍京、津、沪、杭以及沈阳、青岛等南北大城市,认真学习各地饺子的式样、特点、制作工艺和各地群众的口味,还深入省内一些市县了解民间饺子的做法。其中,仅为学习一种丁香饺子,光虢镇就去了三次。又研究古代唐宋宫廷饺子的制作工艺。唐玄宗的贵妃杨玉环,有一天想吃一种带馅的食品,而且要蒸的。聪明的厨师知道她爱吃鸡翅肉,就用鸡翅肉给她做成蒸饺。杨贵妃吃了很高兴,所以"贵妃蒸饺"便成为宫廷佳肴而留传下来。清朝慈禧太后逃难到西安,想吃一种水饺,要当面煮熟吃。厨师们就把鸡脯肉包成小巧玲珑的珍珠饺,火锅里盛着鸡汤,端到太后面前,随吃随煮。这种饺子,后人就叫"太后火锅"。经过反复试验,上百次地试制,终于研制出色、香、味、形令人耳目一新、口味特异的饺子宴。

　　西安饺子宴之绝,首先在于用料多样,味型各异,造型美观。馅料既有时令鲜菜和一般鸡、鸭、鱼、肉,还有猴头、海参、鱼翅、发菜等山珍海味,因此有"百饺百味",茄汁、麻辣、鱼香、五味、鲜咸、糖醋、咖哩、蚝油、椒麻、红油等味型无所不包。其次是烹制技术多样。基本的制法分蒸、炸、煎、煮四种,但由于各种饺子的馅料不同,其制作方法也不尽完全一样,中菜的烹、炒、爆、熘、焖、酿等方法也兼而用之。再次是造型奇妙。既有泡眼朝天、修尾轻摇、栩栩如生的金鱼形;又有状若杏核、精巧玲珑的珍珠形;还有鸳鸯形、蝴蝶形、元宝形;有的又如燕窝、海螺、花卉,真是千姿百态,巧夺天工。

　　西安饺子宴,分为宫廷宴、八珍宴、龙凤宴、百花宴、牡丹宴等5个档次。每宴由108种不同馅料、形状和风味的饺子组成。宫廷宴主要是以燕丝、熊掌、甲鱼等为主料的饺子;八珍宴主要是以八珍为主料的饺子;龙凤宴和牡丹宴则是以猴头、鱿鱼、海参等为主料的饺子;百花宴稍次一等,为普通型,除部分海味外,多数是肉类和素馅。其上桌程序亦颇有讲究,从烹制方法上讲,先上炸、煎类饺子,后上蒸、煮类饺子;从口味上讲,先咸,次甜,后麻、辣。咸味饺子中,先海鲜,次鸡肉,后清素,约十余道饺子以后,上一道"银耳汤"嗽口清喉,调节一下口味,再继续上其他饺子,层次分明,使人回味无穷。西安饺子宴的创制和应市,受到中外宾客的热烈赞赏和高度评价。美国前国务卿基辛格吃罢饺子宴,高兴地说:"这顿午餐出奇得好"。国内一位食品专家食后诗兴大发,即席挥毫:"一餐饺子宴,尝尽天下鲜。美味甲寰宇,疑是作神仙"。还有一位美国朋友食后赞誉道:"到中国,不到万里长城,不算真正到过中国;到陕西,不吃解放路饺子馆的风味饺子,不算真正到过西安。"

　　饺子宴的突破点:

　　(1)打破了一般只用猪牛羊肉和蔬菜作馅的传统,鸡、鸭、鱼肉、蛋、海味、山珍、鲜蔬、干菜、果品等等,凡好吃而又富营养的材料,都可以作馅。

　　(2)打破了一般以生皮生馅进行制作然后煮熟的传统,有生馅,更多的采用了熟馅;馅的制作不只是调味,还采用了烹、炒、煸、爆、炸、熘等方法;有煮饺,更多的采用了蒸、煎、烤、炸等方式。

（3）打破了单纯咸鲜口味的传统，增添了酸、甜、麻、辣、鱼香、怪味等多种味型。

（4）打破了单一月牙形、角儿形的传统，融烹调技术与造型艺术于一体，制作出花草鱼虫等多种多样美好逼真的造型。

（5）打破了吃饺子就单纯吃饺子的传统，以饺子为主，也上冷菜，也上热菜，也上饮料，并且进行巧妙有机的组合搭配，给不同原料、形状、颜色、口味的饺子以不同的美好名字，大大提高了宴席的文化色彩，增添了欢庆气氛。

——资料来源：http：//baike.baidu.com/view/422167.htm

课堂思考：

• 西安饺子宴中的饺子是以菜肴为主的筵席配点还是以饺子为主的面点筵席？

• 西安饺子宴中的饺子已突破传统意义上的饺子制作，试分析西安饺子宴中品种的开发主要从哪些方面入手？

• 不同原料和制作工艺对饺子品质有何影响？

工作任务一　　筵席面点的配备

[任务分析]　本项目的任务是了解筵席面点的作用；熟悉筵席面点与面点筵席菜单的配备原则；掌握筵席配点的基本要求。在熟悉与基本掌握所学菜点的基础上，能开列大众化及中级规格筵席面点配备菜单与面点筵席设计菜单，进一步提高烹饪学习的技术与管理能力，启发创新思维。

一、筵席面点的配备原则与要求

（一）筵席面点的作用

筵席面点是指筵席上与菜肴融合一体，具有一定规格、质量的精细面点。筵席面点是筵席的重要组成部分，它与菜肴等一道，形成一个综合性的筵席整体。一桌丰盛的美味佳肴，如果没有面点的配合，就好比红花没有绿叶。俗话说："无点不成席"，可见面点在筵席中占有多么重要的地位，也说明面点是筵席不可分割的一部分。面点在筵席中的作用概括起来主要有以下几点：

1. 筵席面点是筵席的重要组成部分

筵席面点在各式筵席中与菜肴的有机配合，均显示其是筵席不可或缺的重要组成部分。在小吃筵席、点心筵席、风味面点筵席等筵席中，面点更是成为了筵席的主体，赋予这类筵席的风格特色。

2. 丰富筵席内容，平衡筵席膳食结构

面点在筵席中不仅可以丰富筵席的内容，转换口味，帮助用餐者协调对筵席中各种不同味感菜肴的感受，还可以增加营养，补充筵席中糖类物质及维生素、矿物质等的不足，平衡膳食。

3. 突出主题，烘托筵席戚风

在一些主题鲜明的筵席中，有的面点品种对突出主题、烘托气氛起到画龙点睛的作用。

如祝寿筵席中上一盘寿桃或一碗长寿面,将给筵席增添喜气气氛,使宾客在进餐的过程中有美食、美味、美景的多种享受。

（二）筵席面点的配备原则

筵席面点的配备是指在筵席中筵席面点与筵席菜肴相配合。它不同于一般早点、饭点等普通面点的制作,它的配备要适应筵席菜肴的特点,从整体着手,考虑筵席面点在整桌筵席中的均衡性、协调性与多样性。在组配设计中,要根据筵席的主题要求、筵席的规格档次、顾客的要求、食用习惯和民族特点,以及市场供应和原料上市情况、季节变化等因素来具体制订筵席面点的品种,使筵席面点能烘托出筵席的最佳效果。为此,在配备筵席面点时应注意几下几个原则。

1. 根据宾客的饮食习惯配备面点。

在设计筵席时,首先要掌握就餐者的饮食特点,风俗习惯等。筵席配点也同样如此,这是配点是否得当的关键。

（1）南方地区与北方地区总的饮食习惯

在我国素有"南甜北咸,东辣西酸"之别,而面点食用上也素有"南米北面"之说。南方地区一般以大米为主,特别擅长制作米制品,饮食特点是"口味清淡,以鲜为贵",对面点的制作和鲜味特点都比较讲究。北方地区一般以面粉为主,特别擅长制作面食品,饮食特点是偏重浓厚,喜吃油重,色浓,味鲜,酥烂的面食。筵席配点应结合南北地区的饮食习惯来考虑。

（2）根据各民族的饮食习惯

在我国,由于人口众多,幅员广阔,物产和气候差异较大,各民族的生活习惯,饮食特点也各不相同,对主食面点也有着特殊的要求在筵席配点时应合理调整。如回族以牛、羊肉为主,制作面点的馅心必须是牛、羊肉的;蒙族人最喜爱的早点是奶茶,清真糕点;傣族人爱吃香饭;云南阿昌族人多喜欢吃凉米线;藏族人以糌粑为主食;朝鲜族人喜食大米饭、冷面,逢年过节或喜庆的日子,他们招待客人,将蒸熟的糯米饭放在木臼中砸成糕团（即为打糕）,再切成片,放上豆沙,蘸食蜂蜜或白糖,别有风味。在筵席配点时,应尊重各民族的饮食习惯,才能突出筵席的特色。

（3）根据国际宾客的饮食习惯

我们服务的对象不仅是国内食客,同时还有国外宾客,对于国外客人,我们应了解各国的历史、气候、物产、风俗民情及饮食习惯等合理配席,合理配置面点。一些国家人们的饮食习惯如下:

①德国人,特别喜食甜点心,早餐一般只吃面包,也喜食蛋糕和巧克力调制的点心,午餐的主食多以炖或煮的肉类为主,晚餐是以夹着火腿和香肠的面包为主。

②英国人:喜食烤面包和甜点心,尤其爱吃奶油蛋糕、三明治等,夏天还喜吃各种热布丁,英国人的口味以清淡、甜酸、鲜嫩为多。早餐吃烤面包,玉米饼等,午餐吃三明治或糕点,晚餐主食吃得很少,主要吃菜。

③意大利人,特别喜吃面食,尤其是意大利南部地区更喜欢吃用面粉制作的菜,如意大利肉馅春卷,意大利面条等。意大利的通心粉,实心粉驰名中外,并且面条的吃法也比较独特。

④俄罗斯人,主食以面包为主,还特别喜吃菜肉混和制作的发面包子、肉饼等。

⑤法国人,喜吃奶酪、面包、酥点心等。

⑥瑞典人,喜吃奶油制品,黄油乳酪是每天食品中不可缺少的,还特别喜吃甜食,食品中含糖量较高。

⑦日本人,早餐喜吃稀饭,午餐和晚餐吃大米饭,也喜欢吃中国的面条、馄饨和水饺。

⑧土耳其人,以面粉为主食,也喜欢吃米饭,但不是作主食,而是撒上羊肉汤当菜吃;也喜欢吃用面粉、牛奶、糖和榛子做的各种甜食。

⑨印度、尼泊尔人,主食米饭和印度油炸薄饼。

⑩泰国人,马来西亚人,主食以大米为主,泰国人还喜吃"加里饭"。

⑪朝鲜人,主食米饭为主,通常米饭还拌有其它杂粮,一般是掺大麦、小米和黄豆等,这种拦拌饭被看成是一种名贵的食品;也喜吃冷面、打糕等。

⑫美国人,早餐吃烤面包、荞麦饼、热的夹心饼、糖油煎饼、唐纳子等;午餐常吃三明治,汉堡包,热狗和意大利馅饼等;晚餐多数美国人喜吃一道甜食,如蛋糕,家常小馅饼或冰淇淋等。

在筵席配点时,一定要根据不同国家的饮食习惯来掌握。除了饮食习惯外,在配点时还要掌握外国朋友忌讳什么,尽量避开。如日本人忌讳赠送或摆放荷花,招待日本客人时,不能用"荷花酥","荷花卷"来配点;再如德国人忌讳蔷薇和菊花,配点时不能用"菊花"或"蔷薇花"命名的点心等。总之,筵席配点一定要了解宾客的饮食习惯及食物禁忌,合理配置,因人配点,防止浪费,防止不愉快的事情发生。

2. 根据设宴的主题配备面点

筵席的形式多种多样,但设宴的主题都比较鲜明,配置菜肴要突出主题,面点的配置也应如此。如喜庆事,应配备品名喜庆或色泽鲜艳的品种;相反,白事(丧事)应配备细致素雅的品种。

设宴的主题一经确定,菜点的安排就要紧扣主题,围绕这一主题来配置面点可以突出主题,调节气氛,起到画龙点睛作用。如"祝寿宴",在配置面点时,应配置"寿桃"等祝寿类的面点,更能突出主题。如"婚宴",是人生结成终生伴侣的大喜日子,面点的配置应突出吉祥如意的气氛,如"鸳鸯包"、"鸳鸯饺"、"四喜饺子"、"鸳鸯酥盒"、"如意酥"、"莲芯酥"等等。喜宴的形式多样,有节日庆典,乔迁之喜,开业大吉等等,这类筵席配点时都应体现造型生动活泼、颜色鲜艳明丽来突出主题,活跃气氛,使面点品种与席面配合贴切、自然。但对于"丧宴",配置面点时,要选用清淡素雅的品种做主题,如"银馒头","素馅蒸饺"等,同时也要考虑顾客的要求。

设宴的主题比较鲜明的,配点时要围绕主题,紧扣主题,这样更能突出主题,丰富筵席的内容。

3. 根据筵席的规格档次配备面点

筵席的档次分类一般以用料价值的高低,选料的精粗,烹制工艺的繁简程度及席面的装饰,摆设,餐饮环境来区分高、中、低三个档次。不同档次的筵席配以不同档次的菜点,但对于整个筵席来讲,面点应占整台筵席价格的 $5\%\sim10\%$。

对高档筵席中配置的面点应是用料精良,制作精细,造型细腻别致,风味独特的。中档筵席配置的面点应是用料讲究,口味纯正,成型精巧,熟制恰当的。低档筵席的配点是用料普通,制作一般,具有简单的造型。面点的高、中、低之间没有十分严格的界限,如水饺用普通馅心,如猪肉芹菜馅等包制属一般档次;但将馅心一换,如"猪肉西芹馅"、"三鲜馅"、"海鲜馅"等,面点档次提高了,可以配置到高档筵席中。

配置点心时,不仅要根据筵席的档次及席面菜肴的质量和特色,而且还要根据席面菜肴的数量。一般是席面上 8 个菜的,可配二道点心;席面上 10 个菜的,可配三道点心;席面上 12 个菜的,可配四道点心,这样才能达到整体协调一致。此外,也可以根据客人的要求适当增减,但要掌握好数量,避免面点过多,起到了喧宾夺主的作用,影响筵席的质量。

4. 根据季节配备面点

春夏秋冬,四季有别,筵席中菜肴如此变换,面点也一样变换。筵席中面点的季节性体现非常明显,主要根据各季节人们对口味的适应性和各季节生物的生长规律而变化的。如冬季人们就喜食热点,除了某些新鲜蔬菜以外,大部分都依照重油偏咸的方面去搭配,如夏季多配一些爽口、去暑解腻的清淡凉点,如将一些冰冻点心(凉点)放在冬季食用势必造成冰上加霜的感觉。面点的配置随季节性的变化而变化。

春季,气候变暖,万物复苏,阳气回升,人们急需爽口鲜嫩的食品,同时,为了适应春季生长出来的嫩芽菜,配点时可配春卷、春盒、春饼等。春季也是早期植物开花的季节,配点时可用"梨花"、"桃花"、"杏花"等命名,这些都能给食者带来春的美感。

夏季,由于气候炎热,人们自然喜食一些消暑,清凉的面点。不但不热食而且要通过冷藏冰凉后再食,方能入口清爽解暑,如西瓜糕,三丝拌面,五彩桔瓜盏、凉糕,水晶饼,冷面水晶玉兔,荷叶卷等无不被人喜爱。夏季配点时,多用清淡原料,采用蒸、煮成熟法制作的。

秋季,秋高气爽,气温转凉,当徐徐的凉风袭到人们的身上时,人们顷刻就需要增加热量,这时可配备一些重油而不腻的食品,如原笼烧麦,炸酥饺,三鲜蒸饺等,虽油重而不腻;再如,秋季是菊黄蟹肥的季节,配点时如配菊花酥,菊花饼,蟹黄汤包,葵花盒子等寓意收获,唤起食客无限的秋思与遐想。

冬季,气候寒冷,正是梅花傲霜斗雪之季,如配梅花饺、梅花酥、雪花酥等有象征意义的面点,起到烘托筵席气氛的作用。同时,冬季人们自然地想食一些提供人体热量的重油食物,配点时应配给糖,脂肪含量高的面点品种,如鸡丝伊府汤面,三鲜馅炸食,鸳鸯馅烧麦及烙烤等成熟法成熟的美点,能增加热量,给食客以温暖之意。

面点的配置随季节的变化而变化,注意季节变化对口味的影响。从人的生理因素上讲,春宜酸、夏宜苦、秋宜辣、冬宜咸,筵席配点时也应考虑这几方面的因素。

5. 根据菜肴的烹饪方法配备面点

筵席配点在口感上要和筵席肴的烹饪方法相适应。"口感"乃指口味感觉,即指适应程度。面点的熟制方法主要有蒸、煮、烙、烤、炸、煎等,依据不同的面点品种来使用,合理配制筵席中,顺应菜肴的烹饪方法。所谓面点要顺应菜肴的烹饪方法并不是指炸制的菜肴上炸点,蒸制的菜肴上蒸点,这里强调的是菜肴的烹调方法与面点口感的配合。

根据一般的席单分析:一般大件炸制的菜肴多配咸点,并且以蒸制成熟法为多,用炸烤成熟法的面点较少;而甜菜多配一些炸、烤成熟法的甜点,蒸制成熟的品种则少。每桌筵席一般只配 2～3 道点心,这样的配置比较符合进食需要,口感上也比较平衡一些。但这不是绝对的,也需根据顾客的喜好及传统品种的要求合理配置,如"烤鸭"配蒸或烙的薄饼,如荷叶饼、薄饼等;清蒸鱼类宜配发酵面制品;清汤、奶汤类菜肴可配蒸、烙的品种,也可以配咸馅面点等。总之,对于席点的配置,应灵活多变,应根据菜肴的口味和特点来配置,应与菜肴的烹饪方法相适应。

6. 根据地方风味特色配备面点

我国面点技术在长期的发展中,在历代厨师不断实践和广泛交流中,创造了品类繁多、口味丰美、形色俱佳的面点制品,在国内外都享有极高的声誉。加之,我国幅员广阔,各地气候,物产、人民生活习惯的不同,面点制作在选料上,口味上、制法上又形成了不同的风格和浓厚的地方风味特色。筵席配点时,可配置一些当地的风味特色品种,更能丰富筵席的内容,增加筵席气氛。

7. 根据面点的特色配备面点

面点的特色主要指面点的形态特色和口味特色,筵席配点要适应筵席菜肴的口味,也要合理掌握各种形态的变化。

(1) 面点配置要适应筵席菜肴的口味

面点的口味一般主要突出咸味和甜味这两大类,馅心则有荤、素、咸、甜及复合味等。面点的口味变化主要由馅心种类的变换表现出来的。筵席子中不论安排几道点心,一般情况下,应该是咸味菜肴配咸口面点,甜味菜肴配甜口面点,不可咸甜互相冲突,这就要求变换馅心的口味调整面点的口味,要做到:

①灵活掌握面点的各种口味,即变换馅心或面团等,以使筵席上的面点口味不至于出现过于单调的现象。如同是咸味水饺,可以变换馅心为猪肉,鸡肉,虾肉,三鲜馅等,吃起来口味变化多样;再如同一种馅心,可以变换面团制成水饺、蒸饺、锅烙、酥饺、包子等,吃起来口味、口感变化多样。

②在确定某一味的馅心时,要考虑原料的时令情况,把握"物以稀为贵"的食者心理。如北方冬季筵席配点,在馅心中多加入一些绿叶蔬菜,定会改善面点的口味,提高面点的档次,从而提高筵席的规格档次,使食客满意。

(2) 筵席配点要合理掌握其形态特色

筵席配点的量要少,形要真,态要活。一般情况下,筵席中只有2～3道面点,这就要求一定要掌握面点的形态,选好主题配到筵席中。面点的形态特色是通过搓、包、卷、捏、叠、摊、按、抻、切、削、拨、滚沾及一些模具等成形法表现出来的,正是这些成形方法的综合运用,才能使一块块面团制作出形态逼真、栩栩如生的面点制品,如一块油酥面团可制成菊花、梅花、扇子、金钱、小鸡、玉兔、鸳鸯、兰花等不同的形态;一块水调面团,可抻出扁形、圆形的面条,也可抻出细如发丝的龙须面,还可抻出犹如"吸管"一样的空心面。从以上可以看出,利用各种成形技法,制出多姿多彩,不拘一格的面点品种,配置到筵席中更能突出筵席的主题,丰富筵席的内容,筵席配点要注重面点的形态特色。

8. 根据年节食俗配备面点

在我国有很多面点品种具有一定的历史渊源,是一些节日的时令品种,在配置筵席点心时,应根据民间的习俗做以相应的安排,如端午节吃粽子,中秋节吃月饼,重阳节吃重阳糕,立春吃春饼,冬至吃馄饨,除夕夜吃年夜饭,正月初一北方吃饺子、广东吃煎堆,正月十五吃汤圆、元宵等,这些节日食俗在不同季节和一些特殊的条件下,可以配置到筵席中,以活跃气氛。

筵席配点时,要与整台筵席的特点相一致,注意掌握就餐者的心理,了解就餐者的职业、年龄、性别、风俗习惯等,并与之相适应地进行合理搭配,尽量做到特点突出,独具风格,营养合理,与筵席的气氛融合,为整台筵席增辉。

二、筵席配点的基本要求

筵席中面点的配备工作,是涉及多层面问题的技术性工作,要求事厨者除具备较为熟练的烹饪技艺外,还应具备较为丰富的与烹饪有关的文化、科学、艺术方面的理论和知识,并能以继承式的创新思维综合运用到烹饪实践中去。

(一)筵席配点的数量与份量

筵席配点的数量与份量的大小是相对的概念,要求事厨者在筵席实践中灵活掌握与合理运用。一般而言,根据筵席规格有高档、中档、普通三种档次之分,故筵席面点的配备数量也有三档之别,即:高档筵席一般配面点六道;中档筵席一般配面点四道;普通筵席一般配面点两道。在现代餐饮中,筵席规格越高,风味面点配备的数量可适度增加,反之减少。而筵席面点配备的份量,一般每客控制在20~50克之间。一般规格越高,制作越精致,份量较小;相反规格越低,份量也较大。每一桌完整筵席的销售价格,如何在冷菜、热菜、面点、随饭菜、水果中分配,参考的比例见表3-46。

表3-46　筵席菜点价格比例

菜、点 筵席	冷菜	热肴	面点	随饭菜	水果
高级筵席	20%~25%	50%~60%	10%~20%	3%	2%
中级筵席	15%	70%~75%	5%~10%	3%	2%
普通筵席	10%	80%	5%	5%	无

(二)筵席面点的配置要领

在筵席配点之前,首先需明确席点、中点、小吃的概念。所谓席点,即随大菜上席的小吃,是淡味或无馅面点,如荷叶软饼、芝麻鸽蛋饼、造型花卷等;所谓中点,即席桌中,在冷菜上完后,上第一道热菜前所配的有馅甜点或咸点,如韭香酥盒、芝麻萝卜丝饼、眉毛酥等;所谓小吃,即富有浓郁地方风味特色的面点,如皮蛋瘦肉粥、担担面、龙抄手、狗不理包子等。

1. 筵席面点的配备要求

(1)以菜肴为主、配以面点、灵活穿插、合理配对,严格配点上席顺序。筵席面点在整桌筵席属于"配角",故筵席中配点的数量与份量必须严格控制,不能喧宾夺主。在具体配备中的所谓灵活穿插,即大菜与主菜之间,主菜与主菜之间,咸鲜菜与甜品菜之间,烤烧菜与二汤菜之间,可灵活跟配面点品种。

(2)干配湿、咸配咸、甜配甜,尽量避免面点的味别与菜肴味别相互矛盾。所谓干配湿,即指口感为酥香、酥化、酥脆的油炸、煎贴、烙烤面点一般跟配滑爽、滚润、带汤带汁的二汤菜、座汤菜、烧烩类、汤锅菜等。所谓咸配咸,即指咸味面点一般配咸味菜肴;所谓甜配甜,即甜味面点一般跟配甜味菜肴。值得注意的是荔枝味型、糖醋味型菜肴既可配备甜点也可配备咸点。

(3)中、高规格筵席面点配备均为"每人每",勿大笼或大盘上席。

所谓"每人每"即指在中、高档筵席配备风味面食、点心、小吃时,是人均独立一份,这是筵席规格的基本保证。如筵席中的蒸点蟹黄汤包、翡翠烧麦以每人每式小竹笼上席;菊花酥、梅花饺以小碟上席;担担面、阳春面以小碗上席,而普通筵席不受此限制。

2. 筵席面点的搭配要领

面点在筵席中配备时,一桌宴席所配备面点无论6道、4道、2道,都应体现其整体的和谐性和与菜肴的和谐性。筵席配备的搭配要领,主要依据面点的特色,主要从以下几个方面加以注意:

(1)注意配点色调和色泽的搭配。每一款面点的色调、面点与面点之间的色泽搭配,以及面点与菜肴之间色泽搭配,要层次分明、和谐、互相衬托。原则上炎热的季节多用冷色调或中性色;寒冷季节多用暖色调。面点品种在与菜肴搭配时,多以菜肴的色为主,或顺其色或衬其色,促使整桌筵席菜点呈现和谐美。注意勿过度使用色素,尽量展示食材的自然色泽美。

(2)注意配点香气和滋味的搭配。中国菜点种类繁多,各具风味特色,因此在筵席配点时勿配备与菜肴香气滋味相左的面点。

(3)注意配点造型和盘饰的搭配

筵席配点的形态直接影响着筵席的整体形象和质量高低。在制作与配备中需注重立意性,其成形效果要与筵席菜肴相结合,特别是体现筵席主题性质的象形面点更须注意贴切、自然,勿矫揉造作弄巧成拙。同时要注意成熟后面点的盘饰处理,起到衬托美化的作用。

(4)注意配点盛器的搭配

无论传统餐饮筵席或现代餐饮宴席,菜点器皿的选择,倍加重要。美食需用美器配。面点器皿的选择需与菜肴器皿的选择相协调。配点的质量要与盛器协调,色泽、造型、图案可相互映衬,器皿的形状如梅花形、扇形、叶形、佛手形等更需与配点的形态、份量、数量相适应。

(5)注意配点营养搭配合理。由于配点数量与份量基本限定,故在选料、加工、制作时,除注重单份面点品种的营养搭配外,还应注意与整桌筵席菜肴的营养合理搭配。

(三)面点筵席的配备要求

面点筵席,又称小吃筵席或全席面点,是以品尝面点(小吃)为主,进食菜肴为辅,是在小吃套餐基础上发展起来的。面点筵席以其独特的风味与形式,深受宾客欢迎。

1. 面点筵席配备原则

(1)面点筵席构成上主要由各式面点、冷碟、热碟、水果等构成。传统小吃筵席还加中盘、手碟、茶饮等。要求面点主体原料丰富、搭配合理、口味多样、富于变化、突出主题;并且要求制作工艺严格细致、精巧优美;器皿美观细致并与点心的格调搭配和谐;营养搭配合理、膳食平衡。

(2)数量、份量、比例。面点数量一般以8~12道品种为宜,其中以咸点为主约占50%,甜点为辅约占30%,汤羹、水果约占20%。面点份量要求精、巧、小,控制在50克以内。面点筵席由于南北口味差异,甜咸点配比可适度调整。

(3)上点程序。面点筵席与其它筵席一样,一般要遵循先咸后甜、先干后湿、先清淡后浓厚的原则,一般按先冷碟,后热菜、再面点(汤羹)后水果的顺序。

2. 面点筵席配备要领

面点筵席的配备要领主要遵循筵席面点配备原则与筵席配点的搭配要领,同时注意保证品种原料的多样化及烹调方法的多样化，实现搭配合理、优化组合。冷碟要求控制好数量，若单碟一般为 6～8 碟，小围碟可适度增加数量，但份量必须控制，菜品一般首选各地方风味冷菜（中华老字号、地方名菜等）。热菜数量一般控制在 5～6 道，盛器不宜过大，控制好份量，菜品一般首选地方特色佳肴。涉及鸡、鸭、鱼类原料，一般不烹制成整鸡、整鸭、整鱼热肴。热菜可配汤菜、素菜但一般少配甜菜。面点筵席中对冷、热菜的选配也要注意配菜原则及整体配合规则。

工作任务二　面点的创新

[任务分析]　本项工作的任务是了解传统面点创新的思路；熟悉面点创新的方法；了解现代面点开发的方向。

面点制作工艺是中国烹饪的重要组成部分。近些年来随着烹饪技术的发展，面点制作也有了很大的进步，但是发展速度与菜肴烹调相比，无论是品种的创新与开发、口味的丰富，制作的技艺等方面，还显得有些不足。这就需要我们广大的面点师及烹饪工作者不断地研究和探索，勇于推陈出新，以适应社会发展的需要，加快面点发展的步伐。

面点的创新和开发是指在原有的基础上推陈出新，应是源于传统而又高于传统的变革。面点开发与创新的方法很多，最主要的是通过皮料、馅料、成形方法、成熟方法等的创新方式来进行的。通过本节的学习，首先要掌握面点创新的方法和技巧，明白不同的创新方法对面点形成后的影响，以期通过合理的创新方式来达到最佳形成效果，并且了解餐饮市场的需要，根据市场需要来确定创新方式和对有市场前景的面点新种类的开发提出思路和方法。

一、面点创新思路

中国面点是中华民族传统饮食文化的优秀成果。在当前社会发展的新形势下，吸收国外现代快餐企业的生产、管理、技术经验，采用先进的生产工艺设备、经营方式和管理办法，发展有中国特色的、丰富多彩的，能适应国内外消费者需求的面点品种，是中式面点今后发展的趋势。要做到这一点，应该从以下几方面着手：

（一）创新应以制作简便为主导

中国面点制作经历了一个由简单到复杂的过程，从古代社会到现代社会，能工巧匠制作技艺不断精细。面点技艺也不例外，于是产生了许多精工细雕的美味细点。但随着现代社会的发展以及需求量的增大，除餐厅高档宴会需要精细点心外，开发面点时应考虑到制作时间，点心大多是经过包捏成形，如果长时间手工处理，不仅会影响经营的速度、批量的生产，而且也对食品的营养与卫生不利。

现代社会节奏的加快，食品需求量的增大，从生产经营的切身需要来看，容不得我们慢工出细活，而营养好、口味佳、速度快、卖相好的产品，将是现代餐饮市场最受欢迎的品种。

（二）创新应突出携带方便的优势

面点制品具有较好的灵活性，绝大多数品种都可方便携带，不管是半成品还是成品，所以在开发时就要发挥自身的优势,并可将开发的品种进行恰到好处的包装。在包装中能用盒的就用盒,以便于手提、袋装,如小包装的烘烤点心、半成品的水饺、元宵,甚至可以将饺皮、肉馅、菜馅等调和好,以满足顾客自己包制。突出携带的优势,还可扩大经营范围。它不受众多条件的限制,对于机关、团体、工地等需要简单用餐时,还可以及时大量地供应面点制品,以扩大销售。

（三）创新应体现地域风味特色

中式面点除了在色、香、味、形及营养方面各有千秋外,在食品制作上,还应保持传统的地域特色。面点在开发过程中,在原料的选用、技艺的运用中,应尽量考虑到各自的乡土风味特色,以突出个性化、地方化的优势。

如今,全国各地的名特食品,不仅为中国面点家族锦上添花,也深受各地消费者的普遍欢迎。诸如煎包、汤包、泡馍、刀削面等已经成为我国著名的风味小吃,也是各地独特的饮食文化的重要内容之一。利用本地的独特原料和当地人善于制作食品的方法加工、烹制,将为地方特色面点的创新开辟道路。

（四）创新应大力推出应时、应节品种

我国面点自古以来与中华民族的时令风俗有着密切的联系,在一年四季的日常生活中,不同时令均有独特的面点品种。明代刘若愚《酌中志》载,那时人们正月吃年糕、元宵、双羊肠、枣泥卷;二月吃黍面枣糕、煎饼;三月吃江米面凉饼;五月吃粽子;十月吃奶皮、酥糖;十一月吃羊肉包、扁食、馄饨……当今我国各地都有许多适时应节的面点品种,这些品种使人们的饮食生活洋溢着健康的情趣。

利用中外各种不同的民俗节日,是面点开发的最好时机,如元宵节的各式风味元宵,中秋节的月饼推销,重阳节的重阳糕品等。许多节日,我国的品种推销还缺少品牌效应和推销力度。需要说明的是,节日食品一定要掌握好生产制作的时间,应根据不同的节日提前做好生产的各种准备。

（五）创新应力求创作易于贮藏的品种

许多面点还具有短暂贮藏的特点,但在特殊的情况下,许多的糕点制品、干制品、果冻制品等,可用糕点盒、电冰箱、贮藏室存放起来。像经烘烤、干烙后的制品,由于水分蒸发,贮藏时间较长。各式糕类（如松子枣泥拉糕、蜂糖糕、蛋糕、伦教糕等）、面条、酥类、米类制品（如八宝饭、糯米烧麦、糍粑等）、果冻类（如西瓜冻、什锦果冻、番茄菠萝果冻等）、馒头、花卷类等,如保管得当,可以在近一、两日贮存,保持其特色。假如我们在创作之初就能从这里考虑,我们的产品就会有无限的生命力,客人不需要马上食用,即使吃不完,也可以短暂地贮藏一下,这样可增加产品的销售量,如蛋糕之类的烘烤食品、半成品的速冻食品等。

（六）创新的面点应做到雅俗共赏,迎合餐饮市场的需要

中式面点以米、麦、豆、禽、黍、蛋、肉、果、菜等为原料,其品种干稀皆有,荤素皆备,既填饥饱腹,又精巧多姿、美味可口,深受各阶层人民的喜爱。

在面点开发中,应根据餐饮市场的需求,一方面开发精巧高档的宴席点心,另一方面又要迎合大众的消费习惯和趋势,满足广大群众一日三餐之需,开发普通的大众面点。既要考虑到面点制作的平民化,又要提高面点食品的文化品位,把传统面点的历史典故和民间流传的文化特色挖掘出来。另外,创新面点要符合时尚,满足消费,使人们的饮食生活洋溢

着健康的情趣。

二、面点创新的方法

千百年来,面点师们无时不在进行着面点创新的探讨与摸索,本着"人无我有,人有我新,人新我变"的经营之道,各商家艺人都在不断地改善面点的制作,以满足顾客之需要,力求达到更快更好的营销效果。有的创新思路初见端倪,只是亟待推广与完善;有的方法还未开垦,需要创导。下面的创新方法,仅起抛砖之意。

（一）面点流派间的相互借鉴

通过取长补短,借鉴其他流派的特点,运用嫁接的方式,使一些传统品种显现出更强的生命力。

（二）菜肴烹调方法的借鉴

一是借鉴中餐菜肴烹调方法及味型特点,使面点调味与馅心、面膜风味更加突出浓厚;二是借鉴西餐菜点的制作理念、用料特点和装盘方式,使中式面点呈现全新面貌。

（三）从原料、工艺入手进行面点创新

1. 原料。一个品种的变化最直接的就是原料的改变,合理地掌握好原料的改变对制品的影响,对创新有很大的帮助,如杂粮及豆薯类原料的充分利用,具有特色风味的原料的掺和,水果的利用等等。

2. 面团调制。面点坯皮的特色是由面团所赋予的,通过主辅用料的变化、中西南北制坯技法的融合,使面点皮坯制作技术有所突破,使面点呈现质的变化。

3. 馅心制作。馅心的创新是面点变化的又一重要途径,可通过原料变化、调制技法变化、味型变化等来达到。

4. 成形。面点的形状主要是利用主料的自然属性所制作的面坯来表现的。"一饺一形""一包一形"等充分体现了面点师的独具匠心。面点造型的创新还可以在各种器皿、饰物及用具等贴近生活的物品上进行研究。

5. 成熟。传统的面点成熟常用蒸煮煎炸等方法,而中式菜肴和西式菜点的成熟方法的运用更加丰富多样,我们大可加以借鉴。如火焰面点,利用酒精或高浓度酒燃烧的火焰来渲染气氛,突出面点、烘托面点。

三、面点创新案例

根据以上所描述到的创新思路及方法,下面列举几个实例,分别从制作简便、携带方便、体现地域风味特色、应时、应节、易于贮藏、迎合餐饮市场的需要等几个角度出发,供大家参考。

（一）巧用杂粮,简便制法

[参考实例]　空心玉米饼

(1) 原料:膨化玉米粉 500 g、白糖 100 g、炼乳适量、奶粉适量。

(2) 操作程序:①将玉米粉与白糖、炼乳、奶粉混合均匀后加水调成软硬适中的坯团;②取坯团 15 g 擀成圆片形,下油锅炸至膨胀,表皮变黄即可。

(3) 风味特色:色泽金黄,甜香爽口。

实例分析:

自古以来,我国人民除了广泛利用米、面等主食外,全国各地还大量食用一些特色的杂粮,如高粱、玉米、小米等,这些原料经合理利用可产生许多风格特殊的面点品种。特别是在现代生活水平不断提高的情况下,人们更加崇尚返璞归真的饮食方式,利用这些特色杂粮制作的面食品种,不仅可以扩大面点的品种,而且还得到各地人民的由衷喜爱。如将高粱加工成粉,与其他粉或者辅料混合使用,可制成各具特色的糕、团、饼、饺等面点。小米色黄、粒小、易烂,磨制成粉可制成各式糕、团、饼,还可以掺入面粉制作各式发酵食品,通过合理的加工还可以制成小巧可爱的宴会品种。玉米加工成粉,其粉质细滑,吸水性强,韧性差,用水烫后糊化易于凝结,凝结至完全冷却时呈现滑爽、无韧性,有些弹性的凝固体,可单独制饼、窝头、冷点、凉糕,也可与面粉掺合制成各式发酵面点及各式蛋糕、饼干、煎饼等。

我国富含淀粉的食品原料异常丰富,这些原料经合理加工后,均可制作出丰富多彩的面点品种。如莲子加工成粉,质地细腻,口感滑爽,大多制成莲蓉。作为皮料,可根据点心品种要求,运用不同的制作方法,制成糕、饼、团以及各种造型品种。马蹄粉是用马蹄加工制作而成,性黏滑而劲大,其粉可加糖冲食,也可作为馅心。经加温显得透明,凝结后滑爽性脆,适用于制作马蹄糕、九层糕、芝麻糕、拉皮等。煮熟去皮捣成泥后,与淀粉、面粉、米粉掺合,可做各式糕点。红薯(亦称甘薯、番薯、山芋、地瓜等)所含淀粉很多,因而质软而微甜,由于糖分大,与其他粉掺合后有助于发酵,因此,将红薯煮熟、捣烂,与米粉等掺合后,可制成各式糕团、包、饺、饼等。干制成粉后,可代替面粉制作蛋糕、布丁等各种点心,如香麻薯茸枣。马铃薯(亦称土豆),性质软糯细腻,煮熟去皮捣成泥后,可单独制成煎、炸类各式点心;也可与面粉、米粉等趁热揉制,做成各类糕点,如象生雪梨、土豆饼等。

芋芳(也称芋头),性质软糯,蒸熟去皮捣成泥后,软滑细腻,与淀粉、米粉、面粉掺合,能做成各式糕点,其代表品种有荔浦秋芋角、荔浦芋角皮、炸椰丝芋枣、脆皮香芋夹等等。山药,色白、细软、黏性大,蒸熟去皮捣成泥后与面粉、米粉掺合能做成各式糕点,如山药桃、鸡粒山药饼、网油山药饼等。南瓜色红润,粉制甜香,将其蒸熟或煮熟,与面粉或米粉调制成面团,可制作成各式糕、饼、团、饺等,如油炸南瓜饼、象形南瓜团等。胡萝卜色红,黏性差,蒸熟捣成泥后,与面粉、米粉掺合制成象生胡萝卜。百合含有丰富的淀粉,蒸熟以后,与澄粉、米粉、面粉掺合后,可制成百合糕、百合鸡茸角、三鲜百合饼等。栗子淀粉含量大,粉质疏松,将栗子蒸或煮熟后脱壳,压成栗子泥,与米粉、面粉掺合后,可制成各式糕、饼等。

新鲜河虾肉经过加工以可制成皮坯。将虾肉洗净晾干,剁碎压烂成茸,用精盐将虾茸拌打至起胶黏性加入生粉即成为虾茸团。将虾茸团分成小剂,用生粉作面扑将其开薄成圆形,便成虾茸皮,其味鲜嫩,可包制各式饺类、饼类等。新鲜鱼肉经过合理加工可以制成鱼茸皮。将鱼肉剁烂,放进精盐拌打至胶黏性,将水加进继续打匀放进生粉拌合即成鱼茸皮。将其下剂制皮后,包上各式馅心,可制成各类饺类、饼类、球类等。

利用新鲜水果与面粉、米粉等拌和,又可制成风味独具的面点品种,其色泽美观,果香浓郁。通过调制成团后,亦可制成各类点心,如草莓、猕猴桃、桃、香蕉、柿子、橘子、山楂、柠檬、椰子、西瓜等,将其打成果茸、果汁,与粉料拌合,即可形成风格各异的面点品种。

该案例中的空心玉米饼,运用擀片卡模成形方式,既操作快捷又保证规格一致,是极为适合餐厅厨房现场操作运用的成形方式,而油炸、蒸煮类成熟方法也是较容易实现快速生产的熟制方式。

（二）体现地域风味特色

[参考实例]　鱼香包子馅

（1）原料:肥瘦肉 300 g、鸡汤 35 g、香油 25 g、鱼香汁 200 g、色拉油 20 g

（2）操作程序:锅置火上放色拉油,烧至七成热,放入姜、葱、蒜略炒,倒入辣子酱、番茄酱,加水、盐、糖、味精调成鱼香汁。猪肉剁细放入盆中,加姜、葱、盐以及调好的鱼香汁、鸡汤,调和即成鱼香包子馅。

（3）风味特色:鱼香味浓,是一道面点犹如品尝了一道川菜。

实例分析:

面点馅心的制作,除了设法保持许多原料本身具有的个性美味外,还可吸收烹调菜肴的味型变化,如家常味型、麻辣味型、鱼香味型、荔枝味型、怪味型,也可利用特殊的香料开拓味型,如五香味型、陈皮味型、芥末味型等,上述案例就是利用的鱼香味型。这是一道应用川菜独特的鱼香味型制作的小吃馅心,传统上这些味型只用来做菜,现在通过面点师的改良应用到了面点小吃的馅心里,使面点小吃的口味更富有变化。

四、应时、应节

[参考实例]　明火道口酥

（1）原料:面粉 500 g、熟猪油 100 g、蜜饯 200 g、白糖 50 g、沸水 120 g、麻仁 50 g、白酒 100 g、泡打粉 4 g

（2）操作程序:①制皮:面粉用开水调制成团,晾凉后将熟猪油分次揉入面团内加入泡打粉揉匀即可。

②制馅:蜜饯切碎,加进白糖及少量水与熟面粉拌匀即可。

③成形:将面团出条、下成 25 g 的剂子,包入 12 g 馅心,滚沾上麻仁即成生坯。

④熟制:油锅温度升到 210℃ 左右投入生坯,炸至表面呈金黄色且略开口起酥时捞出装盘。趁热淋上白酒,点燃即可上桌。

（3）风味特色:色泽金黄,吃口松酥,甜味适中,明火欢快。

实例分析:

火焰面点是面点在成熟方式上的一种创新,主要是利用酒精或高浓度白酒燃烧的火焰来渲染气氛,突出和烘托面点。火焰面点一般有两种方式,一是在面点的装盘围边后的外围制造火焰;一种是在面点之上浇可燃性烈酒制造火焰。前者用酒精及白酒均可,后者只能用可食性白酒燃烧。此款小吃有明火的欢快,在冬季逢年过节时能充满喜庆的气氛。

工作任务三　现代面点开发的方向

一、营养强化面点的开发

（一）营养强化面点开发的必要性

营养面点指既有面点的营养功能、感官功能,又有一般面点所不强调的改善和提高人体对特定营养素吸收功能的面点制品。所谓营养,是指通过食物谋求养生的意思。一般来讲,人体是通过摄取、消化、吸收和利用食物中的养料以维持生命活动的整个过程称为营养。那营养面点,顾名思义,就是指能够为人体提供这些养料的面点产品了。人体所需要的主要营养素有:蛋白质、脂类、维生素、碳水化合物、矿物质和水,但面点产品能为人体提供的有一些营养素就很少,所以需要强化一些物质进去(比如矿物质)以满足人体的需要,这便形成了营养面点,有时人们又称为强化面点。

为什么要开发营养强化面点呢? 这要从中国目前的膳食结构说起,目前中国的膳食结构主要存在以下几方面的缺憾:

(1) 主要以粮食为主供给碳水化合物,以植物性食物为主的膳食结构,优点是膳食纤维供给充足,减少了肠道疾病的发生,缺点是缺乏优质蛋白质和维生素的供给;

(2) 营养素供给的不平衡造成的营养失调;

(3) 中国是一个处于发展中的国家,目前还处于温饱阶段,很多地区甚至还没解决温饱问题,因此,饮食的供给还主要是以粮食为主。粮食中的营养素主要是碳水化合物,半优质蛋白质,脂类很少,少量的维生素 B 也随着加工的过程损失掉了,因此目前中国的膳食结构还不完全合理。

(二) 开发营养强化面点的方向

怎样才能改变目前中国膳食结构不合理的现状呢? 强化食品的出现解决了这一难题。

所谓强化食品,是指将人们膳食中比较普遍缺少的营养素,适当地加入到相应的食品当中去以弥补不足。近年来,不少发展中国家已经开始推广营养强化食品,其营养强化的原则是食物中缺少什么就补充什么,比如在米、面、面包、馒头中加适量的铁、钙、维生素、赖氨酸等。

进行粮食强化是非常必要的,因为居民膳食的 60% 来自粮食,针对粮食的重要性,可运用粮食营养强化的理念开发系列营养强化面点,如大豆馒头(利用大豆中的优质蛋白质来补充面粉中蛋白质的不足),杂粮馒头、面条等(利用杂粮中的维生素来补充粮食中的不足),牛奶馒头,蔬菜面条等,这些食品既营养丰富全面,又迎合了消费者口味和健康的需求,并且通过合理的搭配,既降低了成本,又提高了营养成分,还将粗粮特殊的口感和营养成分揉合到了细粮中,起到了一举几得的作用。

二、功能性面点的开发

(一) 功能性面点开发的必要性

人类对食品的要求,首先是吃饱,其次是吃好。当这两个要求都得以满足之后,就希望所摄入的食品对自身健康有促进作用,于是出现了功能性食品。现代科学研究认为,食品具有三项功能:一是营养功能,即用来提供人体所需的各种营养素;二是感官功能,以满足人们不同的嗜好和要求;三是生理调节功能。而功能性食品即是指除营养和感官功能之外,还具有调节生理功能的食品。

依据以上所述,功能性面点可以被定义为"除具有一般面点所具备的营养功能和感官功能(色、香、味、形)外,还具有一般面点所没有的或不强调的调节人体生理活动的功能。"

同时,作为功能性面点还应符合以下几方面的要求:由通常面点所使用的材料或成分加工而成,并以通常的形态和方法摄取;应标记有关的调节功能;含有已阐明化学结构的功能因子(或称有效成分);功能因子在面点中稳定存在;经口服摄取有效;安全性高;作为面点为消费者所接受。

功能性面点具有四种功能,即享受功能、营养功能、保健功能及安全功能,而一般性面点没有保健功能或者说只有很少的保健功能,可达到忽略的程度。面点中具有丰富的营养成分,具有营养功能不等于有保健功能,不同的营养及量的多少,对个体有很大差异性,甚至具有反差性。如高蛋白质、高脂肪的动物性食物,其营养功能是显而易见的,但对心血管病和肥胖病人来说,不但没有保健功能,而且会产生副作用。保健功能是指对任何人都具有预防疾病和辅助疗效的功能,如能调节人体内器官机能,增强机体免疫力,预防高血压、血栓、动脉硬化、心血管病、癌症、抗衰老以及有助于病后康复等。总之,保健功能就是指面点具有有益于健康、延年益寿的作用。

(二)功能性面点的开发方向

根据前苏联学者的研究认为,在人体健康和疾病之间存在着一种第三态,称诱发态,当第三态积累到一定程度时,肌体就会产生疾病,因而可以认为,一般食品为健康人所食使用,人体从中摄取各类营养素,并满足色、香、味、形等感官要求,更重要的是,它将作用于第三态,促使肌体向健康状态复归,达到增进健康的目的,按此观点,功能性面点的开发可做以下努力:

1. 养生保健面点。是以增强人体健康、调节人体机能为目的的面点制品。按功能可分为延年益寿面点、抗疲劳面点、健脑益智面点、护肤美容面点、增强免疫功能面点、强化面点等。

(1)抗疲劳面点:抗疲劳面点有两大类,一类是专为运动员食用的抗疲劳面点,目的是为运动员提供高强度运动所需要的营养物质及对各器官功能起保护和调节作用的物质,能够维持和提高运动能力,有助于维持高强度运动环境下的身体健康,并尽快促进体能的恢复。这类面点又往往根据不同的运动项目有所不同,人类将这类食品称之为运动食品,严格地说,运动面点食品是一类特殊的保健食品;第二类抗疲劳面点食品主要是针对一般劳动者,使容易出现疲劳的人群和强体力劳动者尽快恢复体力的面点食品。随着现代工作节奏的加快,人们的身心往往处于高度紧张状态之中,很容易产生疲劳,因此,尽快从疲劳状态中恢复过来,精神饱满地投入工作和保持健康就变得十分重要。

(2)健脑益智面点:我国实行计划生育的国策以来,人们对儿童的健康发育越来越重视,不仅要求身体健康,而且希望儿童聪明、智商高,长大后有出息,能够掌握高深的现代技术,因此,人们把越来越多的钱花在新一代身上,促进儿童生长发育食品和儿童益智食品已成为目前最受欢迎的食品,而今后还会具有更为广阔的市场。这些食品包括营养全面的高蛋白面点、维生素强化面点、赖氨酸面点、补钙面点、补锌面点、补铁面点和磷脂面点、DHA面点等。

(3)护肤美容面点:美容不仅是精神上的需要,而且对人体的健康也有着重要的意义。欲得姣好的面容,除了日常对皮肤的保养之外,通过适当的食物及药物来调节内分泌,也是十分有效的。随着女性美容需要的日增,我国一些沉睡多年的美容药食不断地被挖掘出来,如使用大枣、竹笋、山药、豆腐、猪皮、花生、薏苡仁、发菜、胡萝卜等制成的美容面点。

（4）降血脂面点：在临床中发现，多吃含高热量、高胆固醇、高脂肪食物和很少吃富含纤维素、植物蛋白等食物的人，很容易得高血脂症，选择适当的面点原料可以有效地预防且降低血脂。如：玉米粉性味甘平，含有较多的不饱和脂肪酸，对于人体内的脂肪和胆固醇正常代谢，对冠心病、动脉硬化、降低高血脂有着食疗作用。以 100 克玉米面为例，配粳米 75 克，先将粳米洗净放入沸水锅中煮至八成熟时，将用凉水调和的玉米面放入锅中煮熟即可，每日三餐均可温热食用。另外，毛豆也是很好的降血脂食品，因毛豆中的皂素能排除血管壁上的脂肪，并能减少血液里的胆固醇含量，所以，常吃毛豆可降低血脂，有利于健康。

2. 食疗面点。食疗面点是中国面点的宝贵遗产之一。《中国面点史》一书写道："食疗面点中的食药，本身就具有各种疗效，再与面粉配合制成各种面点后，便于人们食用，于不知不觉中治病。食疗面点确实是中国人的一个发明创造。"因此，要努力加以发掘、整理，同时利用现代多学科综合研究的优势，发展中国特色的功能性面点。

食疗面点这个通俗称谓从未有人给出明确和严格的定义。汪福宝等主编的《中国饮食文化辞典》中食疗词目中写道："食疗内容可分为两大类，一为历代行之有效的方剂，一为提供辅助治疗的食饮。"《中国烹饪百科全书》食疗词目中写道："应用食物保健和治病时，主要有两种情况：①单独用食物制成；②食物加药物后烹制成的食品，习惯称为药膳。"根据以上解释，食疗面点是以防病、治病为目的的面点制品，按其功能可分为降糖面点、降压面点、补钙面点等。

三、现代快餐面点的开发

（一）开发现代快餐面点的必要性

什么是快餐面点？《中国快餐业发展纲要》对快餐下的定义是："快餐"是为消费者提供日常生活需求服务的大众化餐饮。它具有以下特点：制售快捷、食用便利、质量标准、营养均衡、服务简便、价格低廉。快餐面点指适合做快餐的面点，意指适合快餐的各种特点，且在快餐中占主导地位的面食制品。

当今快节奏的生活方式，人们要求在几分钟之内能吃到或者拿走配膳科学、营养合理的面点快餐食品。近年来，以解决大众基本生活需要为目的的快餐发展迅猛，传统面点在发展面点快餐中前景广阔，其市场包括流动人口、城市工薪阶层、学生、写字楼的工作人员等。

（二）快餐面点的开发方向

1. 所开发的快餐面点应具有风味特色。面点的风味特色是指面点本生所具有的、适合人们的口味，区别于其他制品的特殊性。有风味特色的面点所组成的快餐在竞争中有较大的优势。此类面点可在流行的大众化面点中去选择，也可发挥创造性思维创新而得，总之此类面点应在销售中受到顾客的青睐。

2. 所开发的快餐面点应适合标准化、机械化的生产。一种面点能否形成快餐面点，就看它能否适应标准化、工业化的生产。标准化的生产是同一口味、统一份量、统一质量的保证，它将传统面点制作的随意性改变成现代面点制作的规范性，从而能使面点品种的质量保持稳定，顾客随时来买，随时都可以得到质量上乘、口感一致的品种。面点机械化的生产是指在面点生产中，大量采用一些机械设备进行批量生产，有些面点制品可以大部分甚至全部用机械设备来进行生产,此加工手段,降低了劳动强度和生产成本,提高了生产效率,因此,此类面点适合了快餐面点所需求的"制售快捷、价格低廉"的特点,是我们开发的重点。

3. 所开发的快餐面点应适合连锁经营。快餐店的连锁经营就是以作业程序简单化,分工专业化,管理标准化为原则,从而获得较大的规模效益。快餐业的竞争,除了品种特色外,价格竞争是一大焦点,真正的连锁经营店,都有一个中心厨房或快餐工厂,快餐中的主要产品都是在中心厨房或快餐工厂中统一采购、统一制作、统一发售的,从而能够满足降低成本以降低价格这一要求,在竞争中处于有利地位。重庆的火锅店能够以低价位迅速占领成都的火锅市场,就是利用这一着;三全食品有限公司下属郑州"有滋有味"餐饮有限公司的成立,也是采用最先进的科技来支持门店信息,集中体现"快餐本位"的便捷与卫生,从原料的进货到成品,所有产品的 80%～90%都是在中央厨房用现代化的流水线加工出品,确保食品的卫生、方便和安全,这就在无形之中降低了产品的成本。还有,快餐面点要适合连锁经营特色,还必须要便于运输,同时,产品分送到各点后,还要加热简单,食用方便。例如,发酵面制品成熟后能整齐地摆放在蒸具里,到各分店后,只需要稍稍加热就可以食用,在食用的过程中,既可以在餐厅里要一碗汤或稀饭慢慢食用,也可以拿着在路上边走边吃,很是方便。

四、速冻面点的开发

速冻面点指经过快速冷冻的面点生坯或熟制品。

贮藏面点为什么要快速冷冻呢？原因是:①根据科学实验和生产实践证明,面点在速冻过程中,起冻速度愈慢,则在细胞间隙中形成的冰晶体愈大,大的冰晶体能使细胞壁、细胞膜破裂溃损;而冻结速度快,则在食品细胞内形成无数微小的冰晶,对细胞组织造成的损伤较小,面点解冻后,能够完整地恢复到原始状态。②冷冻食品中的水分大部分都处在冻结或不流动的状态,致使微生物无法获得生存所必需的水分,阻碍了微生物的活动和繁殖,因此,面点能够减缓被污染而腐败的速度,耐于贮存,这就是速冻面点能够最大限度地保持原有的新鲜状态、色泽风味和营养成分的原因。

（一）速冻面点开发的必要性

1. 速冻面点的产生是社会发展的必然。随着社会经济和科学的发展,面点中的一些品种已经从手工作坊式的生产转向了机械化生产,产量猛增,但人们对面点的日需求量是有限的,因此,急需一种保藏方法来进行调配,速冻面点的产生打破了传统面点之现做现卖的格局,使人们的生活能跟上时代的快节奏,且又不失新鲜面点的风味。

2. 速冻面点的产生对风味面点的相互交流具有重要的意义。速冻面点有便于贮存、便于运输的特点,因此,一些具有地方特色的面点能通过运输进入千家万户,南方人可以吃到正宗的北方馍,北方人又可品尝到南方的粉果,东方城市能见到地道的叶儿粑,西部地区能看到船点的风采。

中国面点具有独特的东方风味和浓郁的中国饮食文化特色,在国外享有很高的声誉,速冻面点的出现,使中国面点打入国际市场成为现实。郑州三全食品有限公司生产的速冻汤圆、水饺、粽子等产品已销往北美、欧洲、亚洲的部分国家;天津粮油出口公司制作的速冻春卷,出口年创外汇百万元;青岛诚阳食品加工厂生产的春卷、小笼包、水饺等 3 个系列五十多个品种和规格的速冻食品,已经销往东南亚、欧洲、北美等二十多个国家和地区,成为国内速冻面点的最大出口基地,出口国外市场。开发特色面点,面点的崭新天地需要我们去开创。

(二)开发速冻面点的方向

目前,面点的速冻工程刚刚起步,适合速冻的面点不多,主要有水调面团、发酵面团、米及米粉面团等,其中,有的适合生冻,而有的适合熟冻。

水调面团速冻品种有(适合生冻):水饺类、面条类、春卷类、烧麦类等。

发酵面团速冻品种有(适合熟冻):各种包类、花卷类、馒头类、发面糕类等。

米及米粉面团速冻品种有(适合生冻或熟冻):各种汤圆、元宵类(生冻)、粽子(适合熟冻)、八宝饭(适合熟冻)等。

综合考核——中式面点师(高级)模拟考核

一、中式面点师(高级)考核要点

参见由中华人民共和国人力资源和社会保障部制定的《国家职业技能标准——中式面点师》。

二、中式面点师(高级)考核模拟题

(一)理论考核模拟题

中式面点师(高级)理论知识模拟试题

注意事项:

1. 请首先按要求在试卷的标封处填写您的姓名、准考证号和所在单位名称。

2. 请仔细阅读各种题目的回答要求,在规定的位置填写您的答案。

3. 不要在试卷上乱画、不要在标封区填写无关的内容。

	一	二	总分
得分			

得分	
评分人	

一、判断题(第1~30题。将判断结果填入括号内,正确的填"√",错误的填"×"。每题1分,共30分)

1. 厨房安全生产的规章制度之一是推行安全系统工程,开展安全性评价,提高对伤亡事故和职业病的预测与预防能力。( )

2. 厨房操作人员发现电器设备异常要立即停电维修。( )

3. 产品的成本核算是对产品生产中各项生产费用的支出和产品成本的形成进行核算。( )

4. 当食品被致病菌或条件致病菌污染后,能引起人类食物中毒发生。( )

5. 纤维素具有促进肠胃蠕动的作用,因而最易被肌体消化吸收。( )

6. 食用天然色素具有安全性高,对人体无害,易于着色,稳定性强的特点。( )

7. 水溶性香精适用于以水为介质的食品。( )

8. 面点的外形特征主要有饺形、糕形、条形、饼形等。( )

9. 面点色泽的形成主要源于原料本身固有的色泽、色素的使用及成熟工艺等几方面。( )

10. 对包馅面点的口味起决定作用是面坯的味道。( )

11. 面粉的质量对发酵面团的影响主要表现在产生气体的能力方面。( )

12. 油脂对蛋泡面团的膨松起促进作用。

13. "泡心法"和"煮芡法"是米粉面团的两种不同的调制方法。（　　）

14. 揿面出条时速度一定要快,否则面条易断。（　　）

15. 荷花酥适合热油炸制。（　　）

16. 油煎法中,洒水后必须盖上锅盖。（　　）

17. 澄粉面团宜用温水调制。（　　）

18. 使用糖浆调制的面团具有良好的可塑性。（　　）

19. 刀削面的面团必须柔软,否则 V 形刀削不动。（　　）

20. 剖酥是在明酥的基础上剖刀。（　　）

21. 裱花时挤注的速度与花纹的风格无关。（　　）

22. 大米中,只有籼米粉可用于发酵米浆调制。（　　）

23. 调制发酵米浆打熟芡的目的是为了促进米浆发酵。（　　）

24. 调制鱼、虾茸面团,一定要加盐、水搅打起胶,方可做皮坯使用。（　　）

25. 明胶和琼脂的区别是前者来源于海藻,后者来源于动物。（　　）

26. 苋菜红色素来源于植物苋菜,属于食用天然色素。（　　）

27. 使碱后的发酵面团继续发酵产酸,使面团酸性大于碱性,这种现象称作"扎碱"。（　　）

28. 对流是指流体各部分之间发生相对位移时所引起的热量传递的过程。（　　）

29. 煎是以金属煎锅作为传热介质使制品成熟的方法。（　　）

30. 经熟制后制品生坯的重量都会增加。（　　）

得分	
评分人	

二、单项选择题(第31～70题。选择一个正确的答案,将相应的字母填入题内的括号中。每题 1 分,共 40 分)

31. 用"成本系数法"计算加工的原料成本,只适用于(　　)相同的原料。

A. 毛重　　　　　B. 损耗率　　　　　C. 损耗重　　　　　D. 净料率

32. 牛奶的抑菌作用在 0℃ 时可以保持 48 小时,30℃ 时可保持(　　)小时。

A. 24　　　　　B. 12　　　　　C. 6　　　　　D. 3

33. 我国食品卫生法规定的肉类罐头中亚硝酸盐的残留量不得超过(　　)克/千克。

A. 0.03　　　　　B. 0.05　　　　　C. 0.15　　　　　D. 0.5

34. 小苏打受热分解后残留(　　),如用量过多,易影响制品口味。

A. 碳酸氢钠　　　　　　　　　　B. 碳酸钠
C. 碳酸氢铵　　　　　　　　　　D. 碳酸铵

35. 大米中的淀粉主要是(　　)。

A. 直链淀粉　　　　B. 支链淀粉　　　　C. 糖淀粉　　　　D. 黏淀粉

36. 将大米用冷水浸泡至米粒疏松时,晾干水分,磨成细粉的方法是(　　)。

A. 水磨　　　　　B. 湿磨　　　　　C. 干磨　　　　　D. 磨粉

37. 为了提高蛋清的起泡性和稳定性,搅打蛋液时可以添加少量(　　)。

A. 食用糖　　　　B. 食盐　　　　C. 食用酸　　　　D. 食用碱

38. 用泡心法调制米粉面团,如沸水掺入过多,则(   )。

A. 皮坯松散不易成团　　　　　　　　B. 成品易裂口

C. 皮坯粘手,难以成形　　　　　　　　D. 成品粘牙、不糯

39. 面点馅心的口味应比一般菜肴稍淡一点的原因之一是(   )。

A. 气候变化　　　　　　　　　　　　B. 人们习惯较淡的面食品

C. 面点多是空口食用　　　　　　　　D. 冷食

40. 灌汤包的风味特点是(   )。

A. 皮厚馅嫩,汁少味美　　　　　　　　B. 皮薄馅嫩,汁少味美

C. 皮厚馅嫩,汁多味美　　　　　　　　D. 皮薄馅嫩,汁多味美

41. 干油酥中面粉与油脂是依靠油脂的(   )粘结在一起的。

A. 黏着性　　　　B. 润滑性　　　　C. 流变性　　　　D. 可塑性

42. 蛋糕油的使用量一般为蛋液重量的(   )。

A. 1%　　　　　　B. 5%　　　　　　C. 10%　　　　　D. 20%

43. 钳花成形法常与(   )等手法配合使用。

A. 叠　　　　　　B. 卷　　　　　　C. 包　　　　　　D. 捏

44. 熬制糖浆时,抗结晶原料(   )在糖浆熬至沸腾后加入较好。

A. 食盐　　　　　B. 绵白糖　　　　C. 食碱　　　　　D. 柠檬酸

45. 在传统面点工艺基础上运用现代(   )手段,通过合理围饰、点缀或组装,使成品组合成艺术图形的工艺过程叫盘饰。

A. 工业　　　　　B. 科技　　　　　C. 面塑　　　　　D. 绘画

46. 以(   )作为传热介质,利用它的热传导和热对流使生坯成熟的方法是炸。

A. 气体　　　　　B. 水　　　　　　C. 水蒸气　　　　D. 油脂

47. 将放碱后的发酵面团反复揉匀,用手拍打听其声音,若拍打声发空为(   )。

A. 正碱　　　　　B. 缺碱　　　　　C. 伤碱　　　　　D. 碱重

48. 判断面团发酵程度,用手指轻轻插入面团内部,待手指拔出后,观察面团的变化情况,如果被手指压下的地方,很快恢复原状,表明面团(   )。

A. 发酵成熟　　　　B. 发酵不足　　　　C. 发酵过度

49. 下列条件中,对面团发酵不产生影响的是(   )。

A. 温度　　　　　B. 压力　　　　　C. 糖　　　　　　D. 水

50. 对面团筋力起到削弱作用的是(   )。

A. 鸡蛋　　　　　B. 乳粉　　　　　C. 糖　　　　　　D. 食盐

51. 面粉中的(   )蛋白赋予面筋弹性。

A. 麦谷　　　　　B. 麦胶　　　　　C. 麦清　　　　　D. 麦球

52. 面团中的游离水可使面团具有(   )。

A. 弹性　　　　　B. 韧性　　　　　C. 延伸性　　　　D. 可塑性

53. 依靠蛋白质溶胀作用形成的面团是(   )。

A. 冷水面团　　　　B. 沸水面团　　　　C. 混酥面团　　　　D. 蛋泡面团

54. 面团发酵不能利用的糖是(   )。

A. 乳糖　　　　　B. 蔗糖　　　　　C. 麦芽糖　　　　D. 淀粉

55. 下列物质中( )不是面团发酵过程中形成的风味物质。

A. 酒精　　　　　B. 磷脂　　　　　C. 有机酸　　　　　D. 羰基化合物

56. 下列层酥制品中属于剖酥制品的是( )。

A. 海参酥　　　　B. 元宝酥　　　　C. 荷花酥　　　　　D. 眉毛酥

57. 制作虾茸面团时,一般以( )做扑面。

A. 生粉　　　　　B. 糕粉　　　　　C. 糯米粉　　　　　D. 面粉

58. 削面是使削好的面条直接进入( )中。

A. 案板　　　　　B. 面盆　　　　　C. 开水锅　　　　　D. 冷水锅

59. ( )是层酥类制品不酥的主要原因。

A. 开酥时生粉用得太多　　　　　　　B. 水油面与干油酥面软硬不一致

C. 水油面与干油酥面比例不适当　　　D. 面剂风干,发生结皮现象

60. 澄粉面团制品出现粘牙现象的原因是( )。

A. 澄粉没有烫熟　　　　　　　　　　B. 水的比例太大

C. 蒸制时间太长　　　　　　　　　　D. 蒸制时间太短

61. 米粉面团没有筋力的原因是( )。

A. 不含面筋　　　　　　　　　　　　B. 没有包裹气体的能力

C. 含淀粉太多　　　　　　　　　　　D. 黏性大

62. 一般口感酥脆或带馅的品种适合于( )。

A. 温油炸　　　　　B. 热油炸　　　　C. 冷油炸　　　　　D. 高油温炸

63. 运用"挤注"方式成形的面坯,其形态应为( )。

A. 颗粒状　　　　　B. 液体　　　　　C. 块状　　　　　　D. 糊浆状

64. 面团调制后不宜静置的面团是( )。

A. 混酥面团　　　　　　　　　　　　B. 干油酥面团

C. 沸水面团　　　　　　　　　　　　D. 水油面团

65. 下列因素中不利于油脂结合空气的是( )。

A. 高速搅拌　　　　　　　　　　　　B. 糖的颗粒越细小

C. 油脂饱和程度低　　　　　　　　　D. 糖油搅拌越充分

66. 必须在冰箱冷藏环境中保存的酵母是( )。

A. 面肥　　　　　B. 干酵母　　　　C. 压榨酵母　　　　D. 即发干酵母

67. 在常温下即开始发生分解的膨松剂是( )。

A. 臭粉　　　　　B. 小苏打　　　　C. 食碱　　　　　　D. 泡打粉

68. ( )是中国面点发展的一个重要时期,具有承前启后的作用。

A. 唐代　　　　　　　　　　　　　　B. 汉代

C. 元、宋时期　　　　　　　　　　　D. 明、清时期

69. 煎制多量生坯时,应( )。

A. 随意　　　　　　　　　　　　　　B. 先四周后中间

C. 先中间后四周　　　　　　　　　　D. 从一侧顺序到另一侧

70. 澄粉面团最主要的物理性质是( )良好。

A. 可塑性　　　　　B. 延伸性　　　　C. 韧性　　　　　　D. 弹性

得分	
评分人	

三、多项选择题(第 71～90 题。选择至少两个选项,将相应的字母填入题内的括号中。每题 1 分,共 20 分)

71. 保证成本核算工作顺利进行的基础条件是(　　　)。

　　A. 建立健全用料定额标准　　　　　B. 保证加工制作的基本制度

　　C. 建立健全加工基本尺度　　　　　D. 保证全面反映加工制作状况

　　E. 建立健全计量体系

72. 菜点的生产过程也是企业(　　　)的过程。

　　A. 预算　　　　B. 销售　　　　C. 决策　　　　D. 服务　　　　E. 核算

73. 不能用于存放食用油的容器有(　　　)。

　　A. 铁桶　　　　B. 铜壶　　　　C. 铅罐　　　　D. 瓦罐　　　　E. 玻璃瓶

74. (　　　)与米、面共同食用,能明显提高蛋白质的生物价。

　　A. 梨　　　　B. 大白菜　　　　C. 牛肉　　　　D. 鸡蛋　　　　E. 玉米

75. 在食品加工中,食用香精主要起到(　　　)作用。

　　A. 增香　　　　B. 稳定　　　　C. 替代　　　　D. 赋香　　　　E. 矫味

76. 食用天然色素具有(　　　)的特点。

　　A. 食用安全可靠　　　　　　　　　B. 对人体健康无害

　　C. 色调自然　　　　　　　　　　　D. 难以溶解

　　E. 稳定性好

77. 下列品种中属于重馅品种的有(　　　)。

　　A. 水饺　　　　B. 晶饼　　　　C. 广式月饼　　　　D. 龙眼酥　　　　E. 馄饨

78. 鱼茸面团松散无黏性的原因是(　　　)。

　　A. 一次加水太多　　　　　　　　　B. 生粉放得太少

　　C. 搅拌未顺一个方向进行　　　　　D. 未添加食盐

　　E. 搅拌时间过长

79. 制作的成品表面有明显酥层的统称为明酥制品。下列酥纹形式属于明酥的有(　　　)。

　　A. 圆酥　　　　B. 直酥　　　　C. 叠酥　　　　D. 排丝酥　　　　E. 剖酥

80. 麦谷蛋白富于弹性,是因为麦谷蛋白具有(　　　)。

　　A. 较大的分子量

　　B. 较大的表面积

　　C. 存在分子间的—S—S—

　　D. 可以无限胀润

　　E. 在面筋体系中形成强有力的交联

81. 酵种发酵面团扎碱的作用是(　　　)。

　　A. 中和酵种发酵面团中的有机酸

　　B. 改善面团的物理性质

C. 增强面团的骨力

D. 促进面团进一步膨胀

E. 促进酵母进一步发酵

82. 搅打蛋液时,什么情况下蛋液起泡性降低。(　　)

A. 温度过高　　　　　　　　B. 有糖存在

C. 鸡蛋陈放时间过长　　　　D. 容器上有油污

E. 搅打时间过长

83. 下列哪些品种的馅心属于生熟馅?(　　)

A. 叶儿粑　　　　　　　　　B. 玻璃烧麦

C. 牛肉焦饼　　　　　　　　D. 金钩包子

E. 白菜蒸饺

84. 油炸制品油温过高时,可采取什么措施降低油温?(　　)

A. 控制火源　　　　　　　　B. 缩短炸制时间

C. 添加冷油　　　　　　　　D. 增加生坯数量

E. 水浴降温

85. 盐在水打馅中的作用有(　　)。

A. 调味　　　　　　　　　　B. 除异味

C. 增大馅心吸水量　　　　　D. 增加馅心黏性

E. 增加馅心的细嫩质感

86. 和面时分次加水的作用是(　　)。

A. 便于调制　　　　　　　　B. 便于面筋形成

C. 便于了解面粉吸水情况　　D. 便于控制加水量

E. 便于面筋扩展

87. 适宜油炸成熟的制品包括(　　)。

A. 水调面团制品

B. 矾碱面团制品

C. 发酵面团制品

D. 米粉面团制品

E. 油酥面团制品

88. 面团调制的目的是(　　)。

A. 使各种物料均匀混合

B. 使面团具有一定的工艺性能

C. 便于成形

D. 发挥原料应起的作用

E. 丰富面点品种

89. 发酵面团胀发不足,体积小的原因有(　　)。

A. 发酵时间短　　　　　　　B. 酵母活力低

C. 气温低　　　　　　　　　D. 淀粉酶活力低

E. 面粉筋度过低

90. 掺冻馅心的掺冻量视皮坯性质而定,一般(　　)面团可以多掺一些。

A. 水调面团　　　　B. 呆面　　　　C. 死面　　　　D. 登发面　　　　E. 嫩酵面

得分	
评分人	

四、计算题(第 91～92 题。每题 5 分,共 10 分)

91. 某厨师制作 10 份菜点,其中每份用 A 净料 100 克,已知此料加工的出材率为 80%,问制作这些菜点需要多少千克 A 料?

92. 某面点成本 16 元,毛利额 11 元,求此面点的成本毛利率和销售毛利率。

(二)技能考核模拟题

中式面点师中级技能考核模拟题

试题一　指定品种:银丝卷

1. 准备要求

(1)原料准备:

序号	名称	规格	数量	备注
1	面粉	克	180	
2	酵母	克	适量	
3	面肥	克	适量	
4	发粉	克	适量	
5	白糖	克	适量	
6	色拉油	克	适量	
7	食用碱	克	适量	

(2)工具、用具准备:

序号	名称	规格	数量	备注
1	擀面杖	根	1	
2	毛巾	条	1	
3	刮板	个	1	
4	软毛刷子	把	1	
5	蒸笼	个	1	

2. 考核要求

(1)本题分值:30 分。

(2)考核时间:与指定品种、抽签品种共用准备时间 30 分钟、正式操作时间 150 分钟。提前完成操作不加分,超时操作按规定标准扣分。

(3)成品数量:10 人份。

（4）具体操作要求：

①现场调制合适面坯。

②采用酵母（或酵种）发酵面团、揿（或切）、包卷成形、蒸制成熟工艺。

③产品规格：每个面坯重量35克。

（5）产品质量要求：

①色泽：颜色洁白，光滑有光泽。

②形态：形态饱满、造型美观，规格一致。

③口味：不夹生、无焦糊，有发酵香味。

④火候：火候掌握恰当，皮坯不爆裂，不瘪缩。

⑤质感：膨松柔软有弹性，内部呈丝状。

（6）考核规定说明：

①操作违章，将停止考核。

②考核采用百分制，考核项目得分按组卷比例进行折算。

3. 评分记录表

职业技能鉴定统一试卷中式面点师高级操作技能考核评分记录表

现场号＿＿＿＿＿＿＿   工位＿＿＿＿＿＿＿

试题名称：生煎包

序号	考核项目	评分要素	配分	评价等级	评分标准	得分	备注
1	色泽	皮坯洁白、光滑有光泽	20	A(1.0)	皮坯洁白、光滑有光泽		
				B(0.8)	皮坯洁白，光泽度稍差		
				C(0.6)	皮坯色白，无光泽，发暗		
				D(0.4)	皮坯色泽灰暗		
2	形态	形态饱满、造型美观，规格一致	20	A(1.0)	形态饱满、造型美观，规格一致		
				B(0.8)	规格一致，造型尚可		
				C(0.6)	形态、规格不够均匀，造型稍差		
				D(0.4)	形态差，大小不均		
3	口味	不夹生、无焦糊，有发酵香味	20	A(1.0)	不夹生、无焦糊，有发酵香味		
				B(0.8)	不夹生、无焦糊，发酵香味淡薄		
				C(0.6)	略有不熟		
				D(0.4)	不熟或带焦糊味		
4	火候	火候掌握恰当，皮坯不爆裂，不粘牙，不瘪缩	20	A(1.0)	火候掌握恰当，皮坯不爆裂、不瘪缩		
				B(0.8)	火候掌握一般，皮坯不爆裂、不瘪缩		
				C(0.6)	火候掌握欠佳，皮坯开裂、缩瘪		
				D(0.4)	火候掌握不好，皮坯粘牙、夹生		

续表

序号	考核项目	评分要素	配分	评价等级	评分标准	得分	备注
5	质感	膨松柔软有弹性,内部呈丝状	20	A(1.0)	膨松柔软有弹性,内部呈丝状		
				B(0.8)	膨松性稍差,有弹性,内部呈丝状		
				C(0.6)	发酵(醒发)过度,成品变形		
				D(0.4)	皮坯僵硬		
6	现场操作	合理用原料			浪费原料从总分中扣5分		
		考场纪律			违反纪律从总分中扣5分;严重违纪将取消考核		
		现场卫生			卫生差从总分中扣5分		
7	安全文明操作	遵守操作规程			每违反一项规定从总分中扣5分;严重违规停止操作		
8	考核时限	超时			每超时1分钟从总分中扣5分;超时3分钟停止操作		
合　计			100				

试题二　抽签品种:荷花酥

1. 准备要求

(1) 原料准备:

序号	名称	规格	数量	备注
1	面粉	克	300	
2	豆沙馅	克	150	
3	猪油	克	100	
4	色拉油	克	适量	

(2) 工具、用具准备:

序号	名称	规格	数量	备注
1	擀面杖	根	1	
2	刮板	个	1	
3	切刀	把	1	
4	炸锅	个	1	
5	漏勺	个	1	

2. 考核要求

(1) 本题分值:30分。

(2) 考核时间:与指定品种、抽签品种共用准备时间30分钟、正式操作时间150分钟。提前完成操作不加分,超时操作按规定标准扣分。

（3）成品数量：10人份。

（4）具体操作要求：

①现场调制合适面坯。

②采用水油酥皮面团，油炸成熟工艺。

③产品规格：每个面剂重量15克，每个馅心重量12克。

（5）产品质量要求：

①色泽：颜色洁白，无浸油色斑。

②形态：形似荷花，造型美观，规格一致。

③口味：馅香甜，皮酥香。

④火候：炸制油温、火力、时间掌握适当。

⑤质感：酥层均匀清晰，质地酥松。

（6）考核规定说明：

①操作违章，将停止考核。

②考核采用百分制，考核项目得分按组卷比例进行折算。

3. 评分记录表

职业技能鉴定统一试卷中式面点师高级操作技能考核评分记录表

现场号_____ 工位_____

试题名称：龙眼酥

序号	考核项目	评分要素	配分	评价等级	评分标准	得分	备注
1	色泽	颜色洁白，无浸油色斑	20	A(1.0)	颜色洁白，无油浸色斑		
				B(0.8)	颜色微黄		
				C(0.6)	颜色白，有油浸暗色斑		
				D(0.4)	颜色深黄或未成熟		
2	形态	形似荷花，造型美观，规格一致	20	A(1.0)	形似荷花，造型美观，规格一致		
				B(0.8)	形态尚可，大小一致		
				C(0.6)	形态欠佳，大小不匀		
				D(0.4)	形态极差		
3	口味	馅香甜，皮酥香	20	A(1.0)	馅香甜，皮酥香		
				B(0.8)	馅香甜，皮较酥香		
				C(0.6)	馅甜，皮偏软不酥		
				D(0.4)	口味口感差		
4	火候	炸制油温、火力、时间掌握适当	20	A(1.0)	炸制油温、火力、时间掌握适当		
				B(0.8)	炸制油温略高（颜色偏深）		
				C(0.6)	炸制油温偏低，时间不足（略浸油）		
				D(0.4)	炸制油温、火力、时间掌握不当		

续表

序号	考核项目	评分要素	配分	评价等级	评分标准	得分	备注
5	质感	酥层均匀清晰，质地酥松	20	A(1.0)	酥层均匀清晰,质地酥松		
				B(0.8)	酥层均匀,质地略欠酥松		
				C(0.6)	酥层不匀		
				D(0.4)	酥层效果很差		
6	现场操作	合理用原料		浪费原料从总分中扣5分			
		考场纪律		违反纪律从总分中扣5分;严重违纪将取消考核			
		现场卫生		卫生差从总分中扣5分			
7	安全文明操作	遵守操作规程		每违反一项规定从总分中扣5分;严重违规停止操作			
8	考核时限	超时		每超时5分钟从总分中扣1分;超时20分钟视为不及格			
合　计			100				

试题三　自选品种

1. 准备要求

（1）原料准备:特殊原料自带。

（2）工具、用具准备:特殊用具自带。

2. 考核要求

（1）本题分值:40分。

（2）考核时间:与指定品种、抽签品种共用准备时间30分钟、正式操作时间150分钟。提前完成操作不加分,超时操作按规定标准扣分。

（3）考核品种数量:2个。

（4）成品数量:10人份。

（5）具体操作要求:

①面坯、馅心和成熟方法与指定、抽签品种不同。

②有一定难度和创意,讲究色、香、味、形、质、器皿的配合。

③考核时,考生应上交自选品种的相关说明(品种名称、配方、制作过程、主要特点)。

（6）产品质量要求:

①色泽:色调自然、协调、明快、鲜艳。

②形态:造型美观、完整,规格一致。

③口味:体现原料的本味及风味,风味独特、鲜美适口

④火候:正确运用熟制方法,火候适当。

⑤质感:质感鲜明有特色。

（7）考核规定说明:

①操作违章,将停止考核。

②考核采用百分制,考核项目得分按组卷比例进行折算。

3. 评分记录表

职业技能鉴定统一试卷中式面点师高级操作技能考核评分记录表

现场号_____　　工位_____

试题名称:

序号	考核项目	评分要素	配分	评价等级	评分标准	得分	备注
1	色泽	色调自然、协调、明快、鲜艳	20	A(1.0)	色调自然、协调、明快、鲜艳		
				B(0.8)	色泽、色调基本符合要求		
				C(0.6)	色泽基本符合要求,色调稍差		
				D(0.4)	色泽较差		
2	形态	造型美观、完整,规格一致	20	A(1.0)	造型美观、完整,规格一致		
				B(0.8)	基本符合成品固有形态、规格要求		
				C(0.6)	成品外观较差,规格与标准相差较大		
				D(0.4)	不符合成品固有形态或一半产品破损、漏馅		
3	口味	体现原料的本味及风味,风味独特、鲜美适口	20	A(1.0)	符合成品应有的风味,特色突出		
				B(0.8)	基本符合成品应有的风味,特色较好		
				C(0.6)	成品口味较差		
				D(0.4)	没有体现出成品固有的口味		
4	火候	正确运用熟制方法,火候适当	20	A(1.0)	火候运用恰当,成品符合其特色要求		
				B(0.8)	火候运用一般,成品基本符合要求		
				C(0.6)	火候运用不当,成品有轻度焦糊		
				D(0.4)	成品不熟或过低焦糊		
5	质感	质感鲜明有特色	20	A(1.0)	充分体现出成品应有的质感		
				B(0.8)	基本符合成品质感要求,但不够鲜明		
				C(0.6)	成品质感较差		
				D(0.4)	没有体现出成品质感要求		
6	现场操作	合理用原料			浪费原料从总分中扣5分		
		考场纪律			违反纪律从总分中扣5分;严重违纪将取消考核		
		现场卫生			卫生差从总分中扣5分		
7	安全文明操作	遵守操作规程			每违反一项规定从总分中扣5分;严重违规停止操作		

序号	考核项目	评分要素	配分	评价等级	评分标准	得分	备注
8	考核时限	超时			每超时5分钟从总分中扣1分;超时20分钟视为不及格		
	合　计		100				

附:中式面点师(高级)理论知识模拟试题答案

一、判断题(第1～30题。将判断结果填入括号内,正确的填"√",错误的填"×"。每题1分,共30分)

1. √　　2. ×　　3. √　　4. √　　5. ×　　6. ×　　7. √　　8. ×

9. √　　10. ×　　11. ×　　12. ×　　13. √　　14. ×　　15. ×　　16. ×

17. ×　　18. √　　19. ×　　20. ×　　21. ×　　22. √　　23. ×　　24. √

25. ×　　26. √　　27. ×　　28. √　　29. ×　　30. ×

二、单项选择题(第31～70题。选择一个正确的答案,将相应的字母填入题内的括号中。每题1分,共40分)

31. D　　32. D　　33. B　　34. B　　35. B　　36. B　　37. C　　38. C

39. C　　40. D　　41. A　　42. B　　43. C　　44. D　　45. C　　46. D

47. B　　48. B　　49. B　　50. C　　51. A　　52. C　　53. A　　54. A

55. B　　56. C　　57. A　　58. C　　59. C　　60. A　　61. A　　62. A

63. D　　64. A　　65. C　　66. C　　67. A　　68. B　　69. B　　70. A

三、多项选择题(第71～90题。选择至少两个选项,将相应的字母填入题内的括号中。每题1分,共20分)

71. ABCDE　　72. BD　　73. ABC　　74. CD　　75. ABDE

76. ABC　　77. ACE　　78. ACD　　79. ABCDE　　80. ABCE

81. ABCD　　82. ACDE　　83. BD　　84. ACD　　85. ABCD

86. ACD　　87. ABCDE　　88. ABCDE　　89. ABCD　　90. ABCE

四、计算题(第91～92题。每题5分,共10分)

91. 解:A料毛重＝0.1÷80%×10＝1.25(千克)

答:制作这些菜点需要1.25千克A料。

92. 解:成本毛利率＝毛利额÷产品成本×100%＝11÷16×100%＝68.75%

销售毛利率＝毛利额÷产品售价×100%＝11÷(11＋16)×100%＝40.74%

答:此面点的成本毛利率为68.75%,销售毛利率为40.74%。

主要参考文献

[1]　邱庞同.中国面点史.青岛:青岛出版社,1995

[2]　熊四智,唐文.中国烹饪概论.北京:中国商业出版社,1998

[3]　邵万宽.中国面点.北京:中国商业出版社,1996

[4]　邵万宽.菜点开发与创新.沈阳:辽宁科学技术出版社,1999

[5]　李文卿.面点工艺学.哈尔滨:黑龙江科学技术出版社,1992

[6]　钟志惠.中式面点技艺.北京:中国财政经济出版社,2002

[7]　钟志惠.面点制作工艺.北京:高等教育出版社,2005

[8]　钟志惠.西点工艺学.成都:四川科学技术出版社,2005

[9]　葛贤萼,刘耀华,刘真木等.点心制作工艺.北京:中国商业出版社.1991

[10]　阎红.烹饪原料学.北京:高等教育出版社,2005

[11]　阎喜霜.烹饪原理.北京:中国轻工业出版社,2004

[12]　周晓燕.烹调工艺学.北京:中国轻工业出版社,2000

[13]　毛羽扬.烹饪色香味调料.北京:中国商业出版社,1992

[14]　王家礼,王磊.家用微波炉实用技巧.西安:西安电子科技大学出版社,1998

[15]　周旺.烹饪器具与设备.北京:中国轻工业出版社,2000

[16]　谢定源,周三保.中国名点.北京:中国轻工业出版社,2000

[17]　帅焜编著.广东点心精选.广州:广东科技出版社,1991

[18]　袁洪业.中国小吃集萃.合肥:安徽科学技术出版社,1986

[19]　上海市锦江集团联营公司.中国风味菜点集锦.南京:江苏科技出版社,1987

[20]　江献珠.中国点心制作图解.香港:万里机构·饮食天地出版社,1994

[21]　王文福.中国名特小吃辞典.西安:陕西旅游出版社,1990

[22]　鲁克才.中国民族饮食风俗大观.北京:世界知识出版社,1992

[23]　张桂芳.浅谈面点的创新.美食,2004(02)

[24]　李明其.入世后中餐面点的发展趋势.烹调知识,2002(06):32～33

[25]　中华人民共和国人力资源和社会保障部.中式面点师国家职业技能标准.北京:中国劳动社会保障出版社,2010

[26]　劳动和社会保障部教材办公室.中式面点师职业技能鉴定指导.北京:中国劳动社会保障出版社,2010

[27]　祁可斌.中式面点师考前辅导.北京:机械工业出版社,2009

[28]　王美.中式面点师职业技能鉴定国家题库考试复习指导丛书.东营:中国石油大学出版社,2007